高等院校基础课系列教材·化学类

GAODENG YUANXIAO JICHUKE XILIE JIAOCAI·HUAXUE LEI

大学化学

主　编　李映明　牟元华

副主编　涂　胜　王金辉

参　编　艾伦弘　向鸿照　郭春文　苗　煦

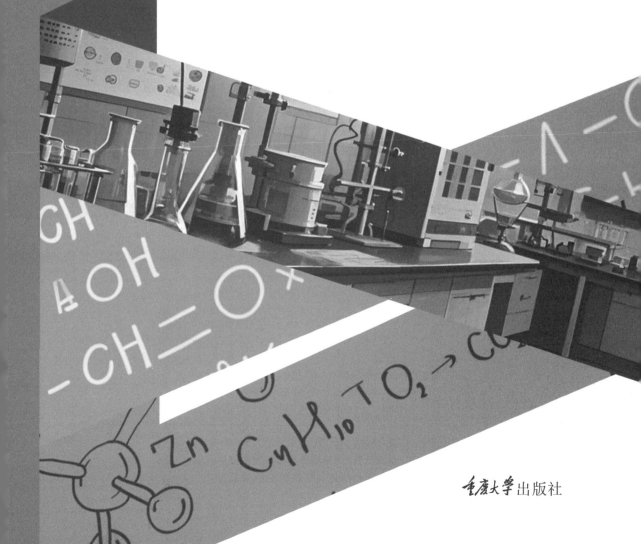

重庆大学出版社

内容简介

本书是根据高等院校化学化工专业或非化学化工专业的培养目标和相应教学大纲的要求,结合工程类专业特点和近年来化学实验教学改革的经验编写而成。全书分为 3 个部分,共 11 章。第一部分是基础知识,分为 5 章,分别为:化学热力学基础,化学反应动力学,化学平衡,氧化还原反应与电化学原理,表面化学。这一部分注重基础性、系统性,是各专业学生必修的内容。第二部分是物质的结构,分为两章,分别为:原子结构与周期系,分子结构与晶体结构。第三部分是拓展应用,分为 4 章,分别为:化学与功能材料,化学与新能源材料、化学与环境、化学与生物医药。这一部分是站在化学的角度上进行讨论,注重常识性、趣味性、前沿性,可根据学生的专业进行选讲或自学。

本书可作为高等院校的化学实验课教材,供材料、环境、给排水、土木、水利、港航、地质、机械、电气、航运、车辆等近化学化工专业,或非化学化工专业的学生使用。除此之外,也可作为相关领域的科研人员的参考用书。

图书在版编目(CIP)数据

大学化学 / 李映明,牟元华主编. -- 重庆:重庆
大学出版社,2024.7. -- (高等院校基础课系列教材).
ISBN 978-7-5689-4689-6

Ⅰ. O6

中国国家版本馆 CIP 数据核字第 2024L2Z426 号

大学化学
DAXUE HUAXUE

主 编 李映明 牟元华
副主编 涂 胜 王金辉
参 编 艾伦弘 向鸿照
       郭春文 苗 煦
策划编辑:鲁 黎
责任编辑:文 鹏   版式设计:鲁 黎
责任校对:王 倩   责任印制:张 策

＊

重庆大学出版社出版发行
出版人:陈晓阳
社址:重庆市沙坪坝区大学城西路 21 号
邮编:401331
电话:(023)88617190   88617185(中小学)
传真:(023)88617186   88617166
网址:http://www.cqup.com.cn
邮箱:fxk@ cqup.com.cn(营销中心)
全国新华书店经销
重庆正文印务有限公司印刷

＊

开本:787mm×1092mm   1/16   印张:19.25   字数:483 千
2024 年 7 月第 1 版   2024 年 7 月第 1 次印刷
ISBN 978-7-5689-4689-6   定价:48.00 元

前言

目前,我国高等教育发展的主题和时代特征正在向内涵式发展,高等教育供给质量不断提高,教育结构、课程内容不断改革完善,现代化教育手段不断普及与应用。在信息技术不断发展的背景下,信息技术与教育更需深度融合,诸多教育工作者通过互联网技术和互联网思维变革教育体系,形成了"互联网+教育"的新型教育形式。同时,大学的教育教学目标不应局限于知识的传播和理解,还应抓住课程改革核心环节,充分发挥课堂教学在育人中的主渠道作用,着力将思想政治教育贯穿于学校教育教学的全过程,着力将教书育人落实于课堂教学的主渠道之中,深入发掘各类课程的思想政治理论教育资源,发挥所有课程的育人功能。因此,在进行教材编写和修订时应融入"互联网+教育"和"课程思政"等核心元素。

大学化学课程作为工科院校土木工程、机械和水利工程等非化学类专业的必修基础课,开设这门课程的目标在于:让学生熟悉现代化学的基本理论和基本知识,接受必要的基本操作的训练;认识化学学科和其他学科领域(如能源、材料、生命和环境等学科)间相互交叉和渗透的特点;了解化学学科在促进社会发展和技术进步中所起的重要作用;学会运用化学理论和规律去审视公众关注的若干重大社会课题;把化学和工程技术的观点和方法结合起来,正确认识与理解工程技术中相关的化学问题的所在,并能和化学工作者共同解决问题。教材是课程标准的具体化,能系统反映学科的内容及内涵,承担着教学内容与教育体系改革的重要责任,同时教材更要把教学内容与生活实践紧密联系,融入"互联网+教育"和"课程思政"等核心元素。本书整合大学化学的知识内容,通过在线开放课程教材的方式,将互联网与课堂教学进行融合,构建了信息化学习平台,为学生自主学习及个性发展提供了途径,实现了课程教学的信息化、功能化;同时从"化学史""科学家精神"和"典型性理论"等角度协同挖掘知识点对应的课程思政内容和案例库建立,实现在知识传授基础上加强和改进大学生思想道德建设和思想政治教育。基础理论知识与科技发展和课程思政的结合,将助力高等院校非化学化工专业学生学习化学基础原理、基本技术与基本方法,帮助学生了解科技发展,培养创新式思维,满足学习研究与生活实践的双重需求。

本书在应用化学专业"重庆市一流专业""大学化学重庆市课程思政建设项目"和"大学化学重庆市一流课程"等项目的资助下,由重庆交通大学材料科学与工程学院应用化学系所有教师通过不断总结、长期教学和探索方法而编写完成。本书由李映明、牟元华任主编,涂胜、王金辉任副主编,艾伦弘、向鸿照、郭春文和苗煦参编。具体分工如下:涂胜(氧化还原反应与电化学原理)、牟元华(原子结构与周期系、分子结构与晶体结构)、郭春文(化学反应动力学)、向鸿照(化学热力学基础)、艾伦弘(化学与环境)、李映明(化学平衡、表面化学)、王金辉(化学与功能材料、化学与新能源材料)、苗煦(化学与生物医药)。本书由李映明统稿、牟元华定稿,学校其他化学系教师也不同程度地参与了本书的编写。

本书的编写工作得到了重庆交通大学教务处和材料科学与工程学院各级领导的大力支持;学校的郭鹏教授提出了许多指导性建议;编写中曾参考了兄弟院校同类教材的体系和内容以及若干专著,在此一并深表谢意。

本书内容涉及领域多、层次广,书中纰漏在所难免,恳望广大读者批评、指正。

编　者
2024 年 1 月

目 录

第1章　化学热力学基础 ……………………………… 1

1.1　化学热力学基本概念 …………………………… 2

1.2　热力学第一定律和焓 …………………………… 6

1.3　化学反应的方向 ………………………………… 15

第2章　化学反应动力学 …………………………… 30

2.1　概论 ……………………………………………… 30

2.2　化学反应速率理论 ……………………………… 31

2.3　反应动力学方程 ………………………………… 35

2.4　反应机理 ………………………………………… 41

2.5　外部条件对化学反应速率的影响 ……………… 43

2.6　其他反应类型的化学反应速率 ………………… 50

第3章　化学平衡 …………………………………… 56

3.1　可逆反应与平衡常数 …………………………… 56

3.2　标准平衡常数与吉布斯自由能变 ……………… 60

3.3　化学平衡的移动及影响因素 …………………… 63

3.4　酸碱平衡 ………………………………………… 65

3.5　缓冲溶液 ………………………………………… 71

3.6　沉淀溶解平衡 …………………………………… 75

3.7　配离子的解离平衡 ……………………………… 80

第4章　氧化还原反应与电化学原理 ……………… 93

4.1　氧化还原反应 …………………………………… 93

4.2　氧化还原反应的平衡常数 ……………………… 97

4.3　电化学原理及应用 ……………………………… 97

4.4　电解与极化作用 ………………………………… 110

4.5　金属的腐蚀与防护 ……………………………… 115

第5章　表面化学 …………………………………… 133

5.1　表界面基础知识 ………………………………… 133

5.2　界面现象与理论 ………………………………… 135

5.3　吸附作用 ………………………………………… 138

5.4　表面活性剂 ……………………………………… 142

5.5　聚合物材料的表面化学 ………………………… 146

第6章　原子结构与周期系 ………………………… 153

6.1　氢原子核外电子运动的特征 …………………… 153

6.2　多电子原子的电子排布 ………………………… 163

6.3　元素周期表 ……………………………………… 166

6.4　元素性质的周期性 ································ 168

第7章　分子结构与晶体结构 ···················· 175

7.1　化学键 ···································· 175

7.2　离子键和离子化合物 ·························· 175

7.3　共价键和共价化合物 ·························· 176

7.4　分子间力和氢键 ····························· 185

7.5　晶体结构 ·································· 190

第8章　化学与功能材料 ························ 201

8.1　功能材料概述 ······························ 202

8.2　纳米材料 ·································· 205

8.3　非晶态材料 ································ 214

8.4　超导材料 ·································· 219

第9章　化学与新能源材料 ······················ 226

9.1　锂离子电池材料 ····························· 227

9.2　太阳能电池材料 ····························· 230

9.3　生物质能材料 ······························ 235

第10章　化学与环境 ·························· 240

10.1　环境与环境问题 ···························· 240

10.2　大气污染及其防治 ·························· 242

10.3　水体污染及其防治 ·························· 252

10.4　土壤污染及其防治 ·························· 258

10.5　清洁生产与绿色化学 ························ 262

第11章　化学与生物医药 ······················ 265

11.1　生命化学中的有机化合物 ····················· 265

11.2　生命化学中的元素 ·························· 269

11.3　化学与医药 ······························ 271

11.4　生活中的化学与生命安全 ····················· 273

附表 ······································· 277

参考书目 ····································· 300

第 1 章
化学热力学基础

本章基本要求

（1）理解状态函数：热、功、内能、焓、熵和吉布斯自由能的概念；

（2）熟悉热化学方程式的书写和标准态设定，掌握反应进度的计算；

（3）掌握利用物质的标准摩尔生成焓和盖斯定律计算反应的标准摩尔反应焓；

（4）掌握化学反应的标准摩尔熵变、标准摩尔吉布斯自由能变的概念和计算；

（5）掌握吉布斯公式，利用吉布斯自由能变判断反应的方向和转折温度。

热力学（thermodynamics）是研究系统的热现象，热和其他形式能量之间相互转换规律的科学。它主要是从宏观角度研究物质的热运动性质及其规律。传统热力学理论主要包括热力学第一定律、热力学第二定律、热力学第三定律、热力学第零定律等。这些定律是大量实验事实的总结，因此从这些定律出发，通过严密演绎和逻辑推理得到的结论具有普适性和可靠性，被广泛地应用到化学、生物、材料、能源和环境等诸多领域。

化学热力学（chemical thermodynamics）利用热力学的基本原理、定律以及研究方法，研究与化学现象和反应相关的热力学内容，是化学研究的重要组成部分。化学热力学在化学理论研究和化工生产实践中有重要的指导意义。化学热力学在化学反应中的应用包含：

①利用热力学第一定律研究化学变化和相变化过程中的热效应，计算反应过程中的能量变化；

②利用热力学第二定律研究化学反应的方向和限度，判断反应的可能性或自发性；

③利用热力学第二定律、第三定律、第零定律关于熵、吉布斯能的定义和推导，结合热力学数据判断化学反应方向，计算化学平衡和相平衡终点；

④研究温度、压力等条件变化对反应方向、程度和速率的影响。化学热力学的研究涉及反应物质的选择和反应条件的设定，热力学参数计算、反应速率观测等诸多环节。

化学热力学应用的典型案例是金刚石的制备。金刚石是一种重要的工业产品，在机械加工、石油钻探、电子元器件、激光器、航天和5G通信等领域有着重要用途。由于自然界中存量稀少且价格昂贵，限制了其在工业生产领域的应用。20世纪末，人们曾经尝试以石墨为原料制造金刚石，但所有的实验均以失败告终，后来科学家通过热力学计算发现，只有当压力超过大气压力的15 000倍时（1.5×10^9 Pa），石墨才有可能转变成金刚石。现在已经成功地实现了人工金刚石的合成。近年来使用等离子耦合技术，在低压下人工合成金刚石也取得了成功

（即 CVD 化学气相沉积合成金刚石）。金刚石案例充分显示了化学热力学在解决实际问题中发挥的重要作用。

化学热力学的研究方法和优缺点：对化学现象的研究通常从宏观和微观两个角度进行。本书中化学热力学的研究对象是大量质点聚集体，研究方法采用宏观处理方法，即只关注物质的宏观性质、反应始态和终态，不考虑变化过程中的途径，不涉及物质的微观结构，不针对组成物质的微观粒子的个体行为，不研究反应进行的机理和反应速率，主要用于预测化学反应发生的可能性、方向和平衡。

化学热力学在运用过程中不考虑物质的微观结构和状态，尽管使用中会涉及诸如玻尔兹曼方程等微观理论，但对物质的微观结构不做详细的讨论分析，也不做任何假设，因此它的一般规律不会随物质结构及新知识的发展而改变，这是化学热力学具有普遍性的理论基础；同时，化学热力学在运用过程中不考虑反应进行的机理，意味着化学热力学尽管能够预测在一定条件下的反应能否发生，反应进行的方向和限度，但是不能说明反应需要的时间、反应发生的根本原因及过程，这是它的局限性。

虽然化学热力学在方法上存在上述局限，但它仍是一种非常有用的理论工具。化学热力学可以帮助判断反应进行的方向。如果热力学指出在某种条件下，指定反应均不能发生，则该条件下就不必进行实验。此外，热力学还可以为我们指出改进工作的方向，以及如何改变条件使反应向我们所需的方向进行。

本章将介绍化学热力学的基础知识，以便用化学热力学的理论、方法解释一些常见的化学和物理变化。需要说明的是，考虑到本课程仅作为一门大学通识课，讲授对象是大学非化学专业的理工科学生，对化学热力学的诸多内容不可能逐一深入探讨，课程讲授的重点放在一些重要的基础理论及其简单的应用方面，至于详细推导和展开内容，就不过多赘述了。

1.1 化学热力学基本概念

1.1.1 系统与环境

在化学反应体系中，人为地将所要研究的对象和周围的环境划分开作为研究目标，这部分被划分出来作为研究对象的物质或空间就称为系统（system）。系统以外，与系统存在物质和能量等相互联系或影响的其他部分称为环境（surrounding）。

系统与环境划分是根据研究对象的需要人为制定的，通常选择便于研究讨论的部分作为系统，系统和环境之间的界限是相对的，可以是真实或假设的、静止或运动的、具体或抽象的。

系统和环境之间存在物质和能量交换，根据系统与环境间交换情况的区别，可将系统分为 3 种类型：

①敞开系统（open system）：系统与环境间既有物质交换，又有能量交换。常见的化工生产多是这种类型。

②封闭系统（closed system）：系统与环境间没有物质交换，只有能量交换。封闭系统是化学热力学研究中最常用的类型之一。

③孤立系统（isolated system）：系统与环境间既没有物质交换，也没有能量交换。此类型

不受环境影响。

在上述 3 种系统中,封闭系统是化学热力学研究中最常见的系统。本章所讨论的系统如无特别注明,通常都指封闭系统。至于孤立系统,因为没有任何一种材料能实现完全隔绝物质和能量的传递,绝对的隔离系统是不存在的,它只是在理想条件下的一种科学假设,假设外部环境影响非常小,可以忽略,可以近似地当作孤立系统。现实中任何系统都不是严格孤立的,而是在一定外部环境影响下的热力学系统。在少数特定研究中,有时也将系统和环境合并在一起视为孤立系统。

1.1.2　状态与状态函数

系统状态(state)是指系统中宏观性质的综合表现。在一定条件且无环境影响下,当系统处于热力学平衡态,系统的温度和压力等参数与环境相同,系统内部各种性质均匀,且不随时间变化,此时系统的状态可以用系统的宏观指标来描述。系统的热力学性质,简称系统性质,主要包括:温度(T)、压力(p)、体积(V)、物质的量(n)、密度(ρ)、黏度(η)、导热系数(λ)等物理性质。系统宏观的物理量一般可以通过实验测定。

当系统状态一定时,系统性质的综合表现就是系统状态,此时系统的性质具有对应于此状态的确定数值;当条件变化,系统从一种状态转变为另一种状态,系统宏观性质的值会随之改变。系统状态和性质之间存在一一对应的关系,可以用函数方程表达,通常把描述系统状态的这些性质统称为状态函数(state function)。温度、压力、体积、浓度以及后面学习的热力学能、焓、熵和吉布斯能等都是状态函数。补充说明:在其他教材中提到的系统宏观性质、状态性质、热力学性质等名词,实际上都是状态函数的不同表述,它们都指系统自身的属性。因此,热力学性质就是状态函数。

例如,由气体方程 $pV=nRT$ 可知,n、T、V、p 均是气体的状态函数,它们相互之间存在一定的函数关系。对于一个指定容器中的气体,当这些状态函数的数值一定时,气体的状态也就确定了;当气体的某一状态函数值发生变化时,系统的状态也会随之改变。反之,气体状态确定之后,系统的状态函数值也就确定了。

系统的性质按特性可分为两类:

①广度性质(extensive property),又称容量性质,在一定条件下,这类性质的量值与系统中物质的量成正比,如体积、质量等,具有加和性,即系统的某种广度性质其量值等于系统各部分该性质量值的总和。例如,系统的总质量等于组成该系统各部分质量之和。在等温、等压条件下将体积为 V_1 与 V_2 的两杯水溶液混合,其总体积等于 V_1+V_2。

②强度性质(intensive property),在一定条件下,这类性质的量值取决于系统的自身特性,与系统物质的量无关,如温度、压力、密度和黏度等。它与广度性质不同,一般不具有加和性。例如,向盛水的容器中添加一定量相同温度的水,只增加系统的广度性质,系统的强度性质不变;若向盛水的容器中添加一定量不同温度的水,则同时改变系统的广度和强度性质。

1.1.3　过程和途径

根据系统和状态函数定义,系统状态一定,系统的状态函数值也一定;当条件发生变化,平衡被打破,系统的状态发生变化,向新的平衡态移动,系统的状态函数值也发生变化。系统从一个平衡态向另一平衡态变化的历程,称为过程(process)。例如,气体的液化、固体的溶解、化学反应等。变化前的平衡态称为始态(initial state),变化后的平衡态称为终态(final state),实现这个过程的具体步骤称为途径(way)。完成相同始、终态变化的过程可以有多种途径。此外,一个途径可由一个或几个步骤所组成。途径与过程区分并不严格。

热力学中常见的过程有:等温过程(isothermal process);等压过程(isobaric process);等容过程(isochoric process);绝热过程(adiabatic process);循环过程(cyclic process):系统经一系列变化后又恢复到起始状态的过程。典型例子是卡诺循环。

一个过程往往可以经过多种不同的途径来完成。例如,一定量的理想气体由始态(298 K,100 kPa)变化到终态(398 K,200 kPa),可采用先等温加压再等压升温,也可先等压升温再等温加压来完成。这两种途径的变化量是相同的。

综合状态函数和过程途径理论可以推导出系统状态函数的两个重要特点:

①状态一定,状态函数的值一定,各状态函数之间是相互联系的。

②状态变化,当系统从一种状态转变到另一种状态时,状态函数的变化量只与系统始态和终态有关,而与变化的途径无关。

引入状态函数的意义在于有些化学反应中某些数据无法直接测量,这时通过借助状态函数特点,运用数学计算就可以得到这些无法直接测量的数据。此外,在研究中如果只需考虑系统过程的变量,也可以根据状态函数的特点直接进行运算。

1.1.4　化学反应进度

在研究化学反应过程中,常常需要清楚某一时刻反应进行的程度,这有助于我们计算反应热或反应速率。以合成氨为例:

$$N_2 + 3H_2 \longrightarrow 2NH_3$$

假设在某一时刻,反应物 N_2 消耗了 1 mol,H_2 消耗 3 mol,此时产物 NH_3 生成了 2 mol。由于方程式中各反应物和产物系数不同,相同反应时间,各反应物和生成物消耗、增加的物质的量在数值上是不相同的,因此无法用统一的数值表述同一个反应在某一时刻反应进行的程度,容易发生混淆。

为了采用统一数值表示某一化学反应进行的程度,引入一个新的概念反应进度。反应进度(extent of reaction)是描述反应进行程度的物理量,用符号 ξ(柯塞)表示,SI 单位 mol。反应进度的概念最早是由比利时热力学化学家 T. de. Donder 提出的,后来经 IUPAC(IUPAC 是国际纯粹和应用化学组织的简称)确认后,在反应焓变、熵变、化学平衡和反应速率的运算中被广泛使用。

任一化学反应通式可写成如下形式:

$$aA + bB \longrightarrow cC + dD$$

表示为:$(cC + dD) - (aA + bB) = 0$

该式也称为化学计量式,A、B 代表反应物,C、D 代表生成物,a、b、c、d 是方程的配平系数。前面合成氨反应式可书写成

$$2NH_3 + (-1)\ N_2 + (-3)\ H_2 = 0$$

一般的化学计量式,可简写为

$$\sum v_B B = 0 \tag{1.1}$$

式中,B 指任意的反应物和生成物;v_B 中的 v 为化学计量系数(stoichiometric number),代表所

给反应式中任一物质的化学计量系数,化学计量数 SI 单位为 1,数值可以是整数和分数。化学计量系数的绝对值等于方程式中任一物质的系数,符号对于反应物 v_B 取负值,对于生成物 v_B 取正值。$v_A = -a, v_B = -b, v_C = -c, v_D = -d$。

反应进度(ξ)定义:任一反应物或生成物的物质的量从开始的 $n_B(0)$ 变为 $n_B(\xi)$ 时的变化量除以其化学计量数 v_B,称为该反应进行到此状态时的反应进度。

$$\xi = \frac{\Delta n_B}{v_B} = \frac{n_B(\xi) - n_B(0)}{v_B} \tag{1.2}$$

式中,$n_B(\xi)$ 和 $n_B(0)$ 分别表示反应进度为 ξ(终态)和反应进度为 0(始态)时物质 B 的物质的量。

对于反应的微小变化,则有

$$d\xi = \frac{dn_B}{v_B}$$

微分式表示,当反应进度从 ξ 变化到 $\xi + d\xi$,即有 $d\xi$ 的变化时,在反应中任一物质 B 的物质的量变化了 dn_B。

由于计量方程式中任意物质的变化量与其化学计量数成正比,所以

$$\xi = \frac{\Delta n_A}{v_A} = \frac{\Delta n_B}{v_B} = \frac{\Delta n_C}{v_C} = \frac{\Delta n_D}{v_D} \tag{1.3}$$

式中,$\Delta n_A, \Delta n_B, \Delta n_C, \Delta n_D$ 分别对应物质 A,B,C,D 的物质量的变化。根据反应进度的计算公式,对同一化学反应方程,无论选取反应物还是产物中任何一种物质来计算反应进度,反应进度都具有相同的数值,与计量方程式中物质种类的选择无关。

例如,合成氨反应的反应进度计算,当反应物 N_2 消耗了 1 mol,H_2 消耗了 3 mol,此时产物 NH_3 生成了 2 mol。

$$N_2 + 3H_2 \longrightarrow 2NH_3$$

反应进度为

$$\xi = \frac{\Delta n_{N_2}}{-1} = \frac{\Delta n_{H_2}}{-3} = \frac{\Delta n_{NH_3}}{2} = 1 \text{ mol}$$

需要指出的是,反应进度 ξ 对应于具体的反应计量方程,反应进度 ξ 的值与反应式的化学计量系数相关。

例如,同样是合成氨反应,同样消耗了 1 mol N_2 和 3 mol H_2,生成了 2 mol NH_3,代入下式,反应进度 ξ 分别用这三种物质的量的变化来计算,结果均为 2 mol,

$$\frac{1}{2}N_2 + \frac{3}{2}H_2 \longrightarrow NH_3$$

反应进度为

$$\xi = \frac{\Delta n_{N_2}}{-\frac{1}{2}} = \frac{\Delta n_{H_2}}{-\frac{3}{2}} = \frac{\Delta n_{NH_3}}{1} = 2 \text{ mol}$$

可见对于相同的反应,尽管反应消耗相同的物质的量,反应方程式中化学计量系数书写不同,计算得到的反应进度也是不同的。

当反应按所给方程式的计量系数进行一个单位的化学反应时,反应进度 ξ 为 1 mol,称为

1 mol 反应,其反应物和产物的变化量 $\Delta n = v_B$ mol。例如,合成氨反应:

$$N_2 + 3H_2 \longrightarrow 2NH_3$$

此时 1 mol 反应,反应物 N_2 消耗了 1 mol,H_2 消耗了 3 mol,产物 NH_3 生成了 2 mol。

$$\frac{1}{2}N_2 + \frac{3}{2}H_2 \longrightarrow NH_3$$

此时 1 mol 反应,反应物 N_2 消耗了 1/2 mol,H_2 消耗 3/2 mol,产物 NH_3 生成了 1 mol。

引入反应进度的意义,不论反应进行到什么时刻,都可以用任一反应物或生成物的反应进度来表示整个反应进行的程度,值都是相同的。

1.2 热力学第一定律和焓

1.2.1 热、功和内能

1)热

热和功是热力学系统状态发生变化过程中,与环境能量转换的两种能量形式,它们都是系统能量变化的量度。

系统与环境间由于存在温度差别而传递的能量称为热量,简称热(heat)。在热力学中常用 Q 表示,热力学规定:$T_{环境} > T_{系统}$,系统从环境吸收热量,Q 为正值($Q>0$);$T_{环境} < T_{系统}$,系统放热给环境,Q 为负值($Q<0$)。SI 单位为 J 或 kJ。

热总是与过程相对应,不能说系统含有多少热,只能说在某一过程中吸收或放出多少热。因此,热不是状态函数。

2)功

系统与环境间除热以外,以其他形式交换的能量统称为功(work),在热力学中常用 W 表示。热力学规定:系统对环境做功时,系统能量减少,功为负值($W<0$);环境对系统做功时,系统能量增加,功为正值($W>0$)。功和热的单位一样,是能量单位,SI 单位为 J 或 kJ。

热力学中将功分为体积功(或称为"膨胀功")用 W_e 表示;非体积功(除体积功以外的功统称为非体积功,如电功、表面功、磁功、机械功等),用 W_f 表示。体积功是在一定环境下,系统体积发生变化而与环境传递的能量。因为许多化学反应是在敞口容器中进行的,外压 p 不变,体积功 W_e 等于 $-p\Delta V$。

功和热都不是状态函数,而是在状态变化过程中系统与环境间交换或传递的能量形式。理由:①功和热只在过程中出现,不能说系统在某种状态下含有多少热或多少功,放热或做功多少只有联系到某一具体的变化过程才能计算出来,它们虽然都是系统能量变化的量度,但其本身并不是能量。过程进行完后,功和热就转变成系统或环境的热力学能。如果没有发生任何变化过程,就没有功和热。②热和功只有在状态发生变化的过程中才有意义,它们都与具体的过程有关,即使系统的始态和终态相同,但过程不同,热和功的值也往往不同,热和功变化值与变化具体途径有关。例如,同一个氧化还原反应直接在试管里进行或把它组成原电池,由于途径不同,反应过程所放出的热量是不同的。③在系统的状态变化过程中,功和热之间的转化不能是直接的,而是通过系统来完成的。外界向系统传递热量,系统的内能增加,再通过系统的内能减少来对外做功。因此,热和功的转化只是一种简便的提法。

从微观角度来说,功是大量质点以有序运动方式传递的能量,热是大量质点以无序运动方式传递的能量。

3)内能

系统的总能量通常由 3 个部分组成:

①系统整体运动的动能(T);

②系统在外力场中的位能(V);

③热力学能(U)(thermodynamic energy)也称为内能(internal energy)。

在化学热力学中,通常把研究对象设定为宏观静止的系统,无整体运动,并且不考虑特殊的外力场作用(如电磁场、离心力场等),即不考虑第一、第二类能量,只研究第三类热力学能。系统的热力学能是指系统内分子和原子运动的平动能、转动能、振动能等动能,系统内部质点间相互作用的势能(如电子及核的能量),以及系统内部质点间相互作用的位能(如原子间的键能、核内基本粒子间相互作用)等能量的总和,即系统内部所有粒子除整体位能和整体动能外全部能量的总和,所以热力学能又称为内能,用 U 表示,SI 单位为 J 或 kJ。

内能是系统内部能量的总和,它的值只取决于系统状态。系统状态一定,内能值就一定,故内能是系统的状态函数,具有容量性质。根据状态函数特点,内能的变化量 ΔU 取决于系统的始态和终态,与变化的途径无关。例如,系统从状态 1 变化到状态 2,$\Delta U = U_2 - U_1$,可以经过多种途径实现。在一定条件下,内能可以与其他形式的能量相互转化,在转化中遵循热力学第一定律能量守恒。由于系统内部微观粒子运动方式的不确定性及粒子间相互作用的复杂性,现阶段尚无法测定系统内能的绝对值。尽管如此,人们仍然可以借助测定状态变化过程中,系统与环境传递的热和功值来确定内能的改变量。在实际应用中,使用较多的不是系统内能的绝对值,而是内能的变化量,或者称热力学能变,至于系统内能的具体数值就不必探求了。

1.2.2　热力学第一定律

19 世纪中叶,科学家提出了能量守恒定律。所谓能量守恒与转化定律,即"自然界的一切物质都具有能量,能量有各种不同形式,能够从一种形式转化为另一种形式,在转化中,能量的总值不变"。在孤立系统中,由于系统与环境无物质和能量交换,能量的形式可以转化,但能量的总值不变;在敞开和封闭系统中,系统内能的变化等于系统从环境吸收的热量加上环境对系统做的功。

热力学第一定律(the first law of thermodynamics)是建立热力学能函数的依据,它既说明了热力学能、热和功可以互相转化,又表述了它们转化时的定量关系。准确地说,热力学第一定律和能量守恒与转化定律并不完全等同,热力学第一定律是能量守恒与转化定律在涉及热现象宏观过程中的具体表述。

热力学就是通过系统状态变化过程中与环境传递的热和功的数值来确定内能的改变量,这也是热力学解决问题的独特之处。

热力学第一定律(first law of thermodynamics)数学表达式:

假设系统由状态 1 转换到状态 2,根据能量守恒,若在过程中,环境传递给系统的热量为

Q,环境对系统做功为 W,则系统热力学能的变化是：

$$\Delta U = U_2 - U_1 = Q + W \qquad (1.4)$$

若系统是发生微小的变化,热力学能的变化 dU 为：

$$dU = \delta Q + \delta W$$

1.2.3　热效应

在热力学第一定律中讨论的热是广泛的、没有限制条件的。化学反应中讨论的热效应则需要一定的限制条件,主要原因是使测量得到的反应热具有一定的可比性或参考意义。化学反应热力学规定:对发生的某一化学反应,系统在不做非体积功情况下,当反应终态温度等于反应始态温度时,系统吸收或放出的热量称为该反应的热效应(heat effect),也称为反应热。注意:像原电池在工作时做电功,属于非体积功,尽管过程中也会产生少量热量,但此过程的热不能称为热效应。热效应的符号与热力学第一定律中热的符号一致,用 Q 表示,吸热为正,放热为负。

补充说明,测量反应热要求等温过程,反应物的起始温度等于产物的终态温度($T_{始态} = T_{终态}$),此时整个反应过程中系统与环境所交换的热量称为热效应。起始和终态温度相等情况下,对某一化学反应所测定的热效应有确定值,同一个化学反应的热效应测定值会随系统最终温度的不同而不同。只有起始和终态温度相等情况下,不同化学反应的热效应才具有可比性。

由于热不是状态函数,其数值与变化的途径或者条件有关,虽然始态、终态相同,但若途径或条件不同,吸收或放出的热是不相等的。根据反应的途径或条件不同,常分为等容反应热和等压反应热。

1)等容反应热

根据热力学第一定律

$$\Delta U = Q + W, W = W_e + W_p (W_e \text{ 为膨胀功或体积功}, W_p \text{ 为非膨胀功或非体积功})$$

在封闭系统中,若化学反应在固定体积的容器中进行,且不做非体积功(即 $W_p = 0$);因体积恒定,等容 $\Delta V = 0$, $W_e = p\Delta V = 0$。

等容条件下

$$\Delta U = Q_V \qquad (1.5)$$

式中,Q_V 为等容反应热。该式表明:在等容条件下,化学反应的反应热在数值上等于该反应系统内能的改变量。

在等容反应过程中系统放出热量,Q_V 为负值,ΔU 也为负值,系统的内能减少;在等容反应过程中系统吸收热量,Q_V 为正值,ΔU 也为正值,系统的内能增加。

实验测定反应的等容反应热,通常采用封闭的"氧弹式热量计"(图1.1)。由于 $\Delta U = Q_V$,测定等容热效应值也就测定了系统的热力学能的增量 ΔU。考虑到大多数化学反应进行时系统的体积可能发生较大变化,所以等容反应热的使用范围相对较窄。

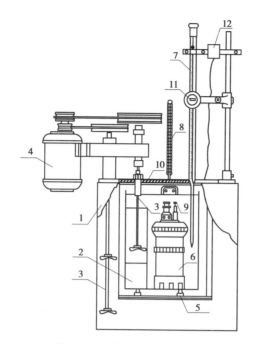

图 1.1　氧弹式热量计示意图

1—外壳；2—量热容器；3—搅拌器；4—搅拌马达；5—绝热支柱；6—氧弹；7—贝克曼温度计；
8—工业用玻璃温度计；9—电极；10—盖子；11—放大镜；12—电动振动装置

2）等压反应热

（1）焓（enthalpy）

在封闭系统中，如果系统在始态压力等于终态压力和环境压力的条件下进行反应，即等压过程，只做体积功，此时引出热力学上一个重要的状态函数——焓。大多数化学反应是在等压条件下进行的，例如，在敞口容器中进行的溶液反应或恒定压力下进行的气体反应就是这种类型。在等压条件下进行反应，系统的体积变化可能较大，在反应过程中系统与环境间所传递的体积功为 $W=-p_{外}(V_2-V_1)$，$p_{外}$ 为环境施加在系统的压力。

根据热力学第一定律

$$\Delta U=Q+W\rightarrow Q=\Delta U-W$$
$$Q_p=U_2-U_1+p_{外}(V_2-V_1)$$
$$=U_2-U_1+p_{外}(V_2-V_1)$$
$$=(U_2+p_2V_2)-(U_1+p_1V_1)$$
$$p_2=p_1=p_{外}$$

即在等压过程中，系统吸收的热量 Q 等于终态和始态的（$U+pV$）值之差，U、p、V 都是状态函数，它们组合而成的 $U+pV$ 也应是状态函数。为了方便起见，我们把这个通过组合得到的新的状态函数叫作焓（enthalpy），用符号 H 表示。像这种通过组合得到的函数，我们又称为辅助函数，后面提到的熵 S 和吉布斯能 G 都是辅助函数，它们本身没有明确的物理意义，但是它们的变量在热力学中具有实际的意义。焓 H 是人们在处理系统状态变化时引入的一个状态函数，定义为：

$$H=U+pV \tag{1.6}$$

那么前式可写成

$$Q_p = H_2 - H_1 = \Delta H \tag{1.7}$$

式(1.7)表示在封闭系统中,当发生只做体积功的等温等压过程时,系统与环境交换的热 Q_p 数值上等于系统的焓变 ΔH。即在等温等压过程中,系统吸收的热量全部用来增加系统的焓,故等压反应热就是系统的焓变,用 ΔH 来表示。

因为大多数反应过程是在等压条件下发生的,且 $\Delta H = Q_p$,所以目前普遍用焓变 ΔH 代替 Q_p 表示等压过程的热效应。

(2)等压反应热和等容反应热的关系

$$\Delta H = \Delta U + p\Delta V$$

因为 $Q_p = \Delta H, Q_v = \Delta U$,故 Q_p 与 Q_V 有如下关系:

$$Q_p = Q_v + p\Delta V \tag{1.8}$$

体系的内能变化和等压条件下体积功之和等于体系焓变。

聚集态:

①参加反应的反应物和产物都处于固态或液态时,反应的 ΔV 值很小,$p\Delta V$ 可忽略,故 $\Delta H \approx \Delta U$;

②当有气体参加的反应,ΔV 值往往较大。应用理想气体状态方程可得:

$$p\Delta V = p(V_2 - V_1) = (n_2 - n_1)RT = (\Delta n)RT$$

Δn 为气体产物的物质的量减去气体反应物的物质的量。将此关系式代入前式,得

$$\Delta H = \Delta U + (\Delta n)RT$$

$$Q_p = Q_V + (\Delta n)RT$$

化学反应通常是在等压条件下进行,因此反应的焓变(等压反应热)更有实际意义。如不加以指明,均指等压反应热。

反应的焓变(等压热效应)是热力学的重要数据,实验室中可在保温杯式量热计中测定等压热效应。由于 $\Delta H = Q_p$,测定等压热效应也就测定了系统的焓变。

备注:一般化学反应的摩尔反应热大致在几十至几百 kJ 的数量级,而有气体体积变化的反应,通常反应前后只是 1,2 或 3 mol 气体变化,$(\Delta n)RT$ 项也只是几个 kJ,因此多数化学反应的 ΔH 和 ΔU 差值很小。

3)热化学方程式

(1)热力学标准态(thermodynamics standard state)

在热力学系统中,某些热力学量(U、H、G)的绝对值是无法准确测量的,但是由温度和压力改变引起这些量的变化值却可以通过仪器准确测量。为了使不同反应的热力学量变化值的测量结果之间具有可比性,在测量之前,需要设置统一反应条件作为基准线(base line)。这种系统和环境所选择的标准反应条件就是标准状态(standard state),简称"标准态"。

①对于标准态的气体物质,不管是单一组分还是在气体混合物中,都是在标准压力 $p^{\ominus} = 100$ kPa 时表现出理想气体状态的纯物质。

②对于纯液体物质,其标准态定义为在标准压力 $p^{\ominus} = 100$ kPa 的纯液体;对于纯固体物质,其标准态定义为在标准压力 $p^{\ominus} = 100$ kPa 的纯固体。

③对于溶液系统,标准态的定义除规定压力外,还同时规定组成浓度。对于溶液的溶剂而言,标准态是纯液体(对液体溶液)或纯固体(对固体溶液);对于溶液的溶质而言,标准态一般选择为 1 mol/kg(标准质量摩尔浓度)或 1 mol/L(标准浓度),两者的标准压力均为

100 kPa。

④标准态在定义中没有明确指定温度的标准值,故理论上可以存在多个温度的标准态。为了完善标准态定义,便于使用,IUPAC 推荐使用 298.15 K 作为参考温度。

补充说明,在历史上最初标准态定义的压力为 1 atm(101.325 kPa)。IUPAC 于 1982 年建议将原来的标准压力 $p^{\ominus}$ 值 1 atm(101.325 kPa)改为 100 kPa,对所有的物质来说,此变化引起标准热力学性质量值的改变很小,由此导致的误差可以忽略。

(2)热化学方程式

表示化学反应和热效应关系的方程式称为热化学方程式。由于在大气压下发生的化学反应通常是只做体积功的等压过程,此时热效应 $\Delta H = Q_p$,故常用焓变 $\Delta_r H_m^{\ominus}(298.15\ K)$ 来表示化学反应的热效应,进而书写热化学方程式。例如:

$$H_2(g) + \frac{1}{2}O_2(g) \longrightarrow H_2O(l) \quad \Delta_r H_m^{\ominus}(298.15\ K) = -286\ kJ/mol$$

式中,$\Delta_r H_m^{\ominus}(298.15\ K)$ 称为反应的标准摩尔焓变;H 的左下标 r 表示化学反应(reaction);右下标 m 表示摩尔(mol),指反应进度为 1 mol;右上标 ⊖ 表示反应条件处于热力学标准态(压力为 100 kPa,浓度为 1 mol/L);298.15 K 是指反应温度。

由于化学反应热效应与反应进行的温度、压力、反应物和产物的聚集状态以及物质的量等有关,所以书写热化学方程式时要注意以下两点:

①在热化学方程式中必须标出有关物质聚集状态甚至晶体类型。不同晶型反应测得的 $\Delta_r H_m^{\ominus}$ 是不同的。用 g,l,s 分别代表气态、液态和固态,cr 表示晶态,am 表示无定形固体,aq 表示水溶液。例如:

$$C\ (石墨) + O_2(g) \longrightarrow CO_2(g), \quad \Delta_r H_m^{\ominus}(298.15\ K) = -393.51\ kJ/mol$$

②热化学方程式中物质的化学计量数不同,即使是同一反应,热效应的数值也不同。

$$H_2(g) + \frac{1}{2}O_2(g) \longrightarrow H_2O\ (l) \quad \Delta_r H_m^{\ominus}(298.15\ K) = -285.83\ kJ/mol$$

$$2H_2(g) + O_2(g) \longrightarrow 2H_2O(l) \quad \Delta_r H_m^{\ominus}(298.15\ K) = -571.66\ kJ/mol$$

书写热化学方程式时,应注明反应温度和压力条件,如果反应发生在 298.15 K 和 100 kPa 下,习惯上不注明。

(3)反应的标准摩尔焓变($\Delta_r H_m^{\ominus}$)

①反应的标准焓变($\Delta_r H^{\ominus}$)。标准状态下,反应进度为 n 时化学反应的焓变称为化学反应的标准焓变(standard enthalpy change of reaction),用 $\Delta_r H^{\ominus}$ 表示。下标" r "表示一般的化学反应,上标"⊖"表示标准状态。$\Delta_r H^{\ominus}$ 的 SI 单位为 kJ。尽管温度不是标准状态的规定条件,但由于许多重要数据都是 298.15 K 下测定的,故常用 298.15 K 下的标准焓变,记为 $\Delta_r H^{\ominus}$(298.15 K),此时反应进度等于物质量的变化除以化学计量系数。

②反应的标准摩尔焓变($\Delta_r H_m^{\ominus}$)。在标准状态下,发生了反应进度为 1 mol 的化学反应的焓变称为化学反应的标准摩尔焓变(standard molar enthalpy change of chemical reaction)。在 $\Delta_r H_m^{\ominus}$ 符号中的 m 表示反应进度为 1 mol,$\Delta_r H_m^{\ominus}$ 的 SI 单位为 kJ/mol。

$$\frac{1}{2}N_2(g) + \frac{3}{2}H_2(g) \longrightarrow NH_3(g), \Delta_r H_m^{\ominus}(298.15\ K) = -46.11\ kJ/mol$$

$$2Ag(s) + \frac{1}{2}O_2(g) \longrightarrow Ag_2O(s), \Delta_r H_m^{\ominus}(298.15\ K) = -31.05\ kJ/mol$$

常用298.15 K时的数据，298.15 K时化学反应的标准摩尔焓变记为 $\Delta_r H_m^{\ominus}$(298.15 K)。

由于化学反应的进度与计量方程密切相关，所以 $\Delta_r H_m^{\ominus}$ 的量值与热化学方程式的书写方式是联系在一起的，例如：

$$C（石墨）+\frac{1}{2}O_2(g) \longrightarrow CO(g) \quad \Delta_r H_m^{\ominus}(298.15\ K) = -110.5\ kJ/mol$$

$$2C（石墨）+O_2(g) \longrightarrow 2CO(g) \quad \Delta_r H_m^{\ominus}(298.15\ K) = -221\ kJ/mol$$

上述两个方程尽管是同一反应，并且都只进行了 1 mol 的反应，但由于热化学方程式中化学计量系数不同，第二个计量方程参加反应的物质的量为第一个计量方程的 2 倍，所以第二个计量方程式与第一个计量方程式的反应进度同为 1 mol 时反应焓变增加了一倍。

根据焓的状态函数的性质，过程逆向进行，ΔH 要变号，故

$$\Delta_r H_m^{\ominus}（正反应）= -\Delta_r H_m^{\ominus}（逆反应）$$

③反应摩尔焓变 $\Delta_r H_m$ 的测定。当反应的压力不是标准压力 100 kPa，此时焓的右上标没有⊖；我们在常压下测定的反应摩尔焓变实际都是 $\Delta_r H_m$，即通过量热法测定 $\Delta_r H_m = Q_p$。首先测定反应焓变，然后由所加入反应的物质的量算出 Δn_B，根据给定的化学计量方程式确定 v_B，即可由下式计算出反应摩尔焓变 $\Delta_r H_m$。

$$\Delta_r H_m = \frac{\Delta_r H}{\Delta \xi} = \frac{v_B \Delta_r H}{\Delta n_B}$$

需要说明 $\Delta_r H^{\ominus}$、$\Delta_r H_m^{\ominus}$ 和 $\Delta_r H_m$ 的概念和单位是不同的。$\Delta_r H_m$ 的单位 kJ/mol，其中的"m"是指反应进度为 1 mol。$\Delta_r H_m$ 的含义是该化学反应在任意态条件下反应进度为 1 mol（或发生了 1 mol 反应）时的焓变。加上标准态的限制条件后，$\Delta_r H_m^{\ominus}$ 就是在标准状态下，反应进度为 1mol 反应（或发生了 1mol 反应）时的焓变，单位 kJ/mol。$\Delta_r H^{\ominus}$ 单位为 kJ，$\Delta_r H^{\ominus}$ 的含义是该反应在标准态下反应进度为 n mol 时的焓变。

④标准摩尔生成焓（$\Delta_f H_m^{\ominus}$）。在标准状态下，由参考态单质生成 1 mol 物质 B 的化学反应的标准摩尔焓变，称为该物质 B 的标准摩尔生成焓（standard molar enthalpy of formation），温度常选取 298.15 K，用 $\Delta_f H_m^{\ominus}$(298.15 K)表示。例如：

$$C（石墨）+\frac{1}{2}O_2(g) \longrightarrow CO(g) \quad \Delta_f H_m^{\ominus}(298.15\ K) = -110.5\ kJ/mol$$

参考态单质即是最稳定的单质，结合物质的标准摩尔生成焓的定义，假设最稳定单质自己生成自己，由于此时晶型结构没有发生变化，参考态单质的标准摩尔生成焓 $\Delta_f H_m^{\ominus}$(298.15 K)等于零；非参考态单质的物质标准摩尔生成焓 $\Delta_f H_m^{\ominus}$(298.15 K)不为零。例如，C 有石墨和金刚石两种晶体结构，其中石墨作为 C 的参考态单质，当石墨反应生成石墨，物质晶型没有发生变化，$\Delta_f H_m^{\ominus}$(298.15 K)= 0 kJ/mol；金刚石为 C 非参考态单质。

$$C（石墨）\longrightarrow C（金刚石）\quad \Delta_f H_m^{\ominus}(298.15\ K) = -1.9\ kJ/mol$$

它表示由石墨单质制备金刚石反应的焓变。因此，对于一个物质而言，其标准摩尔生成焓并不是这个物质焓的绝对值，而是相对于生成它的参考单质焓的相对值。

同一物质的不同聚集态，它们的标准摩尔生成焓也是不同的，应予以注意。例如，$H_2O(g)$ 的 $\Delta_f H_m^{\ominus}$(298.15 K) = -241.8 kJ/mol，而 H_2O(l) 的 $\Delta_f H_m^{\ominus}$(298.15 K) = -285.8 kJ/mol。

各种物质在298.15 K时的 $\Delta_f H_m^{\ominus}$ 数据可以在有关的化学手册中查到。附表中列出了若干常见单质、化合物的标准摩尔生成焓 $\Delta_f H_m^{\ominus}$ 数据，通过它们可以计算出有这些物质参加的化

学反应(或物质变化)的焓变。绝大多数化合物的 $\Delta_f H_m^{\ominus}$ 是负值,即单质形成化合物时是放热过程;只有少量化合物的 $\Delta_f H_m^{\ominus}$ 为正值,如 $NO_2(g)$、$HI(g)$ 等,由单质形成化合物时是吸热过程,这类化合物通常是不稳定的。

　　⑤标准摩尔反应焓变计算。

　　a. 利用标准摩尔生成焓 $\Delta_f H_m^{\ominus}$ 计算反应的标准摩尔反应焓 $\Delta_r H_m^{\ominus}$,化学反应进行前后质量守恒,所以合成始态反应物与终态产物所需的单质数量是相同的。由于焓是状态函数,且有关物质 298.15 K 时的标准摩尔生成焓可以从热力学手册中查到,因此可以利用状态函数的特性来计算化学反应 298.15 K 时的标准摩尔反应焓变 $\Delta_r H_m^{\ominus}$,即通过物质的标准摩尔生成焓计算标准摩尔反应焓。

　　例:

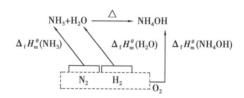

图 1.2　由参考态单质出发计算反应焓示意式

　　如图 1.2 所示,标准状态,298.15 K 下参考态单质为始态;标准状态、298.15 K 下生成物为终态。由始态到终态可经两条不同的途径:其一,由参考态单质先结合成反应物,再由反应物转变为生成物;其二,由参考态单质直接结合为生成物。由于焓是状态函数,其增量——焓变只与始态及终态有关而与途径无关。相同的始态及终态,两条途径的焓变应当是相等的,即

$$\Delta_f H_m^{\ominus}(NH_3) + \Delta_f H_m^{\ominus}(H_2O) + \Delta_r H_m^{\ominus} = \Delta_f H_m^{\ominus}(NH_4OH)$$
$$\Delta_r H_m^{\ominus} = \Delta_f H_m^{\ominus}(NH_4OH) - \Delta_f H_m^{\ominus}(NH_3) - \Delta_f H_m^{\ominus}(H_2O)$$

　　由上面 $\Delta_r H_m^{\ominus}$ 计算式展开推导如下公式:

$$\Delta_r H_m^{\ominus}(298.15\ K) = \sum_B v_B \Delta_f H_m^{\ominus}(B\ 相态\ 298.15\ K) \tag{1.9}$$

　　由式(1.9)可知,在一定温度下任一化学反应的标准摩尔焓变等于同温度下反应前后各物质的标准摩尔生成焓与其化学计量系数的乘积求和。

　　【例 1.1】查出物质标准摩尔生成焓 $\Delta_f H_m^{\ominus}$ 的数据,计算乙炔完全燃烧的反应标准摩尔焓变 $\Delta_r H_m^{\ominus}$。

　　解:先写出 1 mol 乙炔完全燃烧的化学计量方程,再从附表中查出有关各物质的 $\Delta_f H_m^{\ominus}$ (298.15 K),将它们分别整齐地列在各物质的化学式下面:

$$C_2H_2(g) + 5/2 O_2(g) \longrightarrow 2CO_2(g) + H_2O\ (l)$$

$\Delta_f H_m^{\ominus}(298.15\ K)/(kJ/mol)$　227.4　　　0　　　　　-393.5　　-285.8

根据公式得

$$\Delta_r H_m^{\ominus}(298.15\ K) = \sum_B v_B \Delta_f H_m^{\ominus}(B\ 相态\ 298.15\ K)$$
$$= [(-1) \times \Delta_f H_m^{\ominus}(C_2H_2,\ g) + (-5/2) \times \Delta_f H_m^{\ominus}(O_2,\ g)] +$$
$$[2 \times \Delta_f H_m^{\ominus}(CO_2,\ g) + \Delta_f H_m^{\ominus}(H_2O,\ l)]$$
$$= -1 \times 227.4 + 2 \times (-393.5) + 1 \times (-285.8)$$

$$= -1\ 300.2(kJ/mol)$$

b. 利用物质的标准摩尔燃烧焓计算反应热。

许多无机化合物的生成热可以通过实验测出,但有机化合物难以直接由单质合成,故有机化合物的生成热是无法测定的。但是绝大多数的有机化合物都能在氧气中燃烧,它们的燃烧热可以测定。

在标准态下,1 mol 物质与氧进行完全氧化反应时的反应热称为该物质的标准摩尔燃烧热,或称为该物质的标准摩尔燃烧焓。物质的标准摩尔燃烧焓用符号 $\Delta_c H_m^{\ominus}(T)$ 表示,下标 c 表示燃烧反应(combustion),298.15 K 时物质的标准摩尔燃烧焓简写成 $\Delta_c H_m^{\ominus}$。物质的标准摩尔燃烧焓数据可以从化学手册中查到。本书附录收录了一些有机化合物的 $\Delta_c H_m^{\ominus}$ 数据。

利用物质的标准摩尔燃烧焓计算反应热,在常见的化学反应尤其是有机化学反应中,反应物和产物均能进行完全氧化反应而形成相同的氧化产物。例如:

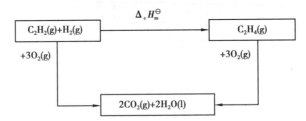

对于给定的化学反应,可得到用物质的标准摩尔燃烧焓计算反应热的通式为

$$\Delta_r H_m^{\ominus} = - \sum_B v_B \Delta c H_m^{\ominus}(B) \tag{1.10}$$

即在一定温度下化学反应的标准摩尔焓变等于同样温度下反应前后各物质的标准摩尔燃烧焓与其化学计量数的乘积之和的负值。

【例1.2】已知 298.15 K 时 C_2H_5OH (l) 的标准摩尔燃烧焓为 $-1\ 366.8$ kJ/mol,计算其标准摩尔生成焓。

解:乙醇的燃烧反应为

$$C_2H_5OH\ (l) + 3O_2(g) \longrightarrow 2CO_2(g) + 3H_2O\ (l)$$

其标准摩尔燃烧焓 $\Delta_c H_m^{\ominus} = -1\ 366.8$ kJ/mol 即为该反应的标准摩尔反应焓 $\Delta_r H_m^{\ominus}$。

由附录查得:$\Delta_f H_m^{\ominus}(O_2, g) = 0$ kJ/mol

$$\Delta_f H_m^{\ominus}(CO_2, g) = -393.51 \text{ kJ/mol}$$

$$\Delta_f H_m^{\ominus}(H_2O, l) = -285.83 \text{ kJ/mol}$$

$$\Delta_r H_m^{\ominus} = [\ 2\Delta_f H_m^{\ominus}(CO_2, g) + 3\Delta_f H_m^{\ominus}(H_2O, l)\ ] - \Delta_f H_m^{\ominus}(C_2H_5OH, l)$$

移项

$$\Delta_f H_m^{\ominus}(C_2H_5OH, l) = [\ 2\Delta_f H_m^{\ominus}(CO_2, g) + 3\Delta_f H_m^{\ominus}(H_2O, l)\ ] - \Delta_r H_m^{\ominus}$$

$$\Delta_f H_m^{\ominus}(C_2H_5OH, l) = 2 \times (-393.51) + 3 \times (-285.83) - (-1\ 366.8)$$

$$= -277.7(kJ/mol)$$

(4)盖斯定律

化学家盖斯(Hess)在热力学第一定律建立之前,通过分析大量热效应实验数据,提出了一条规律:一个反应无论是一步完成还是分几步完成,它们的热效应是相等的。总反应的热效应等于各分步反应的热效应之和,此经验规律称为盖斯定律。即总反应的热效应只与反应的始态及终态(包括温度、反应物和生成物的量及聚集态等)有关,而与变化的途径无关。盖斯定律,可以将各分步反应热进行代数运算,通过已经测得的化学反应的热效应(焓变)来间接计算难以用实验直接测定的反应的热效应。

此定律适用于等温等压热效应或等温等容热效应。在等压、只做膨胀功的条件下,$\Delta H = Q_p$;在等容条件下,$\Delta U = Q_V$。H 与 U 都是状态函数,当反应的始态和终态一定时,H 和 U 的改变值 ΔH 和 ΔU 与途径无关。无论是一步完成还是多步完成反应,反应热都是一样的。因此,盖斯定律是热力学第一定律的特殊形式和必然结果。

【例 1.3】计算在 298.15 K 时下列反应的标准摩尔焓变。
$$C_2H_5OH(l) + 3O_2(g) \longrightarrow 2CO_2(g) + 3H_2O\ (l)$$

解:由于在 298.15 K,标准态下,反应物和产物均可由单质 C(石墨)、$H_2(g)$ 和 $O_2(g)$ 来生成,于是可写出如下的框图:

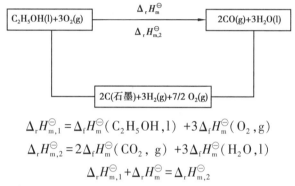

$$\Delta_r H_{m,1}^{\ominus} = \Delta_f H_m^{\ominus}(C_2H_5OH,l) + 3\Delta_f H_m^{\ominus}(O_2,g)$$

$$\Delta_r H_{m,2}^{\ominus} = 2\Delta_f H_m^{\ominus}(CO_2,g) + 3\Delta_f H_m^{\ominus}(H_2O,l)$$

$$\Delta_r H_{m,1}^{\ominus} + \Delta_r H_m^{\ominus} = \Delta_r H_{m,2}^{\ominus}$$

本节把热力学第一定律用于化学领域,讨论了化学反应中的能量转换问题,我们能够通过焓变计算确定已发生的化学反应的热效应。

1.3　化学反应的方向

1.3.1　自发过程

1)自发过程

自发过程(spontaneous process)是指在一定条件下,没有任何外力推动就可以自动进行的过程。

热力学第一定律论述了能量的守恒和转化,帮助我们理解了系统和环境中各种能量之间的关系,利用热力学第一定律可以计算化学反应的热效应。尽管自然界一切变化都遵循热力学第一定律,但大量事实表明,不违背热力学第一定律的过程不一定都能自发进行。

众所周知,热总是从高温物体向低温物体传递,而绝不会自动从低温物体传到高温物体。例如,将一杯热水放置在空间中,它可以自动地向周围环境散发热量,但绝不能自动从温度比它低的环境中吸收热量而沸腾,即使环境放出的热量与水吸收的热量相等,也绝不可能自动进行。上述过程尽管遵循了热力学第一定律,但是反应的方向却是一定的,热力学第一定律并不能回答反应进行的方向和限度。相似的例子,气体总是从高压区域向低压区域扩散,而绝不会自动地从低压区域向高压区域扩散;各部分浓度不同的溶液自动扩散,最后浓度均匀,而浓度已经均匀的溶液不会自动地变成浓度不均匀的溶液;锌片投入硫酸铜溶液中发生氧化还原反应,它的逆过程不会自动发生等。自发过程之所以有方向性,是由于系统内部某种性质的差异,如温度差 ΔT、压力差 Δp、浓度差 Δc 等,过程总是朝消除这种差异的方向进行。这些差异是推动过程自动进行的根本原因和推动力,由此造成的结果是不可能使系统和环境都恢复到原来的状态而不留下任何影响。也就是说,自发变化是有方向性的,是不可逆的。若要使它们逆向进行,必须借助环境外力,即环境对系统做功。例如,利用水泵抽水做功,可以把水从低水位处送到高水位处;利用冷冻机做功,可使热量由低温系统导向高温环境。这是自发变化的共同特征,也是热力学第二定律的基础。

人们之所以对自发过程感兴趣,是因为一切自发过程在适当的条件下可以对外做功,而非自发过程则必须依靠外力,即系统要消耗功才能进行。

随着自发过程的进行,系统最终达到一个稳定的平衡状态,这就是在一定条件下自发过程进行的限度。因此,自发过程就是系统从不平衡状态向平衡状态变化的过程。

自发过程的特征:

①自发过程具有方向性;

②自发过程进行有一定的限度,最终将达到平衡;

③进行自发过程的系统具有做有用功的能力。

对于不同类型的自发过程,总可以找到一个状态函数,用它来判断过程的方向和限度。例如,在传热过程中,用温度差来判断过程的方向和限度,其余如压力差、电势差、浓度差等,可以判断气流、电流和物质扩散等过程的方向和限度。这些状态函数统称为过程的判据。

由上述例子可知,在不同的自发过程中,采用状态函数判据是不同的。如果能找到一个普遍适用的状态函数判据来预测化学反应的方向,将使人们对化学变化的认识上升一个台阶,有利于掌握规律、利用自然和改造自然。

例:

$$CO(g)+NO(g)\longrightarrow CO_2(g)+\frac{1}{2}N_2(g)$$

如果理论上证明此反应在给定条件下可以自发进行,而且反应限度又较大,就可以为我们消除汽车尾气提供一种理想方案。当然,如果从理论上证明此反应在任何温度和压力下均为非自发反应,就没有必要去开发此方案。因此,我们需要找到一个状态函数来帮助判断反应的方向和限度。

2)化学反应的焓判据

在研究自然界的自发过程中,人们发现一些过程往往都是朝着能量降低的方向进行。显然能量越低,系统的状态越稳定。对于化学反应,由于焓是系统的宏观性质,其变化量 ΔH 反映了系统的终态(产物)与始态(反应物)之间的能量差,这使人们自然地认为,反应的焓变为负值($\Delta H<0$)时,系统的能量降低,反应可以自发进行。在热化学发展的历史上,1864 年法国化学家贝塞洛(Berthelor)提出一个经验规则:所有自发的化学反应都伴随着热的产生,在没有外界能量参与的条件下,自发的化学反应会趋向于放出热量最多的方向进行。这个规则把化学反应的热效应与化学反应的方向联系起来,而且指出放热越多,化学反应进行得越彻底,所以可以把反应焓作为反应自发进行方向的判据。

$$CH_4(g)+2O_2(g) \longrightarrow CO_2(g)+2H_2O(l) \quad \Delta_r H_m^{\ominus}(298.15\ K)=-890.36\ kJ/mol$$

$$2H_2(g)+O_2(g) \longrightarrow 2H_2O(l) \quad \Delta_r H_m^{\ominus}(298.15\ K)=-483.636\ kJ/mol$$

这两个反应的 $\Delta_r H_m^{\ominus}<0$，实验表明反应在 298.15 K、标准态下均能自发进行。然而进一步的研究发现，有一些系统能量升高的吸热过程（$\Delta_r H_m^{\ominus}>0$），在一定条件下也能自发进行。

例如：

$$H_2O(l) \longrightarrow H_2O(g) \quad \Delta_r H_m^{\ominus}(298.15\ K)=25.85\ kJ/mol$$

$$KNO_3 \longrightarrow K^+(aq)+NO_3^-(aq) \quad \Delta_r H_m^{\ominus}(298.15\ K)=37.25\ kJ/mol$$

298.15 K，标准态下 $CaCO_3$ 分解是吸热反应，即

$$CaCO_3(s) \longrightarrow CaO(s)+CO_2(g) \quad \Delta_r H_m^{\ominus}(298.15\ K)=178.32\ kJ/mol$$

实验表明，在 298.15 K 条件下 $CaCO_3$ 分解反应是非自发的，当温度升高至约 1 123 K 时，$CaCO_3$ 分解反应可以自发进行，此时反应的焓变仍近似等于 178.32 kJ/mol。

上述 3 个实例说明，把化学反应焓变作为反应自发进行方向的最终判据是不全面的，有局限性。这是由于在给定条件下，一个反应自发进行的推动力，除反应焓变外，还受系统混乱度的增加和反应温度的影响。

热力学第二定律根据热功交换的规律，提出具有普遍意义的熵函数。根据这个函数导出的其他热力学函数，解决了化学反应的方向性和限度问题。

1.3.2 熵

人们通过长期的观察发现，在没有环境影响的情况下，系统总是处于混乱程度大、概率大的状态。例如，通过活塞相连的装有两种不同气体的容器，打开旋塞，将自动发生两种气体相互扩散直至均匀混合，系统的混乱度增加。$NH_4NO_3(s)$ 的溶解，$NH_4NO_3(s)$ 放入水中，NH_4^+ 和 NO_3^- 脱离有序的晶体状态，逐渐扩散到水中，直至形成均匀的溶液，溶质、溶剂粒子的混乱度增加。自然界发生的自发过程一般都朝系统混乱度增加的方向进行。于是科学家利用宏观热力学第二定律推导引入一个新的状态函数——熵，表示物质混乱度的量度。

1824 年，法国科学家卡诺（N. L. Carnot）在研究影响热机效率的因素时，提出了著名的卡诺循环的概念，温度相同的低温热源和高温热源之间工作的不可逆热机的效率不能大于可逆热机的效率。在此基础上，克劳修斯（R. J. E. Clsusius）等人于 1854 年总结提出了克劳修斯不等式，并首次提出了熵函数概念。

$$dS=\frac{\delta Q_r}{T} \ 或 \ \delta Q_r=TdS \tag{1.11}$$

上式是克劳修斯提出的熵差的定义式，表示在温度 T 时进行一无限小的可逆过程，吸收微量热 δQ_r，使系统的熵增加无限小 dS，则 dS 等于 δQ_r 除以绝对温度 T。熵的中文含义即由其定义"热温商"而得名，而其英文原名的含义是"转变"，指热量可以转变为功的程度。TdS 也可看成功的一种形式。

熵是状态函数，根据热力学第一定律 $\Delta U=Q+W$，代入变形式

$$dS=\frac{\delta Q_r}{T}=\frac{dU+pdV}{T}$$

备注：Q 不是状态函数，与路径有关，但是可逆过程的 Q_r 与路径无关。

1)熵的概念

熵(entropy)——物质的一个重要状态函数,熵是系统混乱度的量度。混乱度与系统中可能存在的微观状态(Ω)有关,即系统中可能存在微观状态数越多,系统的外在表现就越混乱,混乱度越大,熵也就越大。

1878 年,玻尔兹曼(L. E. Boltzmann)用统计热力学方法证明 S 和 Ω 成对数关系,即

$$S = k \ln \Omega$$

式中,k 是玻尔兹曼常数,且 $k = \dfrac{R}{N_A} = \dfrac{8.314 \ \text{J}/(\text{mol} \cdot \text{K})}{6.02 \times 10^{-23} \ \text{mol}^{-1}} = 1.38 \times 10^{-23} \ \text{J/K}$。

因为 Ω 没有单位,所以 S 单位与 k 的单位一致,SI 单位为 J/K。

从参考附录中物质的标准摩尔熵的数据可以看出:当物质处于固态时,分子、原子或离子按一定规则基本固定排列在晶格内,转动和移动的位移很小,只能在平衡位置附近振动;当处于液态时,粒子间距离略有增加,分子运动程度加大,具有流动性,混乱度大于固态;当处于气态时,分子间距大大增加,分子可在大的空间运动,处于高度的无序状态。因此,粒子的运动自由度(微观状态数)是固态小于液态,液态小于气态。将微观状态数代入玻尔兹曼公式,随着分子运动混乱度 Ω 的增加,计算得到相应熵值。

下面总结了熵的一些规律:

① 同一物质,固体的熵较小,气态的熵较大,$S(\text{g}) > S(\text{l}) > S(\text{s})$。

表 1.1　同一物质不同相态时的熵值对比

物质	H_2O	Br_2	Na	I_2
$S_m^{\ominus}$	188.8(g)	245.5(g)	57.9(l)	260.7(g)
J/(mol·K)	70.0(l)	152.2(l)	51.3(s)	116.1(s)

② 同一物质的同一聚集态,随着温度升高,热运动增强,系统混乱度增加,熵也增大。$S(\text{高温}) > S(\text{低温})$。例:$CS_2(\text{l})$ 在 161 K 和 298 K 时 $S_m^{\ominus}$ 分别是 103 和 150 J/(mol·K)。

③ 对气体物质来说,压力增大时,熵值减小;而对固体和液体来说,压力改变对它们的熵值影响不大。例:298 K 时,O_2 在 101 kPa 和 606 kPa 的 $S_m^{\ominus}$ 分别是 205 和 190 J/(mol·K)。

④ 同一物态,物质的熵值与分子的组成和结构有关,分子中原子数目或电子数目越多,运动形式越复杂,微观状态数越多,混乱度越大,它的熵值也越大。

表 1.2　同族元素随分子量增加的熵值对比

物质	$F_2(\text{g})$	$Cl_2(\text{g})$	$Br_2(\text{g})$	$I_2(\text{g})$
$M/(\text{g} \cdot \text{mol}^{-1})$	38.0	70.9	159.8	253.8
$S_m^{\ominus}/(\text{J} \cdot (\text{mol} \cdot \text{K})^{-1})$	202.8	223.1	245.5	260.7

表 1.3　有机分子随组成结构变化的熵值对比

物质	$CH_4(\text{g})$	$C_2H_6(\text{g})$	$C_3H_8(\text{g})$	$C_4H_{10}(\text{g})$
$M/(\text{g} \cdot \text{mol}^{-1})$	16.0	30.1	44.1	58.1
$S_m^{\ominus}/(\text{J} \cdot (\text{mol} \cdot \text{K})^{-1})$	186.4	229.2	270.3	310.0

表 1.4　同素异形体随组成结构变化的熵值对比

物质	O	O_2	O_3
$S_m^\ominus/(J \cdot (mol \cdot K)^{-1})$	161	205.2	238.9

表 1.5　单质及其化合物的熵值对比

物质	N	NO	NO_2
$S_m^\ominus/(J \cdot (mol \cdot K)^{-1})$	153	210.8	240.1

⑤对同分异构体而言,对称性越高,混乱度越小,其熵值越小。例:乙醇(CH_3CH_2OH)和二甲醚(CH_3OCH_3)是同分异构体,在 298 K 时它们气态熵值分别是 283 和 267 J/(mol·K),这是因为乙醇分子的对称性不如二甲醚。

⑥化学反应中熵变只取决于反应系统的始态和终态,与系统状态变化的途径无关。

补充说明,内能 U、焓 H 和熵 S 是系统自身的性质。要认识理解它们,需要凭借系统和环境之间热量和功的交换。例如,从外界的变化来推断系统 U 和 H 的变化,如 $\Delta U = Q_V$,$\Delta H = Q_p$。熵也是这样,系统在一定状态下有一定熵值,当系统发生变化时要用可逆过程中的热温熵来衡量它的变化值。

总而言之,系统有序,混乱程度越小,熵值越小;系统无序,混乱程度越大,熵值越大。当状态一定,系统内部混乱程度就是一定的,即有一确定的熵值。和焓一样,熵也是一个具有容量性质的状态函数,它的量值和物质的量有关,具有加和性。

2)熵的计算

如前所述,系统的混乱度或熵值与温度有关。温度越低,粒子的运动速率越慢,自由活动的范围也越小,混乱度就越小,熵也越小。假设在 0 K 时,一个纯物质理想化的完美晶体,其组成粒子(分子、原子或离子)都处于完全有序的排列状态,混乱度最小,只有一种状态($\Omega = 1$),代入玻尔兹曼公式 $S = k \ln \Omega$,计算得到的熵值最小($S_0 = 0$),这就是热力学第三定律。即在绝对零度时,完整晶体的纯物质,其熵值规定为零,热力学第三定律是在低温实验的基础上,结合统计理论提出的。

随着温度的升高,熵逐渐增大。熵值的增加与该物质的比热容、摩尔质量、熔化热、汽化热等性质有关。根据 $S_0 = 0$,可求得在其他温度下的熵值 $S(T)$。

把 1 mol 纯物质的完整晶体从 0 K 加热至任一温度 T,并测量此过程的熵变 ΔS,

$$\Delta S = S_T - S_0 = S_T - 0 = S_T$$

因为 $S_0 = 0$,

所以
$$\Delta S = S_T \tag{1.12}$$

即求出了 1 mol 此物质在温度 T 时的熵 S_T,称它为此物质在温度 T 时的摩尔规定熵(conventional molar entropy),记为 $S_m(T)$。这与前面讨论的状态函数 U、H 不同,U、H 的绝对值无法求得,而摩尔规定熵 $S_m(T)$ 是有具体量值的。

在热力学标准状态下,某物质的摩尔规定熵称为此物质的标准摩尔熵(standard molar entropy),记为 $S_m^\ominus(T)$,简称标准熵。附表中记载有若干常见单质、化合物在 298.15 K 的标准摩尔熵,记为 $S_m^{\ominus}(298.15\ K)$,SI 单位是 J/(mol·K)。应当强调,此温度下任何单质的标准摩尔熵均不等于零,这与参考态单质的标准摩尔生成焓 $\Delta_f H_m^{\ominus}(298.15\ K)=0$ 是不同的。

对于给定反应 $aA+bB \longrightarrow cC+dD$,由于熵也是状态函数,其标准摩尔反应熵的计算方法与标准摩尔反应焓变相似。在标准状态、298.15 K 时 $\Delta_r H_m^{\ominus}(298.15\ K)$ 可由下式计算。

$$\Delta_r H_m^{\ominus}(298.15\ K) = \sum_B v_B \Delta_f H_m^{\ominus}(B\ 298.15\ K\ 相态)$$

$\Delta_r S_m^{\ominus}(298.15\ K)$ 可由下式计算。

$$\Delta_r S_m^{\ominus}(298.15\ K) = \sum_B v_B S_m^{\ominus}(B\ 298.15\ K\ 相态) \tag{1.13}$$

【例1.4】反应 $CaCO_3(s) \longrightarrow CaO(s)+CO_2(g)$ 在 298.15 K 的 $\Delta_r S_m^{\ominus}(298.15\ K)$ 是多少?

解:查附表得 3 种物质的标准熵

	$CaCO_3(s)$	$CaO(s)$	$CO_2(g)$
$S_m^{\ominus}(298.15\ K)/(J/(mol·K))$	91.7	38.1	213.8

$$\begin{aligned}\Delta_r S_m^{\ominus}(298.15\ K) &= \sum_B v_B S_m^{\ominus}(B\ 298.15\ K\ 相态) \\ &= [S_m^{\ominus}(CaO,298.15\ K,s)+S_m^{\ominus}(CO_2,298.15\ K,g)]-S_m^{\ominus}(CaCO_3,298.15\ K,s) \\ &= 38.1+213.8-91.7 \\ &= 160.2\ J/(mol·K)\end{aligned}$$

【例1.5】计算在 298.15K 时反应 $CO(g)+2H_2(g) \longrightarrow CH_3OH(l)$ 的标准摩尔熵变,并判断该反应的熵值是增大还是减小。

解:查附表得 3 种物质的标准熵

	$CO(g)+2H_2(g) \longrightarrow CH_3OH(l)$		
$S_m^{\ominus}(298.15\ K)/(J/(mol·K))$	197.674	130.684	126.8

$$\begin{aligned}\Delta_r S_m^{\ominus}(298.15\ K) &= \sum_B v_B S_m^{\ominus}(B\ 298.15\ K\ 相态) \\ &= S_m^{\ominus}(CH_3OH,298.15K,l)-[S_m^{\ominus}(CO,298.15K,g)+2S_m^{\ominus}(H_2,298.15\ K,g)] \\ &= 126.8-(197.674+2\times130.684) \\ &= -332.2\ J/(mol·K)\end{aligned}$$

由于 $\Delta_r S_m^{\ominus}<0$,所以在 298.15K、标准态下该反应为熵值减小的反应。

根据熵的概念,可以估算许多化学反应 ΔS 的符号。一般来说,若反应后气体物质的量增加,由于混乱度增加较多,反应熵也要增加,$\Delta_r S>0$;反之 $\Delta_r S<0$。若反应前后气体物质的量不变,通常熵值变化很小。

严格地说,一个化学反应的熵变与温度无关,假设反应前后物质没有发生相变化,物质的熵将随温度的升高而增大。在很多情况下,反应物增加的熵与产物增加的熵差不多,所以不同温度时反应的熵变通常无明显变化。在本书中,当温度变化范围不大时,可作近似处理,忽略反应熵变 $\Delta_r S$ 随温度的变化,以及由于温度引起反应物和产物的相变。

用熵变来判断过程自发进行的方向,原则上是可行,不过应当强调,这个系统必须是孤立系统,因为熵是从卡诺定理出发,经过克劳修斯不等式,在假设的孤立(隔离)系统中推导出来的辅助函数,孤立系统的总的熵变是自发性的判据。此时 $\Delta S_{孤立}>0$ 的过程是自发过程,即"熵增原理",任何自发过程都是由非平衡态趋向于平衡态,到了平衡态时熵函数达到最大值,熵增是孤立体系自发性的最终判据。

在孤立系统,自发过程熵判据:

①$\Delta S_{孤立}>0$,代表自发过程;

②$\Delta S_{孤立}=0$,代表可逆过程;

③$\Delta S_{孤立}<0$,代表非自发过程(逆向自发)。

若非孤立系统,则应以 $\Delta S_{总}$ 作判据,其中 $\Delta S_{总}=\Delta S_{系统}+\Delta S_{环境}$,即这时既要计算出系统的熵变,也要计算出环境的熵变,这就很不方便了。能否找到一个系统的状态函数,可以用它的变化来作为系统自发进行方向的简明、可靠的判据,单独通过系统判断反应自发性,而不必考虑环境的变化,这在下一小节将会提到。

$$CO(g)+H_2(g) \longrightarrow CH_3OH\ (l)$$

298.15 K 标准态下是自发反应,但 $\Delta_r S_m^{\ominus}<0$。

$$H_2O\ (l) \longrightarrow H_2O\ (s)$$

273.15K 标准态下是自发反应,但 $\Delta_r S_m^{\ominus}<0$。

上述两个例子表明用熵变来判断反应的自发性存在例外,反应的自发性不仅与焓变和熵变有关,还与反应的温度和环境因素有关。

1.3.3　化学反应的吉布斯自由能变

1)吉布斯能和吉布斯能变

在上一部分,我们引入了熵的概念,试图使用熵增原理来判断反应自发变化的方向,通过分析发现系统必须是孤立体系才能应用,通常化学反应是在等温等压或等温等容条件下进行的,对于非孤立系统需要同时考虑系统和环境的熵变,并且环境的熵变与系统的焓变有关,这给计算带来极大的不便。因此,有必要引入新的热力学函数,以便仅依靠此种函数自身的变化值,就可以在指定条件下判断自发变化的方向,无需再考虑环境。

1876 年,吉布斯(Gibbs)提出一个把焓和熵归并在一起的热力学函数,称为吉布斯(Gibbs)自由能,用 G 表示,其定义为:$G\equiv H-TS$。

吉布斯(Josiah Willard Gibbs,1839—1903),美国著名物理化学家,在物理、化学、数学、天文学等领域做出了重大贡献。

吉布斯 1854 年进入耶鲁大学学习,1863 年获得工程学博士学位,他是美国第一个工程学博士,毕业后在耶鲁大学任教。1871 年,吉布斯被评为数学物理学教授,是全美这个学科第一个教授。

1876 年,吉布斯在康涅狄格科学院学报上发表了奠定化学热力学基础的经典之作《论非均相物体的平衡》。这篇论文被认为是化学史上最重要的论文之一,其中提出了吉布斯自由能、化学势等概念,阐明了化学平衡、相平衡、表面吸附等现象的本

质。1889 年,吉布斯撰写了关于统计力学的经典教科书《统计力学的基本原理》,把统计力学和热力学结合起来而形成了统计热力学。1901 年,吉布斯获得当时科学界最高奖赏柯普利奖章,他是美国科学院、美国艺术和科学研究院以及欧洲 14 个科学机构的院士或通讯院士。

由于 H、T、S 都是状态函数,所以 G 也是状态函数,它具有状态函数的各种特点,G 为广度量。

在此基础上吉布斯证明,等温等压变化过程中 Gibbs 自由能变(ΔG)与焓变(ΔH)、熵变(ΔS)、温度(T)间的关系:

$$\Delta G = \Delta H - T\Delta S \tag{1.14}$$

式(1.14)称为吉布斯-赫姆霍兹方程(Gibbs-Helmholtz 方程),这是一个非常重要且实用的方程。吉布斯能变 ΔG 的 SI 单位 kJ/mol。在等温等压条件下,一个化学反应其状态函数 H 的变化 ΔH 决定了反应的能量变化——等压热效应;其状态函数 S 的变化描述了此反应混乱度的变化;两者对反应自发进行的方向影响是相反的。吉布斯函数 G 综合考虑了 S、H 和 T 三个因素,通过吉布斯自由能 G 变化值 ΔG 的正负可以判定反应自发进行的方向。

吉布斯提出:在等温等压的封闭系统内,不做非体积功的前提下,$\Delta_r G_m$ 可作为热化学反应自发过程的判据,即

$\Delta_r G_m < 0$ 反应自发进行

$\Delta_r G_m > 0$ 不能自发进行,逆反应自发进行

$\Delta_r G_m = 0$ 正、逆反应达到平衡

由于吉布斯自由能是状态函数,ΔG 值只取决于系统的始态和终态,而与变化途径无关。

系统在等温等压且不做非体积功的条件下,$\Delta G \leqslant 0$,反应自发进行。$\Delta G = 0$ 适用于可逆过程;$\Delta G < 0$ 适用于自发的不可逆过程。在等温等压条件下,一个化学反应系统总是自发从吉布斯自由能大的状态向吉布斯自由能小的状态方向进行($\Delta G < 0$),直到减至该情况下所允许的最小值,达到平衡为止;系统不会自发地从吉布斯自由能小的状态向吉布斯自由能大的状态进行($\Delta G > 0$),此为重要的最小吉布斯自由能变原理。利用吉布斯自由能可以在等温等压且不做非体积功的条件下判别系统的自发变化的方向。例:

$$CO(g) + NO(g) \longrightarrow CO_2(g) + \frac{1}{2} N_2(g) \qquad \Delta_r G_m^{\ominus}(298.15 \ K) = -345 \ kJ/mol$$

$$2CO(g) \longrightarrow 2C(s) + \frac{1}{2} O_2(g) \qquad \Delta_r G_m^{\ominus}(298.15 \ K) = +274 \ kJ/mol$$

前者 $\Delta_r G_m^{\ominus} < 0$,意味在标态,298 K 条件下气体 CO 和 NO 能自发反应生成 CO_2 和 N_2。

后者 $\Delta_r G_m^{\ominus} > 0$,意味在标态,298 K 条件下气体 CO 不能自发分解反应生成 C 和 O_2。

备注:

①只有在等温等压下的可逆过程中,系统吉布斯自由能的减少($-\Delta G$)才等于对外所作的最大非膨胀功,可利用此关系可判断过程的可逆性。

②根据吉布斯能的定义 $G \equiv H - TS$,由于焓 H 的绝对值未知,所以 G 绝对值也是未知的。

运用反应标准摩尔吉布斯能变判断反应方向有两种形式:

(1)根据 ΔG 值正负判断反应方向

由于吉布斯自由能是状态函数,ΔG 值只取决于系统的始态和终态,而与变化途径无关。系统从状态 1 变化到状态 2,如果已知状态 1 的吉布斯能 G_1,已知状态 2 的吉布斯能 G_2,则 $\Delta G = G_2 - G_1$;或者知道参与反应的每个物质的标准摩尔生成吉布斯能变 $\Delta_f G_m^{\ominus}$

$$aA + bB \longrightarrow cC + dD$$

$$\Delta_r G_m^{\ominus}(T) = \sum_B v_B \Delta_f G_m^{\ominus}(产物) + \sum_B v_B \Delta_f G_m^{\ominus}(反应物)$$

根据吉布斯判据是否 $\Delta_r G_m < 0$，判断反应的方向或自发性。

（2）根据吉布斯公式判断反应方向

在某些情况下，未知反应物或产物的标准摩尔生成吉布斯能变数据 $\Delta_f G_m^{\ominus}$，此时判断反应方向，需要根据吉布斯公式判断反应的自发性。

$$\Delta G = \Delta H - T\Delta S$$

在等温等压下，反应的 $\Delta_r G_m^{\ominus}$ 值取决于反应的 $\Delta_r H_m^{\ominus}$，$\Delta_r S_m^{\ominus}$ 和温度 T 三者关系。按 $\Delta_r H_m^{\ominus}$，$\Delta_r S_m^{\ominus}$ 的符号和数值，以及温度 T 对化学反应 $\Delta_r G_m^{\ominus}$ 的影响，可归纳为表 1.6 的 4 种情况。

表 1.6　$\Delta_r H_m^{\ominus}$，$\Delta_r S_m^{\ominus}$ 及 T 对 $\Delta_r G_m^{\ominus}$ 值及反应自发性影响的 4 种类型

反应类型	$\Delta_r H_m^{\ominus}$ 符号	$\Delta_r S_m^{\ominus}$ 符号	$\Delta_r G_m^{\ominus}$ 符号	反应情况	案例
1	−	+	均为−	任何温度下反应均为自发过程	$2O_3(g) \longrightarrow 3O_2(g)$
2	+	−	均为+	任何温度下反应均为非自发过程	$CO(g) \longrightarrow C(石墨) + \frac{1}{2}O_2(g)$
3	+	+	低温+ 高温−	低温下反应为非自发过程 高温下反应为自发过程	$CaCO_3(g) \longrightarrow CaO(s) + CO_2(g)$
4	−	−	低温− 高温+	低温下反应为自发过程 高温下反应为非自发过程	$HCl(g) + NH_3(g) \longrightarrow NH_4Cl(s)$

从表 1.6 可以总结如下规律：

①只要 $\Delta_r S_m^{\ominus}(298.15\ K) > 0$ 的熵增反应，那么无论 $\Delta_r H_m^{\ominus}(298.15\ K)$ 的值如何，在足够高的温度下总可以使 $\Delta_r G_m^{\ominus}(T) < 0$，使反应自发进行。实际上，对于气体物质分子数增加的化学反应，由于混乱度增加，熵增加，在适当的高温下反应总是可以自发进行。

②当熵变 $\Delta_r S_m^{\ominus}(298.15\ K)$ 很小时，在式中可忽略 $T\Delta_r S_m^{\ominus}(298.15\ K)$ 这一项，则 $\Delta_r G_m^{\ominus}(T) \approx \Delta_r H_m^{\ominus}(298.15\ K)$，$\Delta_r H_m^{\ominus}(298.15\ K)$ 的符号就决定了化学反应自发进行的方向。$\Delta_r H_m^{\ominus}(298.15\ K) < 0$ 的反应是放热反应，此时 $\Delta_r G_m^{\ominus}(T) < 0$，反应可自发进行，即在熵变可以忽略不计的情况下，放热反应可以自动发生。不过，绝不可将它作为判断过程自发性的普遍准则，它只有在焓变起主导作用，$|\Delta_r H_m^{\ominus}(298.15\ K)| > |T\Delta_r S_m^{\ominus}(298.15\ K)|$ 时才与客观事实相符。

③应当说明，本章讨论都是用 $\Delta_r G_m^{\ominus}(T)$ 作判据，来判断化学反应自发进行的方向。然而，遇到的化学反应常常不是在标准状态下进行的。严格地讲，这时就不能用 $\Delta_r G_m^{\ominus}(T)$ 作判据，而应当用指定态的 $\Delta_r G_m(T)$ 来作判据。不过对于常见的化学反应，只要 $\Delta_r G_m^{\ominus}(T)$ 的绝对值足够大，如 $\Delta_r G_m^{\ominus}(T) > 46\ kJ/mol$，那么 $\Delta_r G_m^{\ominus}(T)$ 和 $\Delta_r G_m(T)$ 量值的符号一般都是一致的。直接用 $\Delta_r G_m^{\ominus}(T)$ 作为化学反应自发进行与否的判据仍是比较可靠的。

2）化学反应的标准摩尔吉布斯能变的计算

化学反应的标准摩尔吉布斯能变 $\Delta_r G_m^{\ominus}$ 的计算有两种方法：

①利用标准摩尔生成吉布斯自由能 $\Delta_f G_m^{\ominus}$ 来计算化学反应的标准摩尔吉布斯能变 $\Delta_r G_m^{\ominus}$

物质的标准摩尔生成吉布斯自由能是指在标准态与温度 T 条件下，由参考态单质生成 1 mol 某种物质（化合物或其他形式的物质）时的 Gibbs 自由能变，符号为 $\Delta_f G_m^{\ominus}(T)$，SI 单位

kJ/mol。一些常见物质 298.15 K 时的 $\Delta_f G_m^{\ominus}$ 见附表。由附表数据可见,绝大部分物质的标准摩尔生成吉布斯自由能都是负值,只有少数物质的是正值,这和标准摩尔生成焓的情况相似。利用各种物质的 $\Delta_f G_m^{\ominus}$ 可以计算化学反应的 $\Delta_r G_m^{\ominus}$:

$$\Delta_r G_m^{\ominus}(T) = \sum_B v_B \Delta_f G_m^{\ominus}(B \text{ 相态 } T) \tag{1.15}$$

②利用吉布斯-赫姆霍兹公式计算化学反应的标准摩尔吉布斯自由能变

$$\Delta G = \Delta H - T\Delta S$$

前面焓和熵理论介绍过,对于不考虑反应前后相变的反应,在温度变化范围不太大时,可作近似处理,将反应的 $\Delta H(T)$ 和 $\Delta S(T)$ 视为不随温度变化,直接使用 298.15 K 的数据。而 ΔG 的值随温度变化较大,要考虑具体温度变化。对于温度 298.15 K,标准状态下化学反应的 $\Delta_r G_m^{\ominus}(298.15 \text{ K})$;对于温度 T,标准状态下化学反应的 $\Delta_r G_m^{\ominus}(T)$,分别采用下列吉布斯-赫姆霍兹公式形式:

$$\Delta_r G_m^{\ominus}(298.15 \text{ K}) = \Delta_r H_m^{\ominus}(298.15 \text{ K}) - 298 \text{ K} \times \Delta_r S_m^{\ominus}(298.15 \text{ K}) \tag{1.16}$$

$$\Delta_r G_m^{\ominus}(T) \approx \Delta_r H_m^{\ominus}(298.15 \text{ K}) - T\Delta_r S_m^{\ominus}(298.15 \text{ K}) \tag{1.17}$$

备注:标准态下,吉布斯公式 $\Delta_r G_m^{\ominus}(T) = \Delta_r H_m^{\ominus}(T) - T\Delta_r S_m^{\ominus}(T)$,在本章中 Gibbs 公式为方便书写,常简写为 $\Delta G = \Delta H - T\Delta S$。

【例 1.6】试根据反应的摩尔生成吉布斯自由能变 $\Delta_f G_m^{\ominus}(298.15 \text{ K})$ 的数据,判断下列反应在标准态 298.15 K 下能否自发进行。

解:由附表查出各物质的 $\Delta_f G_m^{\ominus}(298.15 \text{ K})$

$$2HCl(g) + Br_2(l) \longrightarrow 2HBr(g) + Cl_2(g)$$

$\Delta_f G_m^{\ominus}(298.15 \text{ K})/(\text{kJ/mol})$　　−95.3　　0　　　　−53.4　　　　0

可计算反应的标准摩尔吉布斯自由能变:

$$\Delta_r G_m^{\ominus}(298.15 \text{ K}) = \sum_B v_B \Delta_f G_m^{\ominus}(B \text{ 298.15 K 相态})$$
$$= [2 \times (-53.4) + 0] - [2 \times (-95.3) + 0]$$
$$= 83.8(\text{kJ/mol})$$

由于 $\Delta_r G_m^{\ominus}(298.15 \text{ K}) > 0$,可判定在 298.15 K、热力学标准态下,此反应不能自发进行。

【例 1.7】计算反应 $CaCO_3(s) \longrightarrow CaO(s) + CO_2(g)$ 在 $\Delta_r G_m^{\ominus}(298.15 \text{ K})$ 和 1 173 K 时的 $\Delta_r G_m^{\ominus}(T)$。

解:先由附表查出各物质的 $\Delta_f H_m^{\ominus}(298.15 \text{ K})$ 和 $S_m^{\ominus}(298.15 \text{ K})$,再分别由公式 $\Delta_r H_m^{\ominus}(298.15 \text{ K}) = \sum v_B \Delta_f H_m^{\ominus}(B \text{ 298.15 K})$ 和 $\Delta_r S_m^{\ominus}(298.15 \text{ K}) = \sum v_B S_m^{\ominus}(B \text{ 298.15 K})$ 计算出该反应在 298.15 K 的标准摩尔焓变和标准摩尔熵变:

$$CaCO_3(s) \longrightarrow CaO(s) + CO_2$$

$\Delta_f G_m^{\ominus}(298.15 \text{ K})/(\text{kJ/mol})$　　−1 128.79　　−604.04　　−394.359

$\Delta_f H_m^{\ominus}(298.15 \text{ K})/(\text{kJ/mol})$　　−1 206.92　　−635.09　　−393.51

$S_m^{\ominus}(298.15 \text{ K})/(\text{J}/(\text{mol} \cdot \text{K}))$　　92.9　　　　39.75　　213.74

1)$\Delta_r H_m^{\ominus}(298.15 \text{ K}) = \sum v_B \Delta_f H_m^{\ominus}(B \text{ 相态 298.15 K})$
$$= [\Delta_f H_m^{\ominus}(CaO, s) + \Delta_f H_m^{\ominus}(CO_2, g)] - \Delta_f H_m^{\ominus}(CaCO_3, s)$$
$$= -635.09 - 393.51 - (-11 206.92)$$

$$= 178.32 \text{ kJ/mol}$$

$$\Delta_r S_m^{\ominus}(298.15 \text{ K}) = \sum v_B S_m^{\ominus}(B \text{ 相态 } 298.15 \text{ K})$$

$$= [S_m^{\ominus}(CaO, s) + S_m^{\ominus}(CO_2, g)] - S_m^{\ominus}(CaCO_3, s)$$

$$= 39.75 + 213.74 - 92.9$$

$$= 160.6 \text{ J/(mol·K)}$$

$$\Delta_r G_m^{\ominus}(298.15 \text{ K}) = \Delta_r H_m^{\ominus} - T\Delta_r S_m^{\ominus} \text{ 简写 } \Delta G = \Delta H - T\Delta S$$

$$\Delta G = \Delta H - T\Delta S = 178.32 - 298.15 \times 160.6 \times 10^{-3}$$

$$= 130.44 \text{ kJ/mol}$$

2) $\Delta_r G_m^{\ominus}(298.15 \text{ K}) = \sum v_B \Delta_f G_m^{\ominus}(B \text{ 相态 } 298.15 \text{ K})$

$$= [\Delta_f G_m^{\ominus}(CaO, s) + \Delta_f G_m^{\ominus}(CO_2, g)] - \Delta_f G_m^{\ominus}(CaCO_3, s)$$

$$= (-604.04 - 394.359) - (-1\ 128.79)$$

$$= 130.39 \text{ kJ/mol}$$

由于 $\Delta_r G_m^{\ominus} > 0$，所以在 298.15K 和标准态下，$CaCO_3$ 分解反应不能自发进行。

3) $\Delta_r G_m^{\ominus}(1\ 173 \text{ K}) = \Delta_r H_m^{\ominus} - T\Delta_r S_m^{\ominus}$ 简写 $\Delta G(1\ 173\text{K}) = \Delta H - T\Delta S$，

$$\Delta G(1\ 173\text{K}) = \Delta H - T\Delta S = 178.32 - 1\ 173 \times 160.6 \times 10^{-3}$$

$$= -10.06 \text{ kJ/mol}$$

由于 $\Delta_r G_m^{\ominus} < 0$，所以在 1 173 K 和标准态下，$CaCO_3$ 分解反应能自发进行。

3) 计算反应自发进行的温度

对于表 1.6 中反应类型 3，在高温下能自发进行，温度下降到一定值后反应不能自发进行，存在自发进行的最低温度，此温度为转折温度；对于反应类型 4，在低温下反应能自发进行，温度上升到一定值后反应不能自发进行，存在自发进行的最高温度，此温度为转折温度。因此，对于温度影响自发性的反应类型，需要计算反应的转折温度。

在标准态下，反应能自发进行，根据吉布斯公式 $\Delta G = \Delta H - T\Delta S$，

$$\Delta G < 0$$

$$\Delta H - T\Delta S < 0$$

$$\Delta H < T\Delta S$$

$$T = \frac{\Delta H}{\Delta S}$$

备注：

① 若反应的 $\Delta S < 0$，则 $T < \frac{\Delta H}{\Delta S}$ 时，反应不能自发进行；

② 若反应的 $\Delta S > 0$，则 $T > \frac{\Delta H}{\Delta S}$ 时，反应能自发进行。

【例 1.8】试估算反应 $2Fe_2O_3(s) + 3C$（石墨）$\longrightarrow 4Fe(s) + 3CO_2(g)$ 自发进行的最低温度。

解：计算得 298.15 K 和标准态下，该反应的

$$\Delta_r H_m^{\ominus} = 467.9 \text{ kJ/mol}, \Delta_r S_m^{\ominus} = 558.32 \text{ J/(mol·K)}$$

$\Delta_r S_m^{\ominus}$ 为正值，所以该反应能进行的最低温度为

$$T = \frac{\Delta H}{\Delta S} = \frac{467.9 \text{ kJ/mol}}{558.32 \times 10^{-3} \text{kJ} \cdot \text{mol}^{-1} \cdot \text{K}^{-1}} = 838.1 \text{ K}$$

计算表明,只要反应温度高于838.1 K,上述反应能自发进行。

阅读材料:

21世纪终极能源——氢能源

氢能来源多样、应用广泛,清洁环保,被誉为"21世纪终极能源"。在碳中和、碳达峰的背景下,大力发展氢能是应对温室效应等气候问题、实现全球"双碳"目标的可持续途径之一。

氢能产业包括上游的氢气制备、中游的氢气储运及下游的氢气应用,本文简单介绍氢能产业技术现状,产业链各个环节的现状及发展方向。

一、氢气制备

按照制氢方式不同,氢气制取可分为化石燃料制氢、工业副产物制氢及可再生制氢等方式。工业副产物是指采用炼油过程中重油副产物制氢,可再生制氢主要包括电解水制氢和生物质制氢。副产物制氢和电解制氢面临的问题是能耗高、效率低;生物质制氢存在初产物杂质多,提纯工艺困难,不适合大规模制取等缺点,目前只限于实验室研究阶段。现阶段主要的制氢方式是化石燃料制氢。

化石燃料制氢主要包括煤制氢、天然气制氢、石油制氢、甲醇制氢及氨分解制氢等方式,其技术成熟,适合大规模工业化生产。传统化石能源制氢方式中,以天然气制氢最为合理且经济。与煤制氢、石油制氢装置相比,天然气制氢投资低,产率高,CO_2排放量、耗水量小,存在主要缺点是系统能耗较大,需要减少过程能耗损失、改善反应条件,提高整体环保效应。

工业上天然气制氢主要有3种方式:蒸汽转化、自热重整和部分氧化,其中蒸汽转化制氢是天然气制氢应用最广泛的方式。其基本工艺流程包括原料气处理、蒸气转化、CO变换和氢气提纯4个单元,制备的H_2纯度可达到99.9%~99.99%。

二、氢气储运

中游的氢能储运是高效利用氢能、促进氢能大规模化发展的主要环节。储氢技术一般要求安全、低成本、取用方便和大容量。目前,储氢的方式可以分为高压气态储氢、低温液态储氢、有机液态储氢及金属固态储氢等。

1)高压气态储氢。高压气态储氢技术发展成熟、应用广泛,目前该技术主要研究方向为储罐材料,以解决存储压力和压缩能耗,储罐质量和价格的平衡问题,但仍存在体积储氢密度低及安全性能差等缺点。

2)液态储氢。液态储氢包括以下2类:

a.低温存储液态氢。低温液态储氢将H_2冷却至−253 ℃,储氢密度可达70.6 kg/m,液化储存于低温绝热液氢罐中。相比于气态氢,液态氢密度更高,体积密度为气态时的845倍,其输送效率高于气态氢,可实现高效储氢。

b.有机液态储氢。有机液体储氢是利用某些不饱和有机物与H_2发生可逆的加氢脱氢反应,实现氢的储存,具有安全,污染小及储存设备简单等优点,但存在反应催化剂活性不稳定,反应能耗高及成本高等缺点。

3)固态储氢。固态储氢是以化学氢化物、金属氢化物或纳米材料等作为载体,通过化学或物理吸附实现氢的存储。其具有单位体积储氢密度高、能耗低、常温常压即可进行、安全性好及放氢纯度高等优势,其吸放氢的速度较稳定,但技术目前还不够成熟。

氢的运输主要根据储氢状态不同及运输量来选择不同的氢气运输方式。目前,氢气的主要运输方式有高压气态输送、低温液氢输送,有机液氢运输及固态氢运输。

三、氢能应用

氢能的应用领域涉及民用领域、工业领域、交通领域、电力领域、储能领域和航天领域。其中,在工业领域的应用中,氢气是石油领域炼油及化工行业的重要原料。在航空航天领域,液氢是航空航天飞机中最安全有效的能源之一。目前,研究人员开发出"固态氢"新材料比液氢的能量密度更高,可作为宇宙飞船或航天飞机的结构材料。

四、氢能技术发展

当前制氢技术研究的热点是将太阳能发电与电解水制氢耦合,建立太阳能-电能-氢能供给系统。目前,电解水制氢系统的电-氢转化效率已达到 60% ~73%。该技术的主要研究焦点为:发展低成本、导电性好、光电转换性能优异的光伏材料;提高电解水的电解效率,研发催化剂、隔膜、电极材料等关键技术;优化光伏发电耦合电解水制氢的连接方式。此外,低温LNG 液化氢气和超音速氢气提纯技术也是重要研究方向。

五、展望

氢能作为未来最具发展潜力的二次能源,具有清洁低碳、灵活高效等突出优势,在面对全球低碳能源转型,实现世界"双碳"目标可持续发展的大背景下,发展潜力巨大。

思考题与习题

1. 在标准状态,298.15 K 下,由 $Cl_2(g)$ 与 $H_2(g)$ 合成 4 mol HCl(g),试分别按下列计量方程

①1/2 $H_2(g)$ +1/2 $Cl_2(g)$ $\longrightarrow$ HCl(g)

②$H_2(g)$ +$Cl_2(g)$ $\longrightarrow$ 2HCl(g)

计算各自的 $\Delta\xi$,$\Delta_r H_m^{\ominus}$(298.15 K),$\Delta_r H$(298.15 K)。

2. 计算下列系统的热力学能变化。

①系统吸收了 100 J 的热量,并且系统对环境做了 540 J 的功。

②系统放出 100 J 热量,并且环境对系统做了 635 J 的功。

3. 298.15 K 水的蒸发热为 43.93 kJ/mol,计算蒸发 1 mol 水时的 Q_p、W 和 ΔU。

4. 已知 298.15 K,标准状态下

①$Cu_2O(s)$ +1/2$O_2(g)$ $\longrightarrow$ 2CuO(s)　　$\Delta_r H_m^{\ominus}$(1)= -146.02 kJ/mol

②CuO(s) +Cu(s) $\longrightarrow$ $Cu_2O(s)$　　$\Delta_r H_m^{\ominus}$(2)= -11.30 kJ/mol

求 CuO(s) +Cu(s) +$\frac{1}{2}$$O_2(g)$ 的 $\Delta_r H_m^{\ominus}$。

5. 已知

Cu (s) +$Cl_2(g)$ $\longrightarrow$ $CuCl_2(s)$　　$\Delta_r H_m^{\ominus}$ = -220.1 kJ/mol

$CuCl_2(s)$ +Cu(s) $\longrightarrow$ 2CuCl(s)　　$\Delta_r H_m^{\ominus}$ = -54.3 kJ/mol^{-1}

计算反应 $Cu(s)+1/2\ Cl_2(g) \longrightarrow CuCl(s)$ 的 $\Delta_r H_m^\ominus$。

6. 选择正确答案,填在横线上。

①已知 $CO_2(g)$ 的 $\Delta_f H_m^\ominus(298.15\ K)=-394\ kJ/mol$,$CO_2(g) \longrightarrow C(石墨)+O_2(g)$ 反应的 $\Delta_r H_m^\ominus(298.15\ K)=$ _____ kJ/mol

A. -394 B. -2×394 C. 394 D. 2×394

②$C(石墨)+O_2(g) \longrightarrow CO_2(g)$ $\Delta_r H_m^\ominus(298.15\ K)=-394\ kJ/mol$

$C(金刚石)+O_2(g) \longrightarrow CO_2(g)$ $\Delta_r H_m^\ominus(298.15\ K)=-396\ kJ/mol$

那么,金刚石的 $\Delta_f H_m^\ominus(298.15\ K)=$ _____ kJ/mol

A. -790 B. 2 C. -2 D. 790

7. 由 $\Delta_f H_m^\ominus$ 的数据计算下列反应在 298 K、标准状态下的反应热 $\Delta_r H_m^\ominus$。

① $4NH_3(g)+5O_2(g) \longrightarrow 4NO(g)+6\ H_2O(l)$

② $8Al(s)+3\ Fe_3O_4(s) \longrightarrow 4Al_2O_3(s)+9Fe(s)$

③ $CO(g)+H_2O(g) \longrightarrow CO_2(g)+H_2(g)$

8. 不查表,预计下列反应的熵值是增大还是减小?

① $2CO(g)+O_2(g) \longrightarrow 2CO_2(g)$

② $2NH_3(g) \longrightarrow N_2(g)+3H_2(g)$

③ $2Na+Cl_2(g) \longrightarrow 2NaCl(s)$

④ $H_2(g)+I_2(g) \longrightarrow 2HI(g)$

⑤ $N_2(g)+O_2(g) \longrightarrow 2NO(g)$

9. 状态函数具有哪些性质?下列哪些物理量是系统的状态函数:W、H、Q、ΔU、S、ΔG?并说明下列符号的意义:$\Delta_r H_m^\ominus$,$S_m^\ominus$,$\Delta_r S_m^\ominus$,$\Delta_r G_m^\ominus$,$\Delta_f H_m^\ominus$。

10. 下列说法是否正确? 如何改正?

①对于参考态单质,规定其 $\Delta_f H_m^\ominus(298.15\ K)=0$,$\Delta_f G_m^\ominus(298.15\ K)=0$,$S_m^\ominus(298.15\ K)=0$。

②某化学反应的 $\Delta_r G_m^\ominus>0$,此反应是不能发生的。

③放热反应都是自发反应。

11. 反应 $CaO(s)+H_2O(l) \longrightarrow Ca(OH)_2(s)$ 在标准状态,298.15 K 下是自发的,其逆反应在高温下变为自发进行的反应,那么可以判定在标准状态,298.15 K 时正反应的状态函数变化是_____。

A. $\Delta_r H_m^\ominus>0$;$\Delta_r S_m^\ominus>0$ B. $\Delta_r H_m^\ominus<0$;$\Delta_r S_m^\ominus<0$

C. $\Delta_r H_m^\ominus>0$;$\Delta_r S_m^\ominus<0$ D. $\Delta_r H_m^\ominus<0$;$\Delta_r S_m^\ominus>0$

12. 思考下列 4 个反应

①$2N_2(g)+O_2(g) \longrightarrow 2N_2O(g)$ $\Delta H=163\ kJ/mol$

②$2NO(g)+2NO_2(g) \longrightarrow 3N_2O_2(g)$ $\Delta H=-42\ kJ/mol$

③$2HgO(g) \longrightarrow 2Hg(g)+O_2(g)$ $\Delta H=180.4\ kJ/mol$

④$2C(g)+O_2(g) \longrightarrow 2CO(g)$ $\Delta H=-221\ kJ/mol$

问在标准态下哪些反应在所有温度下都能自发进行? 哪些只在高温或只在低温下自发进行? 哪些反应在所有温度下都不能自发进行?

13. 已知 $Cu_2O(s)+1/2O_2(g) \longrightarrow 2CuO(s)$ $\Delta_r G_m^\ominus(400\ K)=-102\ kJ/mol$,$\Delta_r G_m^\ominus(300\ K)=-113\ kJ/mol$,求该反应的 $\Delta_r H_m^\ominus$、$\Delta_r S_m^\ominus$。

14. 制取半导体材料硅可用下列反应：

$SiO_2(s,石英)+2C(s,石墨) \longrightarrow Si(s)+2CO(g)$

①计算上述反应的 $\Delta_r H_m^\ominus(298.15\ K)$ 及 $\Delta_r S_m^\ominus(298.15\ K)$。

②计算上述反应的 $\Delta_r G_m^\ominus(298.15\ K)$，判断此反应在标准状态，298.15 K 下可否自发进行。

③计算上述反应的 $\Delta_r G_m^\ominus(1\ 000\ K)$。在标准状态下，1 000 K 下，正反应可否自发进行？

④计算上述反应制取硅时该反应自发进行的温度条件。

15. 电子工业中清洗硅片的 $SiO_2(s)$ 反应式：

$SiO_2(s,石英)+4HF(g) \longrightarrow SiF_4(s)+2H_2O(g)$

$\Delta_r H_m^\ominus(298.15\ K)=-94.0\ kJ/mol$

$\Delta_r S_m^\ominus(298.15K)=-75.8\ J/(mol \cdot K)$

假设 $\Delta_r H_m^\ominus$ 和 $\Delta_r S_m^\ominus$ 不随温度而变，试求此反应自发进行的温度条件；有人提出用 HCl(g) 替代 HF，试通过计算判定此建议是否可行。

16. 判断下列反应

$C_2H_5OH(g) \longrightarrow C_2H_4(g)+H_2O(g)$

①在 298 K 下能否自发进行？

②在 360 K 下能否自发进行？

③求该反应能自发进行的最低温度。

17. 求下列反应的 $\Delta_r H_m^\ominus$ $\Delta_r S_m^\ominus$ $\Delta_r G_m^\ominus$，并用这些数据讨论利用此反应净化汽车尾气中 NO 和 CO 的可能性。

$CO(g)+NO(g) \longrightarrow CO_2(g)+1/2N_2(g)$

第 **2** 章
化学反应动力学

本章基本要求

(1) 掌握碰撞理论；

(2) 掌握活化能概念和含义；

(3) 掌握指前因子的含义；

(4) 掌握反应速率常数概念和含义；

(5) 掌握不同反应速率的表示方法；

(6) 掌握什么是基元反应以及基元反应的质量作用定律；

(7) 掌握不同反应级数的反应动力学方程的表达式、反应速率变化规律及相关计算；

(8) 掌握反应机理与反应动力学方程的关系；

(9) 掌握不同因素,特别是浓度、温度和压力对化学反应速率的影响。

2.1 概论

第一章从宏观角度研究了一个化学反应是正向进行还是逆向进行,以及反应理论上能进行到何种程度。但并未涉及反应进行的快慢,以及反应物分子是如何一步一步生成产物的。一般情况下,从宏观能量角度研究化学反应进行的方向和程度的分支学科称为化学热力学,而研究一个化学反应进行的速度和机理(即过程细节)的分支学科称为化学动力学。目前,人们还未能将热力学和动力学统一起来,因此并不能根据反应趋势的大小(即吉布斯自由能变的大小或平衡常数的大小)来预测反应进行的快慢。热力学趋势大(即 $-\Delta_r G_m^\ominus$ 大或平衡常数大)不一定反应速度快,趋势小不一定反应速度慢。

在前一章中了解了 3 种体系:孤立、封闭、敞开体系。主要学习了在封闭体系中发生化学反应的热力学。了解到一个化学反应在恒温恒压下要能够发生,必须满足总反应的吉布斯自由能变 $\Delta_r G_m^\ominus < 0$ 的条件。本章在此前提或可能性上进一步学习封闭体系的反应动力学。

化学反应动力学分为两个部分:一是宏观反应动力学,主要研究各种因素如温度、浓度、催化剂、扩散等对反应速率的影响,并建立化学反应的动力学方程。二是微观反应动力学,主要研究反应的历程或机理,建立基元反应的速度理论,涉及催化剂吸附、表面反应、活化、脱附、失活等各个基元步骤。前者是将化学反应当作一个黑盒子,对反应的本质并不清楚,只是改变各种外在条件,然后根据结果去获得一个与实验数据吻合的动力学方程,尽管这个方程不能反映化学反应的本质,对于超出实验研究范围使用时是不可靠的,但它在一定条件范围内是适用的,常常应用于实际工业过程。而微观反应动力学则是在弄清楚化学反应的机理或本质后,根据机理推导出的方程,它反映了化学反应本身的性质,将此微观动力学方程结合宏观因素,如质量传递、热量传递和动量传递的影响后也可以获得适用于实际工业过程的动力学方程,由于各个条件的影响非常清楚,它的适用范围比宏观动力学方程的范围更广,即便是超出了实验室研究的范围仍有很高的可靠性。

在本章学习中侧重于均相反应的反应动力学,首先从分子的运动出发,了解一个最简单的气体反应在一个封闭系统中得以发生的几个基本条件:相遇几率、能量要求、接触方向。然后再学习一个总反应需要经历多少步骤(机理)才能最终得到产物。最后学习根据不同反应类型得到不同的动力学方程式。另外简单介绍宏观反应动力学研究中各个因素的影响。

2.2　化学反应速率理论

2.2.1　碰撞理论

1)气体分子的运动

世界万事万物都处于变化之中。大至宏观的宇宙、星系,小至微观的分子、原子、质子、中子、电子等都处于运动之中。化学主要研究电子、原子、分子及其相互作用和相互作用的运动。

对于热运动,如果将一个分子看作一个质点,不考虑分子内部的运动,而只考虑分子之间的相互运动,则会发现,在一个封闭系统中,由于分子数众多,他们在不停地进行高速的无序运动。物理学家们发现,分子的运动速率分布是有规律的,即在某一速率区间的分子数分率是有一个分布的,这种分布可以用 1859 年英国物理学家麦克斯韦(Maxwell)使用概率论方法推出的气体分子运动速率分布公式(简称"麦克斯韦分布")进行描述(图 2.1)。

玻尔兹曼速度分布和能量分布与宏观参数—温度的高低直接对应。温度不同,气体分子的速度分布和能量分布不同。对于物质的量一定的同一种气体,随着温度升高,大于某一特定能量如 E_0 的分子分数会增大(图 2.2)。

图 2.1 中 N 为封闭体系中分子总数,ΔN 为处于某一能量范围内的分子数。E_k 为最高速率时的能量。图 2.2 中 $F(u)$ 为处于某一速率下的分子所占分数。

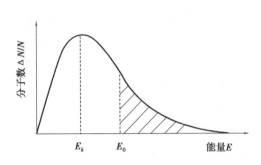
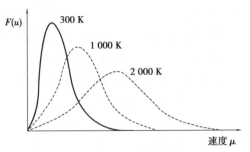

图 2.1　气体分子能量(运动速率)分布　　图 2.2　温度对分子运动能量或速度分布的影响

2)碰撞理论内容

自然界中大部分物质以分子而不是原子形式存在,这是因为原子结合形成分子之后能量更低,存在更稳定。这种能量的变化可以根据相关理论进行计算。化学反应也是类似的,形成新分子后的体系能量更低,因此反应得以发生。要生成产物,则反应物分子之间必须发生碰撞。碰撞则是形成新分子、发生化学反应的前提条件,只有发生了碰撞才有能量的交换与再分配。

根据上节描述可知,在单位时间 1 s 内气体分子之间的碰撞次数是很高的,常温常压下,具有 $10^{10\sim10^{12}}$ 次/s 以上的数量级。如果每次反应物分子之间的碰撞都能发生反应的话,那反应应瞬间完成。但事实是很多反应的反应速率很低,有的反应甚至不能发生。造成这种情况的原因有两个:①碰撞方向和姿态不正确;②碰撞时的能量不足以发生反应。因此,并不是碰撞就一定会发生反应,它必须满足最低的能量要求。

(1)有效碰撞

假设 A 分子和 B 分子发生碰撞,大致会出现如图 2.3 所示中 3 种情况。

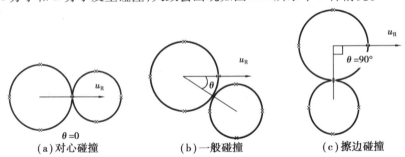

图 2.3　相对速度为 u_R 时的 3 种碰撞

由图 2.3 可知,3 种情况的碰撞激烈程度是不同的,(a)最剧烈,(b)其次,(c)最轻微。碰撞剧烈程度可由两个分子相对移动动能在两个分子中心连线上的分量大小来表示。一个化学反应要能够发生,只有剧烈程度达到并超过某一能量阈值 ε_0 的碰撞才行。

(2)碰撞方向

对于简单分子,按照上述碰撞理论计算所得结果与实验结果吻合良好,但对于形状比较复杂的分子之间的反应则误差巨大,因此碰撞理论提出两个分子之间碰撞方向的问题,比如反应物 A 与另一反应物分子(由 B、C 两部分构成)发生碰撞时,当 A 与另一反应物分子 B 部分碰撞更容易形成产物(由 A、B 两部分构成)(图 2.4)。

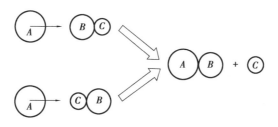

图 2.4　碰撞方位的影响

　　然而要描述清楚一个复杂分子的形状很困难,因此碰撞理论模型过于简略。尽管如此,在宏观上对反应速率进行研究时,可以采用与此类似的办法进行研究,即将反应速率分为两部分的贡献去寻找表达方程。

　　在宏观上对动力学方程进行研究时,Arrhenius 提出的化学反应速率方程与 Maxwell-Boltzmann 分布相似:

$$k(反应速率常数) = Ae^{-E_a/RT} \tag{2.1}$$

式中,E_a 称为反应活化能,A 为指前因子,k 称为表观反应速率常数,R 为摩尔气体常数,其值为 8.315 J/(mol·K)。结合我们前面的讨论可以理解:自然指数部分指明了化学反应发生的能量尺度,它是以 RT 即 2.5 kJ/mol 衡量的。当温度给定时,随反应的活化能不同,可以发生该反应的状态就被限定了。但反应如何发生,包括能量如何传递,反应通过何种路径以什么方式进行,自然指数项并未涉及,这些恰恰是由指前因子 A 给予说明的。

　　在阿雷尼乌斯方程(2.1)中,k 表示单位时间,单位体积,反应物浓度各为 1 mol/dm 时的反应速率,是一个统计平均值。指前因子 A 是一个与反应压力、反应物浓度等有关的一个数,当反应状态确定时它是一个常数。E_a 是反应物中活化分子的平均摩尔能量与反应物分子的平均摩尔能量的差值。在温度变化不大时可以认为 E_a 其值不变。普通化学反应的活化能一般在 40~250 kJ/mol。在不同温度下,即便反应物浓度各为 1 mol/dm^3,反应速率常数是不同的。

2.2.2　过渡状态理论

　　随着量子力学渗透进化学领域,过渡状态理论于 1930 年被提出来,随后经多位研究者补充而成。该理论建筑在两部分基础之上,一是量子力学,二是统计力学。它认为,反应物并不是碰撞瞬间就完成反应,而是要经过一个中间状态,对于双分子反应如图 2.5 所示。过渡状态时的活化络合物用 $X^{\neq}$ 表示。反应物 R 通过过渡状态 G 转变成产物 P。

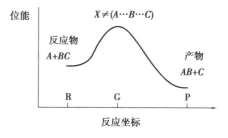

图 2.5　经历中间状态的反应历程

$$A+BC \Longleftrightarrow A\cdots B\cdots C \longrightarrow AB+C$$

反应物　　活化配合物　　产物

（始态）　　（过渡态）　　（终态）

化学家孙承谔于1934年用手摇计算机进行了大量艰苦的计算工作,于1935年与艾林及H.格希诺维茨共同发表了著名的论文《均相原子反应的绝对速率》,文中提出了A+BC→AB+C及AB→A+B反应速率常数的过渡态理论的计算公式,公布了H_2+H→H+H_2反应的斜角势能面图,分析了上述体系中平动能和振动能的转换问题,为确立过渡态理论做出了重要贡献,被誉为化学领域近百年来重大成就之一。

孙承谔(1911—1991)出生于山东济宁,中国物理化学家和化学教育家,主要从事化学动力学的研究工作。他是中国早期从事化学动力学研究的先驱之一,曾长期担任北京大学化学系主任。孙承谔于1923年考入清华大学,1929年毕业后赴美威斯康星大学化学系留学,于1933年获哲学博士学位。1934年被聘为美国普林斯顿大学研究助理。在著名物理化学家艾林指导下从事化学反应过渡态理论的研究工作,于1935年与艾林共同发表了有关H_2+H→H+H_2反应的第一张经精确计算得出的势能面图,是近代化学动力学的重要成就之一,至今仍为化学动力学的教材或专著所引用。

孙承谔于1935年回国后继续从事过渡态理论方面的计算工作,进一步扩大了过渡态理论的应用范围,加深了学界对过渡态理论的认识。

过渡状态理论认为:

①反应物必须经过活化络合物才能转变成产物,并且反应物与活化络合物之间始终保持热力学平衡。

②整个反应的速率由活化络合物分解成产物的速度控制。

过渡状态理论是对碰撞理论的进一步改进,它也仅适合于比较简单的反应或者说基元反应。对于其他更加复杂的反应,碰撞理论和过渡态理论可能不再适合,因此还有其他更加复杂的理论。

不管哪种理论,都需要解释分子的活化、传能过程、过渡状态等问题。此处介绍的两种简单理论都起源于研究技术缺乏的时代。而今,由于量子理论的引入,对于化学反应不仅可以通过宏观实验对化学反应速率进行研究,还可以从微观角度进行量子力学的计算,借助脉冲、飞秒等技术进行验证,从而获得可靠的反应动力学结果。我国在这一方面有着许多贡献。1987年,楼南泉院士、张存浩院士、何国钟院士等人在中国科学院大连化学物理研究所微观反应动力学研究室的基础上,推动筹建分子反应动力学国家重点实验室,并于1992年通过国家验收。该实验室主要从事分子反应动力学,利用现代化学反应动力学实验与理论方法,在原子和分子的水平上研究基元化学反应和复杂分子反应及相关过程的动力学,至今已获得多项国家自然科学大奖。近两年,杨学明院士所领导的小组在研究基元反应方面,发现了反应过渡态中的量子干涉现象,在《Science》和《Nature》上发表了重要文章,对分子反应动力学的学科作出了重要贡献。

杨学明,1962 年 10 月 11 日出生于浙江德清,中国物理化学家,中国科学院院士。

杨学明 1982 年毕业于浙江师范学院物理系,1991 年获得美国加州大学圣巴巴拉分校哲学博士学位。2001—2015 年担任中国科学院大连化物所分子反应动力学国家重点实验室主任。2011 年当选中国科学院院士。杨学明长期从事气相与表面化学反应机理和动力学研究,先后发表包括 12 篇《科学(Science)》、1 篇《自然(Nature)》等在内的 340 多篇研究论文。曾分别以"化学反应过渡态的结构和动力学研究"和"态—态分子反应动力学研究"获得国家自然科学奖二等奖,在反应过渡态动力学以及非绝热动力学研究方面作出了重要贡献。

2.3　反应动力学方程

对于化学反应发生的原因和能量要求有了初步了解后,接下来还有一个问题必须清楚,那就是反应是怎样开始的,经历了怎样的具体步骤才最终形成了产物。这就是反应机理。

绝大多数时候,由于观测手段的局限和体系的复杂程度,反应的机理很难确切地弄清楚,因此科学家根据实验现象提出了各种模型或假说,然后以实验结果为依据进行验证,受到检验后比较可靠的模型可以用于研究预测其他反应体系。

机理的研究是一项非常复杂而繁琐的工作,需要用到非常多的研究手段和方法进行相互印证和确认,最终才能确定一个反应的历程到底如何。即便如此,随着研究的深入与发展,确定下来的机理也可能被推翻。化学反应动力学方程式的建立是探索化学反应机理的一个重要手段。绝大多数情况是在不知道机理的情况下通过实验获得宏观反应动力学方程式,然后根据动力学方程去推测可能的机理。当清楚机理后,我们也可以通过机理推演出动力学方程。

2.3.1　反应类型

对于一个化学反应,它到底是只一步反应就得到产物,还是要经历多步才能得到产物,据此可以将一个化学反应分为基元反应和复杂反应两类。

基元反应是指反应物分子一步直接转化为产物的反应,如

$$NO_2(g) + CO(g) === NO(g) + CO_2(g) \qquad (2.2)$$

在该反应中,一个 NO_2 分子和一个 CO 分子一次碰撞就转变成产物 NO 分子和 CO_2 分子,反应过程中没有任何中间产物。但有的反应却要经历两个或更多步骤才能生成产物,反应过程中有一个或多个非反应物和产物的中间产物。如

$$H_2(g) + I_2(g) === 2HI(g) \qquad (2.3)$$

它至少要经历如下两步反应:

$$I_2 === I + I \quad (快) \qquad (2.4)$$

$$H_2 + 2I === 2HI \quad (慢) \qquad (2.5)$$

因此,H₂ 和 I₂ 反应生成 HI 的反应是一个复杂反应。

对于基元反应,又可以根据反应物分子个数分为单分子反应和多分子反应。如

$$SO_2Cl_2(g) \Longrightarrow SO_2(g) + Cl_2(g) \tag{2.6}$$

该反应是单分子反应。而 NO₂ 和 CO 生成产物 NO 和 CO₂ 则是一个双分子反应。除此之外,还有其他如三分子反应等。但这样的反应很少,四分子及更多分子数的反应几乎没有,原因是多个粒子要在同一时间到达同一位置的几率非常非常低,即便同一时间到达同一位置,他们是否具有足够能量、相互之间碰撞方位是否合适又是一个问题。

2.3.2 化学反应速率

1)平均速率

在动力学实验中,取样或者测定物质浓度总是在一定间隔时间后取样分析。比如,对于在某一温度下反应 $A+B=G+H$,获得的实验数据见表 2.1。

表 2.1 A 和 B 反应的实验数据

时间 $t/(\text{min})$	时间间隔 $\Delta t/(\text{min})$	$c_A/$ $(\text{mol} \cdot \text{dm}^{-3})$	$-\Delta c_A/$ $(\text{mol} \cdot \text{dm}^{-3})$	平均反应速率 $\bar{r}/(\text{mol} \cdot \text{dm}^{-3} \cdot \text{min}^{-1})$
0	0	0.1	—	—
3	3	0.073	0.027	0.009 0
5	2	0.060	0.013	0.006 5
7	2	0.049	0.011	0.005 5
10	3	0.036	0.013	0.004 3
14	4	0.024	0.012	0.003 0
17	3	0.018	0.006	0.002 0

由表 2.1 可知,不同时间间隔内,平均反应速率不同。平均反应速率的计算方法为:

$$\overline{r_A} = -\frac{c_A(t_2) - c_A(t_1)}{t_2 - t_1} \tag{2.7}$$

之所以等式右边前面有负号,是因为反应物 A 的浓度是减小的,所以分子为负值,而反应速率只能为正值。如果使用产物 G 的浓度来计算平均反应速率,则为

$$\overline{r_G} = \frac{c_G(t_2) - c_G(t_1)}{t_2 - t_1} \tag{2.8}$$

由于产物的浓度是增加的,等式右边分子部分的值为正值,因此不需要在等式前面加负号。

对于更一般的情况 $aA+bB=gG+hH$,由于两个反应物和两个产物的化学计量数不同,使用不同物质的浓度来计算平均速率时得到的结果不相同,但它们之间有如下关系:

$$\frac{1}{a}\overline{r_A} = \frac{1}{b}\overline{r_B} = \frac{1}{g}\overline{r_G} = \frac{1}{h}\overline{r_H} \tag{2.9}$$

原则上使用反应方程式中任意一种物质的浓度来计算反应速率都是可以的,但研究者更愿意采用浓度变化比较明显且易于分析测量的特定物质来进行研究。

2）反应速率定义

化学反应方程式可以用通式表示为

$$\sum_i v_i I = 0 \tag{2.10}$$

其中，v_i 为化学反应方程式中任一化学物质 I 的化学计量数，对产物取正号，反应物取负号。即对反应

$$aA + bB = gG + hH \tag{2.11}$$

v_i 对反应体系中四种成分 A、B、G、H 分别为 $-a$、$-b$、g、h。对于只有这样一个化学反应的体系，当反应发生微小变化时，任一物质 I 的物质的量的变化可写为

$$dn_1 = v_1 d\xi \tag{2.12}$$

式中，ξ 为反应进度，它是化学反应的进行程度的量度。

化学反应的反应速率就是反应进度随时间的变化率 $\dot{\xi}$ 或 $\dfrac{d\xi}{dt}$，即

$$\dot{\xi} = \frac{d\xi}{dt} = \frac{1}{v_i} \times \frac{dn_I}{dt} \tag{2.13}$$

这种反应速率的表示有个问题，就是 $d\xi/dt$ 是一个与反应系统中物质的量成正比的容量性质的量，为得到不依赖于反应系统大小的强度性质，通常将其除以反应系统的体积，即将反应速率 r 定义为：单位体积的反应系统中，反应进度随时间的变化率，表示为

$$r = \frac{1}{V} \frac{d\xi}{dt} = \frac{1}{v_i} \frac{dn_I}{Vdt} \tag{2.14}$$

当反应系统体积 V 恒定不变时，则上式可以简化为

$$r = \frac{1}{V} \frac{d\xi}{dt} = \frac{1}{v_i} \frac{dn_I}{Vdt} = \frac{1}{v_i} \frac{dc_I}{dt} \tag{2.15}$$

这样的定义使得，对于一个化学反应，无论选择化学方程式中哪种物质的量来计算该反应的反应速率，结果都是一样的。比如，对于如下反应计算平均反应速率。

$$N_2 + 3H_2 = 2NH_3$$

$$t = 0s \quad\quad 1 \quad\quad 3 \quad\quad 0 \quad (mol \cdot dm^{-3})$$

$$t = 2s \quad 0.8 \quad 2.4 \quad 0.4 \quad (mol \cdot dm^{-3})$$

当选择 N_2 的浓度的变化来计算该化学反应的平均反应速率时为

$$\bar{r} = \frac{1}{v_{N_2}} \frac{\Delta c_{N_2}}{\Delta t} = \frac{1}{-1} \cdot \frac{0.8-1}{2-0} = 0.1 (mol \cdot dm^{-3} \cdot s^{-1})$$

以 H_2 的浓度的变化来计算该反应的平均反应速率时为

$$\bar{r} = \frac{1}{v_{H_2}} \frac{\Delta c_{H_2}}{\Delta t} = \frac{1}{-3} \cdot \frac{2.4-3}{2-0} = 0.1 (mol \cdot dm^{-3} \cdot s^{-1})$$

以 NH_3 的浓度的变化来计算该反应的平均反应速率时为

$$\bar{r} = \frac{1}{v_{NH_3}} \frac{\Delta c_{NH_3}}{\Delta t} = \frac{1}{2} \cdot \frac{0.4-0}{2-0} = 0.1 (mol \cdot dm^{-3} \cdot s^{-1})$$

瞬时速率按照式(2.14)来计算也同样可知，无论选择化学方程式中哪种物质的量来计算该反应的瞬时反应速率，结果也是一样的。

3）其他反应速率表达

当一个体系里不只有一个化学反应,而会发生多个反应时,使用上小节的表示方法会不方便,因为一种物质会出现在多个反应中,使用该物质的浓度变化来计算化学反应速率时,其对应的化学计量数该用哪个反应的化学计量数呢? 因此,常常使用如下形式来表达一种物质消失或生成的速率:

$$r_I = \pm \frac{dn_I}{Vdt} \text{ 或 } r_I = \pm \frac{dc_I}{dt} \tag{2.16}$$

式中,下标 I 代表参与反应的某种物质。当 I 为反应物时,等式右边取负号,表示消失,对应的 r_I 为 I 物质的消失速率。当 I 为产物时,等式右边取正号,表示生成,对应的 r_I 为 I 物质的生成速率。注意式(2.16)与式(2.15)的区别,前者是指的一个反应的反应速率,它与使用该反应中哪种化学物质来计算无关;而后者是使用某种特定化学物质 I 表示的反应速率。

4）动力学方程式

上一小节尽管对反应速率有了定义,但具体的表达形式呢?

如果体系中只有一个反应 $aA+bB=gG+hH$,其中 $-a$、$-b$、g、h 分别为反应物 A、B 和产物 G、H 的化学计量数。在某一时刻的瞬时反应速率 r(instantaneous reaction rate)与反应物的浓度之间的关系可以写成如下形式:

$$r = kc_A^{\alpha} c_B^{\beta} \cdots \tag{2.17}$$

式中,k 为反应速率常数,α、β 分别为反应物 A、B 的浓度的幂指数。k、α、β 都可以通过实验测得。常将 α 称为 A 的分级数,β 称为 B 的分级数,分别表示 A、B 的浓度对反应速率影响的程度。将各分级数之和 $n=\alpha+\beta+\cdots$ 称为总反应级数。例如

$$r = kc_A^{2} c_B^{0.5}$$

则称该反应对于反应物 A 的分级数为 2,对反应物 B 的分级数为 0.5,总反应级数为 2.5。

需要注意的是:①并不是所有反应的反应速率都能写成这种形式。②对于不能将动力学方程写成这种幂函数形式的反应,没有所谓的分级数和总反应级数。

（1）基元反应的动力学方程

如果 $aA+bB=gG+hH$ 是基元反应,则动力学方程式可根据质量作用定律,对上式进行改写。所谓质量作用定律,即在反应温度恒定时,对基元反应 $aA+bB=gG+hH$ 的动力学方程写为

$$r = kc_A^{a} c_B^{b} \cdots \tag{2.18}$$

式中的幂指数是化学反应式中各物质对应的系数。常见的幂指数值有 0,1,2 等,总反应级数为非负整数。

注意,只有反应为基元反应时,幂次才肯定为化学反应方程式中相应反应组分的系数。对于复杂反应,即使能够写成这种形式,也并不是所有反应物的浓度都会出现,其幂指数也不一定是反应组分的系数。具体形式如何,要由实验来确定。

（2）复杂反应的动力学方程

对于一些复杂反应,其动力学方程的形式与式(2.18)类似。方程中的幂指数由实验测得,幂指数的值与反应方程式中的计量系数没有关系。即使幂指数的值与计量系数值一样,那也只是巧合。因此,幂指数和总反应级数可以为分数、正整数、0 或负数。

很多反应的动力学方程并不能写出式(2.18)的形式,原因有很多,比如不是基元反应或

为气固相反应等。对不同情况,反应动力学方程形式各不相同。

（3）反应速率常数 k

反应速率常数 k 是在给定温度下,各种反应物浓度都为 1 mol·dm^{-3} 时的反应速率。在相同温度、相同的浓度条件下,可用速率常数的大小来比较化学反应的快慢。因此,反应速率常数是温度的函数,即使是同一反应,温度不同则反应速率常数的值不同。对于简单反应来说,两者之间的关系满足阿雷尼乌斯公式（2.1）。

（4）动力学方程的其他形式

动力学方程除可以写成浓度的幂次方连乘的形式 $r = k c_A^\alpha c_B^\beta \cdots$ 外,也可以写成分压的幂次方连乘形式。对于理想气体,其状态方程为

$$pV = nRT \tag{2.19}$$

变形为

$$p = \frac{n}{V}RT = cRT \tag{2.20}$$

对于某组分 i 则有

$$p_i = c_i RT \tag{2.21}$$

因此,对于 $r = k c_A^\alpha c_B^\beta \cdots$ 可以改写为

$$
\begin{aligned}
r &= k\left(\frac{p_A}{RT}\right)^\alpha \left(\frac{p_B}{RT}\right)^\beta \cdots \\
&= \frac{k}{(RT)^{\alpha+\beta}} p_A^\alpha p_B^\beta \cdots \\
&= k' p_A^\alpha p_B^\beta \cdots
\end{aligned}
\tag{2.22}
$$

2.3.3 不同反应级数的动力学方程

1）零级反应

零级反应是指化学反应速率与物质的浓度无关的化学反应。对 $aA+bB = gG+hH$ 反应,其动力学方程形式为

$$r_A = -\frac{dc_A}{dt} = k_A \tag{2.23}$$

整理并积分

$$-\int_{c_{A0}}^{c_A} dc_A = k_A \int_0^t dt \tag{2.24}$$

式中,c_{A0} 是 $t=0$ 时反应物 A 的初始浓度,c_A 是 t 时刻反应物 A 的浓度。结果得

$$c_{A0} - c_A = k_A t \tag{2.25}$$

上式为零级反应动力学方程式的积分形式。由该式可见,零级反应具有如下特征:

①以反应物浓度对时间作图是一条直线,直线的斜率的负值为反应速率常数 k_A,如图 2.6 所示。

②k_A 的单位为浓度·时间$^{-1}$,如 mol·dm^{-3}·s^{-1}。

③反应物浓度消耗掉一半所需时间,即半衰期 $t_{\frac{1}{2}}$ 与初始浓度 c_{A0} 成正比,与 k_A 成反比。

$$t_{\frac{1}{2}} = \frac{c_{A0}}{2k_A} \tag{2.26}$$

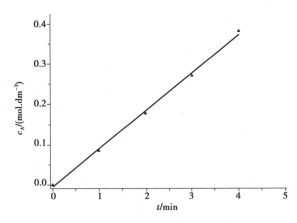

图 2.6　零级反应浓度与时间的关系

零级反应常常出现于催化反应及外加场作用下的化学反应中。

2）**一级反应**

一级反应是指反应速率仅与某一反应物 A 的浓度成正比的化学反应。其动力学方程式为

$$r_A = -\frac{dc_A}{dt} = k_A c_A \tag{2.27}$$

整理并积分

$$-\int_{c_{A0}}^{c_A} \frac{dc_A}{c_A} = k_A \int_0^t dt \tag{2.28}$$

$$\ln \frac{c_A}{c_{A0}} = -k_A t \tag{2.29}$$

或写为

$$c_A = c_{A0} e^{-k_A t} \tag{2.30}$$

为实验研究方便，常改写为

$$\ln c_A = \ln c_{A0} - k_A t \tag{2.31}$$

由上式可见，一级反应具有如下特征：

①$\ln c_A$（纵坐标）对时间 t（横坐标）作图是一条直线，直线的斜率的负值即为反应速率常数 k_A。

②k_A 的量纲为时间$^{-1}$，如 $\min^{-1}$，即一级反应的速率常数的值与浓度的单位无关。

③半衰期与 k_A 成反比，与初始浓度无关。即

$$t_{\frac{1}{2}} = \frac{0.693}{k_A} \tag{2.32}$$

3）**二级反应**

二级反应是指化学反应速率与反应物浓度的二次方成正比关系的化学反应。当有多个反应物时有多种形式，对 $aA + bB = gG + hH$，最简单的有如下两种形式

$$r_A = -\frac{dc_A}{dt} = k_A c_A^2 \tag{2.33}$$

$$r_A = -\frac{dc_A}{dt} = k_A c_A c_B \tag{2.34}$$

此处仅对式(2.33)进行学习讨论。将式(2.33)整理并积分

$$-\int_{c_{A0}}^{c_A} \frac{dc_A}{c_A^2} = k_A \int_0^t dt \tag{2.35}$$

结果可得

$$\frac{1}{c_A} - \frac{1}{c_{A0}} = k_A t \tag{2.36}$$

由上式可知,二级反应具有如下特征:

① $1/c_A$(纵坐标)对时间 t(横坐标)作图为一条直线,直线的斜率即为反应速率常数 k_A。

② k_A 的量纲为浓度$^{-1}$·时间$^{-1}$,如 $mol^{-1} \cdot dm^3 \cdot min^{-1}$。

③半衰期与 k_A 及 c_{A0} 的乘积成反比。即

$$t_{\frac{1}{2}} = \frac{1}{k_A c_{A0}} \tag{2.37}$$

2.4　反应机理

2.4.1　反应机理与基元反应

如前所述,一个反应的动力学方程式,并不能由化学反应方程式的化学计量数简单写出,而需要通过实验测定来确定,除非一个反应确实如化学反应方程式所写那样进行反应的时候才行。但实验表明,许多情况下,反应的分级数与化学计量系数并不同,分级数可以是整数也可以是分数,甚至根本不能写成幂函数形式。例如

$$2O_3 \longrightarrow 3O_2 \tag{2.38}$$

如按照上式,该反应为二级反应,反应动力学方程应为

$$r_{O_3} = -\frac{dc_{O_3}}{dt} = k_{O_3} c_{O_3}^2 \tag{2.39}$$

但实际情况并不是如此。在氧气充足的情况下,其动力学方程式为

$$r_{O_3} = -\frac{dc_{O_3}}{dt} = k_{O_3} \frac{c_{O_3}^2}{c_{O_2}} \tag{2.40}$$

这说明臭氧的分解并不是由两个臭氧分子发生碰撞而直接生成三个氧分子的简单反应,而应该是一个复杂反应。经研究,臭氧分解需要经历三步反应才能完成:

$$O_3 \underset{k_{-1}}{\overset{k_1}{\rightleftharpoons}} O_2 + O \tag{2.41}$$

$$O + O_3 \overset{k_2}{\longrightarrow} 2O_2 \tag{2.42}$$

这三步反应就是三个基元反应,它们反映了臭氧分解反应的真实模式。式(2.41)中正反应中只有一个反应物分子,故这步基元反应为单分子反应;而逆反应则是一个双分子反应;第三步基元反应也是一个双分子反应。

由于基元反应反映了反应的真实历程,故基元的动力学方程才可按反应方程式直接由质量作用定律建立。或者说只有基元反应的分级数才可由反应方程式的化学计量数确定。式

(2.38)是三个基元反应的总和,常称其为总反应,也称总包反应。其动力学方程称为总包反应的动力学方程。

要研究清楚一个反应的机理,仅仅从宏观实验推测是不可靠的,必须从微观上、从分子水平上研究化学反应是怎么发生的,为什么会发生,它要揭示的是化学反应的根本问题。楼南泉院士率先在大连化物所组建并领导了国内第一个分子反应动力学实验室,建立了我国第一代分子束反应实验装置,开展分子束反应动力学和分子传能的研究。在楼南泉的带领下,我国建成了具有国际先进水平的交叉分子束装置,可利用分子束和激光技术深入探讨金属原子与多种氧化物的反应动态学,在反应机理、新生物态分布和能量配置、分子传能以及分子空间取向、在反应动态学中的作用等。这些研究成果获得了1999年中国科学院自然科学一等奖和2000年国家自然科学二等奖。

楼南泉(1922—2008)出生于浙江杭州,中国物理化学家,中国科学院学部委员(院士),中国科学院大连化学物理研究所研究员、博士生导师,第五任所长。

楼南泉于1942年考入位于重庆的中央大学化学工程系。1946年毕业获得学士学位。中华人民共和国成立后进入大连大学科学研究所。1978年,率先倡导在中国国内开展分子反应动力学研究,并在大连化学物理研究所组建和领导了中国第一个分子反应动力学实验室,开展分子束反应动力学和分子传能的研究。先后获得中国科学院科学进步奖一等奖(1986年)和国家自然科学奖二等奖(1987年)和中国科学院自然科学奖一等奖(1999年)。1992年,楼南泉担任国家攀登计划项目A"态-态反应动力学及原子分子激发态"首席科学家。

2.4.2 反应机理与动力学方程

要确定一个总包反应的反应机理是极其困难的。除了需要高精尖的实验仪器,还需要研究者的想象力。此处并不涉及如何去进行研究确定反应机理,而是先介绍较简单的反应机理种类,然后根据已知的机理获得总包反应的动力学方程。

最简单的反应机理就是基元反应了,它是分子碰撞直接一步得到产物,这已经由前述的理论和推导阐述清楚。而绝大多数反应是复杂反应,其反应机理多种多样,此处介绍两种比较简单的机理及其动力学方程。

1)平衡态处理法

对于 A+B=G+H 反应,如果其机理为

$$A \underset{k_{-1}}{\overset{k_1}{\rightleftharpoons}} M+G \quad (快) \tag{2.43}$$

$$M+B \overset{k_2}{\longrightarrow} H \quad (慢) \tag{2.44}$$

其中,M 代表中间物。并且第一个反应方程式(2.43)表示反应物和中间物 M 存在着热力学平衡,而第二个反应(2.44)的速率是控制步骤,即总包反应的反应速率受中间物 M 转变成产物的速度所控制。上面三步反应都是基元反应。根据第一个反应方程式快速达到平衡,正反应速率和逆反应速率相等;以及第二个反应方程式的反应速率决定了总反应的速率,或者说

总包反应速率与该反应的速率几乎相等,由此可以推导出总包反应的动力学方程。

2) 稳定态处理法

对于 A+B＝G+H 反应,如果其机理为

$$A \xrightarrow{k_1} M+G \tag{2.45}$$

$$M+B \xrightarrow{k_1} H \tag{2.46}$$

$$M+G \xrightarrow{k_{-1}} A \tag{2.47}$$

其中,M 是活泼中间物,因此在稳定反应阶段,活泼中间物 M 的浓度不随时间而变化。根据该特点能推导出总包反应动力学方程。

以上是两种比较经典的机理。在其他不同反应情况下有不同反应机理,如催化反应机理、多相反应机理、酶催化反应机理等。这些内容需要在更专业的课本中学习。此处反应方程式中的 A、B 和产物 G、H 是指非常简单的分子,对比较复杂的分子之间的反应,要搞清楚反应机理,仅使用简单的研究方法和手段是难以奏效的。

2.5　外部条件对化学反应速率的影响

不同化学反应的反应机理和反应速率可能不同,即使是同一反应,在不同条件下,其反应机理和反应速率也会有所不同。影响化学反应速率的因素除受到化学反应的本质影响外,也会受到外部条件的影响。这些外部条件包括温度、压力、浓度、催化剂、相态、反应介质、外场作用等。

2.5.1　浓度的影响

对于动力学方程式可写成形如 $r=kc_A^\alpha c_B^\beta \cdots$ 的化学反应,幂指数的大小表明了各种物质浓度对反应速率的影响大小。那么如何确定一个动力学方程中各幂指数的大小呢?

对于 $aA+bB＝gG+hH$ 反应,如果动力学方程的形式为 $r=kc_A^\alpha c_B^\beta \cdots$ 且只与反应物浓度有关系,则可以使用初速率法,按照表 2.2 实验安排去确定各幂指数的大小和反应速率常数以及活化能。表中的各个数据都是实验中可以测得的数据。

表 2.2　求取级数和活化能的实验方案

实验编号	温度/K	反应物 A 初始浓度/(mol·dm⁻³)	反应物 B 初始浓度/(mol·dm⁻³)	反应速率
1	T_1	c_{A1}	c_{B1}	r_1
2	T_1	c_{A1}	c_{B2}	r_2
3	T_1	c_{A2}	c_{B1}	r_3
4	T_2	c_{A1}	c_{B1}	r_4

根据动力学方程 $r=kc_A^\alpha c_B^\beta \cdots$ 可写出各个实验相同时刻的反应速率

$$r_1=k_{T1} c_{A1}^\alpha c_{B1}^\beta \tag{2.48}$$

$$r_2=k_{T1} c_{A1}^\alpha c_{B2}^\beta \tag{2.49}$$

$$r_3 = k_{T1} c_{A2}^{\alpha} c_{B1}^{\beta} \tag{2.50}$$

$$r_4 = k_{T2} c_{A1}^{\alpha} c_{B1}^{\beta} \tag{2.51}$$

将式(2.48)和式(2.49)相除得到

$$\frac{r_1}{r_2} = \left(\frac{c_{B1}}{c_{B2}}\right)^{\beta} \tag{2.52}$$

等式两边取对数,整理后得

$$\beta = \frac{\ln\left(\dfrac{r_1}{r_2}\right)}{\ln\left(\dfrac{c_{B1}}{c_{B2}}\right)} \tag{2.53}$$

将实验数据代入上式,可求得幂指数 β。

将式(2.48)和式(2.50)相除得到

$$\frac{r_1}{r_3} = \left(\frac{c_{A1}}{c_{A2}}\right)^{\alpha} \tag{2.54}$$

等式两边取对数,整理后得

$$\beta = \ln\left(\frac{r_1}{r_3}\right) \bigg/ \ln\left(\frac{c_{A1}}{c_{A2}}\right) \tag{2.55}$$

将实验数据代入上式,可求得幂指数 α。

将式(2.48)和式(2.51)相除得到

$$\frac{r_1}{r_4} = \frac{k_{T1}}{k_{T2}} \tag{2.56}$$

将阿雷尼乌斯方程代入上式,在浓度没有变化,系统压力变化不大时,阿雷尼乌斯方程中的指前因子是一个常数,因此有

$$\frac{r_1}{r_4} = \frac{A e^{-\frac{E_a}{RT_1}}}{A e^{-\frac{E_a}{RT_2}}} = e^{-\frac{E_a}{R}\left(\frac{1}{T_1} - \frac{1}{T_2}\right)} \tag{2.57}$$

取对数后整理得

$$E_a = \frac{RT_1 T_2}{T_1 - T_2} \ln\left(\frac{r_1}{r_4}\right) \tag{2.58}$$

再次强调,活化能 E_a 仅在温度变化不大时几乎不变。因此,使用初速率法测定活化能时,温度变化不能过大。此外,使用初速率法还有一些问题或需要注意的情况:①由于初速率测定误差较大使测得动力学方程中的参数的误差较大;②当反应物浓度差异过大时,反应的级数可能会发生改变;③反应温度差异太大,反应的机理可能会发生改变,从而使动力学方程可靠性降低。

2.5.2 温度的影响

反应物浓度恒定时,对多数反应而言,温度每升高 10 K,反应速率增加 2 ~ 4 倍。由阿雷尼乌斯方程可推知温度改变对化学反应速率的影响。如果 T_1 温度和 T_2 温度下的反应速率常数分别用 k_1 和 k_2 表示,当浓度、压力变化不大时,根据阿雷尼乌斯方程有

$$k_1 = A e^{-\frac{E_a}{RT_1}} \tag{2.59}$$

$$k_2 = Ae^{-\frac{E_a}{RT_2}} \tag{2.60}$$

两式取自然对数得到

$$\ln k_1 = \ln A - \frac{E_a}{RT_1} \tag{2.61}$$

$$\ln k_2 = \ln A - \frac{E_a}{RT_2} \tag{2.62}$$

两式相减有

$$\ln k_2 - \ln k_1 = \frac{E_a}{RT_1} - \frac{E_a}{RT_2} \tag{2.63}$$

$$\ln \frac{k_2}{k_1} = \frac{E_a}{R} \cdot \frac{T_2 - T_1}{T_1 T_2} \tag{2.64}$$

一般反应活化能为 $60 \sim 250$ kJ/mol,大多数反应为 $60 \sim 105$ kJ/mol,因此温度每升高 10 K,反应速率增大为原来的 $2 \sim 4$ 倍。少部分反应的活化能较小,有的甚至低至接近零,对这类反应通过改变温度可使反应速率有很大的变化。对活化能高的化学反应,通过有限改变温度并不会使反应速率有很大的改变,此时需要考虑使用其他手段,如催化剂才行。

从阿雷尼乌斯方程可知,在相同温度下,活化能 E_a 越小,反应速率常数越大,反应也就越快。反之,活化能越大,反应速率常数越小,反应越慢。由式(2.64)可知,对同一反应,温度越高,反应速率越大,反应越快。反之,温度越低,反应速率越小,反应越慢。因此,阿雷尼乌斯方程不仅说明了反应速率与温度的关系,而且还说明了活化能对反应速率的影响,以及活化能和温度两者与反应速率的关系。

阿雷尼乌斯是一个经验公式,很多化学反应的反应速率服从该规律[图 2.7(a)]。但也有很多反应的反应速率服从其他规律[图 2.7(b),(c),(d),(e)]。

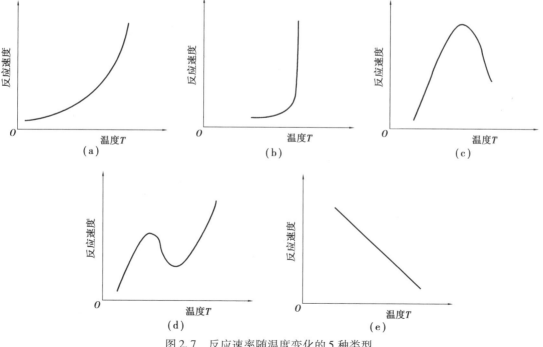

图 2.7 反应速率随温度变化的 5 种类型

2.5.3 催化剂的影响

根据第一章的知识,可以计算出氢气和氧气反应的平衡常数很大。

$$2H_2(g)+O_2(g)=2H_2O(g)$$

$\Delta_f H_m^{\ominus}/kJ \cdot mol^{-1}$ 0   0   -241.8

$S_m^{\ominus}/J/(mol \cdot K)$ 130.7   205.2   188.8

因此在常温下,该反应的焓变为

$$\begin{aligned}
\Delta_r H_m^{\ominus} &= \sum v_i \Delta_f H_m^{\ominus}(产物) - \sum v_i \Delta_f H_m^{\ominus}(反应物) \\
&= 2\times(-241.8)-2\times0-1\times0 \\
&= -483.6 \text{ kJ/mol}
\end{aligned} \tag{2.65}$$

该反应的熵变为

$$\begin{aligned}
\Delta_r S_m^{\ominus} &= \sum v_i \Delta_f H_m^{\ominus}(产物) - \sum v_i \Delta_f H_m^{\ominus}(反应物) \\
&= 2\times188.8-2\times130.7-1\times205.2 \\
&= -89 \text{ J/(mol} \cdot \text{K)}
\end{aligned} \tag{2.66}$$

因此,在 298.15 K 时该反应的吉布斯自由能变为

$$\begin{aligned}
\Delta_r G_m^{\ominus} &= \Delta_r H_m^{\ominus} - T\Delta_r S_m^{\ominus} \\
&= -483.6-298.15\times(-89)/1\,000 \\
&= -457.065(\text{kJ/mol})
\end{aligned} \tag{2.67}$$

由 $\Delta_r G_m^{\ominus} = -RT \ln K^{\ominus}$ 计算平衡常数,结果为

$$\begin{aligned}
K^{\ominus} &= \exp\left(-\frac{\Delta_r G_m^{\ominus}}{RT}\right) \\
&= \exp\left(-\frac{-457.065\times10^3}{8.315\times298.15}\right) \\
&= 1.172\times10^{80}
\end{aligned} \tag{2.68}$$

该反应的平衡常数是如此巨大,即达到平衡的趋势是如此巨大,将氢气和氧气按比例置于密闭容器中,应该几乎完全变成产物,但反应速率是不是很大呢? 事实上,该反应的反应速率极其微小,微小到目前任何仪器都检测不到的程度,因此平衡常数的大小和反应速率的大小没有任何关系。

加快反应或提高反应速率的办法是使用催化剂。比如,在氢气和氧气的混合气体中加入微量的铂,则反应瞬间发生,产生爆炸,反应后铂的量没有任何改变。IUPAC(International Union of Pure and Applied Chemistry,国际纯粹与应用化学联合会)将这类能改变化学反应速率而不改变反应的总吉布斯自由能变,且本身在反应前后质量和化学组成均没有变化的物质称为催化剂(catalyst)。能加快反应速率的如上述反应的铂这类物质,称为正催化剂,而能降低反应速率的物质称为负催化剂。有催化剂参加的反应称为催化反应。催化剂改变反应速率的作用称为催化作用(catalysis)。

实际应用中使用的催化剂绝大多数为正催化剂。以正催化剂为例,催化剂这类物质在催化化学反应中具有以下几个基本特征:

①它能改变反应途径,降低反应的活化能,从而使反应加速。即使用正催化剂后反应的

速率之所以增大,是因为与没使用催化剂时相比,该化学反应的机理(基元反应)不一样,并且基元反应与原来的基元反应所需要的能量相比要求更低(图2.8)。根据阿雷尼乌斯公式,在温度等条件不变时,活化能降低,反应速率是增大的。因此,常说催化剂只能改变化学反应的动力学(方程)而不能改变化学反应的热力学(平衡)。

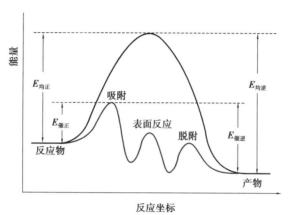

图2.8　催化与非催化反应的路径与活化能

②它只能同等地加速正反应和逆反应,不能改变化学反应的平衡状态。即在温度等条件不变时,催化剂并不会改变平衡常数以及吉布斯自由能变($\Delta_r G_m^{\ominus} = -RT \ln K^{\ominus}$)。尽管使用催化剂后反应速率增大,但使用催化剂前正、逆反应的活化能之差与使用催化剂之后的活化能之差是相同的(图2.8),因此催化剂只能同等地加速正、逆反应,反应的平衡常数不变。即

$$K^{\ominus} = \frac{k_+}{k_-} \tag{2.69}$$

③它具有选择性。即反应物在热力学上可生成多种产物,但并不是所有产物都是我们所需要的。生成所需目的产物的化学反应称为主反应,相应的产物称为主产物。除此之外的其他反应称为副反应,相应的产物称为副产物。所用催化剂必须是能选择性地生成所需目的产物的物质。

此外催化剂还具有其他一些特点,如下所示:

①催化剂具有一定的寿命,反应前后不发生质的变化。有的学科也将可以分解的物质称为催化剂,如高分子科学中将引发剂等也称为催化剂。一些催化剂可以具有较长的寿命,比如几年,而有的催化剂寿命很短,比如几秒。

②催化剂具有一定的活化温度。即不在催化剂活性温度范围内催化剂没有活性。催化剂并不是在所有温度下都具有催化活性,其必须处于一定温度范围才能表现出较好的活性。温度太高可能使催化剂结构解体,而温度太低催化剂也没有足够高的能量催化反应。

③催化剂具有专一性。即某种催化剂只能催化一种或一类化学反应,而不能催化所有热力学上可能的反应。只催化某一种反应而不能催化类似反应的称为绝对专一性,而能催化一类反应的称为相对专一性。

④催化剂具有高效性。即催化剂可能中毒,中毒后活性降低或消失等。有的催化剂中毒后可以通过再生恢复绝大部分活性。能通过再生恢复活性的中毒称为暂时性中毒,而不能恢复活性的中毒称为永久中毒。

2.5.4　其他因素的影响

除了前述相关因素会影响化学反应的分压速率,还有其他一些因素会影响化学反应的反应速率,如压力、电场、磁场、光照、辐射等。

1)压力的影响

压力的影响与浓度的影响类似,对于封闭系统气态反应,当反应温度确定时,提高压力实际上是提高浓度。对于理想气体压力的影响见式(2.19),而实际气体类似地,压力和浓度之间也有对应的关系。因此,压力对化学反应速率的影响参见2.5.1节。

2)第四态对反应速率的影响

在工业上,在电场、磁场中进行化学反应的情形比较少见,因此以前在这方面的研究比较少。然而随着科学技术的进步,人们对在第四态中的化学反应逐渐重视起来。等离子体化学从20世纪70年代发展到现在,对现代生活的影响越来越大。比如,对材料采用等离子体表面处理,改进材料的黏附性、生物相容性、绝缘性、导电性等。

等离子体是物质存在的第四种状态,是由电子、原子、分子、自由基、光子等粒子组成的集合体,正负带电粒子的数目相等,体系为电中性。等离子体可分为高温等离子体和低温等离子体。

高温等离子体中电子温度等于离子温度和气体温度,一般是稠密气体在常压下或高气压电弧放电或高频放电产生。由于其温度高,可用来进行无机合成高熔点金属的熔炼提纯、难熔金属和陶瓷的熔射喷涂、矿石或化合物的热分解还原、高熔点合金的制备、超高温耐热材料合成等。等离子体并不会与反应容器壁直接接触,两者之间存在一个电中性的等离子体鞘,因此高温不会直接传导给容器壁。在使用电磁场约束等离子体和冷却手段的运用下,可在数万摄氏度下进行高温反应,这是一般化学反应难以实现的。

低温等离子体一般是低压下的稀薄气体使用高频、微波、激光、辉光放电或常压气体采用电晕放电所产生。在低温等离子体中电子温度(可达10 000 K以上)远远大于离子温度和气体温度(可低至常温)。由于电子有足够的能量,能使反应分子活化进而引发化学反应,但反应器内的温度因整个体系温度取决于分子、离子等重粒子温度而保持几乎常温。因此,可应用于很多高温材料的低温合成,如单晶的低温生长、半导体器件工艺的低温化等过程。

在一般化学反应中,能量依靠分子与分子或分子与壁面之间的碰撞来传递。当能量超过活化能且方向合适时反应才能发生。在等离子体中,由于电子的高速碰撞能使大量中性粒子变成高活性(高能量)的离子或粒子,因此能引起各种不同的大量反应。但遗憾的是,并不是所有的反应都是我们期望的,并且难以控制只生成我们所期望的离子或粒子,故等离子态中的化学反应几乎是不可控的,除非体系很简单。这就是为什么目前等离子体化学主要用于无机合成的主要原因。

由此可见,在等离子体中可实现很多常规无法合成的物质,其自身存在一定局限性。但不管如何,这也是化学反应一个非常重要的方向和领域。

3)磁场的影响

当原子处于无外场环境时,电子的运动处于基态。但在磁场中时,由于电子是带负电的,其运动会受到磁场的影响,从而改变其状态,包括电子在原子核外不同区域出现的几率。因此,原子或分子在参与化学反应时与其处于基态时的性质不一样。即在外磁场作用下,原子或分子的电荷分布、极性会发生改变,电子转移的速率会发生改变,这会导致机理与一般化学反应可能不同,形成的中间配合物不同、不同物种的活性不同等,从而使生成的产物种类和含量不同。

尽管磁场对化学反应的机理和速率有影响,但影响是有限的。即在磁场中,一些化学反应的速率可能不受影响,或者受到的影响很小。这是因为电子只是化学反应的一部分,其他因素(如温度、压力、浓度等)也会影响化学反应的速率。反应的速率受磁场的影响,也因磁场的强度、方向、频率等因素而使速率变化显著不同。

4)光照的影响

根据波段不同,光辐射引起的化学反应常分为几个分支学科:光化学、辐射化学、红外激光化学。光化学所涉及的光的波长范围为 100 ~ 1 000 nm,即紫外至近红外波段。辐射化学所涉及的光比紫外波波长更短的电磁辐射,如 X 或 γ 射线。一般认为远红外或波长更长的电磁波光子能量不足以引起光化学过程,仅有一些化学反应可以由高功率的红外激光所引发,属于红外激光化学。

一般化学反应可称为热反应或黑暗反应。在热反应系统中,分子的能量分布符合玻尔兹曼分布。通过加热,也可以使原子或分子达到激发态,但在达到激发态之前,原子或分子发生了其他易于发生的化学反应。通过光照则可使原子或分子几乎瞬间达到激发态,进行与热反应完全不同的化学反应。

光化学是指化学反应在合适频率的光照射下,反应物分子接受光子能量,从而变成高能量状态即激发态后发生化学反应的过程。因此,光化学是研究电子处于激发态的分子的化学行为和物理过程的一门学科。显然,如果光的频率不匹配激发所需能级能量差的情况下,是难以发生满足要求的光化学反应的。根据常见的发生化学反应的原子或分子能级能量差,使用的光源一般为紫外光和可见光。

光化学在本质上与一般的热化学反应不同。其反应要遵守以下两个定律:

①光化活性原理:仅被物质吸收的光才能引起光化反应。

②光化当量定律:光化学反应的初级过程是由分子吸收光子开始。分子吸收光子后电子被激发到高能级,分子相应地也从基态提升到激发态。在初级光化学反应过程中,被活化的分子数(或原子数)等于吸收光的量子数,或者说分子对光的吸收是一个单光子过程。因为电子激发态分子寿命很短,吸收第二个光子的概率很小,故可以不予考虑。

当反应物分子处于激发态时,分子中价键的结合方式可能会发生改变,从而分子的构型、电荷分布、反应活性、反应机理等会发生改变,使得光化学反应与反应物分子处于基态时发生的化学反应有很大的区别。与一般化学反应相比,光化学主要有以下一些特点:

①有很多难以发生的热化学反应或反应效率很低的热化学反应,如果采取光化学方式进行则效率很高。

②有的反应在热化学方式下不能发生的,在光化学方式下得以发生,从而获得一些难以获得的化学产品。

③无选择性的热化学反应以光化学反应进行时,选择性可以非常高。

④反应条件温和。

⑤安全。

发生光化学反应时,有链反应和非链反应两种机理。详细内容见 2.6.1 节。

5）辐射的影响

电离辐射包括放射性核素衰变放出的 α、β、γ 射线,高能带电粒子(电子、质子,氘核等)和短波长的电磁辐射。由于裂变碎片和快中子能引起原子和分子的电离和激发,这些电离或激发的原子和分子能量高,极不稳定,会迅速转变为自由基和中性分子,产生各种化学反应。

辐射化学的形成和发展,促进了人们对化学基本规律的研究,从而建立了新的快速反应研究方法,使研究深入于微观反应领域。常用的辐照源有 ^{60}Co、电子束、激光等。20 世纪 60 年代以来,随着脉冲技术的发展,为研究短寿命中间产物的吸收或发射光谱和衰变动力学创造了条件,可观察到在纳秒或更短的时间内所进行的化学反应过程,使辐射化学的研究进入崭新的阶段。

2.6 其他反应类型的化学反应速率

2.6.1 链反应

链反应也称为连锁式反应,其特点是反应一旦开始,便会因活泼中间物的交替生成和消失,反应连锁式地进行下去。链反应分为两种:直链反应和支链反应。不管是直链反应还是支链反应,都由三个基本步骤组成:链引发、链传递、链终止。以自由基直链反应为例:

1）链的引发

这是产生初级自由基的步骤,它需要提供一定的能量。常用的引发方式有热引发、光引发、引发剂引发。比如,某聚合单体 M 的自由基链反应:

$$I \xrightarrow[\Delta]{k_d} 2R \cdot$$

$$R \cdot + M \longrightarrow RM \cdot$$

式中,I 为引发剂,R · 为初级自由基,RM · 为单体自由基,k_d 是引发剂分解反应的反应速率常数。

2）链传递

生成的单体自由基与单体继续发生反应,聚合物链增长。如此往复进行下去,直至反应完成。

$$RM \cdot + M \xrightarrow{k_p} RM_2 \cdot$$

$$RM_2 \cdot + M \xrightarrow{k_p} RM_3 \cdot$$

$$\cdots$$

式中,k_p 为链增长的反应速率常数。

3）链终止

当两个自由基相遇,生成中性产物时,反应链即发生终止。

$$RM_n \cdot + RM_m \cdot \xrightarrow{k_t} RM_{n+m} (n, m = 1, 2, 3, \cdots)$$

$$\cdots$$

式中,k_t 为链终止反应速率常数。

链终止的方式很多。除自由基之间反应产生的链终止之外,自由基也可能与器壁、溶剂、杂质等发生链的转移反应,但因几率极低,常不予考虑。

支链反应与直链反应的主要区别在于,在支链反应的链传递中,产生的自由基比反应消耗的自由基多,因此反应体系里的自由基越来越多,产生的能量也越来越多,最终可能发生爆炸。如果多余的自由基能与器壁发生碰撞销毁,或与反应体系中的惰性气体发生碰撞而失去活性,且反应热能顺利移除,则不会发生爆炸。

对于非稳态时,则需要写出各个基元反应的动力学方程,严格求解各种聚合反应的动力学微分方程组,才能获得各组分浓度随时间的变化。比如,颜德岳院士采用严格求解各种聚合反应的动力学微分方程组,推导了聚合物分子量分布函数等分子参数的解析表达式,建立了聚合物分子参数与聚合反应参数的定量关系,比较系统地发展了聚合反应动力学的非稳态理论,因此获得 1998 年上海市科技进步(基础研究类)一等奖和 1999 年国家自然科学四等奖。

颜德岳(1937 年 3 月 5 日生)系浙江永康人,中国著名高分子化学家。1956 年毕业于南开大学化学系,后于 1965 年攻读吉林大学化学研究生。2005 年当选为中国科学院院士。颜德岳院士比较系统地发展了非稳态聚合反应动力学理论,提出了超支化聚合物的多种合成途径(包括乙烯基和氧杂环的杂化聚合)、实现了宏观超分子自组装。

颜德岳主要从事聚合反应动力学研究、超支化聚合物的分子设计和不规整聚合物的超分子组装领域的研究。颜德岳早期主要从事理论化学研究,曾获上海市科技进步奖(基础研究类)一等奖(1998)、国家自然科学奖四等奖(1999)以及作为"高分子缩聚、加聚和交联反应的统计理论"的共同得奖人曾获国家自然科学二等奖(1989)。他还承担了多项自然科学基金重点及面上项目、国家973 等项目的子项目,研究成果获得 2007 年上海市科技进步一等奖(排名第一)、2009 年国家自然科学奖二等奖(排名第一)、2019 年上海市自然科学奖一等奖及多项国家和省部级奖。

除采用光引发、辐射引发、引发剂引发等可以产生自由基外,一些热化学反应也可以是链反应。1926 年,尼古拉依·尼古拉那维奇·谢苗诺夫首先用磷蒸气的氧化实验证明热化学反应也可以是链反应,将链反应的概念由光化学反应推广到广阔的热化学反应领域。同年,他发现了支链反应,并用支链反应理论来解释上述反应,即开始时形成带有不饱和价键的自由基,然后产生一系列支化反应的链。由于活化粒子容易碰到容器内壁而断链的可能性极大,当氧气压力高于临界压力时,活化粒子随支链反应而成倍增加,结果反应速率出现几何式的增长。

2.6.2　光化学反应

在 2.5.4 节中提到,光化学反应相比热化学反应有许多优点,并且反应物状态、机理、反应速率等与热化学反应不同,可用来合成一般热化学反应难以合成的化学品。在光化学反应中,化学反应的速率有如下特点:

①反应速率主要决定于照射光的强度。

②反应速率受温度影响较小。

③光化学反应比热化学反应选择性更高。

甲基苯基二氯硅烷是制备有机硅聚合物的重要单体,也是一种用途广泛的中间体。含有它的有机硅产品的耐热性、化学稳定性、耐辐照性均有明显的提高。1975 年,蔡镏生院士与吉林化工研究院采用光化学方法合成甲基苯基二氯硅烷(图 2.9),利用这种硅烷可以进一步合成硅橡胶,苯基的引入使硅橡胶具有良好的耐高、低温和密封特性,是当时我国航天工业中一种急需的材料。

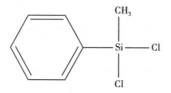

图 2.9　甲基苯基二氯硅烷结构

蔡镏生(1902.9—1983.10)出生于福建泉州,是中国物理化学家和教育家,中国催化动力学研究的奠基人之一,还是光化学研究的先驱者。

蔡镏生 19 岁以优异的成绩考取燕京大学化学系。1952 年与唐敖庆等人一同创建了吉林大学化学系,任化学系首届主任。

由于出色的科研成就,蔡镏生于 1957 年当选为中国科学院学部委员(即现在的院士)。蔡镏生是我国催化动力学研究的奠基人之一、光化学研究的先驱者,他对我国实验物理化学的发展做出了重要贡献。1963 年,蔡镏生主持建立了催化动力学研究室,被列为国家重点研究机构且承担了国家重点基础研究项目"甲烷氧化制甲醛"。

蔡镏生还是中国光化学研究的先驱。1975 年,他同吉林化工研究院合作,采用光化学方法合成甲基苯基二氯硅烷,利用这种硅烷可以进一步合成硅橡胶,这种硅橡胶具有良好的耐高、低温和密封特性,是当时我国航天工业中一种急需的材料。

2.6.3　多相催化反应

多相催化反应的速率既受化学因素的影响,又受物理因素的影响。一个典型的气—固催化反应需要经过如下过程:

①反应物从流体主体(气相或液相)扩散到催化剂颗粒外表面,该过程称为外扩散。

②反应物从催化剂颗粒内表面扩散到内表面,该过程称为内扩散。

③反应物分子与催化剂活性中心发生物理吸附。

④反应物与催化剂活性中心发生化学吸附。

⑤发生表面化学反应。

⑥产物分子脱附。

⑦产物分子从催化剂内表面扩散到颗粒外表面。

⑧产物分子从催化剂颗粒外表面扩散到流体主体。

以上的每一步都会影响总的化学反应速率。很多情况是扩散的速率低于表面化学反应本身的速率,这时称该反应受到扩散控制。如果是内扩散步骤最慢,则可称该反应为内扩散控制。实际上,在工业上使用的催化剂都需做成一定形状和结构的颗粒。形状和颗粒内部的孔隙结构如半径、深度、形状都会影响多相催化剂的性能,相应地,化学反应的速率也会受到影响。

一般,在消除内、外扩散等与化学反应本身无关的影响后获得的动力学称为本征反应动力学,而没有消除或没有完全消除内、外扩散等影响获得的动力学称为宏观反应动力学。研究本征反应动力学可让人认清化学反应本身的性质,从而可知提高反应速率的上限。但反应总是在一定的外在条件下完成的,因此更多时候需要的是宏观反应动力学。但不管怎样,化学反应动力学是化学学科重要的基础之一。李远哲在化学动力学、动态学、激光化学等物理化学领域的杰出表现使其获得了 1986 年诺贝尔化学奖,这也说明了化学反应动力学至今仍然是化学学科极其重要的基础。

李远哲,1936 年 11 月 19 日出生于中国台湾省新竹市,著名化学家,诺贝尔化学奖获得者,美国艺术与科学院院士、美国国家科学院院士、德国哥廷根科学院院士。

李远哲于 1959 年毕业于台湾大学化学系,1965 年获得美国加州大学伯克利分校化学系理学博士学位。1975 年当选为美国人文与科学学院院士;1979 年当选为美国国家科学院院士,1986 年获得诺贝尔化学奖。

李远哲在化学动力学、动态学、激光化学等物理化学领域均有杰出表现,尤其交叉分子束技术的研究,独步全球,开创了化学动态学的新领域,用于阐明化学反应途径与机制。

阅读材料:

飞秒技术

飞秒(femtosecond)简称 fs,是标衡时间长短的一种计量单位。极短时间的激光脉冲称为飞秒激光,而极短时间的分子振动的检测为飞秒检测,极短时间的物理过程为飞秒物理。飞秒技术是对这些技术的一个总称。

飞秒激光是一种周期可以用飞秒计算的超强超短脉冲激光。它为人类提供了前所未有的全新实验手段与物理条件。飞秒激光产生后,人类能够在原子和电子的层面上观察到它们超快运动的过程并加以利用。特别是采用这种超强的短脉冲激光的飞秒检测可以用于包括化学键断裂,新键形成,质子传递和电子转移,化合物异构化,分子解离,反应中间产物及最终产物的速度、角度和态分布,溶液中的化学反应以及溶剂的作用,分子中的振动和转动对化学反应的影响等。

飞秒激光具有快速检测和高分辨率特性,可用于病变早期诊断、医学成像和生物活体检测、外科医疗。飞秒激光甚至可用于基因疗法,德国科学家用它在老鼠的细胞内进行试验,现已取得显著的成果。飞秒激光还可以用于手术,如美国加州一家公司研制的飞秒激光视力矫正系统,现已完成了 2 万次手术,为患者带来了福音。再如将飞秒激光用于牙科手术,可使手术无痛且保护周围健康的珐琅质。

高功率飞秒激光可以将大气击穿,制造放电通道,实现人工引雷,从而避免飞机、火箭、发电厂因天然雷击而造成的灾难性破坏。飞秒激光用于机械加工则称为飞秒加工技术。如用于切割易碎的聚合物,不致改变其重要的生物化学特性。在汽车制造和重型设备加工中,可以更好地加工直喷发动机喷油嘴阀座上的喷油孔,减少喷油孔加工时的孔径畸变,保证腔体内壁的平整度。当然激光武器也是飞秒技术的产物之一,特别是针对高速武器的拦截技术。

飞秒技术在超小型卫星的制造上和授时中也有重大应用。如中国科研团队在国际上首次实现了百公里级的自由空间高精度时间频率传递实验时间传递稳定度达到飞秒(千万亿分之一秒)量级,可满足最高精度光钟的时间传递要求。这项研究由中国科学技术大学潘建伟团队与上海技物所、新疆天文台等单位合作完成,相关成果论文在国际学术期刊《自然》杂志发表。

思考题与习题

1. 基元反应可以有过渡态吗?

2. 反应体系中反应物分子的平均能量、活化分子平均能量、活化能是什么关系?

3. 成功的碰撞而发生反应必须满足哪两个基本条件?

4. 总反应级数与各个反应物的级数是何关系? 总反应级数一定大于分级数吗?

5. 化学反应中分子和分子之间能的传递是通过什么实现的?

6. 一级反应的反应速率常数的量纲是什么?

7. 是反应的机理决定了动力学方程式的形式? 还是动力学方程式的形式决定了反应的机理?

8. 温度升高,化学反应的速率一定增大吗?

9. 在条件不变时,使用催化剂后除不改变总反应的吉布斯自由能变、平衡常数不变外,还有哪些热力学参数不变?

10. 当反应的活化能很大时,是提高温度来提高反应的速率效果更好,还是提高反应物的浓度效果更好?

11. 已知某反应 A+3B $\longrightarrow$ 2C 在某时刻测得反应系统内 $c(C)=2$ mol $\cdot$ dm^{-3}。经过 2 min 后又一次测定得到 $c(C)=4$ mol $\cdot$ dm^{-3},则分别以 A、B、C 来表示 2 min 内的平均反应速率 r_A、r_B、r_C 各为多少?

12. 设反应 aA+bB $\Longrightarrow$ cC 在恒温下反应,采用初速率法测定其反应速率,得到如下实验数据。试写出该反应的速率方程式,并确定其反应级数。

实验编号	反应物 A 初始浓度/(mol $\cdot$ dm^{-3})	反应物 B 初始浓度/(mol $\cdot$ dm^{-3})	反应速率
1	c_{A0}	c_{B0}	r_0

续表

实验编号	反应物 A 初始浓度/(mol·dm⁻³)	反应物 B 初始浓度/(mol·dm⁻³)	反应速率
2	c_{A0}	$2c_{B0}$	$2r_0$
3	$2c_{A2}$	c_{B0}	$4r_0$

13. 在高温下,焦炭与二氧化碳发生如下反应

$$C(s) + CO_2(g) = 2CO$$

该反应的活化能为 167 kJ/mol,当反应温度从 900 K 升高到 1 000 K 时,反应速率增大了几倍?

14. 测得某基元反应的活化能为 54.4 kJ/mol,该反应在 300 K 时反应速率常数为 $3.5 \times 10^{12} s^{-1}$,求该反应在 320 K 时的反应速率常数。

15. 已知 A = B+C 为一级分解反应,在 320 K 时反应物 A 从最初的浓度 1 mol/L 降低到 0.2 mol/L 用时 30 min,求:①该反应的反应速率常数 k;②反应物 A 的浓度从 0.2 mol/L 降低到 0.1 mol/L 需用多少分钟?

16. ^{14}C 的半衰期为 5 730 年。考古测定某古墓木质样品中的 ^{14}C 含量为原来的 63.8%,试估算古墓距今年数。

17. 在 301 K 时鲜牛奶大约 4.0 h 变酸,但在 278 K 的冰箱中可保持 48 h。假如反应速率与变酸时间与成反比,求牛奶变酸反应的活化能。

18. 某二级反应在不同温度下的反应速率常数如下:

T/K	645	675	715	750
$k \times 10^3$/(mol⁻¹·L·min⁻¹)	6.15	22.0	77.5	250

试求:①该反应的活化能;②计算 700 K 的反应速率常数。

第 **3** 章
化学平衡

本章基本要求

(1) 了解可逆反应和化学平衡的基本概念。

(2) 掌握标准平衡常数与吉布斯自由能变之间的关系,并能熟练地进行计算。

(3) 了解化学平衡移动的基本概念,理解多重平衡规则。

(4) 掌握对化学平衡移动的影响因素,并能熟练地判断结果。

(5) 掌握一元弱酸、弱碱的解离平衡和多元弱酸、弱碱解离平衡的计算。

(6) 了解缓冲作用原理以及缓冲溶液组成和性质,掌握缓冲溶液 pH 的计算,并能配制一定 pH 的缓冲溶液。理解难溶电解质沉淀溶解平衡的特点。

(7) 理解同离子效应和盐效应对解离平衡的影响。

(8) 掌握标准溶度积常数及其与溶解度之间的关系和有关计算。

(9) 掌握溶度积规则,能用溶度积规则判断沉淀的生成和溶解以及相关的计算,了解沉淀溶解的转化及有关计算。

(10) 掌握配合物的解离平衡,能够理解和区分配合物中的概念,并能掌握配合物的命名原则和熟练书写、命名配合物。

化学反应不仅具有一定的方向性,而且还具有一定的限度。需要进一步研究化学反应的另一个重要问题,即化学平衡问题。平衡态是一定条件下化学所能进行的最大限度。因此,研究化学平衡的规律有重要的意义。在本章中,我们将运用化学热力学的知识来研究化学反应的平衡常数,气相反应的平衡、液相反应的平衡、标准平衡常数与标准吉布斯自由能变、化学平衡的移动及影响因素、酸碱平衡、沉淀溶解平衡及配离子的解离平衡。

3.1 可逆反应与平衡常数

自然界发生的过程都有一定的方向性。例如,水总是自动地从高处向低处流,而不会自动地向反方向流动,但迄今为止,仅有少数的化学反应的反应物能单向地全部转变为生成物,即反应能进行到底。这就是本节介绍的可逆反应,可逆反应有一个平衡点,称为化学平衡。我国晋代炼丹家、医学家葛洪所著《抱朴子》一书中记载:"丹砂烧之成水银,积变又还成丹砂",丹砂即硫化汞,加热即分解而得到汞。汞与硫磺化合又生成黑色的硫化汞,再在密闭容器中调节温度,便升华为赤红色的结晶硫化汞,采用硫化汞制水银,这便是生活中的可逆反应。

本节主要讲述可逆反应的化学平衡,重点掌握平衡常数的计算。

3.1.1　可逆反应与化学平衡

一般来说,所有的化学反应都有可逆性,只是可逆的程度有很大的区别。绝大部分化学反应都不能将反应物全部转化为生成物,我们把这种反应称为可逆反应。可逆反应是指在同一条件下,既能向正反应方向进行,同时又能向逆反应的方向进行的反应。

例如,在工业制备氨气的反应中,即使氮气与氢气在高温、高压以及采用催化剂的作用下,所得到的氨气也是有限的,仍然不能反应完全:

$$N_2(g)+3H_2(g) \underset{\text{高温、高压}}{\overset{\text{催化剂}}{\rightleftharpoons}} 2NH_3(g)$$

当把 N_2 和 H_2 装入密闭容器中后加入催化剂以及在高温高压的条件下,开始反应生成 NH_3。在相同条件下,NH_3 又分解产生 N_2 和 H_2。随着反应的进行 N_2 和 H_2 的浓度降低,正反应速率减慢,逆反应速率加快。当正反应速率与逆反应速率相等时,就达到了该反应的一种化学平衡状态(图3.1)。

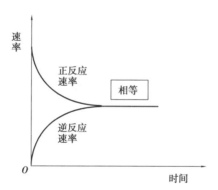

图 3.1　正逆反应速率示意图

系统达到化学平衡时的特征如下:

①反应的正反应速率与逆反应速率相等($\nu_{正}=\nu_{逆}$)。此时反应中,只要外界条件不变,则各物质的浓度和物质的量等随着时间的变化保持不变。

②化学平衡是一种动态平衡。即反应并未终止。反应体系达到平衡后,反应似乎是"终止"了,但实际上正反应和逆反应始终在进行着,只是 $\nu_{正}=\nu_{逆}$,单位时间内各物质的生成量和消耗量相等,因此,总的结果为各物质的浓度都保持不变,反应物与生成物处于动态平衡。

③化学平衡是可以改变的。化学平衡是在一定外界条件下保持的,一旦改变维持平衡的条件,原来的平衡就被破坏,随后在新的条件下建立新的平衡。

④反应可以从正、逆反应两个方向达到平衡。

3.1.2　平衡常数

1862—1863 年,挪威科学家古德贝格和瓦格注意到平衡中反应物和产物的数量之间存在特殊关系。无论他们开始使用多少反应物,在平衡时都会达到一定比例的反应物和产物,之后,1884年,范特霍夫正式确立了化学平衡常数的概念。即任何可逆反应,在一定温度下,无论反应物的起始浓度如何,反应达到平衡状态后,生成物与反应物浓度系数次方的比是一个常数,称为化学平衡常数,用 K 表示。平衡常数又可分为实验平衡常数和标准平衡常数。

1)实验平衡常数

实验平衡常数又可分为以浓度平衡常数、以平衡压力表示的压力平衡常数。

（1）浓度平衡常数

以平衡浓度表示的平衡常数称为浓度平衡。

对于在稀溶液中进行的反应:$a\mathrm{A}+b\mathrm{B} \Longleftrightarrow g\mathrm{G}+d\mathrm{D}$,在一定温度下达到化学平衡状态时,其以平衡浓度表示的平衡常数表达式为

$$K_c = \frac{c(G)^g \cdot c(D)^d}{c(A)^a \cdot c(B)^b} \tag{3.1}$$

式中,$c_{(A)}$、$c_{(B)}$、$c_{(G)}$、$c_{(D)}$ 分别为 A、B、G 和 D 达到平衡状态时的平衡浓度。若浓度的单位采用 mol/L,则 K_c 的单位是（mol/L）,$\sum\limits_{B} \nu_B = g+d-a-f$。

（2）压力平衡常数

以平衡分压表示的平衡常数称为压力平衡常数,记为 K_p。

对于在低压下进行的气相反应:$a\mathrm{A}+b\mathrm{B} \Longleftrightarrow g\mathrm{G}+d\mathrm{D}$,在一定温度下达到化学平衡状态时,其以平衡分压表示的平衡常数表达式为

$$K_p = \frac{p(G)^g \cdot p(D)^d}{p(A)^a \cdot p(B)^b} \tag{3.2}$$

式中,$p_{(A)}$、$p_{(B)}$、$p_{(G)}$、$p_{(D)}$ 分别为 A、B、G 和 D 达到平衡状态时的平衡分压（所谓某种组分气体的分压,是指混合气体中某一组分气体在与混合气体处于相同温度时,单独占有整个容积所呈现的压力,而混合气体的总压等于组分气体分压之和）。若压力单位采用 Pa,则 K_p 的单位是（Pa）。

上述给出的 K_c,K_p 都是由实验得到的,故称为实验平衡常数。通过实验测定某一反应在一定温度或不同温度下的 K_c 和 K_p,能了解产物对反应物的比例关系及最大转化程度,对生产具有重要指导作用。通过实验平衡常数数值和量纲随浓度和分压的单位不同而不同,因此使用起来不方便。而由热力学计算得到的平衡常数叫标准平衡常数,国际上统一使用。

【例3.1】实验测知,制备水煤气的反应:

$$\mathrm{C(s)} + \mathrm{H_2O(g)} \Longleftrightarrow \mathrm{CO(g)} + \mathrm{H_2(g)}$$

在 1 000 K 下达到平衡时,$c(\mathrm{CO}) = c(\mathrm{H_2}) = 7.6 \times 10^{-3}$ mol/L,$c(\mathrm{H_2O}) = 4.6 \times 10^{-3}$ mol/L;平衡分压分别为 $p(\mathrm{CO}) = p(\mathrm{H_2}) = 0.63 \times 10^5$ Pa,$p(\mathrm{H_2O}) = 0.38 \times 10^5$ Pa。试计算该反应的 K_c 和 K_p。

解:

$$\mathrm{C(s)} + \mathrm{H_2O(g)} \Longleftrightarrow \mathrm{CO(g)} + \mathrm{H_2(g)}$$

平衡浓度/$(10^{-3}\mathrm{mol/L})$　　　4.6　　7.6　　7.6

平衡分压/$(10^5\mathrm{Pa})$　　　　　0.36　0.63　0.63

则:

$$K_p = \frac{c(CO) \cdot c(H_2)}{c(H_2O)} = \frac{(7.6 \times 10^{-3} mol/L)^2}{(4.6 \times 10^{-3} mol/L)}$$

$$= 1.2 \times 10^{-2} mol/L$$

$$K_p = \frac{p(CO) \cdot p(H_2)}{p(H_2O)} = \frac{(0.63 \times 10^5 pa)^2}{0.38 \times 10^5 pa}$$

$$= 1.0 \times 10^5 (pa)$$

（3）标准平衡常数

为了更好地研究化学平衡,必须找出平衡时反应系统内各组分之间的关系。平衡常数可以作为衡量平衡状态的标志。对于如下可逆气相反应:

$$aA(g) + bB(g) \rightleftharpoons gG(g) + dD(g)$$

在一定温度下,达到平衡时,有以下关系存在:

$$K_p^{\ominus} = \frac{[p^{eq}(G)/p^{\ominus}]^g \cdot [p^{eq}(D)/p^{\ominus}]^d}{[p^{eq}(A)/p^{\ominus}]^a \cdot [p^{eq}(B)/p^{\ominus}]^b} \tag{3.3}$$

若反应是溶液时,可用平衡时的浓度代替压强:

$$K_c^{\ominus} = \frac{[c^{eq}(G)/c^{\ominus}]^g \cdot [c^{eq}(D)/c^{\ominus}]^d}{[c^{eq}(A)/c^{\ominus}]^a \cdot [c^{eq}(B)/c^{\ominus}]^b} \tag{3.4}$$

书写标准平衡常数表达式时的注意事项:

①标准平衡常数表达式与化学反应计量式相对应。同一化学反应以不同的计量式表达时,其标准平衡常数的数值不同;如

$$N_2(g) + 3N_2(g) \rightleftharpoons 2NH_3(g) \quad K_1^{\ominus} = \frac{[p(NH_3)/p^{\ominus}]^2}{[p(H_2)/p^{\ominus}]^3 \cdot [p(N_2)/p^{\ominus}]}$$

$$\frac{1}{2}N_2(g) + \frac{3}{2}H_2(g) \rightleftharpoons 2NH_3(g) \quad K_2^{\ominus} = \frac{p(NH_3)/p^{\ominus}}{[p(N_2)/p^{\ominus}]^{\frac{1}{2}} \cdot [p(H_2)/p^{\ominus}]^{\frac{3}{2}}}$$

标准平衡常数之间的关系为

$$K_2^{\ominus} = (K_1^{\ominus})^{\frac{1}{2}}$$

②正、逆反应所对应的标准平衡常数互为倒数。例如

$$2H_2(g) + O_2(g) = 2H_2O(g) \quad K_1^{\ominus} = \frac{[p(H_2O)/p^{\ominus}]^2}{[p(H_2)/p^{\ominus}]^2 \cdot [p(O_2)/p^{\ominus}]}$$

$$2H_2O(g) = 2H_2(g) + O_2(g) \quad K_2^{\ominus} = \frac{[p(H_2)/p^{\ominus}]^2 \cdot [p(O_2)/p^{\ominus}]}{[p(H_2O)/p^{\ominus}]^2}$$

两者之间的关系为

$$K_1^{\ominus} = \frac{1}{K_2^{\ominus}}$$

③有纯固体、纯液体及稀溶液中溶剂参加的反应时,它们的相对浓度为1。例如

$$CaCO_3 = CaO(s) + CO_2(g) \quad K^{\ominus} = \frac{p(CO_2)}{p^{\ominus}}$$

$$Br_2(l) = Br_2(g) \quad K^{\ominus} = \frac{p(Br_2, g)}{p^{\ominus}}$$

$$Cr_2O_7^{2-}(aq) + 3H_2O = 2CrO_4^{2-} + 2H_3O^+(aq) \qquad K^\ominus = \frac{[c(CrO_4^{2-})/c^\ominus]^2 \cdot [c(H_3O^+)/c^\ominus]^2}{c(Cr_2O_7^{2-})/c^\ominus}$$

④标准平衡常数的数值与系统的浓度无关,仅仅是温度的函数。一定温度下,标准平衡常数的数值越大,说明反应正向的程度越大。

【例3.2】根据例3.1给出的条件,计算1 000 K下制备水煤气反应的标准常数。

解:

$$C(s) + H_2O(g) \rightleftharpoons CO(g) + H_2(g)$$

$$K^\ominus = \frac{[p(CO)/p^\ominus] \cdot [p(H_2)/p^\ominus]}{[p(H_2O)/p^\ominus]}$$

$$= \frac{(0.63 \times 10^5 Pa/1 \times 10^5 Pa)^2}{(0.38 \times 10^5 Pa/1 \times 10^5 Pa)} = 1.0$$

2)平衡常数的意义

平衡常数的大小,表明了在一定条件下反应进行的程度。如果一个反应的平衡常数很大,则表示该反应正向进行的趋势很大,达到平衡时体系将主要由产物组成;反之,如果反应的平衡常数很小,则表示反应正向进行的程度很小,平衡时体系主要由反应物组成。

例如,反应

$$Zn(s) + Cu^{2+} \rightleftharpoons Cu(s) + Zn^{2+}$$

在298.15 K时,其$K^\ominus = 2.0 \times 10^{37}$,即平衡时$Zn^{2+}$浓度为$Cu^{2+}$浓度的$2.0 \times 10^{37}$倍,这表明反应进行得十分完全。而反应

$$N_2(g) + O_2(g) \rightleftharpoons 2NO(g)$$

在298.15 K时,其$K^\ominus = 4.6 \times 10^{-31}$,这表明该反应进行的程度很小,以至于实际上可能反应并没有发生。

3.2 标准平衡常数与吉布斯自由能变

许多化学反应并非处于标准态,而是处于任意给定态,这时应该用等温等压下反应的摩尔吉布斯自由能变$\Delta_r G_m$来判断反应的方向和限度。热力学研究指出,当体系处于任意给定态时,反应的摩尔吉布斯自由能变$\Delta_r G_m(T)$与标准摩尔吉布斯自由能变$\Delta_r G_m^\ominus(T)$及各物质的分压力或浓度之间存在一定关系。众所周知,随着向大气中CO_2的排放量增加,全球温室效应也越明显,全球气候变暖也越严重,对人类和大自然造成了伤害。通过吉布斯自由能判断反应的方向和限度,可以控制碳排放,减小温室效应,构建地球命运共同体。

本节重点掌握标准平衡常数与吉布斯自由能之间的关系并能熟练计算。

3.2.1 标准平衡常数与吉布斯自由能变间的关系

当可逆反应达到化学平衡时,则有$\Delta_r G_m = 0$,此时热力学等温方程可写作

$$\Delta_r G_m(T) = \Delta_r G_m^\ominus(T) + RT \ln J \tag{3.5}$$

由于当化学反应达到平衡时,反应方程式中的各个物质的浓度和分压均处于平衡状态的浓度和分压,所以此时$J = K^\ominus$,则(3.5)可改写为:

$$\Delta_r G_{em}(T) = -RT \ln K^{\ominus} = \Delta_r H_{em}(T) - T\Delta_r S_{em}(T) \tag{3.6}$$

或

$$\lg K^{\ominus} = \frac{\Delta_r G_m^{\ominus}}{2.303RT} = \frac{T\Delta_r S_m^{\ominus}(T) - \Delta_r H_m^{\ominus}(T)}{2.303RT} \tag{3.7}$$

将式(3.5)和式(3.6)合并可得

$$\Delta_r G_m^{\ominus}(T) = -RT \ln K^{\ominus} + RT \ln J$$

根据此式,只需要比较指定状态下反应的 $K^{\ominus}$ 与 J 的相对大小,就可以判断反应进行的方向,具体分为以下 3 种情况:

$$\text{当 } J < K^{\ominus} \text{ 时,} \Delta_r G_m^{\ominus}(T) < 0 \text{,反应正向进行}$$
$$\text{当 } J = K^{\ominus} \text{ 时,} \Delta_r G_m^{\ominus}(T) = 0 \text{,反应达到平衡状态} \tag{3.8}$$
$$\text{当 } J > K^{\ominus} \text{ 时,} \Delta_r G_m^{\ominus}(T) > 0 \text{,反应逆向进行}$$

【例 3.3】试写出反应:$C(s) + CO_2 \rightleftharpoons 2CO(g)$ 的标准平衡常数表达式,并分别求出温度为 298.15 K 和 1 173 K 时的标准平衡常数 $K^{\ominus}$(按焓变和熵变不随温度变化考虑)。

解:
$$C(s) + CO_2 \rightleftharpoons 2CO(g)$$
$$K^{\ominus} = \frac{[p(CO)/p^{\ominus}]^2}{p(CO_2)/p^{\ominus}}$$

	C(s)	+	$CO_2 \rightleftharpoons$	2CO(g)
$\Delta_f H_m^{\ominus}/(kJ/mol)$	0		−393.509	−110.525
$S_m^{\ominus}/(J/(mol \cdot K))$	5.740		213.74	197.674
$\Delta_f G_m^{\ominus}/(kJ/mol)$	0		−394.359	−137.168

$$\Delta_r G_m^{\ominus} = \sum \nu_i \Delta_f G_m^{\ominus}(\text{生成物}) + \sum \nu_i \Delta_f G_m^{\ominus}(\text{反应物})$$
$$= -137.168 \text{ kJ/mol} \times 2 + (-1) \times (-394.359 \text{ kJ/mol})$$
$$= 120.023 \text{ kJ/mol}$$

由

$$\lg K^{\ominus} = -\frac{\Delta_r G_m^{\ominus}}{2.303RT}$$

得

$$\lg K^{\ominus}(T) = -\frac{120.023 \times 10^3 J \cdot mol^{-1}}{2.303 \times 8.314(J/(mol \cdot K)) \times 298.15K}$$
$$= -21.02$$
$$K^{\ominus}(298.15k) = 3.8 \times 10^{-49}$$

$$\Delta_r H_m^{\ominus}(298.15k) = \sum \nu_i \Delta_f H_m^{\ominus}(\text{生成物}) + \sum \nu_i \Delta_f H_m^{\ominus}(\text{反应物})$$
$$= 2 \times (-110.525 \text{ kJ/mol}) + (-1) \times (-393.509 \text{ kJ/mol})$$
$$= 172.459 \text{ kJ/mol}$$

$$\Delta_r S_m^{\ominus}(298.15K) = \sum \nu_i S_m^{\ominus}(\text{生成物}) + \sum \nu_i S_m^{\ominus}(\text{反应物})$$
$$= 2 \times (-197.674 \text{ J/(mol \cdot K)}) + (-1) \times (213.74 \text{ J/(mol \cdot K)}) +$$
$$(-1) \times 5.740 \text{ J/(mol \cdot K)}$$

$$= 175.87 \text{ J/(mol · K)}$$

$$\Delta_r G_m^{\ominus}(T) \approx \Delta_r H_m^{\ominus}(298.15\text{k}) - T\Delta_r S_m^{\ominus}(298.15\text{K})$$

$$\Delta_r G_m^{\ominus}(1\ 173\text{K}) \approx 172 \cdot 459\text{J. mol}^{-1} \times 10^3 - 1\ 173\text{K} \times 175.87 \text{ J/(mol · K)}$$

$$= -33\ 836.51 \text{ J · mol}^{-1}$$

$$\lg K^{\ominus}(1\ 173\ \text{K}) = -\frac{\Delta_r G_m^{\ominus}(1\ 173\ \text{K})}{2.303RT}$$

$$= -\frac{33\ 836.51 \text{ J/mol}}{2.303 \times 8.314 \text{ J/(mol · K)} \times 1\ 173\ \text{K}}$$

$$= 1.507$$

$$K^{\ominus}(1\ 173\ \text{K}) = 32.14$$

　　雅可比·亨利克·范特霍夫(Jacobus Henricus van't Hoff),荷兰化学家,立体化学和物理化学的开创者,和奥斯特瓦尔德、阿伦尼乌斯一起并称"物理化学三剑客"。1901 年 12 月 10 日首次获得诺贝尔奖,范特霍夫成为世界上第一位诺贝尔化学奖获得者。1875 年发表了《空间化学》一文,提出分子的空间立体结构的假说,创立了"不对称碳原子"概念,以及碳的正四面体构型假说(又称范霍夫-勒·贝尔模型)。1877 年,范霍夫开始注意研究化学动力学和化学亲合力问题。1884 年,出版《化学动力学研究》一书。1885 年被选为荷兰皇家科学院成员。1886 年范特甫根据实验数据提出范特荷甫定律——渗透压与溶液的浓度和温度成正比,它的比例常数就是气体状态方程式中的常数 R。1887 年 8 月,与德国科学家威廉·奥斯特瓦尔德共同创办《物理化学杂志》。

3.2.2　多重平衡规则

相同温度下,假设存在多个化学平衡体系,且各有其对应的 $\Delta_r G_m^{\ominus}$ 和 $K^{\ominus}$:

$N_2(g) + O_2(g) \rightleftharpoons 2NO(g);\qquad K_1^{\ominus}\qquad \Delta_r G_m^{\ominus}$

$2NO(g) + O_2(g) \rightleftharpoons 2NO_2(g);\qquad K_2^{\ominus}\qquad \Delta_r G_m^{\ominus}$

$N_2(g) + 2O_2(g) \rightleftharpoons 2NO_2(g);\qquad K_3^{\ominus}\qquad \Delta_r G_m^{\ominus}$

则有:反应式(1)+反应式(2)=反应式(3)

$$\Delta_r G_m^{\ominus}(1) + \Delta_r G_m^{\ominus}(2) = \Delta_r G_m^{\ominus}(3)$$

根据

$$\Delta_r G_m^{\ominus} = -RT \ln K^{\ominus}$$

$$RT \ln K_1^{\ominus} + RT \ln K_2^{\ominus} = RT \ln K_3^{\ominus}$$

$$\ln K_1^{\ominus} K_2^{\ominus} = \ln K_3^{\ominus}$$

$$K_1^{\ominus} K_2^{\ominus} = K_3^{\ominus}$$

　　由此可见,当几个反应式相加得到另一个反应式时,其平衡常数等于几个反应平衡常数之积,此规则称为多重平衡规则。应用多重平衡规则,可以由若干个已知反应的平衡常数求得某个反应的平衡常数,无需通过实验。

3.3　化学平衡的移动及影响因素

　　化学平衡移动是指在一定条件下,一个可逆反应达到平衡状态以后,如果反应条件改变了,原来的平衡就会被破坏,平衡混合物里各组分的百分含量也随着改变,从而在新的条件下达到新的平衡。我国著名科学家、杰出化学家侯德榜在 20 世纪 40~50 年代,发明了连续生产纯碱与氯化铵的联合制碱新工艺,以及碳化法合成氨流程制碳酸氢铵化肥新工艺;并使之在 60 年代实现了工业化且大面积推广发明的联合生产合成氨与碱的工艺,他在制碱的过程中,通过改变不同的条件,改变化学平衡的移动,使反应过程达到了最大化。

　　化学平衡是可逆反应的正、逆反应速率相等时的状态;从能量变化角度说,可逆反应达平衡时,$\Delta_r G_m^{\ominus} = 0, J = K^{\ominus}$。因此,一切能导致 $\Delta_r G_m^{\ominus}$ 或 J 值发生变化的外界条件(浓度、压力和温度)都会使平衡发生移动。

　　本节重点掌握压力、浓度和温度对化学平衡的影响以及相关计算。

3.3.1　压力对化学平衡的影响

　　①在有气体参加、有气体生成而且反应前后气体分子数变化的反应中,在其他条件不变时,增大压力,平衡会向气体体积减小方向移动;减小压力,平衡向气体体积增大的方向移动。

　　例如:在氮气与氢气制备氨气的反应中

$$N_2(g) + 3H_2(g) \underset{\text{高温、高压}}{\overset{\text{催化剂}}{\rightleftharpoons}} 2NH_3(g)$$

　　减小压力,平衡向逆反应方向移动;增大压力,平衡向正反应方向移动。

　　②对反应方程式两边气体分子总数相等的反应($\Delta n = 0$),由于体系总压力的改变,同等程度地改变反应物和生成物的分压,但 J 值不变,则不影响平衡。

　　③对反应方程式 $cA + dB \rightleftharpoons yC + zD$ 两边气体总数不等的反应{即 $\Delta n = [(y+z)-(c+d)] \neq 0$}$\Delta n < 0$ 时,增加系统压力,平衡正向移动。$\Delta n > 0$ 时,增加系统压力,平衡逆向移动,即平衡向气体分子总数减少的方向移动。如表 3.1。

表 3.1　压力对化学平衡的影响

压力变化	Δn	
	$\Delta n > 0$ (气体分子总数增加的反应)	$\Delta n < 0$ (气体分子总数减少的反应)
压缩体积以增加体系总压力	$J > K^{\ominus}$	$J < K^{\ominus}$
	平衡向逆反应方向移动	平衡向逆反应方向移动
	均向气体分子总数减少的方向移动	
增大体积以降低体系总压力	$J < K^{\ominus}$	$J > K^{\ominus}$
	平衡向正反应方向移动	平衡向逆反应方向移动
	均向气体分子总数增多的方向移动	

④与反应体系无关的气体的引入,对化学平衡是否有影响,要视反应具体条件而定:恒温恒压下,对化学平衡无影响;恒温恒压条件下,无关气体的引入,使反应体系增大,造成各组分气体分压减小,化学平衡向气体分子总数增加的方向移动。

【例3.4】压力锅内,水的蒸气压力可达到150 kPa,计算水在压力锅中的沸腾温度。

解:

$$H_2O(l) \Longrightarrow H_2O(g)$$

已知:

$$\Delta_r H_m^{\ominus} = 44.0 \text{ kJ/mol}, p_1 = 101.3 \text{ kPa}, p_2 = 150 \text{ kPa}, T_1 = 373 \text{ K}$$

$$\ln\frac{p_2}{p_1} = \ln\frac{150}{101.3} = \frac{\Delta_r H_m^{\ominus}}{R} = \frac{44.0\times10^3}{8.314} \times \frac{T_2-373}{373T_2}$$

得:

$$T2 = 383.7 \text{ K}$$

3.3.2 浓度对化学平衡的影响

在其他条件不变时,增大反应物浓度或减小生成物浓度,平衡向正反应方向移动;减小反应物浓度或增大生成物浓度,平衡向逆反应方向移动。根据反应熵J的大小,可以推断化学平衡移动的方向。浓度虽然可以使平衡移动,但它不能改变$K^{\ominus}$的数值,因为在一定温度下,$K^{\ominus}$值是一定的。在温度一定时,增加反应物的浓度或减少产物的浓度,此时$J<K^{\ominus}$,平衡向正反应方向移动,直到建立新的平衡,即直到$J=K^{\ominus}$为止。若减少反应物的浓度或增加生成物的浓度,此时$J>K^{\ominus}$,平衡向逆反应方向移动,直到建立新的平衡,即直到$J=K^{\ominus}$为止,见表3.2。

表3.2 浓度对化学平衡的影响

浓度变化	J与$K^{\ominus}$关系	平衡移动方向
增加反应物浓度 或减少生成物浓度	$J<K^{\ominus}$	平衡向正反应方向移动
减少反应物浓度 或增加生成物浓度	$J>K^{\ominus}$	平衡向逆反应方向移动

3.3.3 温度对化学平衡的影响

温度对化学平衡的影响与浓度和压力的影响不同,温度的改变将导致$K^{\ominus}$值发生变化,从而使平衡发生移动。

根据

$$\ln K^{\ominus}(T) = \frac{-\Delta_r G_m^{\ominus}(T)}{RT}$$

和

$$\Delta_r G_m^{\ominus}(T) = \Delta_r H_m^{\ominus}(T) - T\Delta_r S_m^{\ominus}(T)$$

得

$$\ln \frac{K_2^{\ominus}}{K_1^{\ominus}} = \frac{\Delta_r H_m^{\ominus}}{R} \cdot \frac{(T_2 - T_1)}{T_1 \cdot T_2} \tag{3.9}$$

当温度从 T_1 变到 T_2 时，$K_1^{\ominus}$ 也变到 $K_2^{\ominus}$，

可得

$$\ln \frac{K_2^{\ominus}}{K_1^{\ominus}} = \frac{\Delta_r H_m^{\ominus}}{R} \left(\frac{T_2 - T_1}{T_1 \cdot T_2} \right) \tag{3.10}$$

由式 3.10 可知，在其他条件不变时，升高温度平衡向吸热反应方向移动，降低温度平衡向放热方向移动。但只要升高温度，可逆反应的正、逆反应速率都得到提高，见表 3.3。

表 3.3　温度对化学平衡的影响

温度变化	吸热反应	放热反应
升温	平衡向正反应方向移动	平衡向逆反应方向移动
降温	平衡向逆反应方向移动	平衡向正反应方向移动

【例 3.5】反应 $N_2(g) + 3H_2(g) \rightleftharpoons 2NH_3(g)$，$\Delta_r H_m^{\ominus} = -92.2$ KJ/mol，$K^{\ominus}(298\ K) = 6.2 \times 10^5$，计算该反应在 473 K 时的标准平衡常数。

解：

$$\ln \frac{K^{\ominus}(473K)}{K^{\ominus}(298K)} = \ln \frac{K^{\ominus}(473\ K)}{6.2 \times 10^5} = \frac{-92.2 \times 10^3}{8.314} \times \left(\frac{473 - 298}{298 \times 473} \right)$$

$$= K^{\ominus}(473\ K) = 6.2 \times 10^{-1}$$

浓度、压力、温度对化学平衡的影响均有特点，勒夏特列把外界条件对化学平衡的影响概括为一条普遍的规律，即勒夏特列原理：如果改变影响平衡的某一因素，平衡将沿着减弱这种改变的方向移动。也就是说，如果对平衡体系进行改变，平衡状态将向着这种改变倾向于消除的方向移动，直至建立起新的平衡为止。

3.4　酸碱平衡

酸碱反应是大家熟悉的很重要的一类反应。例如，人的体液 pH 值保持为 7.35 ~ 7.45；胃中消化液的主要成分是稀盐酸，胃酸过多会引起溃疡，有时过少又可能引起贫血；激烈运动过后，肌肉中产生的乳酸使人感到疲劳；土壤和水的酸碱性对某些植物和动物的生长有重大影响；日常生活中，药物阿司匹林、维生素 C 本身就是酸，食醋含有乙酸，柠檬水含有柠檬酸和抗坏血酸；小苏打、氧化镁乳、刷墙粉、洗涤剂等都是碱。广义上的酸碱配合物在生物化学、冶金、工业催化等领域中也有重要应用。

本节主要讲述酸碱理论与缓冲溶液，其中，水溶液中的酸碱电离及相关计算为难点。

3.4.1　酸碱理论

1）酸碱电离理论

1887 年，瑞典化学家阿仑尼乌斯提出了酸碱电离理论。该理论立论于水溶液中电解质的

解离。该理论认为在水溶液中解离出的阳离子全部是 H^+ 的物质称为酸;解离出的阴离子全部是 OH^- 的物质称为碱。在酸碱电离理论中,水溶液的酸碱性是通过溶液中氢离子浓度和氢氧根离子浓度衡量的:H^+ 浓度越大,酸性越强;OH^- 浓度越大,碱性越强。但酸碱电离理论把酸和碱限制在以水为溶剂的体系中,具有明显的局限性。

2)酸碱质子理论

1923 年,丹麦化学家 J. N. Bronsted 和英国化学家 T. M. Lowery 在提出了酸碱质子理论。因此,该理论又称 Bronsted-Lowry 质子理论。Bronsted-Lowry 酸碱定义:酸是能释放出质子的任何含氢原子的分子或离子(酸是质子的给予体);碱是任何能与质子结合的分子或离子(碱是质子的接受体)。

例如,在水溶液中:

$$H_2CO_3 \Longrightarrow H^+ + HCO_3^-$$

$$CH_3COOH \Longrightarrow H^+ + CH_3COO^-$$

在上述反应式中 H_2CO_3 和 CH_3COOH 能够给出质子,因此为酸。HCO_3^- 和 CH_3COO^- 都能接受质子,因此都为碱。其中,酸给出一个质子之后得到的碱称为这种酸的共轭碱;碱接受一个质子得到的酸称为这种碱的共轭酸。酸与它得到的共轭碱或碱与它得到的共轭酸称为共轭酸碱对:

$$
\begin{array}{lll}
A(酸) & \Longrightarrow B(碱) & + H^+(质子) \\
HCl & \Longrightarrow Cl^- & + H^+ \\
HAc & \Longrightarrow Ac^- & + H^+ \\
[Al(H_2O)_6]^{3+} & \Longrightarrow [Al(H_2O)_5OH]^{2+} & + H^+ \\
NH_4^+ & \Longrightarrow NH_3 & + H^+ \\
H_2PO_4^- & \Longrightarrow HPO_4^{2-} & + H^+ \\
HPO_4^{2-} & \Longrightarrow PO_4^{3-} & + H^+
\end{array}
$$

例如

从上面的例子可以看出,按照酸碱质子理论,凡是位于半箭头符号左边的物质都是酸:其中有分子酸,如 HCl 和 HAc;也有阳离子酸;如 $[Al(H_2O)_6]^{3+}$ 和 NH_4^+;还有阴离子酸,如 $H_2PO_4^{2-}$ 和 HPO_4^{2-}。凡是位于半箭头右边的都是碱:有分子碱,如 NH_3;也有阳离子碱,如 $[Al(H_2O)_5]^{2+}$;还有阴离子碱,如 Cl^-,Ac^-,HPO_4^{2-},PO_4^{3-}。

根据酸碱质子理论,容易给出质子(H^+ 的物质)是强的酸,而该物质给出质子后形成的碱就不容易同质子结合,因而是弱的碱,容易接受质子的是强的碱,而该物质接受质子后形成的酸就不容易给出质子,因而是弱的酸。换言之,酸越强,它的共轭碱就越弱;反之,碱越强,它的共轭酸就越弱。例如,在水溶液中,HCl 是强酸,它的共轭碱 Cl^- 是弱碱;OH^- 是强碱,它的共轭酸 H_2O 是弱酸。

H_2O 既可以给出质子作为酸,如:

$$H_2O \Longrightarrow H^+ + OH^-$$

也可以接受质子作为碱,如:

$$H_2O + H^+ \Longrightarrow H_3O^+$$

这种既可以给出质子,又能接受质子的物质叫做两性物质。

常见的酸、碱和两性物质分别见表3.4。

表3.4　常见的酸、碱和两性物质

酸	碱	两性物质
HCl	NaOH	H_2O
HNO_3	KOH	Al
H_2SO_4	$Ba(OH)_2$	Al_2O_3
HF	$Ca(OH)_2$	$Al(OH)_3$
CH_3COOH	$NH_3 \cdot H_2O$	$NaHCO_3$

酸碱质子理论认为:酸碱的反应的实质是两个共轭酸碱对之间的质子传递反应,是两个共轭酸碱对共同作用的结果。

例如:

$$HCl \ + \ NH_3 \Longleftrightarrow \ NH_4^+ \ + \ Cl^-$$
$$酸(1) \quad 碱(2) \quad 酸(2) \quad 碱(1)$$

上述反应无论是在水溶液中,苯溶液中,还是气相中,其实质都是一样的。即 HCl 给出质子传递给 NH_3,然后转变为它的共轭碱 Cl^-;NH_3 接受质子后转变为它的共轭酸 NH_4^+。因此,从质子传递的观点来说,电离理论中所有酸、碱、盐的离子平衡,均可视为酸碱反应。

例如:HAc 在水中的电离

$$HAc+H_2O \Longleftrightarrow H_3O^+ +Ac^-$$

反应中,溶剂水分子同时起着碱的作用。

【例3.6】在酸碱质子理论中为什么说没有盐的概念? 下列各物质是质子酸还是质子碱? 指出它们的共轭物。

$$Ac^-,CCl_4,[Al(H_2O)6]^{3+},[Al(H_2O)_4(OH)_2]^+,HC_2O_4^-,HPO_4^{2-}$$

答:在酸碱质子理论中,盐也可以看作是离子酸或离子碱,故没有盐的概念。

酸:$HC_2O_4^-,HPO_4^{2-},[Al(H_2O)6]^{3+}$。

(共轭碱:$C_2O_4^{2-},PO_4^{3-}[Al(H_2O)_5(OH)]^{2+}$)

碱:$Ac^-,CCl_4,[Al(H_2O)_4(OH)_2]^+$,(共轭酸:$HAc,[Al(H_2O)_4(OH)_2]^+$)

3)酸碱电子理论

虽然酸碱质子理论使酸碱理论的应用范围得到了进一步扩展,但不能说明那些既不能提供质子也不能接受质子的物质的酸碱性。例如,BF_3、Al^{3+}具有明显的酸性,但并不提供质子。为了说明不含质子化合物的酸性,就在质子理论提出酸碱概念的同时,美国化学家路易斯提出了酸碱电子理论。酸碱电子理论,又称广义酸碱理论、路易斯酸碱理论 :①酸即是可以接受电子对的分子、原子团或离子,例如,BF_3、Al^{3+}、Cu^{2+}、H_3BO_3 等;②碱即是可以提供电子对的分子、原子团或离子,例如,NH_3、Cl^-、OH^-、N_2H_4 等。按照该理论,酸是电子对接受体,必须具有接受电子对的空轨道。碱是电子给予体,必须具有为共享的孤对电子。酸碱反应不再是质子的转移,而是电子对的转移。

在 Lewis 酸碱电子理论中,酸碱的定义既无对溶剂品种的限制,并且也适用于无溶剂的体系。下列列出了几种 Lewis 酸和 Lewis 碱以及它们之间进行反应所得的产物。在这些反应中都形成了配位键。可用下式表示其过程：

$$A(Lewis\ 酸)+B(Lewis\ 碱) \rightleftharpoons A \leftarrow B(酸碱加合物)$$

例如：

$$H^+ + :OH^- \rightleftharpoons H^+ \leftarrow OH^-$$

$$Ag^+ + :I \rightleftharpoons Ag^+ \leftarrow I^-$$

$$BF_3^+ : F^- \rightleftharpoons [BF_3 \leftarrow F]^-$$

$$Ag^+ + 2:NH_3 \rightleftharpoons [H_3N \rightarrow Ag^+ \leftarrow NH_3]^+$$

由于含配位键的化合物是普遍存在的，所以电子理论的酸碱范围极为广泛，凡是金属离子都是酸，与金属离子结合的不管是阴离子或中性分子都是碱。而电离理论中的盐类如 $MgSO_4$、$SnCl_4$ 等，金属氧化物如 CuO、Fe_2O_3 等以及各种配合物等都是酸碱配合物。许多有机化合物也可看作是酸碱配合物，如乙醇可以看作是由乙基 $C_2H_5^+$（酸）和羟基离子 OH^-（碱）组成的。

但酸碱电子理论对确定酸碱的相对强弱来说，没有统一的标度，对酸碱的反应方向难以判断，具有一定的局限性。

3.4.2 水的解离平衡

1）水的解离反应

经过灵敏度极高的电流计检测后，发现水有微弱的导电性，即水为弱电解质。水能够电离出少部分的 H^+ 和 OH^-，其电离方程式可简写为

$$H_2O \rightleftharpoons H^+ + OH^-$$

水的标准解离平衡常数为：$K_w^{\ominus} = \dfrac{c(H^+)/c^{\ominus}}{c(OH^-)/c^{\ominus}}$

可简写为：$K_w^{\ominus} = c(H^+) \cdot c(OH^-)$

通常 $K_w = c(H^+) \cdot c(OH^-)$ 来表示水的解离平衡。

K_w 称为水的离子积，是温度的函数，不同温度下水的离子积不同。25 ℃时，$K_w = 1.0 \times 10^{-14}$。水的解离是吸热反应，当温度升高时，$K_w$ 增大（表 3.5）。

表 3.5　水的离子积常数与温度的关系

T/K	$K_w^{\ominus}$
273	1.14×10^{-15}
291	6.0×10^{-15}
295	1.00×10^{-14}
298	1.0×10^{-14}
323	5.47×10^{-14}
373	5.5×10^{-13}

2）弱酸与弱碱溶液的解离平衡

弱酸是在水溶液或水中部分离解成其离子的酸，弱碱指在水溶液中不完全电离的碱，绝大部分仍然以未解离的分子存在。溶液中始终存在着解离产生的正、负离子和未解离的分子

之间的平衡,解离过程是可逆的,最后酸或碱与它解离出来的离子之间建立了动态平衡,称为解离平衡。

(1)一元弱酸弱碱的解离平衡

以 HA 代表任一种一元弱酸,其初始浓度为 $c(HA)$,根据电离平衡关系式有

$$HA \rightleftharpoons H^+ + A^-$$

平衡浓度/$(mol \cdot dm^{-3})$　$c(HA) - c(H^+)$　$c(H^+)$　$c(A^-)$

由电离方程式可知

$$c(H^+) = c(A^-)$$

所以有

$$K_a^\ominus = \frac{c(H^+)^2}{c(HA) - c(H^+)}$$

当溶液中 $c(H^+) < c(HA) \times 5\%$ 时,即 $c(HA)/K_a \geqslant 400$ 时,$c(H^+)$ 和 $c(HA)$ 相比,$c(H^+)$ 很小,$c(HA) - c(H^+)$ 中的 $c(H^+)$ 就可以忽略,因此平衡时 HA 的浓度就可以看作是弱酸的初始浓度,即

$$c(HA)_{平衡} = c(HA) - c(H^+) \approx c(HA)$$

将上式代入电离常数表达式,得到

$$K_a^\ominus = \frac{c(H^+)^2}{c(HA)}$$

$$c(H^+) \approx \sqrt{K_a^\ominus c(HA)} \tag{3.11}$$

式(3.11)是计算 HA 溶液中 H^+ 浓度的近似公式。只要满足 $c(HA)/K_a \geqslant 400$,就可用此式进行 H^+ 浓度的计算。K_a 为解离平衡的平衡常数,称为解离常数。弱酸的解离常数记为 $K_a^\ominus$,弱碱的解离常数记为 $K_b^\ominus$。

对于一元弱酸 B 的电离平衡

$$B + H_2O \rightleftharpoons BH^+ + OH^-$$

用上述同样方法,可推导出计算一元弱碱 B 的溶液中 OH^- 浓度的近似公式

$$c(OH^-) \approx \sqrt{K_b^\ominus c(B)} \tag{3.12}$$

使用式(3.11)同样必须满足:$c(B)/K_b^\ominus \geqslant 400$ 这个条件。

【例 3.7】计算 $0.10 \ mol \cdot dm^{-3}$ HAc 中的 H^+ 浓度和溶液的 pH 值。

解:已知 $K(HAc) = 1.8 \times 10^{-5} \ mol \cdot dm^{-3}$,因 $c(HAc)/K(HAc) = 0.10/1.8 \times 10^{-5} > 400$,所以可以用近似公式计算

$$c(H^+) \approx \sqrt{K(HAc) \cdot c(HAc)}$$
$$= \sqrt{1.8 \times 10^{-5} \ mol \cdot dm^{-3} \times 0.10 \ mol \cdot dm^{-3}}$$
$$= 1.3 \times 10^{-3} \ mol \cdot dm^{-3}$$
$$pH = -\lg[c(H^+)/c^\ominus]$$
$$= -\lg 1.3 \times 10^{-3}$$
$$= 2.88$$

解离平衡时,已解离的电解质浓度占电解质起始浓度的百分数叫解离度,用 α 表示,即有:

$$\alpha = \frac{已解离的分子数}{原有的分子数}$$

解离度(α)与解离常数($K^{\ominus}$)之间是有一定关系的。

如在一元弱酸 HB 解离时: $HB \Longrightarrow H^+ + B^-$

起始浓度 $mol \cdot dm^{-3}$ c   0   0

平衡浓度 $mol \cdot dm^{-3}$ c-x   x   x

则:

$$K_a^{\ominus} = \frac{\{c(H^+)/c^{\ominus}\} \cdot \{c(B^-)/c^{\ominus}\}}{c(HB)/c^{\ominus}}$$

$$= \frac{x^2}{c-x}$$

当 $K_a^{\ominus}/c^{\ominus} \leqslant 10^{-4}$ 时,可以忽略已解离的部分,$c-x \approx c$,这样可得:

$$x = \sqrt{(K_a^{\ominus} \cdot c)}$$

则:

$$\alpha = \sqrt{\frac{K_a^{\ominus}}{c}} \tag{3.13}$$

同理可得一元弱碱的解离度有:

$$\alpha = \sqrt{\frac{K_b^{\ominus}}{c}} \tag{3.14}$$

(2)多元弱酸的解离平衡

多元弱酸的解离是分级进行的,每一级都对应一个解离平衡,都有一个解离常数。以硫化氢(H_2S)为例,解离过程如下:

$$H_2S \Longrightarrow H^+(aq) + HS^-(aq) \quad 一级解离$$

$$K_{a1}^{\ominus} = 1.1 \times 10^{-7}$$

$$HS^-(aq) \Longrightarrow H^+(aq) + S^{2-}(aq) \quad 二级解离$$

$$K_{a2}^{\ominus} = \frac{\{c(H^{\ominus})/c^{\ominus}\} \cdot \{c(S^{2-})/c^{\ominus}\}}{C(HS^-)/c^{\ominus}} = 1.0 \times 10^{-14}$$

总平衡:

$$K^{\ominus} = \frac{\{c(H^+)/c^{\ominus}\}^2 \cdot \{c(s^{2-})/c^{\ominus}\}}{C(H_2S)/c^{\ominus}} \times \frac{C(Hs^-)}{C(Hs^-)} = K_{a2}^{\ominus}$$

$K_{a1}^{\ominus}$、$K_{a2}^{\ominus}$ 分别表示 H_2S 的一级和二级解离常数。$K_{a2}^{\ominus} \leqslant K_{a1}^{\ominus}$,说明第二级解离比第一级要困难得多。式中 $c(H^+)$ 应为一级解离与二级解离所生成的氢离子浓度之和。$c(HS^-)$ 应为一级解离产生的 $c(HS^-)_1$,减去二级解离消耗掉的 $c(HS^-)_2$,由于 $c(H^+)$ 主要来自一级解离,因此可近似计算,方法与计算一元弱酸氢离子浓度相同。即:

$$C(H^+) = C(H^+)_1 + C(H^+)_2$$

当 $K_{a2}^{\ominus} \leqslant K_{a1}^{\ominus}$ 时,

$$C(H^+) \approx C(H^+)_1$$

$$C(HS^-) = C(HS^-)_1 - C(HS^-)_2 = C(H^+)_1 - C(H^+)_2$$

$$C(HS^-) \approx C(H^+)_1$$

代入 $K_{a2}^{\ominus}$ 与 $K_{a1}^{\ominus}$ 表达式并移项得：

$$c(H^+)/c^{\ominus} = \sqrt{\frac{(H_2S)}{c^{\ominus}}K_{a1}^{\ominus}}$$

$$c(S^{2-})/c^{\ominus} = K_{a2}^{\ominus}$$

这说明二元弱酸的氢离子浓度与其一级解离常数成正比,酸根离子浓度近似等于其二级电常数。

由以上讨论可得出结论：多元弱酸 $c(H^+)$,一般按第一级电离计算；若是二元弱酸 H_2A,则 $c(A^{2-}) \approx K_{a2}$。要比较同浓度的多元弱酸的强弱时,只要比较第一级电离常数的大小就可以了。

3.5　缓冲溶液

3.5.1　缓冲溶液的概念

由弱酸(或弱碱)及其强碱(或其强酸)盐组成的混合溶液的 pH,在一定范围内不因稀释或外加少量酸或碱而发生显著变化,也就是说,对外加的少量酸和碱,溶液具有缓冲的能力,这种溶液叫缓冲溶液。缓冲溶液一般由弱酸+弱酸盐或弱碱+弱碱盐组成。

缓冲溶液中的缓冲作用就在于溶液中有大量的未解离的弱酸(或弱碱)分子及其相应盐离子。这种溶液中的弱酸(或弱碱)好比 H^+(或 OH^-)的仓库,当外界因素引起 $c(H^+)$[或 $c(OH^-)$]降低时,弱酸(或弱碱)就解离出 H^+(或 OH^-)；外界因素引起 $c(H^+)$[或 $c(OH^-)$]增加时,大量存在的盐(或弱碱盐)的离子便会“吃掉”增加的 H^+(或 OH^-),从而维持溶液中 $c(H^+)$[或 $c(OH^-)$]基本不变。

3.5.2　缓冲溶液的原理

缓冲溶液一般是由浓度较大的弱酸及其盐或弱碱及其盐组成的,例如,HAc+NaAc,NH_3+NH_4Cl,$NaHCO_3$+Na_2CO_3 等,并称为缓冲对。

在 HAc 和 NaAc 的混合溶液中,HAc 是弱电解质,而 NaAc 是强电解质,后者可完全电离,因而溶液中 $c(HAc)$ 和 $c(Ac^-)$ 都较高,由于同离子效应,抑制了 HAc 的电离,而使 $c(H^+)$ 较小。其反应式如下：

$$NaAc \longrightarrow Na^+ + Ac^-$$

$$HAc \rightleftharpoons H^+ + Ac^-$$

当在该溶液中加入少量强酸时,H^+ 和 Ac^- 结合生成 HAc 分子,平衡向左移动,使溶液中 $c(H^+)$ 不会显著地增大。如果加入少量强碱,H^+ 便与 OH^- 结合成 H_2O,使 $c(H^+)$ 降低,平衡向右移动,溶液中的 HAc 分子便电离出 H^+,以补偿 H^+ 的消耗,使 $c(H^+)$ 保持稳定,pH 值改变也不大。这就是缓冲溶液具有缓冲作用的原因。

3.5.3　同离子效应和盐效应

例如,在 HAc 溶液中存在下列平衡:

$$HAc+H_2O=H_3O^++Ac^-$$

向 HAc 溶液中加入与 HAc 具有相同离子的强酸或 NaAc,由于增大了溶液中的 H_3O^+ 或 Ac^-,HAc 解离平衡向逆反应方向移动,从而使得 HAc 解离程度降低。像这样向弱电解质溶液中加入与弱电解质具有相同离子的强电解质,使弱电解质解离度降低的现象,称为同离子效应。

向弱电解质溶液中加入不同离子的强电解质,平衡向右移动,使弱酸、弱碱的解离平衡增大,这种现象称为盐效应。

例如,在 HAc 溶液中加入 NaCl,由于 NaCl 完全解离,增大了溶液中离子的总浓度,使得 H_3O^+、Ac^- 被更多的异号离子 Cl^- 或 Na^+ 包围,离子之间的相互牵制作用增大,从而降低了 Ac^-、H_3O^+ 重新结合成 HAc 的概率,导致解离度增大。

3.5.4　缓冲溶液的 pH 计算

如果弱酸以 HA 表示,其共轭碱以 A^- 表示,则它们在溶液中存在以下平衡:

$$HA \rightleftharpoons H^++A^-$$

具体可表示为

$$HA \rightleftharpoons H^++A^-$$

起始浓度/(mol/L) $\qquad C_a \qquad 0 \qquad C_{盐}$

平衡浓度/(mol/L) $\qquad C_a-C_x \qquad\quad C_{盐}+C_x$

则

$$K_a^\ominus = \frac{[H^+]/C^\ominus \cdot [A^-]/C^\ominus}{[HA]/C^\ominus} = \frac{C_x(C_{盐}+C_x)}{C_a-C_x}$$

因为

$$C_a-C_x \approx C_a \qquad C_{盐}+C_x \approx C_{盐}$$

所以

$$K_a^\ominus = \frac{C_x C_{盐}}{C_a} = \frac{[H^+][A^-]}{[HA]}$$

即

$$[H^+] = K_a^\ominus \frac{[HA]}{[A^-]} \qquad\qquad\qquad (3.15)$$

缓冲溶液的计算公式推导如下。

若以 c(HA) 和 c(A^-) 分别代表组成缓冲溶液的弱酸 HA 及其共轭碱 A^- 的起始浓度,弱酸 HA 的解离度本来就不大,加上同离子效应,解离度变得更小,故 $[H^+]$ 极小,则

$$[HA] = c(HA)-[H^+] \approx c(HA)$$
$$[A^-] = c[A^-]+[H^+] \approx c(A^-)$$

将此代入式(3.15),得

$$[H^+] = K_a^{\ominus} \frac{c(HA)}{c(A^-)}$$

写成一般式

$$[H^+] = K_a^{\ominus} \frac{c(弱酸)}{c(共轭碱)} \tag{3.16}$$

两边取对数,得:

$$pH = pK_a^{\ominus} + \lg \frac{c(共轭碱)}{c(弱酸)} \quad 适用于弱酸-弱酸盐 \tag{3.17}$$

对于弱碱-弱碱盐来说,

$$pH = 14 - pK_b^{\ominus} + \lg \frac{c(共轭酸)}{c(共轭碱)} \tag{3.18}$$

上述式中,共轭酸共轭碱的浓度为平衡时的浓度。

【例3.8】10.0 mL 0.200 mol/dm³ 的 HAc 溶液与 5.5 mL 0.200 mol/dm³ 的 NaOH 溶液混合。求该混合液的 pH。已知 pKa=4.76。

解:加入 HAc 的物质的量:$0.200 \times 10.0 \times 10^{-3} = 2.0 \times 10^{-3}$(mol)

加入 NaOH 的物质的量:$0.200 \times 5.5 \times 10^{-3} = 1.1 \times 10^{-3}$(mol)

反应后生成 Ac^- 的物质的量:1.1×10^{-3}(mol)

$C_a = (2.0 - 1.1) \times 10^{-3} / (10 + 5.5) \times 10^{-3} = 0.058$(mol/L)

$C_b = 1.1 \times 10^{-3} / (10 + 5.5) \times 10^{-3} = 0.071$(mol/L)

$= c(H^+)/c^{\ominus} = = 1.43 \times 10^{-5}$

$$pH = 4.84$$

【例3.9】向 100 g 浓度为 0.1 mol/kg 的 HAc 和 0.1 mol/kg 的 NaAc 混合溶液中加入 1.0 g 1.0 mol/kg 的 HCl,求此溶液的 pH 值。已知 $K_a^{\ominus} = 1.76 \times 10^{-5}$。

解:由题意可知,加入 1.0 g 1.0 mol/kg 的 HCl,溶液中,$c(HCl) = 0.01$ mol/kg,$c(酸) = 0.11$ mol/kg,$c(盐) = 0.09$ mol/kg。代入式 $pH = pK_a^{\ominus} - \lg \frac{c(共轭酸)}{c(共轭碱)}$

有:

$$pH = -\lg(1.76 \times 10^{-5}) - \lg(0.11/0.09)$$
$$= 4.75 - 0.087 = 4.66$$

3.5.5　缓冲能力及有效缓冲范围

任何缓冲溶液都具有缓冲能力,但其缓冲能力是有一定限度的。当加入的酸或碱超过一定量时,抗酸、抗碱成分即将消耗殆尽时,其 pH 将发生较大的改变,缓冲溶液失去缓冲作用。另外,适量稀释,$c_{酸}$(或 $c_{碱}$)与 $c_{共轭碱}$(或 $c_{共轭酸}$)同等程度减小,pH 值基本不变,但稀释过度,当弱酸(或弱碱)的解离度发生明显的改变时,pH 也将发生明显变化。不同的缓冲溶液,其缓冲能力是不同的,衡量缓冲能力大小的尺度是缓冲容量。

常用在一定体积(V)的缓冲溶液中,加入一定量(n)的一元强酸或强碱后引起溶液 pH 的变化来计算缓冲容量。

$$\beta = \frac{\Delta n}{V|\Delta pH|} \tag{3.19}$$

式中,β 为缓冲容量,单位 $mol/L pH^{-1}$;Δn 为加入的一元酸或一元碱的物质的量,单位 mol 或 mmol;$|\Delta pH|$ 为缓冲溶液 pH 改变的绝对值;V 为缓冲溶液的体积,单位 L 或 mL。

β 值越大,缓冲溶液的缓冲能力越强;反之,β 值越小,缓冲溶液的缓冲能力越弱。计算出的缓冲容量是在 pH 变化范围内的平均值。

缓冲溶液的缓冲能力首先取决于 $c_{酸}$ 或($c_{碱}$)与 $c_{共轭碱}$(或 $c_{共轭碱}$)两者的浓度,当缓冲比相同时,浓度越大,其缓冲能力就越大。反之亦然。同一缓冲对组成的总浓度相同的缓冲溶液,缓冲比越接近 1,缓冲能力越大;反之,缓冲比越偏离 1 缓冲容量越小。

当缓冲溶液的总浓度一定时,弱酸浓度与其共轭碱浓度相差越大,缓冲容量越小。一般当缓冲比大于 10 或小于 0.1 时,即弱酸与其共轭碱浓度相差 10 倍以上时,可以认为缓冲溶液失去缓冲能力。因此,只有当缓冲比在 0.1 ~ 10 缓冲溶液才有缓冲能力,才能发挥缓冲作用。故某一具有缓冲能力的缓冲溶液其 pH 范围应为:

$$pH = pK_a \pm 1 (\text{或 } pOH = pK_b \pm 1) \qquad (3.20)$$

上式称为缓冲溶液的缓冲范围。

选择缓冲溶液时,要遵循的原则是:

①缓冲溶液不能与欲控制 pH 值的溶液发生化学反应。另外,缓冲溶液在加温灭菌和储存期内要稳定,不能有毒性等。

②所需控制的 pH 值应在缓冲溶液的溶液缓冲范围之内。如果缓冲溶液是由弱酸及弱酸盐组成的,则 pK_a 值应尽量与所需控制的 pH 值一致,即 $pK_a \approx pH$;如果是由弱碱及弱碱盐组成的,则 $pK_b \approx pOH$。

③缓冲组分的浓度应合适,且 $c(弱酸)/c(弱酸盐)$ 或 $c(弱碱)/c(弱碱盐)$ 的比值最好等于 1 或接近 1。

④缓冲溶液要有足够的缓冲容量,缓冲容量主要由总浓度来调节,总浓度太低,缓冲容量就太小,总浓度太高会造成浪费,在实际工作中总浓度可在 0.05 ~ 0.5 mol/L。

【例 3.10】欲配制 pH = 4.50 的缓冲溶液 100 mL,需用 0.50 mol/L NaAc 和 0.50 mol/L HAc 溶液各多少毫升?

解:设需 0.50 mol/L HAc VmL,按题意则需 0.50 mol/L NaAc$(100-V)$mL,当两者混合后,浓度分别为:

$$c(HAc) = \frac{0.50V}{100} mol/L;\ c(NaAc) = \frac{0.50 \times (100-V)}{100} mol/L$$

$$则:pH = pK_a^{\ominus} - \lg \frac{C_{酸}}{C_{碱}}$$

$$4.50 = 4.75 - \lg \frac{V}{100-V}$$

$$V = 64 (mL)$$

需 0.50 mol/L NaAc:100 - 64 = 36 (mL)

3.5.6　缓冲溶液的应用

缓冲溶液在医学、生物学和化学等方面都有重要的作用。例如,在农业领域,土壤中由于存在 $H_2CO_3\text{-}HCO_3^-$、$H_2PO_4^-\text{-}HPO_4^{2-}$ 等缓冲对,使其 pH 值维持在正常值。在生物学中,人体在正常的代谢过程中,不断产生酸性物质和碱性物质,也从食物中摄取酸性物质和碱性物质,酸性物质和碱性物质在人体内不断变化,但由于人体血液由多种缓冲系组成的缓冲溶液$(H_2CO_3+HCO_3^-$ 和 $H_2PO_4^-+HPO_4^{2-})$,当 $H_2CO_3+HCO_3^-$ 发生缓冲作用后,HCO_3^- 和 CO_2 浓度要发生改变可由呼吸作用和肾脏的生理功能补充或调节,使得血液中的 $c(HCO_3^-)$ 和 $c(CO_2)$ 保持相对稳定。因此正常情况下体内酸碱能保持 pH 值为 $7.35\sim7.45$。各种因素都能引起血液中酸度的增加,例如,充血性心力衰竭、支气管炎、糖尿病及食用低碳水化合物或高脂肪食物引起代谢酸增加等,此时将消耗大量的抗酸成分(HCO_3^-),并生成大量的 CO_2。机体首先通过加快呼吸速度来排出多余的 CO_2,其次通过肾脏调节使 HCO_3^- 回升,从而使两种组分恢复正常,维持血液 pH 基本不变。再如发高烧、气喘、严重呕吐及摄入过多碱性物质(如蔬菜、果类)时,都会引起血液的碱量增加。此时,通过降低肺部 CO_2 的排出量、增加肾脏 HCO_3^- 的排泄量来维持 HCO_3^- 和 CO_2 不变,从而保持血液的 pH 值正常。

在工业中,金属电镀中需要用缓冲溶液来控制电镀液的 pH 值,使其保持一定的酸度。在硅半导体器件的生产过程中,通常用 HF 和 NH_4F 的混合溶液清洗硅片表面没有用胶膜保护的那部分氧化膜(SiO_2)。在许多水处理中需控制一定的 pH 值。在若干金属离子的分离、鉴定中也需控制 pH。

3.6　沉淀溶解平衡

任何难溶电解质溶于水后,或多或少都会有部分溶解成相应的离子,一定条件下,当溶解达到平衡状态时,体系中同时存在离子和难溶物的固态形态,该平衡体系属于多相离子平衡。在生命体中,骨骼的形成也涉及沉淀的生成及转化原理,而常见的骨质疏松是骨骼的溶解造成的。进入肾脏的血经过肾小球过滤后,蛋白质等结晶抑制剂被过滤掉,形成的尿在进入膀胱之前需要经过一段细小管道,此时溶液中含有 Ca^{2+}、Mg^{2+}、NH_4^+、$C_2O_4^{2-}$、PO_4^{3-}、H^+、OH^- 等离子,这些离子相互作用容易形成沉淀,即尿路结石。此形成过程也与溶度积规则密切关联,尿结石的形成实际上是平衡向着生成沉淀的方向进行。

在这一节,将对沉淀溶解进行定量讨论,本节沉淀的溶解为重点,用溶度积规则进行相应的计算为难点。

3.6.1　溶度积常数及溶度积规则

1)溶度积常数

将固体 $BaSO_4$ 放入水中,微量的 $BaSO_4$ 解离成 Ba^{2+}、SO_4^{2-},这个过程称溶解。同时,随着 Ba^{2+} 和 SO_4^{2-} 浓度的不断增大,已溶解的一部分 Ba^{2+} 和 SO_4^{2-} 相互碰撞形成 $BaSO_4$ 晶体重新回到固体 $BaSO_4$ 表面,这个过程叫沉淀或结晶。一定温度下,当溶解与沉淀达到平衡时,此时溶液称为饱和溶液,即难溶电解质的沉淀与其离子之间的动态平衡,这叫做沉淀—溶解平衡,也称为多相离子平衡。

$$BaSO_4(s)\underset{沉淀}{\overset{溶解}{\rightleftharpoons}}Ba^{2+}+SO_4^{2-}\quad(加上沉淀和平衡)$$

其标准平衡常数为:$K_{sp}^{\ominus}=c(Ba^{2+})\cdot c(SO_4^{2-})$

对于一般难溶电解质反应：

$$A_mB_n(s) \rightleftharpoons mA^{n+}(aq) + nB^{m-}(aq)$$

$$K_{sp}^{\ominus} = c(A^{n+}) \cdot c(B^{m-})^n$$

$K_{sp}^{\ominus}$ 为溶度积常数，简称溶度积，描述某难溶电解质过剩的固相与其溶剂化离子之间的平衡，它表示当温度一定时，难溶电解质的饱和溶液中，其离子浓度幂的乘积为常数。与其他平衡常数一样，是温度的函数。

如果难溶电解质在它的化学式中含有多于一个某类离子，那么离子浓度在溶度积表达式中就应以离子数为指数。例如：

$$Ca_3(PO_4)_2 \rightleftharpoons 3Ca^{2+} + 2PO_4^{3-}$$

$$K_{sp}^{\ominus} = \{c(Cd^{2+})\}^3 \{c(PO_4^{3-})\}^2$$

用一般公式来表示

$$A_{\nu+}B_{\nu-}(s) \rightleftharpoons \nu_+ A^{z+} + \nu_- B^{z-}$$

溶度积表达式为 $K_{sp}^{\ominus} = \{c(A^{z+})\}^{\nu+} \{c(B^{z-})\}^{\nu-}$

式中，$\nu+$、$\nu-$ 是阳离子数和阴离子数，$z+$、$z-$ 是阳离子数的电荷数和阴离子数的电荷数。$K_{sp}^{\ominus}$ 的单位是（mol/L）。

溶度积和溶解度都能表示难溶电解质的溶液趋势，它们之间既有联系，又有区别。从相互联系考虑，它们之间可以相互换算，既可以从溶解度求得溶度积，也可以从溶度积求得溶解度。它们之间的区别在于：溶度积是未溶解的固相与溶液中相应离子达到平衡时的离子浓度幂的乘积，只与温度有关；而溶解度不仅与温度有关，还与系统的组成、pH 值的改变、配合物的生成等因素有关。

它们之间的关系如下：

设一定温度下难溶电解质 A_mB_n 在水中溶解度为 S mol/L，

$$A_mB_n(s) \rightleftharpoons mA^{n+} + nB^{m-}$$

平衡浓度/(mol/L) $\qquad\qquad\qquad mS \quad nS$

根据：

$$K_{sp}^{\ominus} = c^m(A^{n+}) \cdot c^n(B^{m-}) = (mS)^m \cdot (nS)$$

即

$$S(A_mB_n) = {}^{m+n}\sqrt{\frac{K_{sp}^{\ominus}}{m^m n^n}}$$

则 AB 型

$$S(AB) = \sqrt{K_{sp}^{\ominus}(AB)}$$

A_2B 或 AB_2 型

$$S(AB_2) = \sqrt[3]{\frac{K_{sp}^{\ominus}(AB_2)}{4}}$$

AB_3 型

$$S(AB_3) = \sqrt[4]{\frac{K_{sp}^{\ominus}(AB_3)}{27}}$$

【例 3.11】已知室温下 AgCl 的 $K_{sp}^{\ominus}=1.56\times10^{-10}$, 试计算它的溶解度。

解: AgCl(s) 是 AB 型难溶电解质:

$$S(AgCl)=\sqrt{K_{sp}^{\ominus}(AgCl)}=\sqrt{(1.56\times10^{-10})}=1.25\times10^{-5}(mol/L)$$

【例 3.12】已知在 298 K 时, Ag_2CrO_4 的溶解度 s 为 1.31×10^{-4} mol·dm^{-3}, 试计算 Ag_2CrO_4 的溶度积 $K_{sp}^{\ominus}$。

解:

$$Ag_2CrO_4(s)\rightleftharpoons 2Ag^++CrO_4^{2-}$$

平衡时, $s(Ag_2CrO_4)=c(Ag_2CrO_4,饱和溶液)=c(CrO_4^{2-})=1/2c(Ag^+)$

$$
\begin{aligned}
K_{sp}^{\ominus} &= \{c(Ag^+)\}^2\cdot\{c(CrO_4^{2-})\}\\
&=(2s)^2s=4s^3\\
&=4\times(1.31\times10^{-4}\ mol\cdot dm^{-3})^3\\
&=9.0\times10^{-12}mol^3\cdot dm^{-9}
\end{aligned}
$$

2) 溶度积规则

根据溶度积常数可以判断沉淀, 溶解, 平衡移动的方向。在某难溶电解质溶液中, 其离子浓度幂的乘积叫离子积, 每种离子的浓度幂与化学计量式中的计量系数相等。离子积又称反应熵, 用 J_c 表示。对于一般反应:

$$A_mB_n(s)\rightleftharpoons mA^{n+}(aq)+nB^{m-}(aq)$$

$$J=c(A^{n+})^m\cdot c(B^{m-})^n$$

现在利用化学反应的等温方程式

$$\Delta_rG_m=RT\ln\frac{J_c}{K^{\ominus}}$$

来考察难溶电解质 $A_{\nu_+}B_{\nu_-}$ 沉淀的生成与溶解。对于任何难溶电解质的沉淀溶解平衡

$$A_{\nu_+}B_{\nu_-}(s)\underset{沉淀}{\overset{溶解}{\rightleftharpoons}}\nu_+A^{z+}+\nu_-B^{z-}$$

$$K^{\ominus}=[cA^{z+},平衡/c^{\ominus}]^{\nu_+}[cB^{z-},平衡/c^{\ominus}]^{\nu_-}=K_s/(c^{\ominus})^{\nu_++\nu_-}$$

J_c 表示任意给定态离子浓度乘积

$$J_c=[c(A^{z+})/c^{\ominus}]^{\nu_+}[c(B^{z-})/c^{\ominus}]^{\nu_-}=c(A^{z+})^{\nu_+}\cdot c(B^{z-})^{\nu_-}/(c^{\ominus})^{\nu_++\nu_-}$$

将 J_c 和 $K^{\ominus}$ 代入化学反应的等温方程式, 并消去自然对数后面的分式项中的 $(c^{\ominus})^{\nu_++\nu_-}$, 然后将溶液中任意给定态时离子浓度的乘积[简称离子积(ionization product)] $c(A^{z+})^{\nu_+}\cdot c(B^{z-})^{\nu_-}$ 与溶度积 K_s, 可得

①当 $c(A^{z+})^{\nu_+}\cdot c(B^{z-})^{\nu_-}>K_s$ 时, $\Delta_rG_m>0$, 有 $A_{\nu_+}B_{\nu_-}$ 沉淀生成, 直到溶液中 $c(A^{z+})^{\nu_+}\cdot c(B^{z-})^{\nu_-}=K_s$。

②当 $c(A^{z+})^{\nu_+}\cdot c(B^{z-})^{\nu_-}=K_s$ 时, $\Delta_rG_m=0$, 溶液达到饱和。

③当 $c(A^{z+})^{\nu_+}\cdot c(B^{z-})^{\nu_-}<K_s$ 时, $\Delta_rG_m<0$, 沉淀溶解或无 $A_{\nu_+}B_{\nu_-}$ 沉淀生成, 溶液为不饱和溶液。

(用等温方程式推一下)

则有溶度积规则:

$J>K_{sp}^{\ominus}$,过饱和溶液,平衡向左移动,将有沉淀析出;

$J=K_{sp}$,饱和溶液,处于平衡状态;

$J<K_{sp}$,不过饱和溶液,平衡向右移动,沉淀将会溶解。

则溶度积规则可以判断沉淀的生成和溶解。例如,向浓度为 $0.1\ mol\cdot dm^{-3}\ Na_2CO_3$ 溶液中加入等体积的浓度为 $0.1\ mol\cdot dm^{-3}\ BaCl_2$ 溶液,此时由于

$$c(Ba^{2+})c(CO_3^{2-})=\frac{0.1}{2}\times\frac{0.1}{2}(mol\cdot dm^{-3})^2$$

$$=2.5\times10^{-3}(mol\cdot dm^{-3})^2>K_s(2.58\times10^{-9}mol^2\cdot dm^{-6})$$

所以有白色 $BaCO_3$ 沉淀生成。

3.6.2 沉淀-溶解平衡影响因素

1)同离子效应对沉淀-溶解平衡的影响

若在 $BaCO_3$ 的饱和溶液中,加入 $NaCO_3$ 溶液,由于 CO_3^{2-} 浓度增大,此时 $c(Ba^{2+})c(CO_3^{2-})>K_s$,平衡向生成 $BaCO_3$ 沉淀方向移动,直到溶液中 $c(Ba^{2+})c(CO_3^{2-})=K_s$ 为止。当达到新平衡时,溶液中的 Ba^{2+} 浓度降低了,结果降低了 $BaCO_3$ 的溶解度,这里发生了同离子效应。

例如,在 $CaCO_3$ 饱和水溶液中加入 $CaCl_2$ 溶液,其中 Ca^{2+} 为相同离子,则根据勒夏特列平衡移动原理,随着 Ca^{2+} 的增加,平衡会向 $CaCO_3$ 沉淀生成的方向移动,沉淀增加,溶解度降低。

$$CaCO_3(s) \rightleftharpoons Ca^{2+}+CO_3^{2-}$$

$$\xleftarrow{\substack{加入\ CaCl_2\ 后\\ 平衡移动方向}}$$

如此可见,利用同离子效应,可以使某种离子沉淀得更完全(一般来说,离子浓度小于 $10^{-5}\ mol\cdot L^{-1}$ 时,可以认为沉淀基本完全)。

2)盐效应的影响

如果向沉淀的饱和溶液中加入不含相同离子的强电解质,由于溶液中离子浓度的增大,离子强度也会增大,则难溶电解质的溶解度必增大。

3)pH 对沉淀-溶解平衡的影响

要使沉淀完全,除选择并加入适当过量的沉淀剂外,对于生成难溶弱酸盐和难溶氢氧化物等的沉淀反应,还必须控制溶液的 pH 值,才能确保沉淀完全。

例如,在 $M(OH)n$ 型难溶氢氧化物的多相离子平衡中:

$$M(OH)_n(s) \rightleftharpoons M^{n+}+nOH^-$$

$$c(M^{n+})\{c(OH^-)\}^n=K_{sp}^{\ominus}(M(OH)_n)\times(c^{\ominus})^{N+1}$$

$$c(OH^-)=\sqrt[n]{\frac{K_{sp}^{\ominus}[M(OH)_n]}{c(M^{n+})}(c^{\ominus})^{n+1}}$$

若溶液中金属离子的浓度 $c(M^{n+})=1\ mol\cdot L^{-1}$,则氢氧化物开始沉淀时 OH^- 的最低浓度为

$$c(OH^-)>\sqrt[n]{K_{sp}^{\ominus}M(OH)_n}\ mol/L$$

M^{n+} 沉淀完全时,OH^- 的最低浓度为

$$c'(\text{OH}^-) \geqslant \sqrt[n]{\frac{K_{sp}^{\ominus}(\text{M}(\text{OH})_n)}{10^{-5}}}\, \text{mol/L}$$

同理,各种不同溶度积的难溶性弱酸盐开始沉淀和沉淀完全是不同的,则此时的 pH 值也不同。

【例 3.13】向 0.10 mol·dm^{-3} FeCl$_2$ 溶液中通 H$_2$S 气体至饱和(浓度约 0.10 mol·dm^{-3})时,溶液中刚好 FeS 沉淀生成,求此时溶液的 $c(\text{H}^+)$ 及 pH 值。

分析:此题涉及沉淀平衡和酸碱离平衡两个平衡。溶液中的 $c(\text{H}^+)$ 将影响 H$_2$S 解离出的 $c(\text{S}^{2-})$,S^{2-} 又要与 Fe^{2+} 共处于沉淀溶解平衡之中。于是可求出与 0.10 mol·dm^{-3} Fe^{2+} 共存的 $c(\text{S}^{2-})$,再求出与饱和 H$_2$S 及 S^{2-} 平衡的 $c(\text{H}^+)$。

解:

$$\text{FeS(s)} \rightleftharpoons \text{Fe}^{2+}(\text{aq}) + \text{S}^{2-}(\text{aq})$$

溶液中刚好有 FeS 沉淀生成时,

$$c(\text{S}^{2-}) = \frac{K_{sp}^{\ominus}(\text{FeS})}{(\text{Fe}^{2+})} = \frac{1.59 \times 10^{-19}}{0.10} = 1.59 \times 10^{-18}\ \text{mol·dm}^{-3}$$

$$\text{H}_2\text{S} \rightleftharpoons 2\text{H}^+ + \text{S}^{2-}$$

$$K_{a1}^{\ominus} K_{a2}^{\ominus} = \frac{c^2(\text{H}^+) c(\text{S}^{2-})}{c(\text{H}_2\text{S})}$$

$$c(\text{H}^+) = \sqrt{\frac{K_{a1}^{\ominus} K_{a2}^{\ominus} c(\text{H}_2\text{S})}{c(\text{S}^{2-})}} = \sqrt{\frac{1.1 \times 10^{-7} \times 1.3 \times 10^{-13} \times 0.1}{1.59 \times 10^{-18}}}$$

$$= 3.0 \times 10^{-2}\ \text{mol·dm}^{-3}$$

$$\text{pH} = -\lg c(\text{H}^+) = -\lg(3.0 \times 10^{-2}) = 1.52$$

3.6.3　沉淀的溶解与转化

1)沉淀的溶解

根据溶度积规则,要使沉淀溶解,必须有 $J < K_{sp}^{\ominus}$,则必须降低该难溶盐饱和溶液中某一离子的浓度,而降低离子浓度的方法有以下 3 种方法。

(1)生成弱电解质

例如:向 CaCO$_3$ 饱和溶液中加入盐酸,则沉淀可溶解。

$$\text{CaCO}_3(\text{s}) \rightleftharpoons \text{Ca}^{2+} + \text{CO}_3^{2-}$$

$$\text{CO}_3^{2-} + \text{H}^+ \rightleftharpoons \text{HCO}_3^-$$

$$\text{HCO}_3^- + \text{H}^+ \rightleftharpoons \text{H}_2\text{CO}_3$$

加入盐酸后,H$^+$ 可与 CO$_3^{2-}$ 结合生成弱电解质,HCO$_3^-$ 和 H$_2$CO$_3$,溶液中的 CO$_3^{2-}$ 的浓度降低,使平衡向着溶解方向移动,从而使沉淀溶解。

(2)氧化还原法

利用氧化还原反应,使饱和溶液中的某些离子氧化生成新的沉淀。例如,向饱和 CuS 溶液中加入适量硝酸

$$\text{CuS(s)} \rightleftharpoons \text{Cu}^{2+} + \text{s}^{2-}$$

$$\text{S}^{2-} + \text{HNO}_3 \rightleftharpoons \text{S} \downarrow + \text{NO} \uparrow + \text{H}_2\text{O}$$

加入硝酸后，S^{2-} 被 NO_3^- 氧化成硫单质，溶液中 S^{2-} 的浓度降低，使平衡向着溶解方向移动，从而使沉淀溶解。

（3）生成配位化合物

$$AgCl(s) + 2NH_3(aq) \rightleftharpoons Ag(NH_3)_2^+(aq) + Cl^-(aq)$$

$AgCl$ 与 NH_3 生成了难解离的配离子，使沉淀溶解。

2）沉淀的转化

在含有沉淀的溶液中，加入适当试剂，使沉淀转化为另一种更难溶电解质的过程叫沉淀的转化。实质就是沉淀溶解平衡。一般情况下，沉淀溶解度大的不能向溶解度小的方向转化，溶度积大的不能向溶度积小的方向转化，两者溶度积相差越大，沉淀转化越完全。

3）沉淀转化的应用

处理工业废水：工业上常用 FeS、MnS 等难解离电解质作为沉淀剂去除废水中的 Cu^{2+}、Hg^{2+}、Pb^{2+} 等金属离子。例如，FeS 作为沉淀剂处理废水中重金属的反应式如下：

$$FeS(s) + Cu^{2+}(aq) = CuS(s) + Fe^{2+}(aq)$$
$$FeS(s) + Hg^{2+}(aq) = HgS(s) + Fe^{2+}(aq)$$
$$FeS(s) + Pb^{2+}(aq) = PbS(s) + Fe^{2+}(aq)$$

去除水垢：锅炉水垢中除 $CaCO_3$、$Mg(OH)_2$ 外，还有大量使水垢更加坚实的 $CaSO_4$，$CaSO_4$ 不能用酸溶法去除，可先用饱和 $NaCO_3$ 溶液处理，使之转化为疏松、易溶于酸的 $CaCO_3$。去除水垢的反应式如下：

$$CaSO_4(s) + CO_3^{2-}(aq) = CaCO_3(s) + SO_4^{2-}(aq)$$
$$CaCO_3(s) + 2H_3O^+(aq) = Ca^{2+}(aq) + H_2CO_3(aq)$$

防牙护齿：牙齿表面由一层坚固的物质羟基磷灰 $[Ca_5(PO_4)_3(OH)]$ 组成，它在唾液中存在下列平衡：

进食后，食物在细菌和酶的作用下发酵生成有机酸，有机酸腐蚀了羟基磷灰石，使其溶解。使用含氟牙膏，可以使难溶的 $[Ca_5(PO_4)_3(OH)]$ 转化成更难溶的氟磷灰石 $[Ca_5(PO_4)_3F]$，从而抵抗酸的侵蚀，使牙齿更加坚固。沉淀转化的反应式如下：

$$Ca_5(PO_4)_3(OH)(s) + F^-(aq) = Ca_5(PO_4)_3F(aq) + OH^-(aq)$$

3.7 配离子的解离平衡

配位化合物（简称配合物，又称络合物）是一类数量很多的重要化合物。早在 1798 年法国化学家就 Tassaert 就合成了第一个配合物 $[Co(NH_3)_6]Cl_3$。自此以后，人们相继合成了成千上万种配合物。特别是近些年来，人们对配位化合物的合成、性质、结构和应用的研究做了大量工作，配位化学得到了迅速发展，已广泛地渗透到分析化学、有机化学、催化化学，结构化学和生物化学等各领域中，成为化学科学中的一个独立分支。作为 Lewis 酸碱加合物的配离子或配合物分子，在水溶液中存在着配合物的解离反应和生成反应间的平衡，这种平衡称为配位平衡。戴安邦先生是我国著名的无机化学家，化学教育家，配位化学的开拓者和奠基人。他在国内开拓配位化学研究领域，建立配位化学研究所和配位化学国家重点实验室，大力促进国内外学术交流，培养了众多学术人才，使我国配位化学和无机化学在国际上占有重要地位。他身体力行,不辞劳苦,从实际中找课题,在科研和教书育人方面奉献了一生。

本节主要讲述配合物的基础概念以及配离子的解离平衡,其中,配合物的解离平衡为重点。

3.7.1　配合物的概念

由一个简单正离子(或中性原子)和几个中性分子或负离子结合形成的复杂离子叫配离子。带正电荷的配离子叫配正离子,如$[Cu(NH_3)_4]^{2+}$,$[Ag(NH_3)_2]^+$;带负电荷的配离子叫配负离子,如$[Fe(CN)_6]^{4-}$。我们把含有配离子的化合物称为配位化合物,简称配合物,有时也直接把配离子叫作配合物,两者未严格区别。

1)配合物的组成

配合物的组成可划分为内界和外界两个部分。内界中占据中心位置的正离子或原子叫做中心离子(或中心原子),也称为配合物的形成体。在它的周围与中心离子结合的中性分子或负离子称为配位体(或配体)。中心离子与配位体构成了配离子。内界以外的其他离子称为外界或外配位层。例如

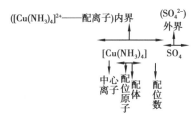

在配位体中与中心离子直接结合的原子叫配位原子,与中心离子结合的配位原子总数叫中心离子的配位数。例如,$[Cu(NH_3)_4]^{2+}$中,NH_3是配位体,而 N 原子直接与中心离子相结合,是配位原子。若一个配位体的分子或负离子只能提供一个配位原子,称为单齿配位体,如$\overset{\cdots}{N}H_2$,$\overset{\cdots}{:}F^-$,CN^-;若能提供两个或两个以上配位原子的叫多齿配位体,如$\overset{\cdots}{N}H_2$——CH_2——CH_2——$\overset{\cdots}{N}H_2$。对于单齿配位体,其配位体的数目与中心离子或原子的配位数是相同的。如$[Co(NH_3)_6]^{3+}$,$[Cu(H_2O)_4]^{2+}$中心离子的配位数分别是6,4。对于多齿配位体,则配位体的数目不等于中心离子的配位数。

配离子的电荷等于组成它的简单离子电荷的代数和,与外界离子电荷的绝对值相等,符号相反。

2)配合物的命名

配合物的命名与一般无机化合物的命名原则相似,通常是按配合物的分子式从后向前依次读出它们的名称。因配合物组成复杂,种类繁多,命名时一定要表示出:(A)中心离子(或原子)的名称和化合价{用(Ⅰ),(Ⅱ),(Ⅲ),…表示},若中心离子只有一种化合价,也可以不标出;(B)配体的名称和数目;(C)外界离子的名称、数目。

(1)具有配正离子的配合物　命名的次序是:

$$外界—配体\overset{合}{———}中心离子$$

例$[Cu(NH_3)_4]SO_4$　　　硫酸四氨合铜(Ⅱ)

$[Co(NH_3)_6]Cl_3$　　　三氯化六氨合钴(Ⅲ)

(2)具有配负离子的配合物　命名的次序是：

配体——合——中心离子——酸——外界

例　　　　　$K_3[HgI_4]$　　　四碘合汞（Ⅱ）酸钾

　　　　　　$K_3[Fe(CN)_6]$　　六氰合铁（Ⅲ）酸钾，俗称赤血盐

若具有两种以上的配体，则按先阴离子后中性分子的顺序命名，同类型配体一般是先简单后复杂，先无机后有机，不同配体之间加"·"隔开。例

　　　　$[Co(NH_3)_5Cl]Cl_2$　　　二氯化氯·五氨合钴（Ⅲ）

　　　　$[Co(NH_3)_3(H_2O)Cl_2]Cl$　　氯化二氯·一水·三氨合钴（Ⅲ）

(3)配离子和配合分子

　　　　　$[Cu(NH_3)_4]^{2+}$　　　四氨合铜（Ⅱ）离子

　　　　　$[Fe(CN)_6]^{4-}$　　　六氰合铁（Ⅱ）离子

　　　　　$Ni(CO)_4$　　　　　四羰（基）合镍

　　　　　$Co_2(CO)_8$　　　　八羰（基）合二钴

3.7.2　配离子的解离平衡

配合物在溶液内层和外层之间完全解离成离子，所以其解离平衡发生在内层的中心离子与配体之间。由于中心离子与配体之间靠配位键紧密结合成配离子，类似于多元弱酸、弱碱，存在着解离平衡。如在 $CuSO_4$ 溶液中加入氨水，先有蓝色的 $Cu(OH)_2$ 沉淀析出，表示达到了沉淀生成条件；随着氨水继续加入，沉淀逐渐溶解，得到深蓝色溶液。这时形成了 $[Cu(NH_4)]^{2+}$ 配离子，使溶液中的 Cu^{2+} 浓度降低，$Cu(OH)_2$ 沉淀溶解。将含铜氨配离子的溶液分成三份。第一份溶液中滴加 $BaCl_2$ 溶液，有白色沉淀生成，表明其中存在 SO_4^{2-}。在第二份溶液中加入 NaOH 溶液，无任何变化，表明 Cu^{2+} 浓度非常低，已无法形成 $Cu(OH)_2$ 沉淀；在第三份溶液中加入 Na_2S，有黑色的 CuS 沉淀析出 $[K_{sp}^{\ominus}(CuS)=1.27\times10^{-36}]$，表明仍有极少量的 Cu^{2+} 存在，并能形成 CuS 沉淀。

在 $[Cu(NH_3)_4]SO_4$ 配合物溶液中，有极少量的 Cu^{2+} 存在，表明配离子 $[Cu(NH_3)_4]^{2+}$ 发生了解离平衡：

$$[Cu(NH_3)_4]^{2+}\rightleftharpoons Cu^{2+}+4NH_3$$

其标准平衡常数式可写为

$$K_{不稳}^{\ominus}=\frac{[c(Cu^{2+})/c^{\ominus}]c[(NH_3)/c^{\ominus}]^4}{c\{[Cu(NH_3)_4]^{2+}\}/c^{\ominus}} \tag{3.21}$$

简写为

$$K_{不稳}^{\ominus}=\frac{c(Cu^{2+})c(NH_3)^4}{C\{[Cu(NH_3)_4]^{2+}\}} \tag{3.22}$$

式(3.21)、式(3.22) $K_{不稳}^{\ominus}$ 为不稳定常数，其数值越大，表面配合物就越不稳定，解离程度就越大。

配合物的稳定性，也可以用配合常数来表示，例如

$$Cu^{2+}+4NH_3\rightleftharpoons[Cu(NH_3)_4]^{2+}$$

其配合平衡常数为

$$K_{稳}^{\ominus} = \frac{\{c[Cu(NH_3)_4]^{2+}\}}{c(Cu^{2+})c(NH_3)^4} \tag{3.23}$$

$K_{稳}^{\ominus}$ 叫做配合物的稳定常数。在相同条件下，$K_{稳}^{\ominus}$ 越大配合物越稳定，且 $K_{稳}^{\ominus}$ 与 $K_{不稳}^{\ominus}$ 互为倒数关系，即 $K_{稳}^{\ominus} = 1/K_{不稳}^{\ominus}$。

3.7.3　累计稳定常数

由于配体有多个，配合物的解离是分步（或分级）进行的，每一步都有一个解离平衡，存在着相应的标准平衡常数 $K_{不稳1}^{\ominus}$，$K_{不稳2}^{\ominus}$，$K_{不稳3}^{\ominus}$，…称为分级不稳定常数。对于 $[Cu(NH_3)_4]^{2+}$ 配离子各级平衡如下：

$$[Cu(NH_3)_4]^{2+} \Longleftrightarrow Cu(NH_3)_3^{2+} + NH_3 \quad K_{不稳1}^{\ominus}（平衡常数计算式要表达出来）$$

$$K_{不稳1}^{\ominus} = \frac{c\{[Cu(NH_3)_3]^{2+}\}c(NH_3)}{c\{[Cu(NH_3)_4]^{2+}\}}$$

$$[Cu(NH_3)_3]^{2+} \Longleftrightarrow [Cu(NH_3)_2]^{2+} + NH_3 \quad K_{不稳2}^{\ominus}$$

$$K_{不稳2}^{\ominus} = \frac{c\{[Cu(NH_3)_2]^{2+}\}c(NH_3)}{c\{[Cu(NH_3)_3]^{2+}\}}$$

$$[Cu(NH_3)_2]^{2+} \Longleftrightarrow [CuNH_3]^{2+} + NH_3 \quad K_{不稳3}^{\ominus}$$

$$K_{不稳3}^{\ominus} = \frac{c\{[Cu(NH_3)]^{2+}\}c(NH_3)}{c\{[Cu(NH_3)_2]^{2+}\}}$$

$$[CuNH_3]^{2+} \Longleftrightarrow Cu^{2+} + NH_3 \quad K_{不稳4}^{\ominus}$$

$$K_{不稳4}^{\ominus} = \frac{c(Cu^{2+})c(NH_3)}{c\{[Cu(NH_3)]^{2+}\}}$$

这就是配离子 $[Cu(NH_3)_4]^{2+}$ 在溶液中存在的各种形态，类似于多元弱酸、弱碱的解离，存在多重平衡。显然，有

$$K_{不稳}^{\ominus} = K_{不稳1}^{\ominus} \cdot K_{不稳2}^{\ominus} \cdot K_{不稳3}^{\ominus} \cdot K_{不稳4}^{\ominus}$$

3.7.4　配合物的应用

1）物质的分析、分离与提纯

利用氨水与 Cu^{2+} 作用形成稳定的、深蓝色的 $[Cu(NH_3)_4]^{2+}$ 配离子以鉴定 Cu^{2+} 的存在；用 KSCN 与 Fe^{3+} 作用形成较稳定的、血红色的 $[FeSCN]^{2+}$ 配离子以鉴定 Fe^{3+} 离子的存在；用丁二肟在弱碱性介质中与 Ni^{2+} 作用形成难溶性的鲜红色的配合物以鉴定 Ni^{2+}。当溶液中含有 Zn^{2+} 和 Al^{3+} 离子时，用氨水与它们反应，由于氨水与 Zn^{2+} 离子作用形成较稳定的可溶性的 $[Zn(NH_3)_4]^{2+}$ 配离子留在溶液中，而 Al^{3+} 同氨水反应生成 $Al(OH)_3$ 沉淀。这样就可将 Zn^{2+} 同 Al^{3+} 分离开来。工业上常用多磷酸盐来处理锅炉用水，由于它能与水中的 Ca^{2+}，Mg^{2+} 形成稳定的配合物，可防止 Ca^{2+}，Mg^{2+} 与 SO_4^{2-} 或 CO_3^{2-} 结合成难溶盐沉积在锅炉内壁。又如乙二胺四乙酸的钠盐，简称 EDTA，该盐的阴离子具有下列结构：

它具有 6 个配位原子,大多数金属离子都能与 EDTA 形成环状结构的配合物(螯合物)。由于环状结构的形成,这类配合物很稳定,难于离解,配离子的稳定常数高于一般配合物,在分析化学中形成了一类独立的定量分析方法——配位滴定法。EDTA 除用于分析化学外,它对重金属中毒也是一种有效的解毒剂。若人体因铅的化合物中毒,可以肌内注射 EDTA 溶液,它使 Pb^{2+} 以配离子的形式进入溶液,而从体内排出去。同样,由于 EDTA 能与 Hg^{2+} 形成可溶性的配合物而从人体中排出去,因而也是汞中毒的解毒剂。EDTA 还可用于除去人体中的金属元素的放射性同位素,特别是钚。此外,配合物还广泛用于冶金、电镀、环境保护、生物化学等方面。

2)医学、药物

许多无机化合物都有生物活性,大量生化反应因金属离子的存在而得以进行,用无机化合物作为药物始自古代。例如,清热药石膏,泻药芒硝,砷的化合物用于治疗梅毒,汞的化合物用于防腐,锑的化合物用于治疗血吸虫病。金属药物的作用与体内的配合物形成有关,于 20 世纪 60 年代报道,而后风靡全球且至今仍在使用的著名抗癌药顺铂就是一个很好的例子:顺铂进入体内后经过体内运输、水解,然后再与 DNA 作用形成稳定的配合物,从而阻止其复制和转录,迫使细胞凋亡或死亡。

3)染料

当在染色过程中加入金属离子形成配合物后,可使牢固度大大增加,显示出鲜艳的颜色。这是由于不存在配合物时,染料分子和织物以氢键或范德华力相连,当形成配合物后,其中金属与织物以配位共价连接或沉积在织物上,并将光吸收移到可见区,使光吸收增强。国外最早有记录被用作染料的配合物是普鲁士蓝,也是世界上第一个人工合成的染料,传说是 18 世纪初德国的一个染料工人把草木灰和牛血混合在一起进行焙烧成灰,再用水浸取焙烧后的物质,过滤掉不溶解的物质以后,向滤液中加入氯化铁溶液就得到了一种颜色很鲜艳的蓝色沉淀,也就是普鲁士蓝(值得注意的是滕士蓝与普鲁士蓝是同一种物质,不过制备方法不一样)。

4)生命体系中的金属酶与金属蛋白

金属离子在生物体内的存在十分广泛,它们和卟啉、蛋白质等生物配体结合,表现出多种功能,哺乳动物体内约有 70% 的铁与卟啉形成配合物,卟啉环上取代基不同,金属离子不同,轴向配体不同,显示的功能各不相同。它们是生物体内酶和蛋白质的活性部分。

除以上这四个方面的应用外,配合物还被广泛应用于有机催化、非线性光学、发光材料、分子基磁性材料、配位聚合物与多孔材料、纳米技术和分子器件、自组装超分子以及金属有机骨架(MOF)等非常多的方面,渗透生物、材料、信息等各个领域。

阅读材料：

于生活一隅窥见平衡之奥妙——由化学平衡到生活中的平衡

一、化学平衡

公元 1798 年,法国化学家 Berthollet 出征印度时,偶然察觉到在盐湖周围堆积着由于高浓度的盐溶液缓慢蒸发所产生的碳酸钠沉积物,而该过程的化学反应式恰是当时广为人知的反应 $Na_2CO_3+CaCl_2 \rightarrow CaCO_3+2NaCl$ 的逆反应。公元 1803 年,Berthollet 提出有些化学反应式不只有单向反应,也可以进行逆向反应。挪威科学家 Guldberg 和 Waage 于 1862—1863 年研究发现,化学反应在平衡时,无论初始物质投入多少,最后反应物和产物都会具有一定比例的特殊关系。19 世纪 70 年代 Gibbs 在其论文"关于复相物质的平衡"中,$2NO_2 \Longrightarrow N_2O_4$ 这个反应的处理中初步确立了"平衡常数"的概念。1884 年,Van't Hoff 发表的化学动力学研究中正式形成了"化学平衡常数"这一概念。以 Le Chatelier 于 1888 年正式提出的内容为如果改变可逆反应的条件(如浓度、压强、温度等),化学平衡就被破坏,并向减弱这种改变的方向移动的"勒夏特列原理"为标志,化学平衡理论基本完善。

平流层的臭氧在大气中的含量至关重要,它可以屏蔽太阳紫外线的辐射。若臭氧过少,过强的辐射会威胁人类的生存,而臭氧过多则会导致生命体神经中毒。臭氧在大气层中含量通过 $O+O_2 \rightleftharpoons O_3$ 的动态平衡得以维持。但近年来,人们使用大量的含氟利昂制冷剂,臭氧层被撕出"大空洞"。起初,人们认为氟是破坏臭氧层的罪魁祸首,但多年后 Molina 和 Rowlandl 提出氯才是破坏臭氧层的元凶:氟氯烃分解出氯原子会夺取臭氧的氧,通过反应 $Cl \cdot +O_3 \rightarrow O_2+ClO \cdot$, $ClO \cdot +O_3 \rightarrow O_2+Cl$ 破坏大气中的臭氧平衡,产生臭氧层空洞。于是,人们围绕氟研制出了新型制冷剂 R134a-1,1,1,2-四氟乙烷,它不会破坏臭氧层且制冷效果好,一举成为制冷产品的首选材料。为更好地保护环境和地球,人类应减少破坏臭氧层物质的排放,大力推进更多氟利昂替代品的开发进程。

月壤中的水也存在类似的平衡。月球上的水以气态和固态的方式存在并进行不断的循环,构成一个动态的"收支"平衡。月球上的水分来源主要形成了两大理论,一是太阳风里的氢轰击月表或月壤中的氧,形成羟基、水分子;另一理论是彗星与小行星撞击月球导致少量水分进入月球。那么月壤中的水以何种方式脱离呢? 中国科学院地质与地球物理研究所团队借助纳米离子探针,分析了嫦娥五号从月球表面取回的玄武岩中的熔体包裹体、磷灰石的水含量和氢同位素,推测嫦娥五号着陆区月幔源区水的脱离是由于风暴洋地区长期的火山喷发,使水以 H_2 的形式丢失,从而使源区水含量变低。月壤中水的含量与分布由多方因素决定,纬度也可影响水含量,水通过不断地形成和脱离,保持较为稳定的含量和状态,这些都给人类探索宇宙提供了更多的想象空间。

我们所处的地球,动物排出二氧化碳,绿色植物吸收二氧化碳,在循环中建立起了最初生物圈中的二氧化碳平衡。但在工业革命时期,工厂排放的二氧化碳超过了植物所能调节的限度,碳氧平衡被打破,环境问题逐步显现。2021 年,诺贝尔物理学奖的获奖者真锅淑郎,早在 60 年前就预测了二氧化碳浓度增加会导致全球气候变化,他认为温室效应一旦控制不住,世界必将遭受灭顶之灾。最新统计表明,每年超过百万人的死亡归因于异常的温度,同时,温室效应使海洋温度上升,冰川融化,将导致无数人迁居……在此过程中,科学家们也在不断探索维持二氧化碳浓度平衡的途径,减排、吸收和综合利用都得到了不同程度的进展。除了捕获封存、常规制冷、提高采油收率及合成尿素、碳酸盐和聚碳酸酯等工业化过程,利用电化学、光化学、均相热化学和非均相热化学催化转化 CO_2 现成为高度关注的研究热点。其中,费托合成通过 CO_2 和 H_2 分子在催化剂表面发生解离吸附,产生的 C 在形成中间体后可偶联生成不同类型的烷烃和烯烃,而接力催化路线则是费托合成与耦合反应的综合,通过三步接力法路径,极大地提高了二氧化碳转化为乙醇的选择性。

二、利用离子交换树脂探究浓度对化学平衡的影响

利用花青素以及重铬酸钾溶液的可逆反应,通过添加阳离子交换树脂,在不改变溶液中其他物质浓度的条件下,探究了浓度对化学平衡的影响。

花青素和重铬酸钾的变色原理:Kathleen 研究发现花青素是一类对许多花卉、瓜果都起着亮色作用的色素,它在不同的 pH 值下会显示不同的颜色,当 pH 值小于 3 时,溶液为红色;pH 在 7~8 为紫色;pH 值大于 11 时溶液为蓝色,如图所示。

C(红色)   B(紫色)   A(蓝色)

通过花青素存在的酸碱平衡:A(蓝色)+H^+ $\rightleftharpoons$ C(红色),重铬酸可以探究浓度对化学平衡及其移动的影响。

重铬酸根与铬酸根之间存在如下平衡:

$$Cr_2O_7^{2-}(橙色)+H_2O \rightleftharpoons 2Cr_2O_4^{2-}(黄色)+2H^+$$

利用阳离子交换树脂观察在不同氢离子浓度下溶液的颜色变化。

离子交换树脂的作用:阳离子交换树脂含有质子化磺酸盐基团(XH),其结构类似于亚硫酸。这种固态酸在水中可部分分解,如果溶液中有其他阳离子,树脂可以吸附溶液中其他阳离子,把氢离子释放出来。

$$XH+Na^++H_2O \rightleftharpoons XNa+H_3O^+$$

对于平衡反应来说,离子交换树脂的加入只会改变氢离子的浓度,而不会改变其他物质的浓度,对于观察平衡移动非常有利。

实验过程及实验现象:

	实验1:花青素溶液实验探究	实验2:重铬酸钾溶液实验探究
(1)实验试剂的配制	使用电子天平称取 0.20 g 花青素粉末,加入 100 mL 蒸馏水配成花青素溶液,静置待用。再称取 0.02,0.04,0.12,0.20 g 的阳离子交换树脂,待用	使用电子天平称取 0.44 g 重铬酸钾粉末,加入 50 mL 蒸馏水配成 0.03 mol·dm^{-3} 的重铬酸钾溶液。再称取 0.02,0.04,0.10,0.20 g 的阳离子交换树脂

续表

	实验1:花青素溶液实验探究	实验2:重铬酸钾溶液实验探究
（2）实验现象	1. 向 4 支编号为 1,2,3,4 号的西林瓶中分别加入 7 mL 花青素溶液[图 3.2(a)],再分别滴加 1 滴稀盐酸,溶液由蓝色变为红色[图 3.2(b)]。这样可以形成 A（蓝色）+H⁺ ⇌ C(红色)这个可逆反应。 2. 再加入 1 滴氢氧化钠溶液,溶液由红色变为蓝色[图 3.2(c)]。这样做的目的是为阳离子交换树脂提供可以吸附的 Na⁺。 3. 从左向右依次加入 0.02,0.04,0.12,0.20 g 的阳离子交换树脂,溶液逐渐从蓝色变为红色,且有明显的颜色梯度[图 3.2(d)]	1. 向 4 支编号为 1,2,3,4 的西林瓶中加入 3 mL 重铬酸钾溶液[图 3.3(a)]。 2. 再分别滴入 2 滴氢氧化钠溶液,溶液由橙色变为黄色[图 3.3(b)]。 3. 从左向右依次加入 0.02,0.04,0.10,0.20 g 的阳离子交换树脂,振荡后,颜色如图 3.3(c)所示

（a）　　　　　　　　　　（b）

（c）　　　　　　　　　　（d）

图 3.2　花青素溶液实验

（a）　　　　　（b）　　　　　（c）

图 3.3　重铬酸钾溶液实验

　　该实验以花青素实验为例,化学平衡的移动是一个较为快速的过程,因此可以通过加入阳离子交换树脂,控制 c(H⁺),从而观察平衡的移动。最开始花青素溶液是保持平衡:A(蓝色)+H⁺ ⇌ C(红色),氢氧化钠的加入破坏了这一平衡,使平衡逆向移动,溶液变为灰蓝色。该实验的目的是探究浓度对化学平衡的影响,如果要使平衡正向移动就要加入氢离子,但是如果直接加入盐酸,势必会导致溶液中其他物质的浓度改变,从而影响平衡。因此,运用阳离子交换树脂不会改变溶液中其他物质的浓度,而且通过控制振荡次数还能有效地得到氢离子的浓度梯度,从而探究 $c(H^+)$ 对花青素溶液平衡的影响。在花青素溶液中,随着阳离子交换树脂质量的不断增加,溶液逐渐变为红色,说明反应物浓度不断增加,平衡向正反应方向持续移动;在重铬酸钾溶液中,随着氢离子浓度的不断增加,溶液由黄色逐渐变为橙色,平衡向逆反应方向持续移动。

三、食物的酸碱平衡与人体健康的关系

食物的酸碱平衡与各种日常活动与情绪、皮肤以及体型等有着紧密关系,食物的酸碱平衡主要是指人的机体必须处于恒定的 pH 值环境,才能确保机体各项生理活动以及组织细胞的新陈代谢能够正常进行。人们每天进食的各种酸性食物与碱性食物都通过消化道进行吸收,同时机体在进行新陈代谢的过程中也会不断地产生酸性与碱性物质,一般情况下机体能够通过自身调节让机体的酸、碱暂时处于一个相对平衡的状态。人体正常的体液 pH 值为 7.35～7.45。但我们每天从外界所吸收的食物中,有些是属于碱性的,有些是属于酸性的,并且食物的酸碱性并不是人们味觉的体验,人们单凭口感不能确定食物的酸碱性。食物的酸碱性是指生理上的概念,即食物被摄取以后在机体新陈代谢的过程中所产生物质的性质。食物在经过消化、吸收等一系列缓慢的反应后,最后产生的代谢产物的酸碱性决定了食物的酸碱性。不同酸碱性的食物被吸收以后,会给人体的酸碱环境产生一定的影响,人机体只有处于正常的 pH 值范围内才能进行正常的新陈代谢,如果食用酸性或者碱性的食物人体血液的 pH 值会暂时超出正常范围,但机体能够通过体液的酸碱平衡调节让其很快恢复到正常的范围。但如果长期食用偏碱性或者是偏酸性的食物,机体的体液调节便没有明显的作用了,长此以往,人的体质就会呈现出碱性或者是酸性。在我国人民的日常饮食中,酸性食物的来源要高出碱性食物许多,因此我国人民机体出现酸性的概率较大。研究表明,酸性体质是各种慢性疾病的温床,当人体内环境呈现为酸性时,细胞功能会大大降低,人体各项器官的生理功能都会受到大幅度的影响。因此,产生的疾病主要有动脉硬化、痛风、手足发凉、骨质疏松、慢性疲劳以及免疫力低下、情绪急躁等。

思考题和习题

1. (1)已知 298 K 时,反应 $ICl(g) \rightleftharpoons 1/2\ I_2(g) + 1/2\ Cl_2(g)$ 的 $K_1^\ominus = 2.2 \times 10^{-3}$。试计算:①$2ICl(g) \rightleftharpoons {}_2(g) + Cl_2(g)$ 的 $K_2^\ominus$;②$I_2(g) + Cl_2(g) \rightleftharpoons 2ICl(g)$ 的 $K_3^\ominus$。

(2)已知某温度时,反应 $H_2(g) + S(g) \rightleftharpoons H_2S(g)$ 的 $K_1^\ominus = 1.0 \times 10^{-3}$;反应 $S(g) + O_2(g) \rightleftharpoons SO_2(g)$ 的 $K_2^\ominus = 5.0 \times 10^{-6}$,试计算:$H_2(g) + SO_2(g) \rightleftharpoons H_2S(g) + O_2(g)$ 的 $K_3^\ominus$。

2. 某温度时,反应 $Fe_3O_4(s) + 4H_2(g) \rightleftharpoons 3Fe(s) + 4H_2O(g)$,开始时用 H_2 1.6 g 和过量的 Fe_3O_4 在密闭容器中作用达至平衡后,有 Fe 16.76 g 生成,求此反应的标准平衡数 $K^\ominus$。

3. 写出下列各反应的 K_p,$K^\ominus$ 表达式。

(1)$NOCl(g) \rightleftharpoons 1/2N_2(g) + 1/2\ Cl_2(g) + 1/2\ O_2(g)$

(2)$Al_2O_3(s) + 3H_2(g) \rightleftharpoons 2Al(s) + 3H_2O(g)$

（3）$NH_4Cl(s) \rightleftharpoons HCl(g) + NH_3(g)$

（4）$2H_2O_2(g) \rightleftharpoons 2H_2O(g) + O_2(g)$

（5）$2NaHCO_3(s) \rightleftharpoons Na_2CO_3(s) + CO_2(g) + H_2O(g)$

4. 已知反应

（1）$H_2(g) + S(s) \rightleftharpoons H_2S(g)$　　　　$K_1^{\ominus} = 1.0 \times 10^{-3}$

（2）$S(s) + O_2(g) \rightleftharpoons SO_2(g)$　　　　$K_2^{\ominus} = 5.0 \times 10^6$

计算下列反应的 $K^{\ominus}$ 值

$$H_2(g) + SO_2(g) \rightleftharpoons H_2S(g) + O_2(g)$$

5. 计算在 298.15 K 时,反应

$$3/2 O_2(g) \rightleftharpoons O_3(g)$$

的标准平衡常数 $K^{\ominus}$ 及压力平衡常数 K_p。

6. 已知反应 $1/2\ H_2(g) + 1/2\ Cl_2 \rightleftharpoons HCl(g)$, 在 298.15 K 时, $K^{\ominus} = 4.97 \times 10^{16}$, $\Delta_r H_m^{\ominus}$(298.15 K) $= -92.307$ kJ/mol,求 500 K 时的 $K^{\ominus}$。

7. 已知血红蛋白(Hb)的氧化反应

$$Hb(aq) + O_2(g) \rightleftharpoons HbO_2(aq)　　　　K_1^{\ominus}(292\ K) = 85.5$$

若在 292 K 时,空气中 $p(O_2) = 20.2$ kPa, O_2 在水中溶解度为 2.3×10^{-4} mol·L^{-1},试求反应

$$Hb(aq) + O_2(g) \rightleftharpoons HbO_2(aq)$$

的 $K_2^{\ominus}$ 和 $\Delta_r G_m^{\ominus}$(292 K)。

8. 设汽车内燃机内温度因燃料燃烧反应达到 1 300 ℃,试估算反应:

$1/2\ N_2(g) + 1/2 O_2(g) \rightleftharpoons NO(g)$ 在 25 ℃和 1 300 ℃时的 $\Delta_r G_m^{\ominus}$ 和 $K^{\ominus}$ 的数值,并联系反应速率简单说明其在大气污染中的影响。

9. $C(s) + CO_2(g) \rightleftharpoons 2CO(g)$ 是高温加工处理钢铁零件时涉及脱碳氧化或渗碳的一个重要化学平衡式,试分别计算该反应在 298 K、1 173 K 时的标准平衡常数 $K^{\ominus}$,并简单说明其意义。

10. 分别计算下列各反应的多重平衡常数,并讨论反应的方向。

（1）$PbS + 2HAc \rightleftharpoons Pb^{2+} + H_2S + 2Ac^-$

（2）$Mg(OH)_2 + 2NH_4^+ \rightleftharpoons Mg^{2+} + 2NH_3 \cdot H_2O$

（3）$Cu^{2+} + H_2S \rightleftharpoons CuS + 2H^+$

11. 已知反应 $N_2O_4(g) \rightleftharpoons 2NO_2(g)$ 在 325 K,总压力 p 为 100 kPa 时,达到平衡 N_2O_4 的转化率为 50.2%。试求:

（1）反应的 $K^{\ominus}$;

（2）相同温度下,若压力 p 变为 5×100 kPa,求 N_2O_4 的平衡转化率。

12. 蔗糖水解反应为: $C_{12}H_{22}O_{11}(aq) + H_2O(l) \rightleftharpoons C_6H_{12}O_6($葡萄糖$)(aq) + C_6H_{12}O_6($果糖$)(aq)$。若在反应中水的浓度不变,当蔗糖的起始浓度为 a mol·L^{-1} 时,反应达到平衡时蔗糖水解了一半,试计算反应的标准平衡常数。

13. Ag_2CO_3 受热按下式分解:

$$Ag_2CO_3(s) \rightleftharpoons Ag_2O(s) + CO_2(g)$$

已知 383 K 时,K=1.0×10^{-2}。现将 Ag$_2$CO$_3$ 放入烘箱中,在 383 K 下干燥,空气中 CO$_2$ 的分压力为何值时才能避免 Ag$_2$CO$_3$ 分解?

14. 已知 FeO(s)+CO(g) $\rightleftharpoons$ Fe(s)+CO$_2$(g) 的 K$_c$=0.5(1 273 K)。

若起始浓度 c_{co}=0.05 mol·L^{-1},c_{co2}=0.0 mol·L^{-1},问:

(1)反应物、生成物的平衡浓度各是多少?

(2)CO 的转化率是多少?

(3)增加 FeO 的量,对平衡有何影响?

15. 对于合成氨反应 1/2 N$_2$(g)+2/3 H$_2$(g) $\rightleftharpoons$ NH$_3$(g),在 298 K 时平衡常数为 $K^{\ominus}_{298 K}$=749.5,反应的热效应 $\Delta_r H^{\ominus}_m$=−53.0 kJ/mol,计算该反应在 773 K 时 $K^{\ominus}_{773 K}$,并判断升温是否有利于反应正向进行。

16. 已知反应 1/2 H$_2$(g)+1/2 Cl$_2$(g) $\rightleftharpoons$ HCl(g),在 298.15 K 时,$K^{\ominus}$=4.97×10^{16},$\Delta_r H^{\ominus}_m$(298.15 K)=−92.307 kJ/mol,求 500 K 时的 $K^{\ominus}$。

17. 某弱碱的 $K^{\ominus}_b$=1.0×10^{-9},则其 0.1 mol·dm^{-3} 水溶液的 pH 值为(　　)。

A.3.0　　　　B.5.0　　　　C.9.0　　　　D.11.0

18. 某缓冲溶液含有等浓度的 HA 和 A$^-$,若 A$^-$ 的 $K^{\ominus}_b$=1.0×10^{-10},则该缓冲溶液的 pH 为(　　)。

A.10.0　　　　B.4.0　　　　C.7.0　　　　D.14.0

19. 试计算 0.1 mol·L^{-1} 盐酸和 0.1 mol·L^{-1} 醋酸的 pH 值各为多少,分别将它们稀释到 0.01 mol·L^{-1} 时的 pH 值又各为多少?

20. 在水和 0.1 mol·L^{-1} 盐酸中,0.2 mol·L^{-1} 醋酸的解离度各为多少?

21. 计算 0.5 mol·L^{-1} 氨水溶液的 pH 值。

22. 已知 0.1 mol·L^{-1} 醋酸在 25 ℃时解离度为 1.33%,试计算该温度下醋酸的标准解离常数 $K^{\ominus}_a$。

23. 25 ℃时,0.1 mol·L^{-1} 甲胺(CH$_3$NH$_2$)溶液的解离度为 6.9%,

$$CH_3NH_2+H_2O \rightleftharpoons CH_3NH_3^+ +OH^-$$

试问:相同浓度的甲胺与氨水哪个碱性强?

24. 在 1L 1 mol·L^{-1} HAc 溶液中,需加入多少克的 NaAc·3H$_2$O 才能使溶液的 pH 值为 5.5?(假设 NaAc·3H$_2$O 的加入不改变 HAc 的体积)

25. 下列各缓冲溶液的总体积相同,其中缓冲能力最强的是(　　)。

A.0.10 mol·L^{-1} NH$_3$·H$_2$O 溶液和 0.10 mol·L^{-1} NH$_4$Cl 溶液等体积混合后的溶液

B.0.20 mol·L^{-1} NH$_3$·H$_2$O 溶液和 0.20 mol·L^{-1} NH$_4$Cl 溶液等体积混合后的溶液

C.0.20 mol·L^{-1} NH$_3$·H$_2$O 溶液和 0.20 mol·L^{-1} NH$_4$Cl 溶液以体积比 2∶1 混合后的溶液

D.0.20 mol·L^{-1} NH$_3$·H$_2$O 溶液和 0.10 mol·L^{-1} NH$_4$Cl 溶液等体积混合后的溶液

26. 将 60 mL 0.10 mol·L^{-1} 的某一元弱碱与 30 mL 相同浓度的 HCl 溶液混合(忽略溶液体积变化),测得混合溶液的 pH 值=5.0,则该弱碱的解离常数 K_b 值为?

27. 人的血液中含有 H$_2$CO$_3$-HCO$_3^-$ 组成的缓冲溶液,其中 c(H$_2$CO$_3$)=1.25×10^{-3} mol/L,c(HCO$_3^-$)=2.5×10^{-3} mol·L^{-1},计算其 pH 值。(假定碳酸在人的体温时的标准解离常数与 25

℃时相同)

28. 配制 pH 值为 9.0 的缓冲溶液,应选用什么缓冲系统? 碱及其盐的配比应为多少?

29. HAc,NaAc 配制成浓度均为 1.0 mol $\cdot$ L^{-1} 缓冲溶液 $1\ 000$ mL,试问:

(1)溶液的 pH 值为多少?

(2)在溶液中加入 0.01 mol NaOH 固体后,溶液的 pH 值又为多少?

30. 以 HAc—NaAc 为例说明缓冲溶液的缓冲原理。

31. 5 ℃时,在 100 g 水中可溶解 PbF_2 0.046 55 g,试计算 PbF_2 在此温度下的 $K_{sp}^{\ominus}$。

32. 已知硫酸钙的 $K_{sp}^{\ominus}$ 为 7.10×10^{-5},碳酸钙的 $K_{sp}^{\ominus}$ 为 4.96×10^{-9},试计算这两种难溶盐的溶解度分别为多少?

33. 已知 $Mg(OH)_2$ 的 $K_{sp}^{\ominus}=5.61\times10^{-12}$,试计算在下列情况下的溶解度(mol/L)。

(1)在 0.1 mol $\cdot$ L^{-1} $Mg(NO_3)_2$ 溶液中;

(2)在 0.1 mol $\cdot$ L^{-1} NaOH 溶液中。

34. 室温下在 0.40 mol $\cdot$ L^{-1} $MgCl_2$ 溶液中加入等体积 0.20 mol $\cdot$ L^{-1} NH_3 $\cdot$ H_2O 溶液,有无 $Mg(OH)_2$ 沉淀生成?

35. $Pb(NO_3)_2$ 溶液与 $BaCl_2$ 溶液混合,设混合液中 $Pb(NO_3)_2$ 的浓度为 0.20 mol $\cdot$ L^{-1} 问:

(1)在混合溶液中 Cl^- 的浓度等于 5.0×10^{-4} mol $\cdot$ L^{-1} 时,是否有沉淀生成?

(2)混合溶液中 Cl^- 的浓度多大时,开始生成沉淀?

(3)混合溶液中 Cl^- 的平衡浓度为 6.0×10^{-2} mol $\cdot$ L^{-1} 时,残留于溶液中的 Pb^{2+} 的浓度为多少?

36. 已知 CaF_2 的溶度积为 5.3×10^{-9},求 CaF_2 在下列情况下的溶解度(以 mol/L 表示)。

(1)在纯水中;

(2)在 1.0×10^{-2} mol $\cdot$ L^{-1} NaF 溶液中;

(3)在 1.0×10^{-2} mol $\cdot$ L^{-1} $CaCl_2$ 溶液中。

37. 某溶液中含有 Cl^- 和 CrO_4^{2-},它们的浓度分别是 0.10 mol $\cdot$ L^{-1} 和 $0.00\ 10$ mol $\cdot$ L^{-1}。通过计算说明,逐滴加入 $AgNO_3$ 试剂,哪一种沉淀首先析出?

38. 如果 $BaCO_3$ 沉淀中尚有 0.01mol $BaSO_4$ 时,试计算在 1.0 L 此沉淀的饱和溶液中应加入多少摩尔的 Na_2CO_3 才能使 $BaSO_4$ 完全转化为 $BaCO_3$?

39. 试用溶度积规则解释下列事实:

(1)$Mg(OH)_2$ 溶于 NH_4Cl 溶液中;(2)$BaSO_4$ 不溶于稀盐酸中。

40. 指出下列配合物中的中心离子、配离子及其配位数。

①$3KNO_2 \cdot Co(NO_2)_3$　　②$Co(CN)_3 \cdot 3KCN$　　③$2Ca(CN)_2 \cdot Fe(CN)_2$

④$2KCl \cdot PtCl_2$　　　　⑤$KCl \cdot AuCl_3$

41. 命名下列配合物和配离子。

①$(NH_4)_3[SbCl_6]$　　②$Li[AlH_4]$　　　　③$[Co(en)_3]Cl_3$

④$[Co(NO_2)_6]^{3-}$　　⑤$[Co(NH_3)_4(NO_2)Cl]^+$

42. 写出下列配合物的化学式。

①硫酸四氨合铜(Ⅱ)　　②氯化二氯 $\cdot$ 一水 $\cdot$ 三氨合钴(Ⅲ)

③六氯合铂(Ⅳ)酸钾　　④二氯·四硫氰合铬(Ⅱ)酸铵

43.在 $0.10\ mol\cdot L^{-1}$ 的 $[Ag(NH_3)_2]Cl$ 溶液中,各种组分浓度大小的关系是(　　)。

A. $c(NH_3)>c(Cl^-)>c[Ag(NH_3)_2]^+>c(Ag^+)$

B. $c(Cl^-)>c[Ag(NH_3)_2]^+>c(Ag^+)>c(NH_3)$

C. $c(Cl^-)>c[Ag(NH_3)_2]^+>c(NH_3)>c(Ag^+)$

D. $c(NH_3)>c(Cl^-)>c(Ag^+)>c([Ag(NH_3)_2]^+$

44.25 ℃时,$[Ag(NH_3)_2]^+$溶液中存在下列平衡:

$[Ag(NH_3)_2]^+ \rightleftharpoons [Ag(NH_3)]^+ + NH_3 \quad K_1^{\ominus}$

$[Ag(NH_3)]^+ \rightleftharpoons Ag^+ + NH_3 \quad K_2^{\ominus}$

则 $[Ag(NH_3)_2]^+$ 的稳定常数为(　　)。

A. $K_1^{\ominus}/K_2^{\ominus}$　　　　B. $K_2^{\ominus}/K_1^{\ominus}$　　　　C. $1/(K_1^{\ominus}\cdot K_2^{\ominus})$　　　　D. $K_1^{\ominus}\cdot K_2^{\ominus}$

45.25 ℃时,$[Ag(NH_3)_2]^+$溶液中存在下列平衡:

$[Ag(NH_3)_2]^+ \rightleftharpoons [Ag(NH_3)]^+ + NH_3 \quad K_1^{\ominus}$

$[Ag(NH_3)]^+ \rightleftharpoons Ag^+ + NH_3 \qquad\quad K_2^{\ominus}$

则 $[Ag(NH_3)_2]^+$ 的不稳定常数为(　　)。

A. $K_1^{\ominus}/K_2^{\ominus}$　　　　B. $K_2^{\ominus}/K_1^{\ominus}$;　　　　C. $1/(K_1^{\ominus}\cdot K_2^{\ominus})$;　　　　D. $K_1^{\ominus}\cdot K_2^{\ominus}$

46.下列反应,其标准平衡常数可作为$[Zn(NH_3)_4]^{2+}$的不稳定常数的是(　　)。

A. $Zn^{2+}+4NH_3 \rightleftharpoons [Zn(NH_3)_4]^{2+}$

B. $[Zn(NH_3)_4]^{2+}+H_2O \rightleftharpoons [Zn(NH_3)_3(H_2O)]^{2+}+NH_3$

C. $[Zn(H_2O)_4]^{2+}+4NH_3 \rightleftharpoons [Zn(NH_3)_4]+4H_2O$

D. $[Zn(NH_3)_4]^{2+}+4H_2O \rightleftharpoons [Zn(H_2O)_4]^{2+}+4NH_3$

47.下列水溶液中的反应,其标准平衡常数可作为$[FeF_6]^{3-}$的稳定常数的是(　　)。

A. $[Fe(H_2O)]^{3-}+6F^- \rightleftharpoons [FeF_6]^{3-}+6H_2O$

B. $[FeF_6]^{3-} \rightleftharpoons Fe^{3+}+6F^-$

C. $[FeF_6]^{3-}+6H_2O \rightleftharpoons [Fe(H_2O)_6]^{3+}+6F^-$

D. $[FeF_6]^{3-}+H_2O \rightleftharpoons [FeF_5(H_2O)]^{2-}+F^-$

第 **4** 章
氧化还原反应与电化学原理

本章基本要求

（1）理解氧化剂、还原剂、氧化反应、还原反应等基本概念。学会用氧化还原一般规律判断氧化剂、还原剂、氧化产物、还原产物、被氧化、被还原等相关信息。掌握氧化、还原剂相对强弱的判断，氧化还原电对的书写以及氧化还原反应平衡常数的计算。

（2）理解原电池相关概念，学会用电池符号书写原电池，理解电极的分类、电极电势的产生原因，掌握电极电势的测定原理。

（3）学会用能斯特方程计算电极电势或电动势，并应用电极电势判断氧化还原反应发生的方向和程度。理解摩尔吉布斯自由能变与原电池电动势的关系。

（4）了解电解、电镀、电抛光的基本原理及工程应用，清楚极化的分类。

（5）理解金属腐蚀的定义、分类、危害及防护方法，理解缓蚀剂的定义、分类及缓蚀性能评价方法。

氧化还原反应在工农业领域、科技领域以及日常生活中的应用极为广泛。如植物的光合作用、金属的冶炼、合成氨、电解食盐水制烧碱等，其主要反应都是氧化还原反应；又如催化去氢、催化加氢、环氧树脂的合成等也是氧化还原反应；再如蓄电池、锂离子电池及高能燃料电池等都是在氧化还原反应的基础上实现化学能和电能的相互转变，从而服务于电子产品、新能源汽车和航天科技等重要领域。

以氧化还原反应为基础的电化学原理主要研究化学能和电能之间相互转化及其转化过程中发生的相关现象。电化学原理分为两部分：一是原电池（primary cell），主要研究自发的氧化还原反应，反应的 $\Delta G < 0$，体系对外做功，实现化学能向电能的转变，如手机电池、能源电池、燃料电池等；二是电解池（electrolytic cell），主要研究利用电能促使非自发的氧化还原反应发生，其 $\Delta G > 0$，环境对体系做功，实现电能向化学能的转变。如金属电镀、电解加工、电抛光、电解食盐水制烧碱等。

4.1 氧化还原反应

氧化还原反应是基于氧化剂和还原剂之间电子转移或偏移的一类反应，其反应机理较为复杂。其中,有些氧化还原反应除主反应外,还常伴随有副反应或分步反应发生,导致反应物之间没有确定的计量关系;还有些氧化还原反应的完全程度很大,但反应的速度却非常慢;甚至有些反应需要在催化剂或诱导反应的进行下才会发生。因此,在探讨氧化还原反应内容时,既要探讨氧化还原反应的可行性,又要探讨其反应速率才有实际意义。

4.1.1　基本概念

1)氧化反应和还原反应

氧化还原反应是化学反应中的一类重要反应。物质的燃烧、呼吸作用、光合作用,生产生活中的手机电源、能源汽车电源、金属的冶炼、火箭发射等都与该反应密切相关。如铁的冶炼、碳还原氧化铜等。

$$Fe_2O_3 + 3CO \xrightarrow{\text{高温}} 2Fe + 3CO_2$$

$$2CuO + C \xrightarrow{\text{高温}} 2Cu + CO_2 \uparrow$$

由上式可知,CuO 被 C 还原,失去氧变成 Cu,发生了还原反应;而碳得到氧变成二氧化碳,发生了氧化反应,这是从得失氧角度来定义氧化还原反应的。显然这并不能概括所有的氧化还原反应,因为有些反应并没有氧参与,如钠在氯气中燃烧。

$$2Na + Cl_2 \xrightarrow{\text{高温}} 2NaCl$$

钠从 0 价升高到+1 价,被氧化,发生了氧化反应;氯气从 0 价降低到 -1 价,被还原,发生了还原反应,这是用化合价升降来定义氧化还原反应的。而化合价升降的本质在于参加反应原子的外层电子在转移(得失或偏移)。

综上所述,我们说有电子转移(得失或偏移)的反应或化合价有升降变化的化学反应为氧化还原反应。它由氧化反应和还原反应两部分构成,并遵守电荷守恒。氧化反应表现为被氧化的元素的化合价升高,是失去(或偏离)电子的过程;还原反应表现为被还原的元素的化合价降低,是得到(或偏向)电子的过程。氧化反应与还原反应是相互依存的,不能独立存在。

2)氧化剂和还原剂

在氧化还原反应中,失去电子(或电子对偏离)的物质称还原剂,化合价升高,被氧化剂氧化,发生氧化反应,生成氧化产物,氧化产物具有氧化性,但弱于氧化剂;得到电子(或电子对偏向)的物质称氧化剂,化合价降低,被还原剂还原,发生还原反应,生成还原产物,还原产物具有还原性,但弱于还原剂。氧化还原反应通常是强氧化剂和强还原剂反应生成弱还原剂和弱氧化剂,用通式表示如下:

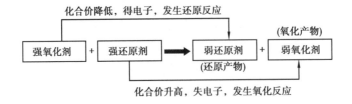

例如:

Zn + 2HCl = ZnCl₂ + H₂↑

在该氧化还原反应中,Zn 由 0 价升高到+2 价,失去 2 个电子,发生氧化反应,故 Zn 是强还原剂,而 $ZnCl_2$ 是氧化产物,也是弱氧化剂;HCl 中的氢由+1 价降低到 0 价,得到 1 个电子,发生还原反应,因此,HCl 是强氧化剂,而 H_2 是还原产物,也是弱还原剂。

常见的氧化剂和还原剂种类见表 4.1。

表 4.1　常见的氧化剂和还原剂

常见的氧化剂	常见的还原剂
活泼的非金属单质:F_2、Cl_2、O_2、S 等	活泼金属单质:Na、Mg、Al、Zn、Fe 等
高价金属的阳离子:Fe^{3+}、Cu^{2+}、Zn^{2+} 等	某些非金属单质:H_2、C、P、Si 等
较高价化合物:MnO_2、NO_2、浓 H_2SO_4、HNO_3、$KMnO_4$、$KClO_3$、K_2CrO_7 等	低价金属阳离子:Cu^+、Fe^{2+} 等
	较低价化合物:CO、SO_2、HCl、H_2S、$FeCl_2$、Na_2S 等

4.1.2　氧化还原反应中的一般规律

在氧化还原反应中,通常存在以下一般规律。

1)守恒规律

氧化还原反应中,氧化剂得到电子的数目等于还原剂失去电子的数目,遵循电荷守恒规律。

2)强弱规律

氧化性:氧化剂>氧化产物,也就是说氧化剂的氧化性大于氧化产物的氧化性。

还原性:还原剂>还原产物,也就是说还原剂的还原性大于还原产物的还原性。

氧化性和还原性及其强弱规律都是相对的,并不是绝对的。同样一个物质在不同的环境中,体现的氧化性或还原性的强弱是不同的。

例如:

$$Cl_2 + 2NaOH = NaCl + NaClO + H_2O$$
$$Cl_2 + SO_2 + 2H_2O = 2HCl + H_2SO_4$$

同样都是氯气,在前式中兼作氧化剂和还原剂,在后式中只作氧化剂。说明同样一种物质,在不同的环境中体现的性质是不一样的。

3)价态规律

如元素处于最高价态,就只具有氧化性,如 K_2CrO_7、$KMnO_4$、$KClO_4$ 等;如元素处于最低价态,就只具有还原性,如 Cu^+、Fe^{2+} 等;如处于中间价态,就既具有氧化性,又具有还原性,如 Cl_2、CO、SO_2 等。

4)归中规律

同种元素不同价态间发生归中反应时,元素的化合价只向中间接近而不交叉,最多达到同种价态。

例如:

$$Cl_2 + 2NaOH = NaCl + NaClO + H_2O$$

该反应中只有氯元素的化合价在发生改变,Cl_2 为 0 价,NaCl 中氯为-1 价,NaClO 中氯为+1 价,氯元素在发生氧化还原反应时,化合价由中间向两头变,也就是 0 价降低到-1 价和升高到+1 价,不可能存在-1 价变到+1 价。

5)优先规律

对于同一氧化剂,当存在多种还原剂时,通常先和还原性最强的还原剂反应;同理,同一还原剂,当存在多种氧化剂时,优先和氧化性最强的氧化剂反应。

如将 Cl_2 通入含有 Fe^{2+} 和 Br^- 的混合溶液中,氯气会先和还原性较强的 Fe^{2+} 反应,反应完毕后再和 Br^- 反应,即氧化还原反应遵循"谁强谁先"的规律。

6)难易规律

越易失电子的物质,失去电子后就越难得到电子;越易得电子的物质,得到电子后就越难失去电子。

4.1.3 氧化还原电对

1)电对表示方法

为了将氧化还原反应与电子得失关系联系起来,可以将氧化还原反应拆成氧化和还原两个半反应。如锌和硫酸铜的反应

$$Zn+Cu^{2+} \rightleftharpoons Zn^{2+}+Cu$$

可以拆成如下 2 个半反应:

$$氧化半反应:Zn-2e \rightleftharpoons Zn^{2+}$$
$$还原半反应:Cu^{2+}+2e \rightleftharpoons Cu$$

半反应中的氧化型物质与还原型物质互称共轭氧化剂/还原剂,这种反应关系称为氧化还原共轭关系。由于二者不能独立存在,总是成对出现,所以又称氧化还原电对。用"氧化态/还原态"表示,氧化态物质在前,还原态物质在后,中间用"/"分开。如铜电对 Cu^{2+}/Cu、锌电对 Zn^{2+}/Zn、铁电对 Fe^{3+}/Fe^{2+}、锰电对 MnO_4^-/Mn^{2+} 等。

2)可逆电对与不可逆电对

氧化还原电对可分为可逆电对和不可逆电对两类。在氧化还原反应的任意瞬间都能迅速建立氧化还原平衡,其电势符合能斯特方程的电对称可逆电对,如 Fe^{3+}/Fe^{2+},Zn^{2+}/Zn,I_2/I^-,$Fe(CN)_6^{3-}/Fe(CN)_6^{4-}$ 等;同理,不可逆电对就是不能在氧化还原反应的任意瞬间建立符合能斯特方程的氧化还原平衡,其实际电势与理论电势相差较大。用能斯特计算的结果只能用作初步判断。如 MnO_4^-/Mn^{2+},$Cr_2O_7^{2-}/Cr^{3+}$,$CO_2/C_2O_4^{2-}$ 等。

3)对称电对与不对称电对

氧化还原电对还有对称电对和不对称电对之分。在对称电对中,氧化态与还原态的系数相同,如 Fe^{3+}/Fe^{2+},Zn^{2+}/Zn,MnO_4^-/Mn^{2+} 等;不对称电对中的氧化态和还原态系数不相同,如 I_2/I^-,$Cr_2O_7^{2-}/Cr^{3+}$ 等。

综上所述,电对的可逆性与对称性没有必然联系,只是当涉及不可逆电对和不对称电对的计算时,情况较为复杂。在本书中我们重点讨论可逆电对。

4.1.4 氧化性还原性强弱判断

物质的氧化性是指物质得电子的能力,还原性是指物质失电子的能力。物质氧化性、还

原性的强弱取决于物质得失电子的能力,与得失电子的数量多少无关。从方程式与元素性质的角度,氧化性与还原性的有无和强弱可用以下方式判定:

1)从元素的价态考虑,可初步分析物质所具备的性质(无法判断强弱)

最高价态——只有氧化性,如 H_2SO_4、$KMnO_4$ 中的 S、Mn 元素就只有氧化性;

最低价态——只有还原性,如 Cl^-、S^{2-} 等就只有还原性;

中间价态——既有氧化性又有还原性,如 Fe、S、SO_2 等既可以作氧化剂又可以作还原剂。

2)根据氧化还原的方向判断

氧化性:氧化剂>氧化产物;还原性:还原剂>还原产物。

3)根据反应条件判断

当不同的氧化剂与同一种还原剂反应时,如氧化产物中元素的价态相同,可根据反应条件的高、低进行判断,如是否需要加热,是否需要酸性条件,浓度大小等等。

需要注意的是,物质的氧化性和还原性通常与外界环境,其他物质的存在,自身浓度等紧密相关,通过以上比较仅能粗略看出氧化性和还原性的大小。如欲准确定量地比较氧化还原性的大小,则需要使用电极电势的高低来判断。

4.2 氧化还原反应的平衡常数

根据第 3 章内容化学平衡可知,氧化还原反应进行的完全程度可由其平衡常数来衡量,反应平衡常数是生成物浓度幂次方的积比反应物浓度幂次方的积。对于任意可逆的氧化还原反应,可用如下通式表示:

$$n_2Ox_1 + n_1Red_2 \Longrightarrow n_2Red_1 + n_1Ox_2$$

当该氧化还原反应达到平衡时,其平衡常数 K 表示如下:

$$K = \frac{c_{Red1}^{n_2} \times c_{Ox2}^{n_1}}{c_{Ox1}^{n_2} \times c_{Red2}^{n_1}}$$

式中:Ox —氧化剂;Red —还原剂;n_1,n_2—化学计量数;c_{Ox},c_{Red}—平衡浓度。

平衡常数 K 值的大小,反映了氧化还原反应进行的完全程度。K 值越大,说明其氧化还原反应进行得就越完全,得到的产物就越多,进行的完全程度就越大。关于平衡常数 K 值的计算,在后面电极电势的应用中会详细讲解。

4.3 电化学原理及应用

电化学主要是研究电能和化学能相互转变及其转化过程中相关规律的科学。能量的相互转变需要一定的条件,也就是必须有一定的装置和介质。如将化学能转变为电能必须通过原电池来实现,如将电能转变为化学能则需要借助电解池来完成。不管是原电池还是电解池,都需要研究电极和电解质溶液中发生的变化规律和机理。

4.3.1 原电池的定义和组成

对于一个能自发进行的氧化还原反应,如图 4.1 所示,将锌棒浸泡在硫酸铜溶液中,一段

时间后,锌棒表面附着一层暗红色的物质,硫酸铜蓝色溶液也逐渐变浅,其化学反应方程式如下:

$$Zn+CuSO_4 =\!=\!=\!= ZnSO_4+Cu$$

根据热力学内容可知,该反应的 $\Delta_r G_m^\ominus = -212.55 \text{ kJ/mol}^{-1}$,可见该氧化还原反应是自发进行的,而且驱动力很大。由于锌与硫酸铜溶液直接接触,电子从锌直接转移给 Cu^{2+},电子的流动是无序的,没有形成一个闭合回路,不能将化学能转化为电能供外界使用。

若将此氧化还原反应按图 4.2 装置搭建,在分别盛有 $ZnSO_4$ 和 $CuSO_4$ 溶液的烧杯中各浸入锌和铜,两个烧杯用"盐桥"连结起来或用隔膜隔开,盐桥是一个盛有 KCl 饱和溶液琼脂凝胶的 U 形管,用于构成电流通路。串联在铜和锌之间的电流表指针发生偏转,说明有电流通过,反应释放的化学能转变为电能。

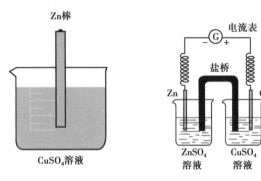

图 4.1　锌和硫酸铜反应　　　图 4.2　铜锌原电池

像上述能使化学能转变为电能的装置称为原电池或电池(primary cell)。形成原电池的首要条件是化学反应必须是氧化还原反应或反应过程经历了氧化还原反应的过程;其次是必须有适当的装置使化学反应分别在相应电极上反应完成。

在上述装置中,金属 Zn 失去电子形成 Zn^{2+} 进入溶液中,表示还原剂被氧化,发生氧化反应,作原电池的负极,发生的反应如下:

$$Zn-2e =\!=\!=\!= Zn^{2+}$$

在铜表面,溶液中的 Cu^{2+} 获得电子变成金属铜析出,表示氧化剂被还原,发生还原反应,作原电池的正极,发生的反应如下:

$$Cu^{2+} + 2e =\!=\!=\!= Cu$$

由上可知,将正负极得失电子的反应称为原电池的半反应或电极反应。将上述两个半反应式相加就得原电池的总反应方程式。

$$Zn+Cu^{2+} =\!=\!=\!= Cu+Zn^{2+}$$

在原电池中,每个电极反应都有两类物质,一是可作还原剂的物质,称为还原态物质;二是可作氧化剂的物质,称为氧化态物质。氧化态物质和还原态物质组成电对,称为氧化还原电对,用符号"氧化态/还原态"表示。如铜电对表示为 Cu^{2+}/Cu,锌电对表示为 Zn^{2+}/Zn,汞电对表示为 $HgCl_2(s)/Hg$ 等。

4.3.2　原电池符号的书写

复杂的原电池装置可用简单的符号来表示,例如图 4.2 所示铜锌原电池,其电池符号如

下所示:

$$Zn \mid ZnSO_4(c1) \;\vdots\; CuSO_4(c2) \mid Cu$$

通常情况下,原电池符号的书写需遵循以下规则:

①负极写在符号的左边,作还原剂,发生氧化反应;正极写在符号的右边,作氧化剂,发生还原反应;

②按实际顺序用化学式从左到右依次排列出各个相的组成及相态(不发生误解时可不注明相态);

③用单垂线"｜"表示相与相之间的界面,包括电极与溶液的界面,电极与气体的界面,两种固体之间的界面等等;

④用双虚线"$\vdots$"表示盐桥,表示溶液与溶液之间的接界电势;

⑤溶液应注明浓度,气体应注明分压;

⑥若没有金属参与反应,溶液中只有离子参与电极反应时,用逗号将它们分开,并加上惰性电极传输电子,如 Pt 或 C。

一般来说,可自发进行的氧化还原反应经过适当的设计,都可以组装成原电池。原电池的电动势用正极的电极电势减去负极的电极电势。

【例 4.1】将氧化还原反应 $H_2 + 2Fe^{3+} = 2H^+ + 2Fe^{2+}$ 设计成原电池,并用电池符号表示出来。

【分析】由氧化还原化学方程式设计原电池,首先将氧化还原反应拆分成氧化半反应和还原半反应两部分,氧化半反应作原电池的负极,还原半反应作原电池的正极,然后根据原电池符号书写规则写出电池符号。

解:

$$负极: H_2 - 2e = 2H^+ \quad 氧化半反应$$

$$正极: 2Fe^{3+} + 2e = 2Fe^{2+} \quad 还原半反应$$

所以,电池符号如下所示:

$$Pt \mid H_2(p1) \mid H^+(c1) \;\vdots\; Fe^{3+}(c2), Fe^{2+}(c3) \mid Pt$$

4.3.3 原电池的电极类型

电极上进行的反应是氧化反应或还原反应,按氧化态、还原态物质的状态不同,可将电极分为以下 3 种类型:

1)第一类电极

该类电极包括金属—金属离子电极和气体-离子电极 2 种类型,具体情况如下所示。

①金属—金属离子电极:这类电极是将金属浸泡在含有该金属离子的溶液中构成。如锌电极 $Zn^{2+} \mid Zn$,铜电极 $Cu^{2+} \mid Cu$,银电极 $Ag^+ \mid Ag$ 等。其电极反应如下所示:

$$Zn^{2+} + 2e \Longleftrightarrow Zn; \quad Cu^{2+} + 2e \Longleftrightarrow Cu; \quad Ag^+ + e \Longleftrightarrow Ag$$

②气体—离子电极:这类电极是吸附了某种气体的惰性金属浸泡在含有该气体对应的离子的溶液中所构成。如氢电极 $H^+ \mid H_2(g) \mid Pt$,氯电极 $Cl^- \mid Cl_2(g) \mid Pt$ 等,由于这种电极没有金属参与,需要惰性电极材料(Pt 或 C)担负输送电子的任务。其电极反应如下所示:

$$2H^+ + 2e \Longleftrightarrow H_2(g); Cl_2(g) + 2e \Longleftrightarrow 2Cl^-$$

2）第二类电极

该类电极包括金属—难溶盐电极和金属—难溶氧化物电极两种类型,具体情况如下所示。

①金属—难溶盐电极:这类电极是在金属上覆盖一层该金属的难溶盐,并把它浸入含有该难溶盐对应阴离子的溶液中构成。

如甘汞电极 $Cl^-|Hg_2Cl_2(s)|Hg$;银—氯化银电极 $Cl^-|AgCl(s)|Ag$ 等,其电极反应如下所示:

$$Hg_2Cl_2(s)+2e \Longrightarrow 2Hg(s)+2Cl^-$$
$$AgCl(s)+e \Longrightarrow Ag(s)+Cl^-$$

②金属—难溶氧化物电极:这类电极是在金属上覆盖一层该金属的氧化物,并把它浸入含有 H^+ 或 OH^- 的溶液中构成。

如锑—氧化锑电极 $H^+,H_2O|Sb_2O_3(s)|Sb$;银—氧化银电极 $Ag|Ag_2O(s)|OH^-$ 其电极反应如下所示:

$$Sb_2O_3(s)+6H^++6e \Longrightarrow 2Sb+3H_2O$$
$$Ag_2O(s)+H_2O+2e \Longrightarrow 2Ag+2OH^-$$

3）第三类电极

此类电极又称氧化还原电极,由惰性材料(Pt 或 C)浸泡在含有某种离子的不同氧化态的溶液中构成。惰性材料起输送电子的作用,参加电极反应的物质是溶液中不同价态的离子在溶液与金属的界面上进行。

如铁电极 $Fe^{3+},Fe^{2+}|Pt$;铬电极 $Cr_2O_7^{2-},Cr^{3+}|Pt$,其电极反应如下所示:

$$Fe^{3+}+e \Longrightarrow Fe^{2+}$$
$$Cr_2O_7^{2-}+14H^++6e \Longrightarrow 2Cr^{3+}+7H_2O$$

4.3.4　电极电势

1）电极电势的产生

原电池能够产生电流,说明在原电池的两个电极之间存在电势差。构成原电池的正、负电极各自具有不同的电势,我们称为电极电势(Electrode potential)。两电极的电极电势之差称为原电池的电动势(Electromotive force)。那么电极电势究竟是怎样产生的呢? 我们以金属-金属离子电极为例来说明电极电势的产生原理。当把金属 M 插入其 M^{n+} 的盐溶液中时,发生以下两种过程:

（a）$M \Longrightarrow M^{n+}+ne$ 金属电离给出电子(溶解)

（b）$M^{n+}+ne \Longrightarrow M$ 离子结合电子(沉积)

金属越活泼,溶液越稀,则过程(a)进行的程度越大;金属越不活泼,溶液越浓,则过程(b)进行的程度越大。由于极性水分子与金属离子的作用,使得金属中的离子溶解进入溶液,金属因失去离子而带负电荷,同时溶液中的金属离子发生碰撞也可沉积到金属表面上,当溶解与沉积的速率相等时,达到一种动态平衡。结果金属表面带负电荷,金属附近的溶液则分布较多正电荷,这时在金属和溶液间就形成了双电层,如图 4.3 所示。与金属连接得较紧密的一层称为紧密层,其余扩散到溶液中去的称扩散层,整个双电层由紧密层与扩散层构成。双电层的厚度为 $10^{-10} \sim 10^{-6}$ m,其间的电势差称为电极电势,也称电极电位。双电层的电势示意图如图 4.4 所示,用符号"φ(氧化态/还原态)"表示,单位为 V(伏特)。如 $\varphi(Zn^{2+}/Zn)$,$\varphi(Cu^{2+}/Cu)$,$\varphi(O_2/OH^-)$,$\varphi(MnO_4^-/Mn^{2+})$。电极电势的大小主要取决于电极材料的自身性质,且受温度、介质和离子浓度(活度)等外界因素影响。

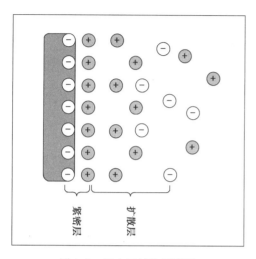

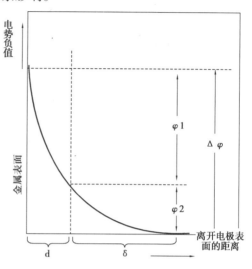

图 4.3　双电层结构示意图　　　　　　　图 4.4　双电层电势示意图

2)电极电势的测量

迄今为止,人们无法直接测量单个电极电势的绝对值,只能用电位计测出两电极的电势之差,也就是原电池的电动势。为了对所有电极电势大小作出定量比较,IUPAC 规定以标准氢电极(Standard hydrogen electrode)为参照标准。

标准氢电极的组成如图 4.5 所示,将镀有铂黑的铂片电极浸入 H^+ 浓度为 1 mol·dm^{-3} 的溶液中,通入压力为 100 kPa 的氢气冲打在铂片上,并使溶液饱和,建立下列动态平衡:

$$2H^+(aq)+2e \Longrightarrow H_2(g)$$

标准氢电极可表示为 $H^+(1\ mol·dm^{-3})\,|\,H_2(100\ kPa)\,|\,Pt$。IUPAC 规定标准氢电极的电极电势恒为零,记为 $E^{\ominus}(H^+/H_2)=0$。

测定其他电极的标准电极电势时,可将标准态的待测电极与标准氢电极组装成原电池,通过测定原电池的电动势,即可确定待测电极的标准电极电势 $E^{\ominus}(O/R)$。

下面以测量银电极的标准电极电势为例,说明电极电势的测量原理。首先将银电极和标准氢电极组装成原电池,如图 4.6 所示,其电池符号表示如下:

$$Pt\,|\,H_2(100\ kPa)\,|\,H^+(1\ mol·dm^{-3})\ \vdots\ \vdots\ Ag^+(1\ mol·dm^{-3})\,|\,Ag$$

在 298.15 K 时,测出该原电池的标准电动势 $E^{\ominus}=0.80$ V。则有

$$E^{\ominus}=E^{\ominus}(+)-E^{\ominus}(-)$$
$$=E^{\ominus}(Ag^+/Ag)-E^{\ominus}(H^+/H_2)$$
$$0.80\ V=E^{\ominus}(Ag^+/Ag)-0$$

所以

$$E^{\ominus}(Ag^+/Ag)=+0.80\ V$$

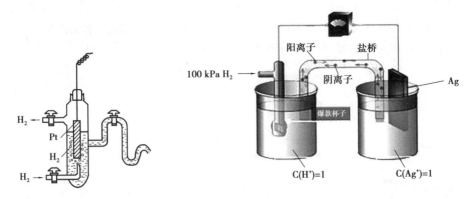

图 4.5　标准氢电极构造图　　　图 4.6　电极电势的测量简图

$E^{\ominus}(\mathrm{Ag^+/Ag})$ 为正值,表明 $\mathrm{Ag^+}$ 的氧化能力比 $\mathrm{H^+}$ 强,$\mathrm{H_2}$ 的还原能力比 Ag 强,所以银电极为正极,氢电极为负极。其电池反应式如下:

$$\mathrm{Ag^+ + H_2(g) =\!=\!= Ag(s) + 2H^+}$$

同理,为了测定 $E^{\ominus}(\mathrm{Ni^{2+}/Ni})$,将镍电极与标准氢电极组成原电池,由于镍的活泼性比氢强,故镍电极为负极,氢电极为正极。其电池符号如下:

$$\mathrm{Ni \mid Ni^{2+}(1\ mol \cdot dm^{-3}) \;\vdots\; \vdots\; H^+(1\ mol \cdot dm^{-3}) \mid H_2(100\ kPa) \mid Pt}$$

在 298.15 K 时,测出此原电池的电动势 $E^{\ominus} = 0.257$ V。则有

$$E^{\ominus} = E^{\ominus}(+) - E^{\ominus}(-)$$
$$= E^{\ominus}(\mathrm{H^+/H_2}) - E^{\ominus}(\mathrm{Ni^{2+}/Ni})$$
$$0.257\ \mathrm{V} = 0 - E^{\ominus}(\mathrm{Ni^{2+}/Ni})$$

所以

$$E^{\ominus}(\mathrm{Ni^{2+}/Ni}) = -0.257\ \mathrm{V}$$

$E^{\ominus}(\mathrm{Ni^{2+}/Ni})$ 为负值,说明 Ni 的还原能力比 $\mathrm{H_2}$ 强,更容易失去电子,电池反应式如下:

$$\mathrm{Ni + 2H^+ =\!=\!= Ni^{2+} + H_2(g)}$$

附录列出了标准状态下,298.15 K 时,若干电极的标准电极电势。需要注意,该表数据仅适用于标准状态下水溶液中各电极的标准电极电势,对于非标准态、非水溶液的电极电势并不适用,此时需要用条件电极电势代替。

由于标准氢电极的使用条件极为苛刻,设备较为复杂,氢气不易纯化,压强难以控制。故在实际测定电极电势时,常用饱和甘汞电极作参比电极(Reference electrode)。它由 Hg、糊状 $\mathrm{Hg_2Cl_2}$ 和 KCl 溶液组成,如图 4.7 所示。

其电极符号可表示为:

$$\mathrm{Pt \mid Hg \mid Hg_2Cl_2(s) \mid Cl^-(C_1)}$$

其电极反应式如下:

$$\mathrm{Hg_2Cl_2(s) + 2e \rightleftharpoons 2Hg + 2Cl^-}$$

饱和甘汞电极在定温下具有稳定的电极电势,且制备容易,使用方便,在 298.15 K 时,$E^{\ominus}[\mathrm{Hg_2Cl_2(s)/Hg}] = 0.268$ V,其应用较为广泛。

除饱和甘汞电极之外,银-氯化银电极也具有参比功能,它是在 Ag 丝表面覆盖一层难溶盐 AgCl,并插入 KCl 溶液中即构成 Ag-AgCl 电极,如图 4.8 所示。

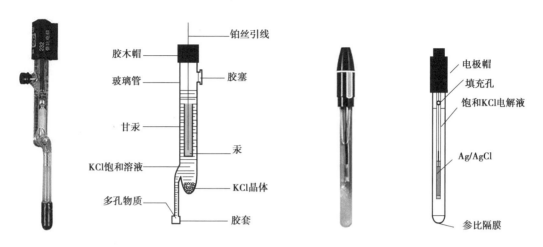

图 4.7　饱和甘汞电极结构示意图　　　　图 4.8　Ag-AgCl 电极结构示意图

其电极符号可表示为：

$$Ag \mid AgCl(s) \mid Cl^-$$

其电极反应如下：

$$AgCl + e \Longleftrightarrow Ag + Cl^-$$

在 298.15 K 时，$E^{\ominus}[AgCl/Ag] = 0.222$ V，电极电势的大小受 Cl^- 浓度和温度影响。

3）条件电极电势

电极电势的大小不仅取决于构成电极物质的自身性质，而且还取决于溶液中离子的浓度、气态物质的分压、温度和物质状态等因素。对于任意一个电极反应均可写成下面的通式：

$$氧化态 + ne \Longleftrightarrow 还原态$$
$$或\ aO + ne \Longleftrightarrow bR$$

热力学研究指出，离子的浓度（严格地说应为离子的相对活度），气体的分压（严格地说应为气体的逸度）和温度 T 与上述电极反应的电极电势之间有如下关系：

$$E(O/R) = E^{\ominus}(O/R) + \frac{RT}{nF} \ln \frac{\left[\dfrac{C(O)}{C^{\ominus}}\right]^a}{\left[\dfrac{c(R)}{c^{\ominus}}\right]^b} \tag{4.1}$$

这个关系式叫做能斯特（W. Nernst）方程式，

式中　n——转移的电子数目；

　　　F——法拉第常数（$F = 96\ 485$ C·mol^{-1}）；

　　　R——摩尔气体常数（$R = 8.315$ J/(mol·K)）；

　　　$c(O)$——电极反应中氧化态一侧各物质浓度的乘积（若是气体用分压表示，并除以 $p^{\ominus}$，即 $p_B/p^{\ominus}$）；

　　　$c(R)$——电极反应中还原态一侧各物质浓度的乘积。

　　　a 或 b——电极反应方程式中相应物质的化学计量数（均取正值）。若有纯固体、纯液体和水等物质参与电极反应时，则不能写入能斯特方程式中。

在 298.15 K 时，若将 $R = 8.315$ J/(mol·K)，$F = 964\ 85$ C/mol 代入式(4.1)中，并换底数

后可得下列变形式。

$$E(O/R) = E^{\ominus}(O/R) + \frac{0.059\ 2\ \text{v}}{n} \lg \frac{\left[\dfrac{C(O)}{C^{\ominus}}\right]^a}{\left[\dfrac{c(R)}{c^{\ominus}}\right]^b} \tag{4.2}$$

严格意义上讲,式(4.2)中 $c(O)$ 和 $c(R)$ 应该用溶液的活度(a_R 和 a_O)表示,活度是考虑了离子强度(γ),副反应(α)等条件影响后的有效浓度。因此,氧化态和还原态物质的活度将由下式表示:

$$a_0 = \gamma_0[O] = \frac{\gamma_0 C_O}{a_0}; a_R = \gamma_R[R] = \frac{\gamma_R C_R}{a_R}$$

将其活度表达式代入(4.2)方程中,得下式(4.3):

$$E(O/R) = E^{\ominus}(O/R) + \frac{0.059\ 2\ \text{V}}{n} \lg \frac{\gamma_0 \alpha_R C_O}{\gamma_R \alpha_0 C_R}$$

$$= \left(E^{\ominus}(O/R) + \frac{0.059\ 2\ \text{V}}{n} \lg \frac{\gamma_0 \alpha_R}{\gamma_R \alpha_0}\right) + \frac{0.059\ 2\ \text{V}}{n} \lg \frac{C_O}{C_R}$$

$$= E^{\ominus\prime}(O/R) + \frac{0.059\ 2\ \text{V}}{n} \lg \frac{C_O}{C_R} \tag{4.3}$$

$E^{\ominus\prime}(O/R)$ 表示条件电极电势,如果电极处在标准状态下,得到的就是电极的标准电极电势;若电极处在非标准状态下,得到的就是条件电极电势,用符号 $E^{\ominus\prime}(O/R)$ 表示。$E^{\ominus\prime}(O/R)$ 表示电极在实际条件下的电极电势,通常考虑了溶剂种类、离子浓度、副反应、酸浓度、气态物质的压力等因素影响后的最终电极电势,反映的是电极在实际条件下的电势大小。

瓦尔特·赫尔曼·能斯特(Walther Hermann Nernst),德国物理化学家,1864 年生于西普鲁士的布里森,1941 年卒于齐贝勒。1887 年,博士毕业于维尔茨堡大学。第二年,他得出了电极电势与溶液浓度的关系式能斯特方程。

1887 年,能斯特博士毕业后做奥斯特瓦尔德的助手。1889年,他在物理化学上初露头角,将热力学原理应用到电池上。他是自伏打在近一个世纪以前发明电池以来,第一个对电池产生电势作出合理解释的科学家。他利用简单方程将电池的电势同各个性质联系起来,这就是沿用至今的能斯特方程,为化学电池的应用奠定了坚实的基础。

【例 4.2】计算 Zn^{2+} 浓度为 $0.001\ \text{mol} \cdot \text{dm}^{-3}$ 时,锌电极的电极电势(298.15 K)。

解:从附表查得 $E^{\ominus}(Zn^{2+}/Zn) = -0.762\ \text{V}$, $C_{Zn^{2+}} = 0.001\ \text{mol} \cdot \text{dm}^{-3}$

电极反应: $Zn-2e \rightleftharpoons Zn^{2+}$

当 $c(Zn^{2+}) = 0.001\ \text{mol} \cdot \text{dm}^{-3}$ 时,锌电极的电极电势为

$$E(Zn^{2+}/Zn) = E^{\ominus}(Zn^{2+}/Zn) + \frac{0.059\ 2\ \text{v}}{n} \lg \frac{c(Zn^{2+})}{c^{\ominus}}$$

$$= -0.762\ \text{V} + \frac{0.059\ 2\ \text{v}}{2} \lg 0.001$$

$$= -0.852 \text{ V}$$

通过上式计算表明,当离子浓度处于非标准态时,电极电势往往偏离标准电极电势,说明在外界条件影响下,用条件电极电势表示电极在实际条件下的电势更为准确,也更有实际意义。也就是说只要电极处于非标准状态下的电极电势都是条件电极电势。

4)条件电极电势的影响因素

从能斯特方程(4.2)可以看出,若氧化态物质的浓度增加,则 $E > E^{\ominus}$;若还原态物质的浓度增加,则 $E < E^{\ominus}$。所以凡是影响氧化态和还原态浓度的因素,都将影响条件电极电势的大小。接下来,我们分别讨论沉淀效应、络合效应、酸效应对条件电极电势的影响。

（1）生成沉淀的影响（沉淀效应）

由于沉淀剂的加入,电对中物质的浓度因发生沉淀而发生改变,必将导致电极电势发生改变。根据能斯特方程可知,若氧化态物质的浓度的减小,则电极电势减小;若还原态物质的浓度减小,则电极电势增加。

【例4.3】向银电极 Ag^+(1 mol·dm^{-3})｜Ag 中加入 1.0 mol·dm^{-3} NaCl 溶液产生沉淀后,问此时电极电势是多大(298.15 K)？

解:电极反应:$Ag - e \rightleftharpoons Ag^+$

沉淀反应:$Ag^+ + Cl^- \rightleftharpoons AgCl(s)$

当 $c(Cl^-) = 1.0$ mol·dm^{-3} 时

$$c(Ag^+) = \frac{K_s(AgCl)}{c(Cl^-)} = \frac{1.8 \times 10^{-10} \text{ mol}^2 \cdot \text{L}^{-2}}{1.0 \text{ mol} \cdot \text{dm}^{-3}}$$
$$= 1.8 \times 10^{-10} \text{ mol} \cdot \text{dm}^{-3}$$

所以:

$$E(Ag^+/Ag) = E^{\ominus}(Ag^+/Ag) + \frac{0.059\ 2 \text{ V}}{n} \lg \frac{c(Ag^+)}{c^{\ominus}}$$
$$= 0.80 \text{ V} + 0.059\ 2 \text{ V} \lg(1.8 \times 10^{-10})$$
$$= 0.22 \text{ V}$$

由此可以看出,Ag^+/Ag 电极的氧化态物质 Ag^+ 与 Cl^- 反应生成 AgCl 沉淀后,导致 Ag^+/Ag 电极的电极电势由 +0.80 V 降至 +0.22 V,从而使 Ag^+ 的氧化能力减弱,Ag 的还原能力增强。

要掌握从已知电极电势去求算未知电势的方法,根据以上例题可知,如果某电极的氧化态物质与其他离子反应生成沉淀时,会使该电极的电极电势降低,其还原态物质的还原能力增强;如电极的还原态物质与其他离子反应生成沉淀时,会使该电极的电极电势升高,其氧化态物质的氧化能力增强。若氧化态物质生成相同类型的沉淀,则沉淀物的 K_s 越小,会导致 E 值变得越小,如表4.2所示。

表4.2　卤化银电极电势随 K_s 的影响

名称	K_s	电极反应	$E^{\ominus}/\text{V}$
AgCl	1.8×10^{-10}	$AgCl + e \rightleftharpoons Ag + Cl^-$	0.222
AgBr	5.35×10^{-13}	$AgBr + e \rightleftharpoons Ag + Br^-$	0.071
AgI	8.52×10^{-17}	$AgI + e \rightleftharpoons Ag + I^-$	-0.136

（2）生成络合物的影响（络合效应）

由于络合剂的加入，使得电对中物质的浓度因发生络合反应而发生改变，这同样会引起电极电势发生改变。如果某电极的氧化态物质与其他离子发生络合反应时，会使该电极的电极电势降低，其还原态物质的还原能力增强；当电极的还原态物质与其他离子发生络合反应时，会使该电极的电极电势升高，其氧化态物质的氧化能力增强。

【例 4.4】若向铜电极 $Cu^{2+}(1.0 \; mol \cdot dm^{-3}) | Cu$ 中通入氨气，当 $c(NH_3) = 1.0 \; mol \cdot dm^{-3}$ 时，问此时电极电势是多大（298.15 K）？

解：在溶液中存在下列平衡

$$Cu^{2+} + 4NH_3 \Longrightarrow [Cu(NH_3)_4]^{2+}$$

$$K_稳 = c[[Cu(NH_3)_4]^{2+}]/c(Cu^{2+}) \cdot c(NH_3)^4 = 2.1 \times 10^{13}$$

由于 $K_稳$ 很大，$[Cu(NH_3)_4]^{2+}$ 离解很小，平衡时

$c\{Cu(NH_3)_4^{2+}\} = 1.0 \; mol \cdot dm^{-3}$，而 $c(NH_3) = 1.0 \; mol \cdot dm^{-3}$，所以

$$c(Cu^{2+}) = \{1.0/(2.1 \times 10^{13})\} \; mol \cdot dm^{-3}$$

$$E(Cu^{2+}/Cu) = E^{\ominus}(Cu^{2+}/Cu) + \frac{0.059 \, 2 \; V}{2} \lg \frac{c(Cu^{2+})}{c^{\ominus}}$$

$$= 0.340 \; V + \frac{0.059 \, 2 \; V}{2} \lg \frac{1.0}{2.1 \times 10^{13}}$$

$$= -0.056 \; V$$

上述计算表明，在铜电极中加入氨溶液后电极电势从 0.340 V 降低至 -0.056 V，这就意味着氧化态 Cu^{2+} 的氧化能力减弱，Cu 的还原性增强。也说明在该条件下铜较易失去电子而遭受腐蚀。因此，从防腐蚀角度看，铜及其合金不适宜盛装氨溶液。

（3）[H^+] 浓度的影响（酸效应）

溶液的酸度强烈影响氧化还原平衡，有些氧化剂必须在酸性条件下才能体现出来，而且酸性越强，其氧化能力越强。如 $K_2Cr_2O_7$、K_2MnO_4、H_3AsO_4 等物质。所以，溶液的酸碱度直接影响 $Cr_2O_7^{2-}/Cr^{3+}$ 电极、MnO_4^-/Mn^{2+} 电极、H_3AsO_4/H_3AsO_3 电极的电极电势，影响其在不同酸碱介质中的氧化能力，同样也决定着氧化还原反应的方向。

【例 4.5】计算 298.15 K，$p(O_2) = p^{\ominus}$、pH = 7 时，O_2/OH^- 电极的电极电势。

解：从附表查出 $E^{\ominus}(O_2/OH^-) = +0.401 \; V$，$c(OH^-) = 1 \times 10^{-7} \; mol \cdot dm^{-3}$，

电极反应为：

$$O_2(g) + 2H_2O + 4e \Longrightarrow 4OH^-$$

$$E(O_2/OH^-) = E^{\ominus}(O_2/OH^-) + \frac{0.059 \, 2 \; V}{2} \lg \frac{p(O_2)/p^{\ominus}}{[c(OH^-)/c^{\ominus}]^4}$$

$$= +0.401 \; V + \frac{0.059 \, 2 \; V}{2} \lg \frac{1.0}{[1.0 \times 10^{-7}]^4}$$

$$= +0.815 \; V$$

【例 4.6】计算 298.15 K 时，$Cr_2O_7^{2-}/Cr^{3+}$ 电对在 pH = 2 和 pH = 7 时的电极电势 $(c(Cr_2O_7^{2-}) = c(Cr^{3+}) = 1 \; mol \cdot dm^{-3})$。

解：查表 11，$E^{\ominus}(Cr_2O_7^{2-}/Cr^{3+}) = +1.36 \; V$，电极反应为

$$Cr_2O_7^{2-}+14H^++6e \Longleftrightarrow 2Cr^{3+}+7H_2O$$

$$E(Cr_2O_7^{2-}/Cr^{3+})=E^{\ominus}(Cr_2O_7^{2-}/Cr^{3+})+\frac{0.059\ 2\ V}{6}\lg\frac{[c(Cr_2O_7^{2-}/c^{\ominus})][c(H^+)/c^{\ominus}]^{14}}{[c(Cr^{3+})/c^{\ominus}]^2}$$

$$=+1.36\ V+\frac{0.059\ 2\ V}{6}\lg[c(H^+)/c^{\ominus}]^{14}$$

$$=+1.36\ V-0.138\ V\times pH$$

当 pH = 2 时，$E(Cr_2O_7^{2-}/Cr^{3+})=1.084\ V$；

当 pH = 7 时，$E(Cr_2O_7^{2-}/Cr^{3+})=0.394\ V$。

通过以上计算发现，溶液的酸度强弱对电极电势的影响非常大。因此，当遇到有酸碱参与氧化还原时，要注意 H^+、OH^- 的浓度要写入能斯特方程中去，酸碱的强弱往往会改变氧化还原反应发生的方向。

4.3.5　电动势与吉布斯自由能的关系

一般能自发进行的氧化还原反应可以设计成一个原电池，把化学能转变为电能，然而作为该电池反应推动力的 $\Delta_r G$ 与原电池的电动势 E 有什么联系呢？根据化学热力学，如果在能量转变的过程中，化学能全部转变为电功而无其他的能量损失，则在等温、等压条件下，吉布斯自由能的减小量 $(-\Delta_r G)$ 等于原电池可能做的最大电功 W_{max}。

$$-\Delta_r G=W_{max}=QE=n\xi FE \tag{4.4}$$

式中　ξ——反应进度，n——电子数，F——法拉第常数，E——电动势。

将式（4.4）两端同时除以反应进度 ξ，则得

$$\Delta_r G_m=-nFE \tag{4.5}$$

若原电池各反应物质均处于标准态，则得

$$\Delta_r G_m^{\ominus}=-nFE^{\ominus} \tag{4.6}$$

根据上式可从标准电极电势计算出标准电动势，然后计算反应的标准摩尔吉布斯自由能变。

【例 4.7】标准状态下，将电池反应 $Cu(s)+Cl_2(g)\Longrightarrow Cu^{2+}+2Cl^-$ 设计成原电池，并求出在 298.15 K 时，该反应的 $E^{\ominus}$ 和 $\Delta_r G_m^{\ominus}$。

解：铜电极发生氧化反应作负极，氯电极发生还原反应作正极，原电池符号如下所示：

$$Cu\mid Cu^{2+}(1\ mol\cdot dm^{-3})\ \vdots\ \vdots\ Cl^-(1\ mol\cdot dm^{-3})\mid Cl_2(100\ kPa)\mid Pt$$

$$E^{\ominus}=E^{\ominus}(+)-E^{\ominus}(-)$$

$$=E^{\ominus}(Cl_2/Cl^-)-E^{\ominus}(Cu^{2+}/Cu)$$

$$=1.358\ V-0.342\ V$$

$$=1.016\ V$$

$$\Delta_r G_m^{\ominus}=-nFE^{\ominus}$$

$$=-2\times964\ 85\ C\cdot mol^{-1}\times1.016\ V$$

$$=-196.06\ kJ\cdot mol^{-1}$$

4.3.6 电极电势的应用

1)氧化剂和还原剂相对强弱的比较

电极电势(Electrode potential)的大小反映了电对中氧化态物质得电子能力和还原态物质失电子能力的强弱。若电极电势代数值越小,说明该电对中的还原态物质越易失去电子,还原性越强;电极电势代数值越大,说明该电对中的氧化态物质越易得到电子,氧化性越强。

【例4.8】根据下列三个电对的标准电极电势的大小,请排列各物质的氧化性和还原性大小顺序。

$$E^{\ominus}(\text{Na}^+/\text{Na}) = -2.71 \text{ V}, E^{\ominus}(\text{Zn}^{2+}/\text{Zn}) = -0.763 \text{ V}, E^{\ominus}(\text{Cu}^{2+}/\text{Cu}) = +0.340 \text{ V},$$

解:在标准状态298.15 K时,

因为:$E^{\ominus}(\text{Na}^+/\text{Na}) < E^{\ominus}(\text{Zn}^{2+}/\text{Zn}) < E^{\ominus}(\text{Cu}^{2+}/\text{Cu})$

所以:氧化性:$\text{Cu}^{2+} > \text{Zn}^{2+} > \text{Na}^+$

还原性:Na>Zn>Cu

若电对中物质处于非标准态时,应该用能斯特方程计算出电极电势值后再进行氧化性和还原性强弱比较。

2)氧化还原反应方向的判断

任意一个氧化还原反应能否自发进行,可用该反应的吉布斯自由能变来判断。在等温等压下,若 $\Delta_r G_m < 0$,则正反应能自发进行;若 $\Delta_r G_m > 0$,则正反应不能自发进行,而逆反应能自发进行。因氧化还原反应的吉布斯自由能变与电池的电动势的关系为 $\Delta_r G_m = -nFE$。所以,

若 $E > 0$,则 $\Delta_r G_m < 0$,正反应自发进行;

若 $E < 0$,则 $\Delta_r G_m > 0$,正反应不能自发进行,逆反应自发进行。

当电池反应中各物质处于标准态时,

若 $E^{\ominus} > 0$,则正反应自发进行;

若 $E^{\ominus} < 0$,则正反应不自发,逆反应自发进行。

由此可见,电极电势较大的氧化态物质可氧化电极电势较小的还原态物质,或者说电极电势较小的还原态物质可还原电极电势较大的氧化态物质。

【例4.9】在298.15 K,判断反应 $\text{Pb}^{2+} + \text{Sn}(s) {=\!=\!=} \text{Sn}^{2+} + \text{Pb}(s)$ 在下列两种情况下反应进行的方向。

(1) $c(\text{Pb}^{2+}) = c(\text{Sn}^{2+}) = 1.0 \text{ mol} \cdot \text{dm}^{-3}$;

(2) $c(\text{Pb}^{2+}) = 1.0 \times 10^{-3} \text{ mol} \cdot \text{dm}^{-3}, c(\text{Sn}^{2+}) = 1.0 \text{ mol} \cdot \text{dm}^{-3}$。

解:(1)各物质均处于标准态

$$\begin{aligned}
E^{\ominus} &= E^{\ominus}(+) - E^{\ominus}(-) \\
&= E^{\ominus}(\text{Pb}^{2+}/\text{Pb}) - E^{\ominus}(\text{Sn}^{2+}/\text{Sn}) \\
&= -0.126 \text{ V} - (-0.138 \text{ V}) \\
&= +0.012 \text{ V}
\end{aligned}$$

由于 $E^{\ominus} > 0$,在标准态时反应正向自发进行。

(2)反应物质并非全处于标准态

$$\begin{aligned}
E &= E(\text{正}) - E(\text{负}) \\
&= E(\text{Pb}^{2+}/\text{Pb}) - E(\text{Sn}^{2+}/\text{Sn}) \\
&= E^{\ominus}(\text{Pb}^{2+}/\text{Pb}) + \frac{0.059\,2 \text{ V}}{2} \lg c(\text{Pb}^{2+}) - E^{\ominus}(\text{Sn}^{2+}/\text{Sn})
\end{aligned}$$

$$= -0.126 \text{ V} + \frac{0.059\ 2\ \text{V}}{2} \lg\ (1.0 \times 10^{-3}) - (-0.138 \text{ V})$$

$$= -0.077 \text{ V}$$

因 $E < 0$，所以此时反应逆向自发进行。

3）氧化还原反应进行程度的衡量

由前述内容可知，氧化还原反应进行的完全程度可由其平衡常数来衡量，反应平衡常数是生成物浓度幂次方的积比反应物浓度幂次方的积。

对于任意可逆的氧化还原反应，可用如下通式表示：

$$n_2 \text{Ox}_1 + n_1 \text{Red}_2 \Longrightarrow n_2 \text{Red}_1 + n_1 \text{Ox}_2$$

该氧化还原反应的平衡常数 K 表示如下：

$$K = \frac{\alpha_{\text{Red1}}^{n_2}\ \alpha_{\text{Ox2}}^{n_1}}{\alpha_{\text{Ox1}}^{n_2}\ \alpha_{\text{Red2}}^{n_1}}$$

而该氧化还原反应可分为如下两个半反应：

$$\text{Ox}_1 + n_1 \text{e} \Longrightarrow \text{Red}_1$$

$$\text{Ox}_2 + n_2 \text{e} \Longrightarrow \text{Red}_2$$

其半反应的电极电势分别可用能斯特方程进行计算。

$$E_1 = E_1^{\ominus} + \frac{0.059\ 2\ \text{V}}{n_1} \lg \frac{\alpha_{\text{Ox1}}}{\alpha_{\text{Red1}}} \tag{4.7}$$

$$E_2 = E_2^{\ominus} + \frac{0.059\ 2\ \text{V}}{n_2} \lg \frac{\alpha_{\text{Ox2}}}{\alpha_{\text{Red2}}} \tag{4.8}$$

当反应达到平衡时，电势相等即 $E_1 = E_2$

$$E_1^{\ominus} + \frac{0.059\ 2\ \text{V}}{n_1} \lg \frac{\alpha_{\text{Ox1}}}{\alpha_{\text{Red1}}} = E_2^{\ominus} + \frac{0.059\ 2\ \text{V}}{n_2} \lg \frac{\alpha_{\text{Ox2}}}{\alpha_{\text{Red2}}} \tag{4.9}$$

整理后可得，

$$E_1^{\ominus} - E_2^{\ominus} = \frac{0.059\ 2\ \text{V}}{n_1 n_2} \lg \left(\frac{\alpha_{\text{Ox2}}}{\alpha_{\text{Red2}}} \right)^{n_1} \left(\frac{\alpha_{\text{Red1}}}{\alpha_{\text{Ox1}}} \right)^{n_2} \tag{4.10}$$

$$\lg K = \frac{n_1 n_2 (E_1^{\ominus} - E_2^{\ominus})}{0.059\ 2\ \text{V}} \tag{4.11}$$

平衡常数 K 值越大，说明其氧化还原反应进行得就越完全，得到的产物就越多。当标准电极电势不能找到时，就用条件电极电势代替，相应的平衡常数称为条件平衡常数 K'。

该式也可以根据热力学函数 $\Delta_r G_m^{\ominus}$ 与标准平衡常数 $K^{\ominus}$ 和标准电动势 $E^{\ominus}$ 三者之间的关系推导出来。

$$\Delta_r G_m^{\ominus} = -RT \ln K^{\ominus}$$

$$\Delta_r G_m^{\ominus} = -nFE^{\ominus}$$

当氧化还原反应达到平衡时，有下列关系

$$\ln K^{\ominus} = \frac{nFE^{\ominus}}{RT} \tag{4.12}$$

在 298.15 K 时，代入 R、F、T 常数值，并将自然对数转为常用对数，得

$$\lg K^{\ominus} = \frac{nE^{\ominus}}{0.059\ 2\ \text{V}} \tag{4.13}$$

氧化还原反应的标准平衡常数 $K^{\ominus}$ 与标准电动势 $E^{\ominus}$ 有关,也与 n 的数值有关。知道原电池标准电动势,就可以计算氧化还原反应可能进行的程度。

【例 4.10】在 298.15 K,有反应 $Cu(s)+2Ag^+ \rightleftharpoons Cu^{2+}+2Ag(s)$,用电化学方法计算该反应的标准平衡常数 $K^{\ominus}$,指出反应是否进行得完全。

解:已知 $E^{\ominus}(Ag^+/Ag)=0.80\ V$,$E^{\ominus}(Cu^{2+}/Cu)=0.34\ V$

$$
\begin{aligned}
E^{\ominus} &= E^{\ominus}(+)-E^{\ominus}(-) \\
&= E^{\ominus}(Ag^+/Ag)-E^{\ominus}(Cu^{2+}/Cu) \\
&= 0.80\ V-0.34\ V \\
&= 0.46\ V
\end{aligned}
$$

$$
\lg K^{\ominus} = \frac{nE^{\ominus}}{0.059\ 2\ V} = \frac{2\times0.46\ V}{0.059\ 2\ V} = 15.54
$$

$$
K^{\ominus} = 3.5\times10^{15}
$$

由于反应标准平衡常数很大,所以该反应进行得非常完全。

4.4 电解与极化作用

4.4.1 电解池

在原电池上外加一直流电源,并逐渐增加电压使电极上发生化学反应的过程叫电解。借助电流引起化学变化,将电能转变为化学能的装置叫电解池(electrolytic cell)。电解池中与电源负极相连的为阴极(Cathode),与电源正极相连的为阳极(Anode),电子从电源负极流出,进入电解池的阴极,经电解质溶液,由电解池的阳极流回电源的正极。在电解过程中正离子向阴极移动,负离子向阳极移动,阴极上发生还原反应,阳极上发生氧化反应。

但实际上要使电解池连续正常工作,外加电压往往要比电动势大得多,这些额外的电压一部分用来克服电阻,另一部分用来克服电极的极化作用。所谓极化作用,就是有电流通过电极时,电极电势偏离平衡值的现象。无论是原电池还是电解池,只要有电流通过,电极上就有极化现象发生。因此,研究电解及其极化现象既有理论意义,同时对电化学工业的发展也十分重要。

以电解 $NaOH(0.1\ mol \cdot dm^{-3})$ 溶液为例,当发生电解时,H^+ 向阴极移动,发生还原反应生成 H_2,OH^- 向阳极移动,发生氧化反应生成 O_2。其电解示意图如图 4.9 所示。

阴极:$4H^++4e \rightleftharpoons 2H_2\uparrow$ 还原反应

阳极:$4OH^--4e \rightleftharpoons 2H_2O+O_2\uparrow$ 氧化反应

总反应:$2H_2O \rightleftharpoons 2H_2\uparrow+O_2\uparrow$

由此可见,电解 NaOH 溶液,实际是电解 H_2O,而 NaOH 的作用是增强溶液的导电性。而电解 $CuCl_2$ 溶液时,阴极得到的是铜,阳极得到的是氯气,其电解示意图如图 4.10 所示。因此,电解时,溶液中的阴离子向阳极移动,失电子发生氧化反应;阳离子向阴极移动,得电子发生还原反应。当溶液中有多种离子时,其得失电子能力遵循一定顺序。

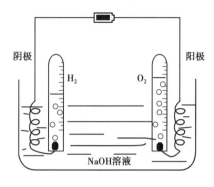
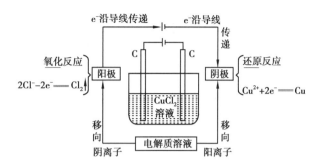

图 4.9 电解 NaOH 溶液示意图　　　　图 4.10 电解 $CuCl_2$ 溶液示意图

阴极得电子顺序(阳离子得电子顺序):

$Ag^+ > Hg^{2+} > Fe^{3+} > Cu^{2+} > H^+$(酸)$> Pb^{2+} > Sn^{2+} > Fe^{2+} > Zn^{2+} > H^+$(水)$> Al^{3+} > Mg^{2+} > Na^+ > Ca^{2+} > K^+$

阳极失电子顺序(阴离子失电子顺序):

若阳极材料为活泼金属(活泼性强于 Ag 的金属),则阴离子一律不失电子,而是阳极材料失去电子。若阳极是由惰性材料组成(C、Pt、Au 等),则遵循下列顺序。

$S^{2-} > I^- > Br^- > Cl^- > OH^- >$ 含氧酸根离子(SO_4^{2-},NO_3^-,CO_3^{2-} 等)。

4.4.2 分解电压

在电解时,并不是一开始外加电压就能顺利发生电解,而是当电压增加到一定数值时,电解才得以顺利进行。这种使电解能顺利进行所必需的最小外加电压叫做分解电压(Decomposition voltage)。那么分解电压是如何产生的呢? 我们以电解 $0.1\ mol \cdot dm^{-3}$ 的 NaOH 溶液为例来说明,其实验装置如图 4.11 所示。

在电解实验过程中,以电压为横坐标,电流密度(单位面积内的电流)为纵坐标作图,即得图 4.12 所示电流-电压曲线图。从图中信息可知,该电解过程大致可分为三个阶段。

首先,当开始施加电压时,电极表面尚没有氧气和氢气生成,如图 0-1 段。其次,继续加大电压,在阴极表面开始产生少量氢气,在阳极表面亦析出少量氧气,但因压力较小无法逸出脱离电极,如图 1-2 段,此时部分氢气和氧气分别吸附在铂电极表面,就构成了下列原电池:

$Pt \mid H_2(g) \mid NaOH(0.1\ mol \cdot dm^{-3}) \mid O_2(g) \mid Pt$

原电池的电动势可通过下列方法进行计算,

$c(OH^-) = 0.1\ mol \cdot dm^{-3}$,$c(H^+) = 10^{-13}\ mol \cdot dm^{-3}$,

$p(O_2) = 101.325\ kPa$,$p(H_2) = 101.325\ kPa$。

正极反应:$2H_2O + O_2 + 4e = 4OH^-$

负极反应:$2H_2 - 4e = 4H^+$

$$E(+) = E(O_2/OH^-) = E^{\ominus}(O_2/OH^-) + \frac{0.059\ 2\ V}{4} lg \frac{P(O_2)/P^{\ominus}}{\left[\frac{c(OH^-)}{c^{\ominus}}\right]^4}$$

$$= 0.4\ V + \frac{0.059\ 2\ V}{4} lg \frac{101.325\ kPa/100\ kPa}{\left[\frac{0.1\ mol \cdot dm^{-3}}{c^{\ominus}}\right]^4} = +0.46\ V$$

$$E(-) = E(H^+/H_2) = E^{\ominus}(H^+/H_2) + \frac{0.059\ 2\ V}{4} \lg \frac{\left[\frac{c(H^+)}{c^{\ominus}}\right]^4}{[P(H_2)/P^{\ominus}]^2}$$

$$= 0 + \frac{0.059\ 2\ V}{4} \lg \frac{(10^{-13}\ mol \cdot dm^{-3})^4}{(101.325\ kPa/100\ kPa)^2} = -0.77\ V$$

原电池电动势 $E = E(+) - E(-)$

$$= E(O_2/OH^-) - E(H^+/H_2)$$

$$= +0.46\ V - (-0.77\ V)$$

$$= +1.23\ V$$

此电动势的方向同外加电流方向相反,对电解有阻碍作用,故称为反电动势,也叫理论分解电压。最后,继续加大电压,当氧气和氢气压力等于或大于大气压时,开始逸出电极,此时,反电动势达到最大,如果再继续加大电压,电流得以直线上升,如图2-3段。将直线下延与横坐标的交点即为分解电压。从理论上讲,分解电压就是原电池的反电动势,然而实际分解电压却大于反电动势1.23 V,大约为1.7 V,为什么实际分解电压大于理论分解电压呢? 这是因为电极上存在极化现象。

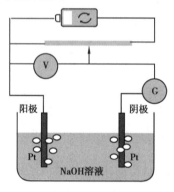

图4.11 分解电压的测定

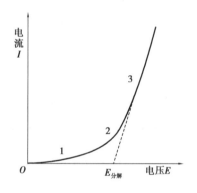

图4.12 *I-E* 曲线图

4.4.3 极化作用

前节中所讨论的电极电势或电动势是电极处于平衡状态的情况,电极上无电流通过条件下的电极电势。当电极有一定量电流通过时,电极电势就与平衡时的电极电势有差别。这种电极电势偏离平衡电极电势的现象称为极化现象(Polarization)。极化现象的大小可用超电势衡量,把某一电流密度下的电极电势与平衡电极电势之差的绝对值称为超电势,用符号 η 表示。

$$\eta = \left| E(电极) - E(平) \right|$$

$$\approx \left| E(实) - E(理) \right|$$

产生极化现象的原因很复杂,如电解中某一步反应迟缓、产物气泡附着在电极表面、电解液中正负离子迁移速率不一致等因素均会导致电极极化,一般来说,极化可简单地分为浓差极化(Concentration polarization)和电化学极化(Electrochemical polarization)两类。

1)浓差极化

浓差极化是由于离子(或分子)的扩散速率小于它在电极上的反应速率而引起的。由于离子在电极上的反应速率快,而溶液中离子扩散速率较慢,电极附近的离子浓度较溶液中其他部分的要小。在阴极上正离子浓度减小,根据能斯特公式可知,其电极电势值将减小;在阳极负离子被氧化、负离子浓度减小,其电极电势值增大,结果使实际分解电压大于理论分解电压。通过搅拌和升高温度可使离子的扩散速率增大而减小浓差极化。

2)电化学极化

电化学极化是由于电极反应过程中某一步骤(如离子放电、原子结合为分子、气泡形成等)迟缓而引起的,即电化学极化是由电化学反应速率决定的。当电流通过电极时,如果正离子在阴极上得到电子的反应速率迟缓,其速率小于外界电源将电子从负极输送到阴极上的速率,结果使阴极表面上积累了多于其平衡状态的电子;电极表面自由电子数量增多,相当于电极电势向负方向变化,使阴极的电极电势小于其平衡电势。同理可得,阳极极化的结果是使电极电势变大。

$$\eta(阴) = E(阴,平) - E(阴)$$
$$\eta(阳) = E(阳) - E(阳,平)$$

由于两极的超电势均取正值,所以电解池的超电势为

$$\eta = \eta(阴) + \eta(阳)$$

影响超电势的因素很多,如电极材料、电极表面状况、电流密度、温度、电解质性质等。一般超电势随电流密度的增加而增大,随温度的升高而减小。

4.4.4 电解的应用

1)电镀

电镀(Electroplating)是应用电解的原理将一种金属镀到另一种金属表面上的过程。电镀时,把被镀零件作阴极,镀层金属作阳极,电解液中含有欲镀金属的离子,电镀过程中阳极溶解成金属离子,溶液中的欲镀金属离子在阴极表面析出。如电镀铜(图4.13)、电镀铬、电镀锌等。以镀铜为例,被镀零件作阴极,金属铜作阳极,在铜盐溶液中进行电解过程。电镀中两极主要反应为

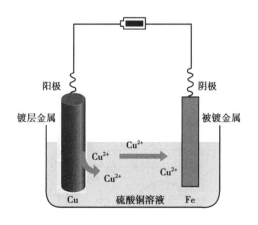

图4.13 电镀原理示意图

阴极:$Cu^{2+} + 2e = Cu$

阳极:$Cu - 2e = Cu^{2+}$

实际工作中常将两种及两种以上金属进行复合电镀,以达到外观、防腐、力学性能等综合性能要求。同时除了在金属工件上的电镀外,还可以在塑料、陶瓷表面进行非金属电镀。

电镀工业与机械工业、电子工业与人们日常生活关系非常密切,绝大部分机械的零部件、电子工业中的各种器件都要镀上一层金属,从而达到装饰美观、防腐能力增强、抗磨能力增强和便于焊接等作用。除此之外,工业上发展很快的电解加工、电抛光、铝的养护保护、电着色、电泳喷漆法都是采用电化学方法实现的。

2)电抛光

电抛光(Electrical polishing)是对金属粗糙表面进行精细加工方法之一,也就是利用电解原理,将粗糙的金属加工成光滑平整的金属。电抛光时,把欲抛光工件作阳极,如钢铁工件,铅板作阴极,含有磷酸、硫酸和铬酸的溶液为电解液。阳极铁因氧化而发生溶解。

$$阳极:Fe-2e \rightleftharpoons Fe^{2+}$$

生成的 Fe^{2+} 与溶液中的 $Cr_2O_7^{2-}$ 发生氧化还原反应

$$6Fe^{2+}+Cr_2O_7^{2-}+14H^+ \rightleftharpoons 6Fe^{3+}+2Cr^{3+}+7H_2O$$

Fe^{3+} 进一步与溶液中的 HPO_4^{2-}、SO_4^{2-} 形成 $Fe_2(HPO_4)_3$ 和 $Fe_2(SO_4)_3$ 等盐,由于阳极附近盐的浓度不断增加,在金属表面形成一种黏度较大的液膜,因金属凹凸不平的表面上液膜厚度分布不均匀,凸起部分电阻小、液膜薄、电流密度较大、溶解速率较快,于是粗糙表面逐渐变得光滑平整。电抛光处理前后对比效果图如图 4.14 所示。

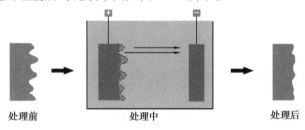

处理前　　　　　　处理中　　　　　　处理后

图 4.14　电抛光处理前后对比图

3)电解加工

电解加工原理与电抛光相同,利用阳极溶液将工件加工成型。区别在于电抛光时阳极与阴极间距离较大,电解液在槽中是不流动的,通过的电流密度小,金属去除量少,只能进行抛光,不能改变工件形状。而电解加工时,工件仍为阳极,用模具作阴极,在两极间保持很小的间隙,电解液从间隙中高速流过并及时带走电解产物,工件阳极表面不断溶解,形成与阴极模具外形相吻合的形状,如图 4.15 所示。电解加工适用范围较广,能加工高硬度金属或合金,特别是形状复杂的工件,加工质量好。

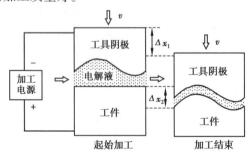

图 4.15　电解加工示意图

4）阳极氧化

有些金属在空气中能自然生成一层氧化物保护膜，起到一定的防腐作用。如铝和铝合金，能自然形成一层氧化铝膜，但膜厚度仅为 $0.02 \sim 1\ \mu m$，保护能力不强。阳极氧化的目的是利用电解方法使其表面形成氧化膜以达到防腐耐蚀的要求。

以铝和铝合金阳极氧化为例，将经过表面抛光、除油等处理的铝合金工件作电解池的阳极，铅板作阴极，稀硫酸作电解液，为其通适合电流电压，一段时间后，阳极铝工件表面可生成一层氧化铝膜。电极反应如下：

$$\text{阳极}: 2Al + 6OH^- - 6e === Al_2O_3 + 3H_2O \quad （主）$$
$$4OH^- - 4e === 2H_2O + O_2 \quad （次）$$
$$\text{阴极}: 2H^+ + 2e === H_2$$

阳极氧化所得氧化膜能与金属结合牢固，厚度均匀，可大大地提高铝及铝合金的耐腐蚀性和耐磨性，并可提高表面的电阻和热绝缘性，同时氧化铝膜中有许多小孔，可吸附各种染料，增强工件表面的美观性。

4.5 金属的腐蚀与防护

金属材料被广泛用于工业、农业、国防、航空、建筑、航海、交通运输等各行各业，并使各领域发生了翻天覆地的变化，但其背后隐藏着不容忽视的重大问题—金属腐蚀。自然界存在的各类基础设施设备无不与大气、淡水、海水、土壤和微生物等腐蚀环境亲密接触，时时刻刻都会发生腐蚀，这不仅消耗了大量金属资源，排放出大量污染物和有害气体，而且阻碍了现代工业的发展，给国民经济造成严重的损失。

4.5.1 金属腐蚀的概念

在现代科学中，腐蚀的定义是金属在环境或介质的作用下，由于化学反应、电化学反应或物理溶解而产生的损坏。由此可见，金属发生腐蚀必须包括金属材料本身和环境介质在内的作用体系，在金属表面或界面发生化学或电化学反应，使金属转化为离子态，即从元素态返回到自然矿物态，破坏其金属结构、失去其金属的使用价值。

4.5.2 金属腐蚀的危害及研究意义

金属腐蚀（Metal corrosion）引起的危害涉及到资源、环境、安全、经济等诸多方面。

第一，金属腐蚀会导致金属资源的耗损加剧，危机四伏，如图 4.16 所示。地球蕴藏的金属资源是极其有限的，人们耗费了大量的人力和财力从矿石中提炼出金属并应用于不同行业中，而腐蚀使这些金属变成毫无价值的、散碎的破铜烂铁，我国每年因受腐蚀而不能再利用的钢铁多达 1 000 多万吨，相当于宝钢一年的生产量，这无疑是加速了金属资源的损耗。

第二，金属腐蚀会造成大气、水体和土壤等环境污染。如化工厂、炼油厂设备管道的跑、冒、滴、漏现象会造成环境污染；有毒气体如 H_2S、CO 等气体的泄漏会使污染范围扩大，甚至还会危及生命安全；石油输油管道漏油几十吨，虽经济损失不大，但对土壤、水体的污染可持续几年甚至几十年，其危害决不可小觑。

图4.16　金属腐蚀的危害

　　第三,金属腐蚀会严重影响生产安全。均匀腐蚀一般进展缓慢,危害性不大,如铁生锈;但有些局部腐蚀如孔蚀或应力腐蚀开裂,常常是突发性的,极易引起安全事故。如飞机因某一部件破裂而坠毁,桥梁因钢梁产生裂缝而塌陷,炼油厂高温转油线因孔蚀漏油而发生火灾等,化工设备破坏造成的安全事故60%是由腐蚀引起的。

　　第四,金属腐蚀会阻碍新技术的发展,一项新技术、新产品的应用往往需要克服腐蚀问题,只有解决了腐蚀问题,新技术、新产品才会迅速工业化。如只有在发现了不锈钢之后,生产硝酸和应用硝酸的工业才得以蓬勃发展。

　　第五,金属腐蚀会造成严重的经济损失,统计显示,全世界每年因金属腐蚀造成的损失占生产总值的3%~5%。而我国因此造成的经济损失年年攀升,高达数万亿元,如图4.17所示,相当于当年自然灾害损失的4~5倍,且随着工业的快速发展,因腐蚀造成的经济损失还会继续增加。全球每年生产的金属总量中,有10%~20%的金属因腐蚀而完全报废,约40%的金属设备因腐蚀而损坏,由此造成的损失远远超过了金属本身的价值。由此可见,金属腐蚀已对国民经济的发展构成严重威胁。

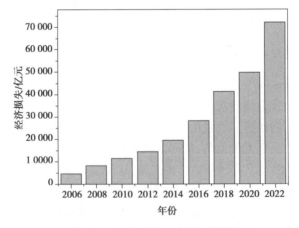

图4.17　金属腐蚀造成的经济损失

众所周知,金属腐蚀的问题不可能完全消除,但可以采取先进的、科学的防护措施来控制腐蚀,延缓腐蚀进程,从而延长金属设施设备的使用寿命。这就需要我们对金属材料与环境介质作用的规律、腐蚀的机理和防止金属腐蚀的方法等诸多问题进行全面、深入、系统的研究。再者,研究金属腐蚀是一门内容广泛的学科,它以金属材料和物理化学两大学科为基础,涉及化学工程、冶金学、力学、计算机科学、机械工程等重要学科。它和现代科学技术的发展密切相关,研究腐蚀不仅关系到保护资源、节约能源、节省材料、保护环境等重大社会问题,同时对促进国民经济发展、可持续发展战略观和绿色低碳经济发展模式有非常重大的意义。

4.5.3 金属腐蚀的分类

金属腐蚀的领域范围极广、机理也较复杂,故其分类方法也多种多样。如按照金属腐蚀的不同机理和特点可分为化学腐蚀、电化学腐蚀和生物腐蚀三种类型。

1) 化学腐蚀(chemical corrosion)

化学腐蚀是由金属表面与环境介质直接发生化学反应所引起的金属腐蚀。这种腐蚀通常是在干燥或高温的气体,非电解质溶液中进行,其特点是金属表面原子和氧化剂直接发生反应生成腐蚀产物。例如喷气发动机、火箭及原子能工业设备在高温下同干燥气体作用、金属在某些液体(CCl_4、$CHCl_3$、乙醇等非水溶剂)中的腐蚀都属于化学腐蚀。温度对化学腐蚀影响甚大,钢铁在常温和干燥空气中不易腐蚀,但在高温下易被氧化生成氧化皮(由 FeO、Fe_2O_3 和 Fe_3O_4 组成)。钢铁中的渗碳体 Fe_3C 与气体介质作用发生脱碳反应产生的气体离开金属,而碳从邻近区域扩散到反应区,形成脱碳层,脱碳使表面膜的完整性受到破坏,使钢铁的表面硬度和疲劳极限降低。

$$Fe_3C(s) + O_2(g) == 3Fe(s) + CO(g)$$
$$Fe_3C(s) + CO_2(g) == 3Fe(s) + 2CO(g)$$
$$Fe_3C(s) + H_2O(g) == 3Fe(s) + CO_2(g) + H_2(g)$$

在高温高压下,氢能与钢铁发生反应,氢沿着晶粒边缘扩散到金属的内部生成的 CH_4 气体会引起晶粒边缘破裂,引起金属强度下降,此种化学腐蚀称为氢蚀。

$$Fe_3C(s) + 2H_2(g) == 3Fe(s) + CH_4(g)$$

2) 电化学腐蚀(electrochemical corrosion)

电化学腐蚀是金属和电解质溶液发生电化学反应所引起的腐蚀,在腐蚀过程中,金属作为电化学反应的阳极,失去电子变成金属离子进入溶液形成水合阳离子;或与阴离子结合生成腐蚀产物;或与络合离子或分子结合成络合离子。电化学腐蚀是一种普遍、常见的腐蚀,如金属在大气、海水、土壤、酸、碱、盐介质中的腐蚀绝大部分属于电化学腐蚀。电化学腐蚀与化学腐蚀不同之处在于前者形成了原电池反应。电化学腐蚀中常将发生氧化反应的部分叫做阳极,将还原反应的部分叫做阴极。电化学腐蚀又可分为析氢腐蚀、吸氧腐蚀和氧浓差腐蚀。

(1) 析氢腐蚀(Hydrogen evolution corrosion)

当钢铁暴露于潮湿的空气中时,因表面吸附作用,使钢铁表面覆盖一层水膜,它能溶解空气中的 SO_2 和 CO_2 气体,这些气体溶于水后电离出 H^+、SO_3^{2-}、CO_3^{2-} 等离子。钢铁中的石墨、渗碳体等杂质的电极电势较大,铁的电极电势较小。这样,铁和杂质就好像放在含 H^+、SO_3^{2-}、CO_3^{2-} 等离子的电解质溶液中,形成原电池,铁为阳极(负极),杂质为阴极(正极),发生下列电极反应：

阳极：$Fe-2e \Longrightarrow Fe^{2+}$

$Fe^{2+}+2OH^{-} \Longrightarrow Fe(OH)_2$

阴极：$2H^{+}+2e \Longrightarrow H_2\uparrow$

总反应：$Fe+2H_2O \Longrightarrow Fe(OH)_2 +H_2\uparrow$

生成的 $Fe(OH)_2$ 在空气中被氧气氧化成棕色铁锈 $Fe_2O_3 \cdot xH_2O$。由于此过程有氢气放出，故称析氢腐蚀。其腐蚀机理图如图4.18所示。

（2）吸氧腐蚀（Oxygen corrosion）

若钢铁处于弱酸性或中性介质中，且氧气供应充分，则 O_2/OH^{-} 电对的电极电势大于 H^{+}/H_2 电对的电极电势，阴极上是 O_2 得到电子。

阳极：$2Fe-4e \Longrightarrow Fe^{2+}$

阴极：$O_2+2H_2O+4e \Longrightarrow 4OH^{-}$

总反应：$2Fe+O_2+2H_2O = 2Fe(OH)_2$

然后 $Fe(OH)_2$ 进一步被氧化为 $Fe_2O_3 \cdot xH_2O$，这种过程因需消耗氧，故称为吸氧腐蚀。钢铁吸氧腐蚀示意图如图4.19所示。

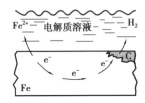 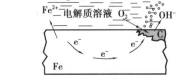

图4.18　钢铁析氢腐蚀机理图　　　　图4.19　钢铁吸氧腐蚀机理图

（3）氧浓差腐蚀（Oxygen concentration corrosion）

当金属插入水或泥沙中时，由于金属与含氧量不同的液体接触，各部分的电极电势不一样。氧电极的电势与氧的分压有关

$$E(O_2/OH^{-})=E^{\ominus}(O_2/OH^{-})+\frac{0.059\ 2\ V}{4} \lg \frac{P(O_2)/P^{\ominus}}{\left[\frac{c(OH^{-})}{c^{\ominus}}\right]^4} \tag{4.14}$$

在溶液中氧浓度小的地方，电极电势低，成为阳极，金属发生氧化反应而溶解腐蚀，而氧浓度较大的地方，电极电势较高而成为阴极却不会受到腐蚀，如图4.20所示。

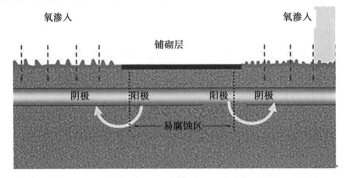

图4.20　地下管道腐蚀原理图

例如,插入水中泥土的铁桩,常常在埋入泥土的地方发生腐蚀。埋在泥土中的地方氧不容易到达,氧气浓度低,电极电势较小而成为阳极,发生氧化而腐蚀。还有插入水中的金属设备,因水中溶解氧比空气中少,紧靠水面下的部分电极电势较低而成为阳极易被腐蚀,工程上常称之为水线腐蚀。氧浓差腐蚀机理如图 4.21 所示。

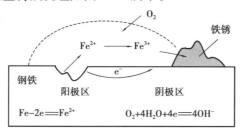

图 4.21　氧浓差腐蚀机理图

3)生物腐蚀(biological corrosion)

生物腐蚀是由于细菌及藻类、贝壳等生物体的活动和新陈代谢而引起对金属的破坏。与土壤、天然水、海水、石油产品等接触的金属容易引起生物腐蚀,生物腐蚀的主要原因有以下几方面:

①由于生物体摄取食物而加速金属的腐蚀。通常为防止金属腐蚀常使用有机防腐剂,若这些有机物被某种微生物作为食物而摄取,或被细菌作为营养源而分解吸收,那么其防腐作用就受到影响甚至完全被破坏。这就间接加速了金属的腐蚀。

②生物体的代谢产物加速金属腐蚀。碳化合物无论在厌氧菌或是嗜氧菌的作用下,都会产生酸性物质,使金属附近环境的局部 pH 值降低,破坏金属的耐腐蚀保护层,从而加速金属的腐蚀。另外,硫酸盐还原菌的作用会产生硫化氢,直接造成铁等金属的化学腐蚀。

③由于生物耗氧会造成金属表面氧气浓度不均从而引起差异充气腐蚀。在有机物很多,且活性细菌等生物活动的区域,因氧消耗,使溶解氧的浓度显著下降,而在细菌较少,氧气补充较容易的区域,溶解氧的浓度相对较高。这就形成氧浓差腐蚀电池,加速了金属的差异充气腐蚀。实际上发生生物腐蚀往往是上述三种因素综合作用的结果。

此外,金属的腐蚀如按腐蚀形式可分为均匀腐蚀、局部腐蚀、接触腐蚀、缝隙腐蚀(图4.22)、孔蚀、晶间腐蚀、选择性腐蚀;如按照腐蚀环境可分为高温腐蚀、大气腐蚀、海水腐蚀和土壤腐蚀;如按照力学作用可分为应力腐蚀、磨损腐蚀、氢脆腐蚀和疲劳腐蚀。金属腐蚀的形式虽然有多种,但从作用机理的本质看,不外乎化学腐蚀和电化学腐蚀。而生物腐蚀的本质是生物体的新陈代谢为化学腐蚀或电化学腐蚀创造了条件,促进了化学腐蚀和电化学腐蚀。

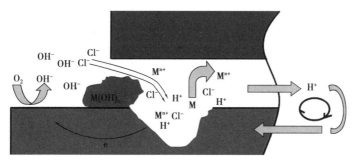

图 4.22　缝隙腐蚀机理图

4.5.4　钢筋混凝土的腐蚀与防护

随着我国现代化建设的飞速发展,由于钢筋混凝土具有很高的抗压强度,因此被广泛应用于各类工程建筑当中。与此同时,钢筋混凝土的腐蚀问题同样会给我们造成巨大的安全隐患和经济损失。一般混凝土在硬化过程中,由于水泥的水化反应使产物呈高碱性,pH 值达 12 以上,这就为钢筋的腐蚀提供了有利条件,其腐蚀原理主要涉及电化学腐蚀。

1)水泥水化反应

普通水泥的主要成分包括硅酸三钙($3CaO \cdot SiO_2$)、硅酸二钙($2CaO \cdot SiO_2$)、铝酸三钙($3CaO \cdot Al_2O_3$)、铁铝酸四钙($4CaO \cdot Al_2O_3 \cdot Fe_2O_3$)四种成分。水泥拌水后,主要熟料矿物与水反应如下所示:

①硅酸三钙水化:

$$3CaO \cdot SiO_2 + 6H_2O =\!=\!= 3CaO \cdot SiO_2 \cdot 3H_2O（凝胶）+3Ca(OH)_2$$

②硅酸二钙水化:

$$2(2CaO \cdot SiO_2) + 4H_2O =\!=\!= 3CaO \cdot SiO_2 \cdot 3H_2O（凝胶）+Ca(OH)_2$$

③铝酸三钙水化:

$$3CaO \cdot Al_2O_3 + 6H_2O =\!=\!= 3CaO \cdot Al_2O_3 \cdot 6H_2O$$

$3CaO \cdot Al_2O_3 \cdot 6H_2O$ 称水化铝酸钙,但它不稳定,会发生下列反应。

$$3CaO \cdot Al_2O_3 + 3CaSO_4 \cdot 2H_2O + 26H_2O =\!=\!=\!= 3CaO \cdot Al_2O_3 \cdot 3CaSO_4 \cdot 32H_2O$$

$3CaO \cdot Al_2O_3 \cdot 3CaSO_4 \cdot 32H_2O$ 称三硫型水化铝酸钙,又称钙矾石,它会继续和铝酸三钙发生反应生成单硫型水化铝酸钙。

$$3CaO \cdot Al_2O_3 \cdot 3CaSO_4 \cdot 32H_2O + 2(3CaO \cdot Al_2O_3) + 4H_2O =\!=\!=\!= 3(3CaO \cdot Al_2O_3 \cdot CaSO_4 \cdot 12H_2O)$$

④铁铝酸四钙水化:

$$4CaO \cdot Al_2O_3 \cdot Fe_2O_3 + 7H_2O = 3CaO \cdot Al_2O_3 \cdot 6\ H_2O + CaO \cdot Fe_2O_3 \cdot H_2O$$

综上所述,如果忽略一些次要成分,在完全水化的水泥中,水化硅酸钙($3CaO \cdot SiO_2 \cdot 3H_2O$)约占 70%,氢氧化钙($Ca(OH)_2$)约占 20%,钙矾石和单硫型水化硫铝酸钙约占 7%。

2)混凝土的侵蚀类型

（1）结晶类腐蚀

结晶类腐蚀是积聚在混凝土的孔隙和毛细孔内的一些盐产生结晶作用,造成固相膨胀而引起的破坏。

如果地下水中硫酸根离子的含量超过规定值,那么硫酸根离子和 $Ca(OH)_2$ 就形成 $CaSO_4 \cdot 2H_2O$(二水石膏结晶体),而 $CaSO_4 \cdot 2H_2O$ 和 $CaO \cdot Al_2O_3 \cdot 6H_2O$ 形成水化硫铝酸钙,这是一种铝和钙的复合硫酸盐,习惯上称为水泥杆菌。由于水泥杆菌结合了许多的结晶水,因而其体积比化合前增大很多,约为原体积的 221.86%,于是在混凝土中产生很大的内应力,从而使混凝土的结构遭受破坏。

（2）分解类腐蚀

分解类腐蚀即环境介质将混凝土成分溶解析出,引起孔隙率增大,pH 值降低,使腐蚀物质更易浸入混凝土内部,导致混凝土结构破坏。

地下水中含有的 CO_2 与混凝土中的 $Ca(OH)_2$ 作用生成碳酸钙沉淀,由于 $CaCO_3$ 不溶于水,它可填充混凝土的孔隙,在混凝土周围形成一层保护膜,能防止 $Ca(OH)_2$ 的分解。但是,当地下水中 CO_2 含量超过一定数值时,过量的 CO_2 再与 $CaCO_3$ 反应,生成 $Ca(HCO_3)_2$ 并溶于水。所以,当地下水中 CO_2 含量超过平衡所需的数值时,混凝土中的 $CaCO_3$ 就被溶解而受腐蚀,这就是分解类腐蚀。

（3）结晶分解复合类腐蚀

结晶分解复合类腐蚀即酸、碱、盐介质与水泥中的某些成分发生化学反应而引起的腐蚀,它们之间反应越强烈,新生成物越容易溶解,混凝土的破坏就越容易。当地下水中的 NH_4^+、Mg^{2+}、NO_3^-、Cl^-、SO_4^{2-} 离子的含量超过一定数量时,与混凝土中的 $Ca(OH)_2$ 发生反应,$Ca(OH)_2$ 与镁盐作用的生成物中,除 $Mg(OH)_2$ 不易溶解外,$CaCl_2$ 则易溶于水,并随之流失;硬石膏 $CaSO_4$ 一方面与混凝土中的水化铝酸钙反应生成水泥杆菌;另一方面,硬石膏遇水生成二水石膏,二水石膏在结晶时,体积膨胀,破坏混凝土的结构。

3）混凝土腐蚀的防护

通过以上腐蚀机理的分析可知,混凝土腐蚀是受周围环境介质水、二氧化碳、二氧化硫、氯和硫酸盐等的渗入侵蚀,从而造成混凝土溶析、碳化、膨胀开裂而破坏失效。如果等钢筋混凝土中的钢筋开始腐蚀后,再采取保护措施,既困难又不可靠。所以,一开始就应严格控制混凝土质量,建造优质混凝土结构,充分利用混凝土对钢筋的保护作用,防患于未然,这是防止混凝土中钢筋腐蚀的有效而经济的方法。因此,一方面要选择优质材料,确定适当配比,提高施工水平,适当增加混凝土层厚度,以改善混凝土结构本身的密实性;另一方面,要将混凝土构筑物同周围腐蚀介质隔离开来,以保护混凝土不受其侵蚀。通常根据工程实际情况和环境特点采取以下防护措施:

（1）改善混凝土本身的结构

首先,在使用普通混凝土时,应针对不同环境选用不同水泥,如在酸性环境中选用耐酸水泥;在海水中选用耐硫酸盐水泥和普通硅酸盐水泥等;增加混凝土中水泥用量;降低水灰比,控制灰砂比;粗细集料,应保证致密,同时控制材料的吸水率以及其他杂质的含量,确保材质状况;正确选择混凝土搅拌及养护用水,主要采用自来水,严禁采用海水及井水;掺入引气剂、阻锈剂、减水剂、防水剂、密实剂、粉煤灰和矿渣等外加剂,可以显著改善混凝土的抗渗和耐久性;进行合理的搅拌、振捣和充分的湿养护等。

其次,在合适场合使用高性能混凝土,它与传统混凝土相比,具有以下优点:

①不用振捣就可自动填充模板,可节省设备,减少噪声污染;

②具有良好的自密实性,可降低劳动强度和能源消耗;

③不会由于水化热的产生、水化硬化或干燥收缩等原因引发初始裂缝;

④具有高抗渗性,可以阻止 Cl^-、O_2 和 H_2O 的渗入,从而预防潜在的危险,延长混凝土的使用寿命。

（2）对混凝土表面进行改性

在对混凝土表面改性时,通常采用下列方法:

①加热干燥的混凝土表面浸渍亚麻仁油,可延长 5～6 倍的使用寿命。

②在混凝土表面使用硫黄浸渍砂浆,对较弱的酸类和盐类有较好的耐蚀性能。

③用 80% 石蜡和 20% 褐煤蜡混合制成细蜡粒,以一定比例与水泥拌和,待混凝土硬化后,加热其表面,蜡粒熔化就会填满混凝土孔隙,可以防止侵蚀性离子的渗入。

④对混凝土表层进行天然的或人工的碳化,可以明显提高混凝土的抗蚀性,用盐溶液,甚至低浓度的酸溶液处理混凝土,使骨料表面生成一层难溶解的钙盐以取代 $Ca(OH)_2$,这也是一种提高混凝土抗蚀性的方法。

(3)对混凝土表面进行涂覆

在混凝土表面涂覆一层耐腐、抗渗、无毒、持久的涂料是一种成本低廉、简单易行的方法。涂料主要有鳞片涂料(由玻璃鳞片和耐腐蚀热固性树脂构成,具有优越的防腐蚀和抗渗透性能,应用于海洋、石油等苛刻条件下的腐蚀环境)、粉末涂料(不含溶剂,以粉末熔融成膜,无溶剂污染,具有涂覆方便、固化迅速等特点,如环氧树脂、聚酯酯、聚脂烯、聚氨酯,丙烯酸系等)、厚膜涂料、导电涂料和水性涂料等。但在具体应用时,要根据所处的环境特点和防腐蚀需要,选用相应的涂料。此外,还需要考虑在钢筋表面进行防腐蚀处理、对钢筋实施电化学阴极保护、在混凝土中添加缓蚀剂、保持混凝土干燥等防腐蚀措施。

4.5.5 金属腐蚀速率的表示方法

对于金属的腐蚀通常用平均腐蚀速度来评价,腐蚀速度可以用下面3种方法来表示。

1)失重法

失重法是依据单位面积、单位时间内,由于腐蚀导致的质量损失来计算腐蚀速度的,其计算公式如下:

$$\nu = \frac{\Delta G}{S \cdot t} \tag{4.15}$$

式中:ν——腐蚀速率($g/cm^2 \cdot h$);

ΔG——金属腐蚀前后的质量差,单位用 g、mg 或者 kg;

S——金属的表面积,单位用 m^2 或 cm^2;

t——腐蚀时间,单位用年(a)、天(d)或者小时(h)。

失重法是以质量变化来表示腐蚀速度的,不足之处在于没有把腐蚀深度反映出来,有时工件的使用常需要用腐蚀的深度来衡量工件的使用寿命。

2)深度法

腐蚀深度影响部件的使用寿命,用深度法表示腐蚀速度其意义更为重要。其计算公式如下:

$$\nu_{深} = \frac{\nu_{失重}}{\rho} \tag{4.16}$$

式中:ρ——金属的密度,单位用 g/cm^3,腐蚀深度常用的单位是 mm/a。

3)电流密度法

电流密度法是在电化学腐蚀中,阳极溶解导致金属腐蚀,根据法拉第定律可以用下式表示腐蚀速度:

$$i_{corr} = \frac{\nu_{失重}}{M} nF \tag{4.17}$$

式中:i_{corr}——腐蚀电流密度,单位用 $\mu A/cm^2$;

n——电子转移数目;

F——法拉第常数(96 485 C/mol);

M——金属的相对原子量。

4.5.6　金属腐蚀的防护

金属腐蚀的防护是一门涉及多领域、多学科的综合学科。任何基础设施和装备因其材料、结构、受力作用不同,加之复杂多变的腐蚀环境和使用条件,存在着不同的腐蚀机理,这就需要采取不同的防腐蚀措施。如跨江跨海大桥,其所处的腐蚀环境相对复杂,直接关系到设施和装备的腐蚀进程和使用寿命。因此,必须综合考虑选材选料、连接方式、结构组合、涂装工艺、电化学保护、包覆技术等具有针对性的防腐蚀措施,这就需要多行业、多专业、多学科的交叉融合,如杭州湾跨海大桥就采取了 13 种防腐蚀技术和监测方法。

防止金属腐蚀的原理很简单,只要把金属和腐蚀环境隔离即可。在了解腐蚀的影响因素、腐蚀机理的前提下,选择使腐蚀难以进行的方法,才能有效地控制腐蚀。通常使用的防腐蚀方法大致可分为以下几种:

1)合理选用抗腐蚀的金属、合金或改变腐蚀环境

首先根据金属材料的腐蚀性能,选择对特定环境腐蚀率低、价格便宜、性能好的金属材料,是最简便的控制腐蚀的方法,可以使设备获得经济、合理的使用寿命。由于设备的结构常常对腐蚀产生影响,所以正确的设计也很重要。

其次根据不同的用途选择耐腐蚀合金。在基体金属中加入一定比例的能促进钝化的合金成分,便得到耐蚀性能优良的材料。如在 Fe 中加入 Cr,当含 Cr 量达 12% 以上时,就成为不锈钢,在氧环境中它的表面可以生成钝化膜,有很高的耐蚀性;在钢中加入 Cr、Al、Si 等元素可增加钢的抗氧化性,加入 Cr、Ti、V 等元素可防止氢蚀;又如在铬钢中加入 Ni,可扩大钝化范围,还可提高机械性能;镍铜合金中的镍大于 30% ~40% 时,它们比纯 Cu 和纯 Ni 的耐蚀性在一些环境中更优越。Ni 合金是常用的耐蚀材料,如镍铸铁有优良的耐碱性;Ni-Mo-Cr 合金是少数能耐高温非氧化性酸(如 HCl)的合金;Ni-Al-Cr-Fe 合金能耐高温氧化性酸、次氯酸盐、海水等,比一般不锈钢更好。

最后可以通过消除环境中引起腐蚀的各种因素来中止或减缓腐蚀。但是多数环境条件是无法控制的,如大气和土壤中的水分、海水中的氧等都不可能除去。但可以调整局部环境,例如锅炉进水先去氧(加入脱氧剂 Na_2SO_3 和 N_2H_4 等),可保护锅炉管少受腐蚀;先除去密闭仓库进入空气的水分,可免贮存金属部件生锈;在水中经常加入碱或酸以调节 pH 至最佳范围(通常接近中性),可以防止冷却水对换热器和其他设备的结垢、穿孔;炼制石油的工艺中也常加碱或氨,使生产流体保持中性至弱碱性,从而减少对管道的腐蚀。

2)阴极保护

(1)牺牲阳极的阴极保护

将标准电极电势较低的金属或合金连接在被保护的金属上形成原电池,这时需要保护的金属因电极电势较高成为阴极,不受腐蚀,得到保护。另一个电极电势较低的金属是阳极,被腐蚀。一般常用的阳极牺牲材料有铝合金、镁合金、锌合金等。例如,海上航行的船舶,在船底四周镶嵌锌块。这时,船体是阴极,受到保护,锌块是阳极,代替船体被腐蚀。这种保护法是牺牲了阳极,保护了阴极,故称为牺牲阳极的阴极保护法。其保护原理如图 4.23 所示。

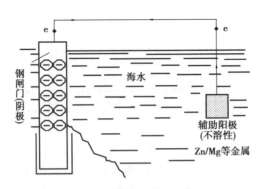

图 4.23 牺牲阳极的阴极保护法示意图

(2)外加电流密度保护法

该法是在外电流作用下,用不溶性辅助材料(常用废钢和石墨)作为阳极,将被保护金属作为电解池的阴极而进行保护。当外部导入的阴极电流,使局部阴极电流与局部阳极电流相等、方向相反而相互抵消时,金属腐蚀停止,达到保护设备的目的,其防腐蚀原理如图 4.24 所示。此法也可保护土壤或水中的金属设备,如管道、电缆、海船、港湾码头设施、钻井平台、水库闸门、油气井等。但该法对强酸性介质不适宜,为了减少电流输入,延长使用寿命,该法一般和金属表面覆盖层保护法联合应用,是一种经济简便、行之有效的金属防腐方法。

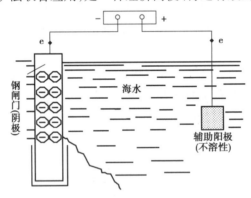

图 4.24 外加电流密度保护法示意图

3)阳极保护

阳极保护也是利用外加直流电源来保护金属。但把需要保护的金属接在外加电源正极上,使被保护的金属进行阳极极化,电极电势向正的方向移动。按理这应该加速金属腐蚀,但对一些能形成保护性氧化膜的金属,并非一定加速金属腐蚀。相反,在适当的电位范围内,由于阳极上氧化作用加剧,在金属表面上形成一层完整的氧化膜层,使金属得到保护,腐蚀电流明显下降。这种现象叫作金属的电化学钝化。阳极保护就是将能够钝化的金属,在外加阳极电流的作用下,使其钝化而得到保护,如图 4.25 所示。

4)金属的表面覆盖

(1)非金属保护层

金属保护中常用耐腐蚀的非金属材料(如油漆、涂料、合成树脂、塑料、橡胶、陶瓷、玻璃等)覆盖在要保护的金属表面上。金属在接触使用环境之前,先用钝化剂或成膜剂(铬酸盐、磷酸盐、碱、硝酸盐和亚硝酸盐混合液等)处理,表面生成稳定密实的钝化膜,抗蚀性大大增加。例如,铝经过阳极处理,表面可以生成更为致密的膜,这类膜在温和的腐蚀环境(大气和

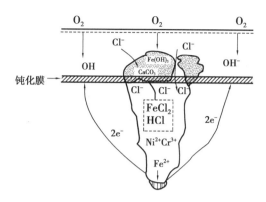

图 4.25 阳极保护法示意图

水)中有优良的抗蚀能力。在金属表面处理时,一般将钢铁部件放在充满 Cr、Al、Si 的粉末中,或在金属蒸气中,将易钝化的合金成分如 Cr、Mo、Si 渗入钢铁表面,进行热渗镀,表面渗镀层在氧化性环境内产生钝化膜,它的抗高温氧化能力和某些耐蚀性优于底层钢。还可以采用离子注入机,使 B、C、P、Si、N、Mo、Pd、Pt 等元素或贵金属电离、加速,高能离子与基体金属相撞击进入表面,形成一定深度和浓度的非晶态合金层,具有比基体金属更高的耐蚀性。

(2)金属镀层

另外,可用耐腐蚀性较强的金属或合金覆盖,其主要方法是电镀。在钢铁上常电镀一薄层更耐腐蚀的金属(如 Cr、Ni、Pb 等)的方法来保护钢铁制品。如果用金属 Zn、Cd 等作镀层,钢为阴极,Zn 或 Cd 的镀层为阳极,通过牺牲阳极,使钢得到阴极保护。镀 Sn 的 Fe(马口铁)广泛用于食品罐头,虽然 Sn 的标准电极电位高于 Fe,但在食品有机酸中却低于 Fe,也可起牺牲阳极的作用。镀层如为贵金属(Au、Ag 等)、易钝化金属(Cr、Ti)以及 Ni、Pb 等时,由于它们的电极电位比 Fe 高,如果出现破损,在电极反应中这些金属将成为阴极,会加速底层铁的腐蚀,因此这类镀层不适于强酸腐蚀环境,但可用于大气、水等环境。除了电镀外,还常用热浸镀(熔融浸镀)、火焰喷镀、蒸气镀和整体金属薄板包镀等方法。

5)添加缓蚀剂

缓蚀剂技术是防止金属腐蚀最经济适用的方法,下面重点讨论缓蚀剂的定义、特点、分类、性能、作用机制等。

4.5.7 缓蚀剂概述

1)缓蚀剂的定义和特点

美国材料与试验协会(ASTM)将缓蚀剂定义为"以适当的浓度和形式存在于环境(介质)中就可以防止或减缓材料腐蚀的化学物质或几种化学物质的混合物"。广义地说,缓蚀剂(Corrosion inhibitor)就是指用在金属表面起保护作用的物质,加入少量或者微量缓蚀剂就可使金属在环境介质中的腐蚀速度明显降低,与此同时,还能保持金属原来的物理机械性能。

缓蚀剂技术具有操作简单、见效快、能保护整个设备系统的优点。石油化工行业通常使用价格低廉、性能优良的缓蚀剂来代替昂贵的耐腐蚀金属,同时也能延长金属设备的使用寿命。在选用缓蚀剂时要考虑它们对环境的危害,最主要的是考虑对工艺流程和对产品质量的影响,在保证缓蚀效率的前提下,应当选用无毒、价廉、易得的缓蚀剂。与其他防腐蚀方法比较,使用缓蚀剂保护有以下特点:

①大体不改变腐蚀的环境,就可以获得良好的抗腐蚀效果。

②大体不增加设备投资,就能达到抗腐蚀目的。

③缓蚀效果的优劣不受设备形状的影响而影响。

④同一配方有时可以防止多种金属在不同腐蚀环境中的腐蚀。

⑤对于腐蚀环境的不同,可以通过改变缓蚀剂的种类或浓度来维持良好的抗腐蚀效果。

2)缓蚀剂的分类

缓蚀剂种类繁多,没有一种固定的方法将其合理地归类,为了研究和使用的方便,通常按照以下几种方法分类。

(1)按化学组成分

按物质的化学组成可以把缓蚀剂分为无机缓蚀剂和有机缓蚀剂两大类。

无机缓蚀剂:它分为无机阳离子缓蚀剂和阴离子缓蚀剂,无机缓蚀剂的种类较少,而且要求浓度较高才具有缓蚀效果。常用的无机缓蚀剂有硝酸盐、亚硝酸盐、磷酸盐、多磷酸盐、碳酸盐、硅酸盐、硼酸盐、钼酸盐、铬酸盐、重铬酸盐、含砷化合物等。由于无机缓蚀剂对环境污染较重,一般应用得较少。

有机缓蚀剂:通常是那些含有电负性较大的 O、N、S、P 等原子的极性基团或含有不饱和双键和三键基团的化合物。极性基团是亲水性的,可通过物理吸附和化学吸附在金属表面形成吸附膜,非极性基团是疏水性的,形成憎水膜,抑制腐蚀过程的阳极或阴极反应,从而对金属起到缓蚀作用。目前,有机缓蚀剂主要有胺类、醛类、炔醇类、有机磷化合物、有机硫化合物、羧酸及其盐类、磺酸及其盐类、杂环化合物等。除此之外,许多有机聚合物也被广泛用作缓蚀剂。这是因为聚合物的毒性比单体低,且吸附成膜性比单体好,在金属表面又有较大的覆盖面积,因此具有非常显著的缓蚀性能。

(2)按电化学机理分

按照缓蚀剂对腐蚀电极过程的主要影响,可以把缓蚀剂分为阳极抑制型、阴极抑制型和混合型 3 种。

①阳极抑制型缓蚀剂:能增加阳极极化,使腐蚀电位正移,缓蚀剂的阴离子移向阳极使金属钝化,从而达到缓蚀效果。

②阴极抑制型缓蚀剂:能增加阴极极化,使腐蚀电位负移,缓蚀剂的阳离子移向阴极表面,形成电化学的沉淀保护膜,从而达到缓蚀目的。

③混合型缓蚀剂:对阴、阳极过程同时起抑制作用,腐蚀电位变化不大,但腐蚀电流却显著降低。

(3)按物理化学机理分

按缓蚀剂对金属表面的物理化学作用,可将缓蚀剂分为氧化膜型、沉淀膜型和吸附膜型 3 类。

①氧化膜型缓蚀剂:可以直接或间接氧化金属,在金属表面形成致密的保护膜,氧化膜较薄,与金属附着力强,防腐蚀性能好。

②沉淀膜型缓蚀剂:能与介质中的有关离子反应并在金属表面形成抗腐蚀的沉淀膜,其厚度一般小于 100 nm,其致密性和附着力比钝化膜差,因而缓蚀效果比氧化膜型差。

③吸附膜型缓蚀剂:能吸附在金属表面,改变金属表面的形态,使介质不易与金属接触而达到防腐蚀的目的。金属表面的光滑、洁净程度直接影响吸附膜形成的好坏,吸附膜型缓蚀

剂分子中含有极性基团,能吸附在金属表面起缓蚀作用。

3)缓蚀剂的评价方法

缓蚀剂的评价基于在腐蚀环境中,对比有无缓蚀剂时的腐蚀速度,从而计算得到缓蚀率、最佳缓蚀剂用量和最佳使用条件等。因此,缓蚀剂的研究方法实际上就是金属腐蚀速度的测试方法。为进一步研究缓蚀剂的缓蚀作用机理,研究者们运用各种电化学手段和其他手段对其进行了大量研究。随着缓蚀剂科学技术的迅猛发展,各种新的研究方法和检测技术为研究者合成、评价新的缓蚀剂提供了可靠的研究手段。

(1)腐蚀产物分析法

失重法:失重法是一种经典的腐蚀研究方法,该法通过测量金属在腐蚀环境中放置一段时间后金属所损失的质量而得到腐蚀速率的。失重法测试的条件较稳定,方法简单,而且准确性较高,因而使用广泛。但不能反映金属表面的局部腐蚀或点蚀现象,也不能及时反映腐蚀的状况。

量气法:金属腐蚀的阴极反应中涉及吸氧或析氢过程,并存在着定量关系。因此,测量腐蚀过程中氧的吸收量或氢的析出量,可以间接得到金属的腐蚀量。量气法多用于研究金属在酸性介质中的腐蚀。

量热法:金属在酸性环境中的腐蚀反应多为放热反应,间接表现为环境温度的变化,如能分别测量加与未加缓蚀剂的腐蚀过程中温度对时间的变化曲线,缓蚀效率就是所达最高温度与起始温度的差值之比。

(2)电化学分析法

腐蚀和缓蚀的本质都是电化学性质的,缓蚀作用是缓蚀剂物质在界面上吸附的直接结果。电化学方法可以直接或间接地用于研究缓蚀作用,是研究缓蚀剂最基础的方法。其中最常用的有以下几种:

Tafel 曲线法:在电化学反应中,反应速度遵循一定的规律。当外加极化电位较大时,外加电流与电极极化呈 Tafel 关系,将极化曲线的 Tafel 直线区外推至自腐蚀电位,即可得到腐蚀电流。由添加缓蚀剂前后的腐蚀电流可计算缓蚀效率。该法可直接获得腐蚀电流及 Tafel 参数,是目前研究和评价缓蚀剂的主要方法之一。

交流阻抗法:交流阻抗法目前被广泛应用于金属电极测量体系。该法可测量电极的阻抗。可将电极过程用电阻和电容组成的等效电路来表示,因此交流阻抗技术实质是研究 RC 电路在交流电作用下的特点和应用。这种方法对于研究金属的阳极溶解过程,测量腐蚀速度以及探讨缓蚀剂对金属腐蚀过程的影响具有独特的优越性。

(3)其他方法

除上述方法外,还有很多其他方法,如俄歇电子能谱法(AES)、X 光电子能谱法(XPS)、表面增强拉曼散射(SERS)、SEM 法、循环伏安法、旋转圆盘电极法等。截至目前,还没有哪种方法能完全满足研究工作的需要,不同的方法都有不同的适用范围,实验时应根据实验条件和要求的不同加以选择。

阅读材料:

电解水制氢

氢能作为高效、清洁的可再生能源已成为未来能源发展的重要载体,而电解水制氢是氢能发展的核心技术之一。其优势在于氢-电通过 PEM 能够实现高效的转换;氢能具有较高的能量密度,存储相对容易;氢气转换电能具有规模化应用潜力。目前电解水制氢技术主要有碱性电解水制氢(ALK)、质子交换膜电解水制氢(PEM)、高温固态氧化物制氢(SOEC)和碱性阴离子交换膜制氢(AEM)四种模式,前两种已逐步产业化,而后两种还在试验阶段。4 种制氢模式的优缺点如表 4.3 所示,电解水制氢原理如图 4.26 所示。

表 4.3 电解水的 4 种制氢模式对比一览表

项目	碱性电解水制氢 （ALK）	质子交换膜电解水 制氢（PEM）	固态氧化物制氢 （SOEC）	阴离子交换膜制氢 （AEM）
电解质隔膜	30% KOH@ 石棉	质子交换膜	固体氧化物	阴离子交换膜
电流密度	<1 A·cm^{-2}	1~4 A·cm^{-2}	0.2~0.4 A·cm^{-2}	1~2 A·cm^{-2}
电耗 Kwh/Nm^{3}H$_2$	4.5~5.5	4.0~5.0	预期效率~100%	/
工作温度	≤90 ℃	≤80 ℃	≤80 ℃	≤60 ℃
产氢纯度	≥99.8%	≥99.99%	/	≥99.99%
设备体积	1	约1/3	/	/
环保性	石棉膜有危害	无污染	/	/
产业化程度	充分产业化	特殊应用/商业化初期	实验室阶段	实验室阶段
单机规模	≤1 000 Nm^{3}H$_2$/h	≤200 Nm^{3}H$_2$/h	/	/

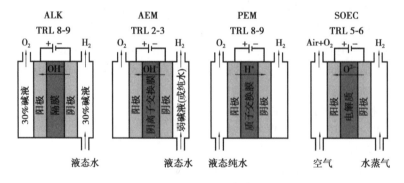

图 4.26 4 种电解模式制氢原理

(1)碱性电解水制氢

技术成熟,以 KOH、NaOH 水溶液为电解质(20%~30 wt%),隔膜采用石棉布或者聚砜等绝缘材料,镍基材料为电极,产氢纯度为 99%。电流密度在 0.25 A·cm^{-2} 左右,能耗 5 kW·h/Nm^{3}H$_2$,效率通常在 60% 左右,制氢成本约 1.5 元/Nm^{3}H$_2$。但具有电能损失较多;电流密度低,电解槽体积大,热容大等弊端。

(2)质子交换膜制氢

技术逐步产业化,采用质子交换膜替代了碱性电解槽中的石棉隔膜,可传导质子。具有质子交换膜绝缘、无孔隔绝气体,更高的安全性,产氢纯度高达 99.99%;电流密度大于 A·cm^{-2},体积小;能耗稍低(4 kW·h/Nm^{3}H$_2$)等优点。但催化剂易衰减,从而降低膜的传质能力。

（3）固态氧化物制氢

处于实验阶段，通常采用掺杂氧化钇（Y_2O_3）和氧化锆（ZrO_3）作为电解质，该电解质在高温下可以实现阳离子的传输，且本身具有良好的热稳定性和化学稳定性。高温可以提高效率，但是材料容易衰减。

（4）阴离子交换膜制氢

该技术结合了传统碱性液体电解质水电解与 PEM 水电解的优点，在碱性介质中使用 Ni、Co、Fe 等非贵金属催化剂，阴离子交换膜可以避免使用碱性液体，导致产物气污染。碱性体系可避免贵金属的大量使用，设备成本相比 PEM 水电解池大幅降低。但阴离子交换膜的热稳定性与化学稳定性较差，阴离子传导能力有限，制约了 AEM 电解池的寿命与电解性能。因此，制备一种稳定性高，催化效果优异的非贵金属催化剂是未来氢能发展的关键技术所在。

思考题与习题

1. 处理氧化还原反应平衡时，为什么要引入条件电极电势？条件电极电势的影响因素有哪些？

2. 如何判断氧化还原反应进行的完全程度？与电位差有何关系？

3. 将一根铁棒插入海水中，则哪部分最容易发生腐蚀，为什么？

4. 今有一种含有 Cl^-，Br^-，I^- 三种离子的混合溶液，欲使 I^- 氧化为 I_2，而又不使 Br^-、Cl^- 氧化，在常用的氧化剂 $FeCl_3$ 和 $KMnO_4$ 中，选择哪一种才符合上述要求？为什么？

5. 根据标准电极电势确定下列各种物质哪些是氧化剂？哪些是还原剂？并排出它们氧化能力和还原能力的大小顺序。

$$Fe^{2+}, MnO_4^-, Cl^-, S_2O_8^{2-}, Cu^{2+}, Sn^{2+}, Fe^{3+}, Zn$$

6. 金属电化学腐蚀的机理是什么？为什么铁的吸氧腐蚀比析氢腐蚀要严重？

7. 金属防腐方法主要有哪些？各自的原理有何区别？

8. 缓蚀剂有哪些分类方法？防止金属腐蚀的机理有哪些？如何评价缓蚀剂性能的优劣？

9. 已知：$Fe^{3+}+e \Longrightarrow Fe^{2+}$　$\varphi^{\ominus}=0.77$ V；$Cu^{2+}+2e \Longrightarrow Cu$　$\varphi^{\ominus}=0.34$ V

$\qquad Fe^{2+}+2e \Longrightarrow Fe$　$\varphi^{\ominus}=-0.44$ V；$Al^{3+}+3e \Longrightarrow Al$　$\varphi^{\ominus}=-1.66$ V

则最强的还原剂是（　　　）

A. Al^{3+} 　　　　　B. Fe^{2+} 　　　　　C. Fe 　　　　　D. Al

10. 现有 A、B、C、D 四种金属，将 A、B 用导线连接，浸在稀硫酸中，在 A 表面上有氢气放出，B 逐渐溶解；将含有 A、C 两种金属的阳离子溶液进行电解时，阴极上先析出 C；把 D 置于 B 的盐溶液中有 B 析出。这四种金属还原性由强到弱的顺序是（　　　）

A. A>B>C>D 　　　B. D>B>A>C 　　　C. C>D>A>B 　　　D. B>C>D>A

11. 用 Nernst 方程式计算 Br_2/Br^- 电对的电极电势，下列叙述中正确的是（　　　）

A. Br_2 的浓度增大，φ 增大 　　　　　B. Br^- 的浓度增大，φ 减小

C. H^+ 浓度增大，φ 减小 　　　　　D. 温度升高对 φ 无影响

12. 对于电极反应 $O_2+4H^++4e \Longrightarrow 2H_2O$ 来说,当 $p = 101.3$ kPa 时,酸度对电极电势影响的关系式是(　　)

A. $\varphi = \varphi^\ominus +0.059\ 2\ pH$ 　　　　　B. $\varphi = \varphi^\ominus - 0.059\ 2\ pH$

C. $\varphi = \varphi^\ominus +0.014\ 8\ pH$ 　　　　　D. $\varphi = \varphi^\ominus - 0.014\ 8\ pH$

13. 向原电池 $Zn \mid Zn^{2+}(1\ mol \cdot dm^{-3}) \parallel Cu^{2+}(1\ mol \cdot dm^{-3}) \mid Cu$ 的正极中通入 H_2S 气体,则电池的电动势将如何变化(　　)

A. 增大　　　　　B. 减小　　　　　C. 不变　　　　　D. 无法判断

14. 下列电极中,属于第一类电极的是(　　)

A. Cu^{2+}/Cu^+　　　　B. Fe^{3+}/Fe^{2+}　　　　C. $AgCl/Ag$　　　　D. Cu^{2+}/Cu

15. 由下列反应设计的电池不需要惰性电极的是(　　)

A. $H_2(g)+Cl_2(g) \Longrightarrow 2HCl(aq)$ 　　　　B. $Ce^{4+}+Fe^{2+} \Longrightarrow Ce^{3+}+Fe^{3+}$

C. $Zn+Ni^{2+} \Longrightarrow Zn^{2+}+Ni$ 　　　　　D. $Cu+Br_2 \Longrightarrow Cu^{2+}+2Br^-$

16. 已知 $\varphi^\ominus(MnO_4^-/Mn^{2+}) = 1.51$ V, $\varphi^\ominus(MnO_4^-/MnO_2) = 1.68$ V, $\varphi^\ominus(MnO_4^-/MnO_4^{2-}) = 0.56$ V 。则还原型物质的还原性由强到弱排列的次序是(　　)

A. $MnO_4^{2-} > MnO_2 > Mn^{2+}$ 　　　　　B. $Mn^{2+} > MnO_4^{2-} > MnO_2$

C. $MnO_4^{2-} > Mn^{2+} > MnO_2$ 　　　　　D. $MnO_2 > MnO_4^{2-} > Mn^{2+}$

17. 向银电极 Ag^+/Ag 中加入 $MgCl_2$ 溶液后,则此时 $E(Ag^+/Ag)$ 如何变化(　　)

A. 不变　　　　　B. 增大　　　　　C. 减小　　　　　D. 不确定

18. 现有原电池 $Pt \mid Fe^{3+}(c_\ominus),Fe^{2+}(c_\ominus) \parallel Ce^{4+}(c_\ominus),Ce^{3+}(c_\ominus) \mid Pt$。该原电池总电池反应方式为(　　)

A. $Ce^{3+}+Fe^{3+} \Longrightarrow Ce^{4+}+Fe^{2+}$ 　　　　B. $3Ce^{4+}+Ce \Longrightarrow 4Ce^{3+}$

C. $2Ce^{4+}+Fe \Longrightarrow 2Ce^{3+}+Fe^{2+}$ 　　　　D. $Ce^{4+}+Fe^{2+} \Longrightarrow Ce^{3+}+Fe^{3+}$

19. 将下列氧化还原反应设计成原电池,并写出电极反应和电池符号。

(1) $2Fe^{3+}+Sn^{2+} \Longrightarrow 2Fe^{2+}+Sn^{4+}$

(2) $Cu(s)+Cl_2(g) \Longrightarrow Cu^{2+}+2Cl^-$

(3) $2Fe^{2+}+Cl_2 \Longrightarrow 2Fe^{3+}+2Cl^-$

(4) $2MnO_4^-(aq)+10Cl^-(aq)+16H^+(aq) \Longrightarrow 2Mn^{2+}(aq)+5Cl_2(g)+8H_2O(l)$

(5) $5Fe^{2+}+8H^++MnO_4^- \Longrightarrow Mn^{2+}+5Fe^{3+}+4H_2O$

20. 判断下列反应在 298.15 K 时反应自发进行的方向。

(1) $Fe^{2+}+Ag^+ \Longrightarrow Fe^{3+}+Ag$; $c(Ag^+) = 0.1\ mol \cdot dm^{-3}$, $c(Fe^{2+}) = c(Fe^{3+}) = 1.0\ mol \cdot dm^{-3}$

(2) $2Br^-+Cu^{2+} \Longrightarrow Br_2+Cu$; $c(Br^-) = 1.0\ mol \cdot dm^{-3}$; $c(Cu^{2+}) = 0.1\ mol \cdot dm^{-3}$

21. 由标准氢电极和锰电极组成原电池,若 $c(Mn^{2+}) = 0.010\ mol \cdot dm^{-3}$ 时,电池的电动势为 1.244 2 V,锰为负极,计算锰电极的标准电极电势。

22. 计算反应 $Cu+2Ag^+ \Longrightarrow Cu^{2+}+2Ag$ 在 298.15 K 时的标准平衡常数和原电池的标准电动势。

23. 已知电池 $Co \mid Co^{2+}(1.0\ mol \cdot dm^{-3}) \parallel Cl^-(1.0\ mol \cdot dm^{-3}) \mid Cl_2(100\ kPa) \mid Pt$ 的电动势为 1.63 V, $\varphi^\ominus(Cl_2/Cl^-) = 1.36$ V。

（1）写出电池的自发反应方程式；

（2）求 $\varphi^{\ominus}(Co^{2+}/Co)$；

（3）若 Co^{2+} 离子浓度碱为 $0.010\ mol \cdot dm^{-3}$，电池的电动势又是多少？

24. 在 298.15 K 时，有下列反应

$$H_3AsO_4 + 2I^- + 2H^+ \rightleftharpoons H_3AsO_3 + I_2 + H_2O$$

（1）计算该反应组成的原电池的标准电动势。

（2）计算该反应的标准摩尔吉布斯自由能变，并指出该反应能否自发进行。

（3）若溶液的 pH = 7，而 $c(H_3AsO_4) = c(H_3AsO_3) = c(I^-) = 1\ mol \cdot dm^{-3}$，此反应的 $\Delta_r G_m$ 是多少？此时反应进行方向？

25. 计算下列反应 $Ag^+ + Fe^{2+} \rightleftharpoons Ag + Fe^{3+}$

（1）在 298.15 K 时的标准平衡常数 $K^{\ominus}$

（2）若反应开始时，$c(Ag^+) = 1.0\ mol \cdot dm^{-3}$，求达到平衡时 $c(Fe^{3+}) = ?$

26. 已知 $PbCl_2$ 的 $K_s = 1.6 \times 10^{-5}$ 和 $E^{\ominus}(Pb^{2+}/Pb) = -0.126\ V$，计算在 298.15 K 时的 $E^{\ominus}(PbCl_2/Pb)$ 值。

27. 已知 298 K 时，$E^{\ominus}(Ni^{2+}/Ni) = -0.25\ V$，$E^{\ominus}(V^{3+}/V) = -0.89\ V$。某原电池：

$$V(s) \mid V^{3+}(0.010\ mol \cdot dm^{-3}) \mid\mid Ni^{2+}(0.20\ mol \cdot dm^{-3}) \mid Ni(s)$$

（1）写出电池反应的离子方程式；

（2）计算其标准平衡常数 $K^{\ominus}$；

（3）计算电池电动势 E，并判断反应方向。（保留 2 位有效数字）

28. 25 ℃ 时，用电对 Fe^{3+}/Fe^{2+} 和 Cu^{2+}/Cu 组装成原电池，其中各离子的浓度均为 $0.1\ mol \cdot dm^{-3}$。（已知 $E^{\ominus}(Fe^{3+}/Fe^{2+}) = 0.771\ V$，$E^{\ominus}(Cu^{2+}/Cu) = 0.340$，$F = 964\ 85\ C/mol$；$R = 8.315\ J/(mol \cdot K)$）。试计算：

（1）标准状态下该反应的 $\Delta_r G_m^{\ominus}$。

（2）写出标态下，正方向进行时两极发生的电极反应及电池符号。

（3）计算该电池的电动势。

29. 298 K 时，在 Ag^+/Ag 电极中加入过量 I^-，设达到平衡时 $[I^-] = 0.10\ mol \cdot dm^{-3}$，而另一个电极为 Cu^{2+}/Cu，$[Cu^{2+}] = 0.010\ mol \cdot dm^{-3}$，现将两电极组成原电池。

请写出原电池的符号、电池反应式、并计算电池反应的平衡常数。

（已知 $E^{\ominus}(Ag^+/Ag) = 0.80\ V$，$E^{\ominus}(Cu^{2+}/Cu) = 0.34\ V$，$K_{sp}(AgI) = 1.0 \times 10^{-18}$）

30. 金属材料受周围介质的作用而损坏的现象称为金属腐蚀，腐蚀会显著降低金属材料的强度、塑性、韧性等力学性能，破坏金属构件的几何形状，增加零件间的磨损，缩短设备的使用寿命，甚至造成火灾、爆炸等灾难性事故。据统计，我国每年由于金属腐蚀造成的钢铁损失约占当年钢产量的 10% ~20%，造成的经济损失占生产总值的 4% ~5%。金属腐蚀事故引起的停产、停电等间接损失就更无法计算。因此研究金属腐蚀与防护措施具有重大的意义。请结合所学知识，回答下列问题。

（1）请说明金属腐蚀的主要类型有哪两类？

（2）金属在大气、海水、土壤、酸、碱、盐介质中的腐蚀，绝大部分属于电化学腐蚀，请问电化学腐蚀的分类有哪些？

（3）请简述金属腐蚀的防护措施有哪些？（至少列举 5 项）

31. 众所周知,原电池是将化学能转化为电能的装置,其在生活中的应用非常广泛,如手机、笔记本电脑、新能源汽车等等。一般来讲,氧化还原反应经过适当设计,都能将化学能转化为电能供外界使用。如氧化还原反应：$H_2 + 2Fe^{3+} \rightleftharpoons 2H^+ + 2Fe^{2+}$。请根据原电池的相关知识回答下列问题：

(1)将上述氧化还原反应设计成原电池,并写出正负极反应和原电池符号；

(2)指出正负极各属于哪类电极? 并再分别列举2例该类电极。

(3)当 $T = 298.15$ K, $p = 100$ kPa, $c[H^+] = 1$ mol·dm^{-3}, $c[Fe^{3+}] = 1$ mol·dm^{-3}, $c[Fe^{2+}] = 0.01$ mol·dm^{-3} 时,该原电池的电动势为多少? 并判断反应发生的方向?

(已知 $E^{\ominus}(Fe^{3+}/Fe^{2+}) = 0.77$ V)

第 **5** 章

表面化学

本章基本要求

(1)了解吉布斯函数和表面张力的基本概念以及影响表面张力的因素。

(2)掌握固—液界面与理论知识、液—液界面与理论知识、固—气界面与理论知识。

(3)掌握吸附作用及其机理,并能区分化学吸附和物理吸附。

(4)了解影响吸附作用的因素。

(5)掌握表面活性剂的性质及作用以及了解影响表面活性剂应用的因素。

(6)了解聚合物材料的表面特性、影响聚合物界面张力的影响因素。

(7)了解高聚物共混体的界面结构以及高聚物掺杂材料改性。

物质的表面化学无处不在,比如谁都知道的化学反应"铁生锈"这种现象,逐渐覆盖在铁表面的锈就是在水和空气中的水汽环境下由铁和氧气反应产生的,表面化学是在固体的表面上发生的现象,这是催化剂作用的基本,也是化学工业的基础。

表面化学是一门关于固体和液体表面或相界面的物理和化学性质的学科。它的内容包括,如溶质在溶液表面上的吸附和分凝,液体在固体表面上的浸润,气体在固体表面上的吸附等,这些都与生产实际联系紧密。早期的表面化学研究主要是对有关的表面或界面性质的唯象描述。20世纪60年代以来,由于与固体表面有关的一些重要的技术领域,如固体材料、器件,多相催化等进一步发展的需要,在固体理论的发展,超高真空和电子检测技术的进步,以及在原子尺度上进行固体表面分析的技术和设备开发基础上,表面化学研究主要是在原子尺度上对金属、半导体等固体表面进行成分、结构和电子、声子状态的分析,阐明表面化学键的性质及其与表面物理、化学性质间的联系,从而成为新兴学科——表面科学的一个重要组成部分。

5.1 表界面基础知识

表界面的定义:在实际应用中,表、界面现象的研究对象通常为具有多相性的不均匀体系,即体系中一般存在两个或两个以上不同性能的相。表、界面则是指由一个相到另一个相的过渡区域。对于物质的三种状态,表、界面通常可以分为以下五类:固—气、液—气、固—

液、液—液、固—固。气体和气体之间总是均相体系,因此不存在表、界面。习惯上把凝聚相和气相之间(固—气、液—气)的分界面称为表面,把凝聚相之间(固—液、液—液、固—固)的分界面称为界面。有时,表面与界面难以区分,但在固体内晶粒的界面可与表面明确区分,这些都显示了表面与界面的区别。

如前所述,表、界面是指相与相之间的过渡区域,因此表、界面区的结构、能量、组成等都呈现连续的梯度变化。由此可知,表、界面不是几何学上的平面,而是一个结构复杂、厚度约为几个分子线度的准三维区域。有时也将界面区当作一个相或层来处理,称作界面相或界面层。

本节主要讲述吉布斯函数和表面张力,以及影响表面张力的因素。

5.1.1　表面张力与吉布斯函数

1)吉布斯函数

当体系发生变化时,G 也随之变化。其改变值 ΔG,称为体系的吉布斯自由能变,只取决于变化的始态与终态,而与变化的途径无关:$\Delta G = G_{终} - G_{始}$。

按照吉布斯自由能的定义,可以推出当体系从状态 1 变化到状态 2 时,体系的吉布斯自由能变为:$\Delta G = G_2 - G_1 = \Delta H - \Delta(TS)$。

对于等温条件下的反应而言,有 $T_2 = T_1 = T$,则

$$\Delta G = \Delta H - T\Delta S \tag{5.1}$$

式(5.1)称为吉布斯—赫姆霍兹公式(亦称吉布斯等温方程)。由此可以看出,ΔG 包含了 ΔH 和 ΔS 的因素,若用 ΔG 作为自发反应方向的判据时,实质包含了 ΔH 和 ΔS 两方面的影响,即同时考虑到推动化学反应的两个主要因素。因而用 ΔG 作判据更为全面可靠。而且只要是在等温、等压条件下发生的反应,都可用 ΔG 作为反应方向性的判据,大部分化学反应都可归入到这一范畴中,因而用 ΔG 作为判别化学反应方向性的判据是很方便可行的。

表面层分子和体相内部分子所处的状态不同,所具有的能量就不同。由热力学知:等温等压可逆时 $\Delta G = W$,即在形成新表面的过程中环境对系统所作的非体积功等于吉布斯函数的增量。此增量是由表面积增加引起,所以称为表面吉布斯函数,用 G_σ 表示。

σ 的物理意义:恒温恒压恒组成下,每增大单位表面积所增加的表面能(表面吉布斯函数),又称此为比表面能,比表面自由焓。也即表面分子和体相分子的宏观差异,两者吉布斯函数差,物质表面层特性均由过剩能量引起。

2)表面张力

多相体系中相之间存在着界面,习惯上人们仅将气—液,气—固界面称为表面。表面张力,是液体表面层由于分子引力不均衡而产生的沿表面作用于任一界线上的张力。将水分散成雾滴,即扩大其表面,有许多内部水分子移到表面,就必须克服这种力对体系做功——表面功。显然这样的分散体系便储存着较多的表面能。

例如:如果在金属线框中间系一线圈,一起浸入肥皂液中,然后取出,上面形成一液膜。由于以线圈为边界的两边表面张力大小相等方向相反,所以线圈可成任意形状在液膜上移动。如果刺破线圈中央的液膜,线圈内侧张力消失,外侧表面张力立即将线圈绷成一个圆形,清楚地显示出表面张力的存在。

5.1.2　影响表面张力的因素

表面张力是物质的一种性能,它与物质的温度,压力,组成以及共存的另一相的物质的性质均有关系。

1)表面张力与液体分子间的相互作用力有关

因此与分子间的键型有关。其中,分子键的强弱大小为:金属键>离子键>极性共价键>非极性共价键。

2)表面张力与接触的第二相物质性质有关

表面层分子与不同物质接触时,所受力不同,所以 σ 也不同。

3)表面张力与温度有关

表面张力一般随温度的增大而减小。对液体而言,温度升高,液体体积膨胀,分子间距增大,密度降低,体相分子对表面分子作用力减小。对于气相而言,温度升高,蒸气压变大,密度变大,气相对液表分子作用力增大。以上都使得表面张力减小,当温度上升到液体临界温度,气液相界面消失,σ 为 0。此外,也有少数物质(如镉,铁,铜合金,以及一些硅酸盐和炉渣)的表面张力随温度的上升而增大,目前尚无一致解释。

除液—气、固—气这种与气相接触的表面张力以外,其他相界面如液—液、液—固、固—固界面也存在界面张力,到目前为止,界面张力虽可测定,但还不够可靠。固—气间的表面张力至今无法测定,只能由间接方式计算得到。

表面张力是反映表面分子特殊性的一个宏观可测的物理量,它既然和热力学状态函数(表面吉布斯函数)建立了联系,就有可能以热力学中的共性来分析和研究,目前液体表面张力的测定方法分为静力学法和动力学法,但由于动力学法本身比较复杂,测试精度不高,先前的数据采集和处理效果都不好,导致到目前为止成功率很低,所以目前实际生产中基本使用静力学法来进行测定。

5.2　界面现象与理论

界面现象又名表面现象,界面和表面不严格时可以混用,是指发生在相界面上的各种物理、化学过程而引起的现象。它既涉及界面区内物质的化学组成、物理结构和电子状态,又与界面两边的主体相物质的性质有关。

界面现象是研究各种不同界面的性质,随着分散度的增加,体系的比表面也相应增大,胶体的各种性质与比表面密切相关,所以对界面现象的研究就成为胶体化学的主要内容之一。

本节主要讲述固—液界面与理论、液—液界面与理论和固—气界面与理论。

5.2.1　固—液界面与理论

表面现象是指固体表面上的气体或液体被液体或另一种液体取代的现象,原因为固体与液体接触后系统的吉布斯自由能降低($\Delta G < 0$)。

固—液界面的产生:暴露在空气中的固体会吸附气体,此时再与液体接触,若所吸附的气体被排开则此时产生固—液界面。

1）黏附功

在等温等压的条件下,单位面积的液面与固体表面黏附时对外所作的最大功称为黏附功,是液体能否润湿固体的一种量度,黏附功越大,液体越能润湿固体,固—液结合得更牢。在黏附过程中,消失了单位液体表面和固体表面,产生了固—液界面,黏附功就等于这个过程表面吉布斯自由能变化值的负值。

2）浸润功

等温等压条件下,将具有单位表面积的固体可逆地浸入液体中所做的最大功称为浸湿功,他是液体在固体表面取代气体能力的一种量度。只有浸湿功大于或等于零,液体才能浸湿固体。在浸湿过程中单位面积的气、固表面消失了。产生了单位面积的固液界面。所以浸湿功等于该变化过程表面自由能变化值的负值。

3）内聚功

等温等压条件下,两个单位液面可逆聚合为液柱所做的最大功称为内聚功,是液体本身结合牢固程度的一种量度。内聚时两个单位液面消失,所以内聚功在数值上等于该变化过程表面自由能变化值的负值。

4）接触角

在气液固三相交界点,气液与气固界面张力之间的夹角称为接触角,通常用 $\ominus$ 表示。若接触角 >90°,说明液体不能润湿固体,如汞在玻璃表面;若接触角 <90°,液体能润湿固体,如水在洁净的玻璃表面。

接触角的大小可以用实验测量,也可以用 Young-Dupre 公式计算:

$$\cos \ominus = \gamma_{s-g} \gamma_{1-s} \gamma_{1-g} \tag{5.2}$$

我们知道,Young 方程: $\sigma_{sg} = \sigma_{sl} + \sigma_{LG} \cos \ominus$,现在,将润湿现象与黏附功结合起来考虑。对固—液界面,有: $W_{SL} = \sigma_S + \sigma_L - \sigma_{SL}$。严格地讲,$\sigma_s$ 是固体处在真空中的表面张力,σ_{SG} 则是固体表面为液体蒸气饱和时的表面张力。一般有: $\sigma_s - \sigma_{SG} = \pi$,$\pi$ 称为扩展压。因为在气—液—固三相系统中,固—气、液—气均达到平衡,即固、液表面都吸附了气体,因此式 $W_{SL} = \sigma_{SG} + \sigma_{LG} - \sigma_{SL}$,与 Young 方程结合可得: $W_{SL} = \sigma_{LG}(1 + \cos \ominus)$,式(5.2)称为 Young-Dupre 方程,它将固—液之间的黏附功与接触角联系起来。在式中,如果 $\ominus = 0°$,则: $W_{SL} = 2\sigma_{LG}$,即黏附功等于液体的内聚功,固—液分子间的吸引力等于液体分子与液体分子的吸引力,因此固体被液体完全润湿。当 $\ominus = 180°$ 时,有: $W_{SL} = 0$,也就是说,液—固分子之间没有吸引力,分开固—液界面不需做功,此时固体完全不被液体润湿。实际上,固—液之间总存在吸引力,接触角 $\ominus$ 为 0° ~ 180°。接触角越小,黏附功越大,润湿性越好。

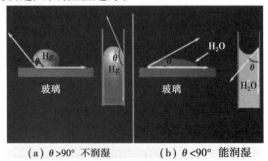

(a) $\theta > 90°$ 不润湿 　　(b) $\theta < 90°$ 能润湿

图 5.1　固—液间的接触角

固—液结果的微观结构分类:根据用显微镜生长着的晶体界面状况,可将其分为粗糙界面与滑界面。从原子尺度来看,粗糙界面高低不平,并存在几个原子间距厚度的过渡层,在过渡层中,固相与液相原子交错分布,而光滑界面光滑平整,固液两相截然分开,界面上固相原子位于固相结晶结构所固定的位置上,形成平整的原子平面。

5.2.2　液—液界面与理论

液—液界面是指两不完全混溶的液体相互接触的物理界面,液—液界面存在界面张力 0。表面活性剂可在液—液界面上发生吸附,吸附量与界面张力的关系符合 Gibbs 公式,表面活性剂分子在液—液界面上占据的面积>在液—固界面上占据的面积。

1)黏附功

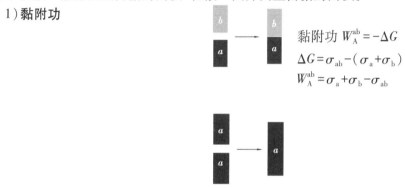

$$黏附功\ W_A^{ab} = -\Delta G$$
$$\Delta G = \sigma_{ab} - (\sigma_a + \sigma_b)$$
$$W_A^{ab} = \sigma_a + \sigma_b - \sigma_{ab}$$

2)内聚功

$$内聚功\ W_{ac} = 2\sigma_a$$

3)铺展

铺展是指一种液体在另外一种液体上铺展开。

铺展系数:$S_{a/b} = \sigma_b - \sigma_a - \sigma_{ab}$,当 $S_{a/b} = -(\delta G/\delta A)_{T,P} > 0$ 能铺展;$S_{a/b} = -(\delta G/\delta A)_{T,P} < 0$ 不能铺展。

在过去的 50 多年中,液—液界面电分析化学的发展已经是突飞猛进,成为了电分析化学和生物电化学的重要分支。与常规电化学和电分析化学中采用的固—液界面不同,液—液界面中的两相均为液体,可通过调控两相溶液中所含物质不同,使其更具有可调节性和多样性,因此不仅可以探讨两相中电对之间的电子转移反应,也可研究非电活性物质,例如简单离子和加速离子转移过程。液—液界面也是连接常规电化学与化学传感器之间的桥梁。而液—液界面无通用的结构模型和可供选择作为有机相的有机溶剂仅有的缺点至今仍没有得到解决或完全解决。

尽管在液—液界面电分析化学研究中使用的有机溶剂依然集中在 DCE 和 NB,但近年来由于绿色化学的发展趋势,更多的绿色溶剂被开发应用于液—液界面的研究中。液—液界面电(分析)化学未来的发展方向应该集中在解决界面结构问题和筛选具有环境友好、电位窗宽的有机溶剂,从而拓展该领域的实际应用范围。将合适的数值模拟方法与实验技术相结合,以及采用联用技术,有可能解决界面微观结构问题;总结有机溶剂结构与电位窗等电化学相关参数之间的关系和规律,将有助于促进该领域的快速发展。

5.2.3　固—气界面与理论

固体表面很难变形,不易缩小,是不均匀的,从原子水平看是凹凸不平的。

固—气界面能是指生产 1 cm² 新固体表面所需的等温可逆功。固—气界面能(也称固体表面能,以下皆称为固体表面能)。

固体表面能的测定有多种方法,但仍无一种公认的简便标准方法,有以下四种方法:

a:熔融外推法:假设固态与液态性质相近,测定 γ-T 关系,外推至熔点以下估计其固态时的表面能。

b:劈裂功法:劈裂功法是用力学装置测量固体劈裂时形成单位新表面所做的功(即该材料的表面能的方法)。

c:溶解热法:溶解热法是指固体溶解时一些表面消失,消失表面的表面能以热的形式释放,测量同一物质不同比表面的溶解热,由它们的差值估算出其表面能的方法。

d:接触角法:接触角法被认为是所有固体表面能测定方法中最直接、最有效的方法,这种方法本质上是基于描述固液气界面体系的杨氏方程的计算方法。

固体表面与气体表面接触时会吸附一层气体分子,由公式 $\Delta G = \Delta H - T\Delta S$ 可知,如果该过程是自发的,意味着 ΔG 是负的,而此时 ΔS 下降,所以 ΔH 一定为负,而且超过 ΔS。

5.3　吸附作用

吸附就是固体或液体表面对气体或溶质的吸着现象。由于化学键的作用而产生的吸附为化学吸附。如镍催化剂吸附氢气,化学吸附过程有化学键的生成与破坏,吸收或放出的吸附热比较大,所需活化能也较大,需在高热下进行并有选择性。物理吸附是由分子间作用力相互作用而产生的吸附。如活性炭对气体的吸附,物理吸附一般是在低温下进行,吸附速度快、吸附热小、吸附无选择性。

本节主要讲述吸附作用及机理、影响吸附作用的因素。

5.3.1　吸附作用及机理

吸附是一种物质附着在另一种物质表面上的过程,具有多孔性质的固体物质与气体或液体接触时,气体或液体中的一种或几种组分会吸附到固体表面上。具有吸附功能的固体物质称为吸附剂,气相或液相中被吸附物质称为吸附质。

定温下,本体溶液浓度 c、表面张力 s 和吸附量 G 间的定量关系式:

$$G = -(C/RT)\,ds/dc \tag{5.3}$$

G 为溶质在单位面积表面层的吸附量,单位:$mol \cdot m^{-2}$。定义为:单位面积表面层含溶质物质的量与同量溶剂在溶液本体含溶质物质的量的差值,称溶质的表面吸附量或表面过剩。$ds/dc < 0$,$G > 0$,正吸附;$ds/dc > 0$ 时,$G < 0$,负吸附;$ds/dc = 0$,$G = 0$,无吸附作用。

吸附剂对吸附质的吸附,根据吸附力的不同,可以分为 3 种类型:物理吸附、化学吸附和交换吸附。

物理吸附:指吸附质与吸附剂之间由于分子间力(范德华力)而产生的吸附。其特点是没有选择性,任何固体可以吸附任何气体,但吸附量会因吸附剂及吸附物的种类而相差很多,通常越易液化的气体越易被吸附,吸附量就大,而对于难液化的气体吸附量就小,具体见表5.1。物理吸附可形成单分子或多分子的吸附层。但一般是多分子吸附层,由于气体的吸附可看作气体在固体表面的凝聚,故吸附热的数值与气体的液化热相近(一般是凝结热的 1 ~ 2 倍),见表 5.2。吸附质并不固定在吸附剂表面的特定位置上,而能在界面一定范围内自由移动,因而其吸附的牢固程度不如化学吸附。物理吸附主要发生在低温状态下,过程放热较小,一般小于 42 kJ/mol,影响物理吸附的主要因素是吸附剂的比表面积和细孔分布。

应用最常用的是从气体和液体介质中回收有用物质去除杂质,如气体的分离,气体或液体的干燥、油的脱色等。

表 5.1　1 kg 活性炭对不同气体的吸附量

气体	$COCl_2$	SO_2	Cl_2	NH_3	H_2S	HCl	CO_2	CH_4	CO	O_2	N_2	H_2
吸附量/$(cm^3 \cdot g^{-1})$	440	380	235	181	99	72	48	16.2	9.3	8	8.0	4.7
沸点/K	281	263	240	229.3	211	190	195	109	83	91	78	21
临界温度/K	456	430	417	405	373	325	304	190	133	154	126	33

* 所用活性炭为北京产 QJ-20 活性炭

表 5.2　各种气体在不同物质上的吸附热与凝结热

吸附剂	气体	温度 K	吸附量 $mol \cdot g^{-1}$	吸附热 kJ/mol	凝结热 kJ/mol
木炭	CO_2	273	2.3	29.26	16.72
	C_2H_2	273	2.5	28.8	16.30
	SO_2	273	2.35	35.9	24.45
	C_2H_4Cl	273	6.7	51.40	27.59
	C_2H_4	273	2.25	26.75	14.00
硅胶	SO_2	273	3.6	13.38	24.45
	H_2O	333	6.4	46.0	42.22
氧化铝	H_2O	298	2.1	44.7	43.90
	CCl_4	298	0.40	46.82	32.41
	C_4H_4	298	0.385	46.82	32.85

化学吸附:指吸附质与吸附剂发生化学反应,形成牢固的化学键和表面络合物,吸附质不能在表面自由移动。化学吸附时放热量较大,与化学反应的反应热相近,约 84 ~ 420 kJ/mol。化学吸附有选择性,即一种吸附剂只对某种或特定几种物质有吸附作用,一般为单分子层吸附。化学吸附通常需要一定的活化能,在低温时吸附速度较小。这种吸附与吸附剂的表面化学性质和吸附质的化学性质有密切的关系。

物理吸附与化学吸附往往同时发生,故它们的界限难以严格区分。例如镍吸附氢,在低温时发生物理吸附,升高温度物理吸附减弱,当升高到某一程度,既存在物理吸附又存在化学吸附,到高温时主要发生化学吸附。

表5.3　物理吸附与化学吸附的区别

	吸附力	吸附层数	可逆性	吸附速率	吸附选择性	发生温度	脱附活化能	吸附热
物理吸附	范德华力	单/多分子层	可逆	不需活化，$V_{吸附}$快	封锁选择性质	接近气体液化点	=凝聚热	=8.4~41.8 kJ/mol
化学吸附	化学键力	单分子层	不可逆	需活化能，$V_{吸附}$慢	有选择性，与吸附质吸附剂有关	高温下（高于气体液化点）	≥化学吸热	≥84 kJ/mol

5.3.2　影响吸附作用的因素

吸附过程的影响因素主要有以下几个方面：

1) 吸附剂的性质：比表面积、粒度大小、极性

吸附剂的物理化学性质：吸附是一种表面现象，吸附剂的比表面积越大，吸附容量越大。吸附剂的种类、制备方法不同，其比表面积、粒径、孔隙构造及其分布各不相同，吸附效果也有差异，吸附剂内孔的大小和分布对吸附性能影响很大，孔径太大，比表面积小，吸附能力差；孔径太小，则不利于吸附质扩散，并对直径较大的分子起屏蔽作用。此外，吸附剂的表面化学结构和表面电荷性质对吸附过程也有很大的影响。极性分子型的吸附剂容易吸附极性分子型的吸附质，非极性分子型的吸附剂容易吸附非极性分子型的吸附质。活性炭属于非极性吸附剂，因此在去除非极性有机物质时可以避免吸附位（即吸附位势，是指将 1 mol 气体从吸附平衡压 P 压缩到该温度下吸附质饱和蒸汽压 P_0 所需的吉布斯自由能 ΔG(J/mol)，即 $\Delta G = RT \ln(p_0/p)$）被极性水分子耗用。

2) 吸附质的性质：对表面张力的影响，溶解度，极性，相对分子量

吸附质的溶解性能对平衡吸附量有重大影响。溶解度越小的吸附质越容易被吸附，也越不易解吸。对于有机物在活性炭上的吸附，随同系物含碳原子数的增加，有机物的疏水性增强，溶解度减小，因而活性炭对其吸附容量越大。吸附质的分子大小对吸附速率也有影响，通常吸附质分子体积越小，其扩散系数越大，吸附速率越大。吸附过程由颗粒内部扩散控制时，受吸附质分子大小的影响较为明显。吸附质的浓度增加，吸附量也随之增加；但浓度增加到一定程度后，吸附量增加变慢。

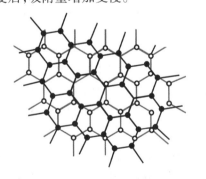 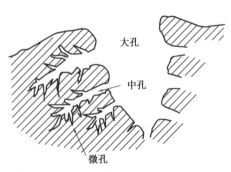

图5.2　组成活性炭的石墨状微晶　　　图5.3　活性炭的空隙结构

3）温度

吸附是放热过程,因此温度越低对吸附越有利,特别是以物理吸附为主时。当吸附达到平衡后,升高温度对物理/化学吸附量都会降低,未达到平衡时,升高温度会使吸附速率加快。

当吸附物为气体时,吸附量与吸附物气体的压力有关,通常恒温恒压时,当气压较低时,吸附量随气压的上升而上升,当达到一定程度时,吸附量的增加程度逐渐减小,最后达到吸附量恒定最大值,这意味着吸附物表面完全被气体覆盖。

4）溶液 pH 值:影响吸附质的解离

吸附剂在制造过程中会形成一定量的不均匀表面氧化物。一般把表面氧化物分成酸性和碱性两大类。酸性氧化物对碱金属氢氧化物有很好的吸附作用,碱性氧化物吸附酸性物质。溶液的 pH 值对吸附也有影响。活性炭从水中吸附有机物的效果,一般随着溶液 pH 值的增加而降低。另外,pH 值对吸附质在水中存在的状态(分子、离子、络合物等)及溶解度有时也有影响,从而对吸附效果产生影响。

Langmuir 吸附等温式:

$$\ominus = \frac{\dfrac{k_a}{k_d}\mu}{1+\dfrac{k_a}{k_d}\mu} = \frac{bP}{1+bP}$$

$$b = \frac{k_a}{k_d} \times \frac{1}{\sqrt{2\pi mkT}}$$

若 V_m 表示单位质量吸附剂的表面覆盖 $\ominus = 1$ 的吸附量,即饱和吸附量(又称极限吸附量),以 V 表示单位质量吸附剂在气体压力为 P 时的吸附量。该吸附量换算成气体在标准状态下的体积。因此,在吸附质气体压力为 p 时的表面覆盖度可表示成 $\ominus = V/V_m$,于是 langmuir 等温式可改写成

$$V = (V_m bp)/1+bp \tag{5.4}$$

式(5.4)中 b 为吸附系数。

若一个分子被吸附时放热 q,则被吸附分子中具有 q 以上能量的就能离开表面回到气相。根据 Boltzmann 能量分布原理,返回气相即脱附的分子数与 $\exp(-q/RT)$ 成正比。

$$k_d = A\exp[-q/(RT)]$$
$$b = (k_a\exp[q/(RT)])/A(2\pi mkT)^{1/2} \tag{5.5}$$

由式(5.5)可见,A 为比例系数,b 是温度和吸附热的函数。b 随吸附热增加而增加,随温度升高而减小,所以一般温度升高,吸附量降低。

从 Langmuir 吸附等温式可以看到:①在压力足够低或吸附较弱时,$bp<1$ 则 $V \approx V_m bp$,这时吸附量 V 与 p 是直线关系,如图 5.4 的低压部分。②当压力足够大或吸附较强时,bp 远大于1,则 $V = V_m$,这时 V 与 p 无关,吸附达到单分子层饱和状态,如图 5.4 的高压部分。③当压力适中时,V 与 p 是曲线关系,如图 5.4 中弯曲线部分。

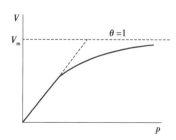

图 5.4　langmuir 吸附等温示意图

5.4 表面活性剂

能够使溶液表面张力显著降低的物质称为表面活性剂。表面活性剂的分子的结构特征是含有亲水基和憎水基（亲油基）。在液体（通常指水溶液）中亲水基团插在溶液中，亲油基团露在空气中成定向排列，其表面超额为正，即表面活性剂的表面浓度大于本体浓度。但并不是所有的两亲分子都是表面活性剂，因为只有亲油基具有足够长度，两亲分子才会表现出显著的表面活性。在工业生产和日常生活中，表面活性剂是不可缺少的助剂。其优点是用量少，收效大。

本节主要讲述表面活性剂的性质及作用以及影响表面活性剂应用的因素。

5.4.1 表面活性剂的性质及作用

表面活性剂是一类两亲性的长链分子，其结构中至少含有一个亲水基和一个疏水基[图5.5(a)]，由于水是极性液体，根据相似相溶规律，亲水基易溶于水，与水有较强的偶极作用，而疏水基则与水的作用力很弱。因此在水溶液中，亲水基团往往处于水相中，疏水基团则在水相外自身相互作用，互相靠近，这样使表面活性剂能够聚集形成胶束结构[图5.5(b~d)]，胶束可以起到增溶，自愈合，也可以作为药物载体。

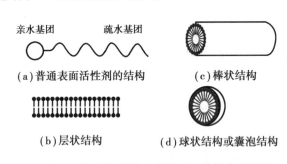

图5.5　表面活性剂的结构及其常见组装形态示意图

表面活性剂在溶液中形成特殊结构的驱动力在于它能降低体系的表面张力，比如，在形成胶束时，这样的结构使疏水基团与水相完全分离，可以显著降低液体表面张力。基团的亲水性和亲油性可以用 Griffin 提出的亲水亲油平衡值（HLB）来衡量，比如羧酸根的 HLB 为21.2，烷基链的 HLB 为0.475，表面活性剂在溶液内部形成胶束的最低浓度即为临界胶束浓度（CMC），CMC 是让液体表面活性趋于稳定的最小浓度，即在 CMC 浓度以上，液体表面张力不会继续减少。CMC 可以用测定表面张力和电导率等方法确定。

普通表面活性剂的亲水基团一般是极性基团，如羟基、氨基、胺盐基团、羧基、磷酸基、硫酸基、磺酸基等；疏水基团多为非极性长链烷基，一般为八个碳原子以上，有时候疏水基团也可以是芳香基团。普通表面活性剂最简单的分类方法可以按亲水基团的性质分为离子型和非离子型两类。其中离子型包括阳离子型、阴离子型、两性离子型 3 类，如表5.4所示。

表 5.4　表面活性剂分类

类型	离子型表面活性剂			非离子型表面活性剂
	阳离子	阴离子	两性离子	
特性	克拉夫特点:溶解度随温度升高而增大,当到达某个温度后,溶解度会急剧上升,这个温度称为克拉夫特点。此温度对应的溶解度即为离子型表面活性剂的 CMC。克拉夫特点是离子型表面活性剂的最低使用温度。阴阳离子两类表面活性剂混合使用,浓度低于 CMC 时,表面活性明显增强,但是达到 CMC 时,二者聚沉,失去活性			稳定性较强,可以和其他类型的表面活性剂混用。亲水基团多为羟基和聚氧乙烯链。溶解度随温度升高而降低,到达一定温度后氢键断开,表面活性剂析出。此温度为昙点,即最高使用度
	一般用于匀染,缓染,抗静电	发泡,去污,乳化,润湿等效果较好	水溶性较好,有良好的生物降解性能和抗微生物性能	
分类	季铵盐,含氮杂环衍生物	羧酸盐,磺酸盐,硫酸酯盐,磷酸酯盐	氨基酸类、甜菜碱类和咪唑啉类	多元醇型、聚氧乙烯型、司盘、吐温

1)形成胶束

由图 5.6 曲线可知,当表面活性剂浓度达到或超过某一值以后,溶液的表面张力变化很小,γ 曲线发生明显的转折。这个转折是与溶液达到饱和吸附相对应的。因为达到饱和吸附时,表面几乎全被表面活性剂所占据,溶液浓度再增加,活性剂不能进入表面,所以溶液表面张力不再明显下降。于是表面活性剂在溶液内部另寻稳定的处境—形成胶束。

胶束又称为胶团,是在溶液内部,表面活性剂亲水的极性基向着水,疏水的碳氢链聚集在一起形成疏水内核的有序组合体。由于胶束是表面活性剂通过缔合面而成,其大小达到了胶体分散体系的范围,所以这种溶液又称为缔合胶体或胶束溶液,胶束的形成过程如图 5.7 所示。

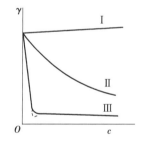

图 5.6　溶液的 $\gamma\text{-}c$ 关系

当表面活性剂浓度很低时,它在表面上的浓度也很低,如图 5.7(a),水的表面张力变化不大。若使溶液浓度稍稍增加,表面活性剂就会聚集到溶液表面从而使水的表面张力大大降低,这时在溶液内部的表面活性剂分子也会以疏水基相互靠近,三三两两地聚集在一起,称为小胶束,也称为预胶束,如图 5.7(b),再增加溶液的浓度,一直达到饱和吸附,活性剂会在溶液的表面上形成定向排列的单分子吸附膜,如图 5.7(c)。此时溶液的表面张力最小,当溶液的浓度达到或超过 CMC 后,若再增加溶液的浓度,表面张力几乎不再下降,只是溶液胶束的数目和胶束的聚集数增加,如图 5.7(d)。

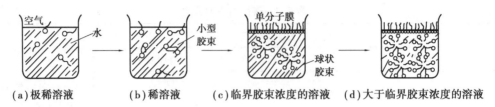

(a)极稀溶液　　　(b)稀溶液　　(c)临界胶束浓度的溶液　　(d)大于临界胶束浓度的溶液

图5.7　胶束形成的过程

2)表面活性剂溶液的许多性质随溶液浓度的变化出现转折点

表面活性剂溶液的表面张力随其浓度增加急剧下降,当浓度达到一定值后,表面张力几乎不再改变,c关系曲线有一明显的转折点,如图5.6曲线Ⅲ所示。离子型表面活性剂,在低浓度时的电导率与正常电解质溶液相似,但高浓度时却表现出很大的偏差,如图5.8,图中 C1表示十二烷基苯磺酸钠,C 表示十四烷基苯磺酸钠。其他依数性关系如渗透压、冰点降低等,也都远比理想溶液的计算值低。此外,还有表面活性剂溶液的密度、去污能力等与浓度的关系都有明显的转折点。而且这些转折点对某表面活性物质是出现在一特定的温度范围内。图5.9 所示为十二烷基硫酸钠水溶液的各种性质随浓度变化的情况,其转折点在 $0.008\ \text{mol} \cdot \text{dm}^{-3}$ 附近。图5.9 表示烷基苯磺酸钠水溶液的电导率与浓度的关系。产生这些现象的原因是表面活性剂形成了胶束,这一浓度(或浓度区)称为临界胶束浓度,以 CMC表示。

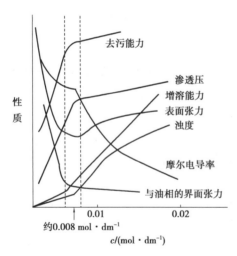

图5.8　十二烷基硫酸钠水溶液的各种性质与
浓度的关系

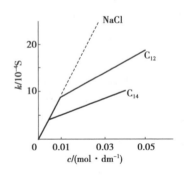

图5.9　烷基苯磺酸钠水溶液的电导率与
浓度的关系

3)表面吸附表面活性剂的一个重要特征是将其加入水中,会使水的表面张力显著降低

这是因为活性剂分子总是由亲水的极性部分和亲油的非极性部分组成、当它溶入水中后,根据极性相似相溶规则,表面活性剂分子的极性部分倾向于留在水中,而非极性部分翘出水面(或朝向非极性的有机溶剂),这必然造成多数表面活性剂分子浓集在表(界)面上,并整齐地定向排列,形成一吸附层,此时的表面已不再是原来纯水的表面,而是掺有亲油的碳氢化合物分子的表面,由于极性与非极性分子之间相互排斥,所以加有表面活性剂的水溶液表(界)面张力急剧下降。

144

5.4.2　影响表面活性剂应用的因素

表面活性剂根据用途的不同可分为乳化剂、润湿剂、发泡剂、分散剂、絮凝剂、去污剂、破乳剂、抗静电剂等;根据疏水基的不同可分为直链的、支链的和环状的;根据表面活性剂在水中离解与否可分为离子型、非离子型和混合型,离子型又可以分为阴离子型、阳离子型和两性离子型。

1)分子大小

一般来说表面活性剂分子较小的,其润湿性和渗透作用比较好,分子量大的,其洗涤作用,分散作用性能较好。如烷基硫酸钠类表面活性剂中,在洗涤性能方面,$C_{16}H_{33}SO_4Na > C_{14}H_{29}SO_4Na > C_{12}H_{25}SO_4Na$,但在湿润性能方面 $C_{12}H_{25}SO_4Na$。

2)表面活性剂对环境生态的影响

由于传统表面活性剂在进行环境修复的同时自身也会残留,这会对环境造成二次污染,不适用于原位修复,且费用较高,使用化学表面活性剂进行环境修复的同时,表面活性剂也不可避免地残留于环境中。虽然生物表面活性剂可以较好地克服这一缺点,但目前大量的研究还处于实验室研究阶段,而且对作用机理的研究仍不是十分完备。

3)亲水基的相对位置对性能的影响

一般来说,亲水基在分子中间的比在末端的润湿性更强。因为亲水基在碳氢链中间的表面活性剂比亲水基在端点的在水中扩散速度快,所以润湿时间较短。去污性而言,亲水基在分子末端的比在中间的去污力好。由环氧乙烷与环氧丙烷整体共聚而成的聚醚型非离子表面活性剂,因聚氧乙烯(亲水基)所在的位置不同,也会导致性质上的差异。化学结构为 $HO(C_2H_4O)_a(C_3H_6O)_b(C_2H_4O)_c$,其聚氧乙烯在两端,简称为 EPE 型。化学结构为 $OH(C_3H_6O)_a(C_2H_4O)_b(C_3H_6O)_c$,聚氧乙烯链位于中间,聚氧丙烯链位于两端,简称为 PEP。当分子量相近,且聚氧乙烯含量相同时,PEP 比 EPE 有更低的浊点和更低的起泡力,去污力则无规律。

4)亲水基的结构对性能的影响

阴离子表面活性剂耐盐性较差,不宜在硬水中使用,非离子表面活性剂由于极性基不带电,一般不受无机电解质的影响。在离子型表面活性剂亲水基和疏水基之间引入聚氧乙烯链,形成的表面活性剂兼具离子型表面活性剂和非离子型表面活性剂的特征,可以极大地改善其抗硬水性能。同碳链的烷基磺酸盐比硫酸盐溶解性差很多,如十二烷基硫酸钠的 Krafft 点是 9 ℃,而十二烷基磺酸钠的 Krafft 点是 38 ℃。但烷基磺酸钠的抗硬水性能比烷基硫酸钠好很多。当与阳离子表面活性剂复配时,烷基磺酸钠-烷基季铵盐的水溶性远比烷基硫酸钠-烷基季铵盐的高。

亲水基体积大小对表面活性的影响。①亲水基体积增大影响表面活性剂分子在表面吸附层所占的面积,从而影响到表面活性剂降低表面张力的能力。例如,十二烷基三甲基溴化铵和十二烷基三乙基溴化铵的分别是 38.9 mN/m 和 42.1 mN/m;②极性基体积的大小影响分子有序组合中分子的排列状态,从而影响到分子有序组合体的形状和大小;③在正负离子表面活性剂混合体系中,增大极性基的体积,可降低正离子和负离子极性基之间的静电引力,提高混合体系的溶解性。

5.5　聚合物材料的表面化学

高分子材料也称为聚合物材料,是以高分子化合物为基体,再配有其他添加剂(助剂)的材料。

高分子材料的表界面特性具有重要意义,纤维的染色、塑料的喷金、薄膜的印刷、材料的粘接、聚合物合金及相容性、复合材料的界面,聚合物的抗静电性能、医用高分子材料与生物体的相容性等均与其有关。外表张力是材料表界面的最根本性能之一。液体的外表张力测定可由经典物理化学方法测定。固体材料外表分子没有流动性,其外表张力测定没有直接的方法,只能通过间接的方法或估算求取。

本节主要讲述聚合物材料的表面特性、影响聚合物界面张力的影响因素以及高聚物共混体系的界面化学。

5.5.1　聚合物材料的表面特性

1)纳米材料

(1)界面与表面效应

纳米微粒越小,表面原子数与其总原子数之比就越大。现做一个简单估算:假设原子直径为 0.3 nm,在直径 100 nm 的球形微粒中,表面原子仅占 2%;当直径下降到 5 nm 时,表面原子占 40%;当粒径进一步减小到 2 nm 时,表面原子所占比例增加到 80%。可见直径小于 10 nm 时,其表面原子数急剧增加,纳米微粒的比表面(表面积/体积)总和可达 100 m²/g 以上。

①界面效应。随着纳米微粒粒径的减小,界面原子数增多,因而无序度增加,同时晶体的对称性降低,其部分能带被破坏,从而出现界面效应。

②表面效应。由于纳米微粒尺寸小,表面原子比例增大,微粒的表面能和表面张力也随之增加,从而引起纳米微粒性质的变化。纳米微粒的表面原子所处的晶体场环境及结合能与内部原子有所不同,存在许多悬空键,处于不饱和状态,因而极易与其他原子相结合而趋于稳定,故纳米材料具有极高的表面活性。这种表面原子的活性就称为表面活性。

(2)量子尺寸效应

我们知道,原子是由原子核和核外电子构成的,电子在一定的轨道(或能级)上绕核高速运动。单个原子的电子能级是分立的,而当许多原子如 n 个原子聚集到一起形成一个"大分子",也就是大块固体时,按照分子轨道理论,这些原子的原子轨道彼此重叠并组成分子轨道。由于原子数目 n 很大,原子轨道数更大,故组合后相邻分子轨道的能级差非常微小,即这些能级实际上构成了一个具有一定上限和下限的能带,能带的下半部分充满了电子,上半部分则空着。大块物质由于含有几乎无限多的原子,其能带基本上是连续的。但是,对于只含有有限个的纳米微粒来说,能带变得不再连续,且能隙随着微粒尺寸减小而增大。当热能、电能、磁能、光电子能量或超导态的凝聚能比平均的能级间距还小时,纳米微粒就会呈现一系列与宏观物体截然不同的反常特性,称之为量子尺寸效应。久保亮五提出的能级间距 δ 与颗粒大小间的关系式是凝聚能比平均的能级间距还小时,纳米微粒就会呈现一系列与宏观物体截然不同的反常特性,称之为量子尺寸效应。久保亮五提出的能级间距 δ 与颗粒大小间的关系

式为

$$\delta = \frac{4}{3} \times \frac{E_f}{N} \tag{5.6}$$

式(5.6)中，E_f 为费米能级；N 为总电子数。

有人根据久保理论计算，温度为 1 K 时，直径小于 14 nm 的银纳米微粒会变成绝缘体，实验也证实了这一点。

由于量子尺寸效应，引起纳米微粒的光、电、磁、热、声等性质与宏观特性有显著的差别。如磁矩的大小和微粒中电子是奇数还是偶数有关；比热容也会发生反常变化；光谱线会产生向短波方向移动；催化活性与原子数目有奇妙的联系，多一个原子可能活性很高，少一个原子可能活性很低。

（3）小尺寸效应

当超细微粒尺寸不断减小，与光波波长、德布罗意波长以及超导态的相干长度或透射深度等特征尺寸相当或更小时，晶体周期性的边界条件将被破坏，引起材料的电、磁、声、光、热和力学等特性都呈现新的小尺寸效应。例如：①陶瓷器件在通常情况下呈脆性，而由纳米微粒制成的纳米陶瓷材料却具有良好的韧性，这是由于纳米微粒制成的固体材料具有大的比表面积，界面原子排列很混乱，原子在外力变形条件下容易迁移，因此表现出甚佳的韧性与一定的延展性，使陶瓷材料具有新奇的力学性能。②特殊的光学性质。当黄金（Au）被制成纳米微粒小于光波波长的尺寸时（几百纳米），会失去原有光泽而呈现黑色。实际上所有的金属纳米微粒均呈黑色，尺寸越小，颜色越黑。银白色的铂变为铂黑，铬变为铬黑，镍变为镍黑等。③利用等离子共振频移随微粒尺寸变化的性质，可通过改变微粒大小来使吸收峰位移，从而制造出频宽的微波吸收纳米材料，用于电磁波屏蔽、隐形飞机等。

（4）量子隧道效应

我们知道，电子既具有粒子性又具有波动性，它的运动范围可以超过经典力学所限制的范围，这种"超过"是穿过势垒，而不是翻越势垒，这就是量子力学中所说的隧道效应。近年来人们发现一些宏观物理量，如微粒的磁化强度、量子相干器件中的磁通量等也具有隧道效应，它们可以穿越宏观体系的势垒而产生变化，这称之为宏观量子效应。量子隧道效应、量子尺寸效应有可能成为未来"纳米电子器件"的基础，这方面已成为目前科学工作者研究的热点。

2）高聚物

有机高分子链的结构和性能，链型（包括带支链的）有机高分子化合物的长链分子通常呈卷曲状，且相互缠绕，显示一定的柔顺性和弹性。由于高分子链间作用力较弱，大多数链型有机高分子化合物可溶于适当的溶剂中，且加热时会变软，冷却时又变硬，可反复加工成型，被称为热塑性高聚物，聚氯乙烯、未硫化的天然橡胶、高压聚乙烯等链型有机高分子化合物，都是热塑性高聚物。

体型高聚物是链型（含带支链的）高聚物分子间以化学键交联而形成的具有空间网状结构的有机高分子化合物，一般弹性和可塑性较小，而硬度和脆性较大；在一般溶剂作用下不溶解，一次加工成型后不再能熔化，故又称为热固性高聚物。体型高聚物具有耐热、耐溶剂和尺寸稳定等优点。如酚醛树脂、硫化橡胶以及离子交换树脂等都是体型高聚物。非晶态链型高分子化合物无确定的熔点，在不同的温度范围内可呈现三种不同的物理形态，即玻璃态、高弹态和黏流态。

3）半导体材料

二维 $MoTe_2$ 界面特性研究：$MoTe_2$ 是典型的二维过渡金属硫化物，有金属相和半导体相，其中半导体相块体带隙为 0.83 eV 的间接带隙，而单层带隙为 1.1 eV 的直接带隙，有望实现硅基片上集成发光和光电探测器、太阳能电池、柔性电子器件、自旋电子器件等。而研究 $MoTe_2$ 与金属电极的接触及界面特性是研究 $MoTe_2$ 器件应用的基础。我们通过微区光电流谱系统揭示 $MoTe_2$ 晶体管光电探测器的空间电势分布，以此为基础探讨了 $MoTe_2$ 探测器的光电转换机理；同时，通过原位吸附/脱附的电学测量，实现了 $MoTe_2$ 晶体管导电性的调节，并以此为基础构筑了反相器。

5.5.2　影响聚合物界面张力的影响因素

影响表面张力的因素有物质的本性，还与温度、压力以及共存的另一相物质的性质有关。

1）物质的本性

不同的物质具有不同的表面张力，主要是不同物质分子间作用力不同。对非极性有机液体，γ 值一般较小，如正己烷在 20 ℃下 $\gamma = 18.43$ mN $\cdot$ m^{-1} 其分子间相互作用力主要是色散力。对有氢键相互作用力的液体，表面张力较大，如水在 20 ℃下，$\gamma = 72.8$ mN $\cdot$ m^{-1}。对有金属键作用的液体，表面张力值更大，一般都在几百毫牛每米以上，如汞在 20 ℃下 $\gamma = 486.5$ mN $\cdot$ m^{-1} 现已知表面张力最低的液体是 He，在 1 K 下为 0.365 mN $\cdot$ m^{-1}，表面张力最高的液体是 Fe，在其熔点 1 550 ℃下 $\gamma = 1$ 880 mN $\cdot$ m^{-1}。

2）温度的影响

表面张力一般都是随温度的升高而降低的（见表 5.5）。因为温度升高引起液体的体积膨胀，密度降低，分子间距离增加，质点间作用力减弱；同时共存蒸气的密度增加，相对于低温来说，表面层分子所受液体内部分子吸引力减少，受蒸气分子的引力增加，造成表面张力降低，即表面张力的温度系数 T 为 P/AP 负。也有温度系数为正的（如镉、铁、铜和合金以及某些硅酸盐等）表面张力随温度的升高而增大。这种现象由于影响因素复杂，尚未获得统一完善的解释。

表 5.5　不同温度下水的表面张力

温度 T/K	273	293	313	333	353	373
$\sigma/(10^{-3}$ N $\cdot$ m$^{-1})$	75.64	72.80	69.56	66.18	62.61	58.8

3）压力的影响

由热力学基本关系式 $dG = -SdT + Vdp + ydA$，在 T 一定时，根据全微分的性质，有 $\left(\dfrac{\partial \gamma}{\partial p}\right)_{A,T} = \left(\dfrac{\partial V}{\partial A}\right)_{p,T}$ 因为表面层物质密度低于液体体相密度，所以一般 dV 为正，则 $\left(\dfrac{\partial \gamma}{\partial p}\right)_{A,T}$ 为正，即表面张力随压力增加而增加。但实际情况则相反，表现为随压力增加而减小。通常某种液体的表面张力是指该液体与含有该液体的蒸气的空气相接触时的值。因为在一定温度下液体的蒸气压是定值，因此只能靠改变气相中空气的压力或加惰性气体等方法来改变气相的压力。气相压力增加，气相中物质在液体中的溶解度增加，并可能产生吸附，会使表面张力下降。压力的影响与气体的溶解及吸附的影响相比,后者更甚。所以,液体表面张力一般随气相压力增加而降低。如 20 ℃时,水在 0.098 MPa 压力下表面张力为 72.8 mN/m^{-1},在 9.8 MPa 压力下为 66.4 N/m。

5.5.3　高聚物共混体系的界面化学

1)高聚物共混体的界面结构

高聚物共混体界面结构有两种类型,第一类是两相之间存在化学键。例如接枝共聚物、嵌段共聚物等,第二类是两者之间无化学键,例如一般的机械共混物、互穿网络聚合物(IPN)等。由成分 A 和成分 B 所构成的 AB 型嵌段共聚物,其界面层结构如图 5.10 所示。即 A 为一相,B 为另一相,中间为一界面区,界面内有化学键,连接 A 和 B,使之稳定。机械共混物有单相结构和两相结构。作为单相体系,界面可能存在于高聚物与高聚物的分子水平的微区之间,也可能不存在。作为多相体系,有连续相和分散相。界面存在于连续相和分散相相接的边缘区域,如图 5.11 所示。在界面区域内,存在有氢键,或色散力、诱导力,使体系稳定。互穿网络(IPNS)是高聚物共混物的一个独特分支,有许多不同的结构和制备方法。没有化学键连接的互锁环称为互锁。它的界面形态类似于机械共混物,网络的相互贯穿仅限于两相的界面(图 5.12)。

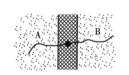

图 5.10　A、B 嵌段共聚物的相界面

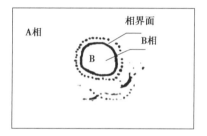

图 5.11　机械共混体相界面示意图

图 5.12　互穿网络(IPNS)的相互贯穿

2)高聚物掺杂材料改性

在橡胶改性尼龙中,加入增韧增溶剂进行表面接枝改性,是提高橡胶与尼龙之间的界面粘结力的有效途径之一。其主要目的是通过改善界面粘结力,提高橡胶粒子在形变过程中吸收能量的效率,与基体同时分担负荷。图 5.13 是接枝共混聚合物相界面示意图。由于橡胶主链上接上了塑料组分的支链,大大改善了相容性,增加了界面结合力。图 5.14(a)是加入增韧增溶剂不适量的样品的断口形貌图,可见橡胶粒子暴露清晰,橡胶粒子粗大且表面光滑,明显可见橡胶粒子脱落后留下的凹坑。因此,在每一胶粒周围都有可能形成新的裂纹源,使材料在断裂时导致了"界面型"破坏。图 5.14(b)是加入适量的增韧增溶剂的样品的断口形态,表面未见明显的胶粒析出,也没有因胶粒脱落而留下的凹坑,说明由于加入了适量的增韧增溶剂,提高了界面黏合力而使橡胶粒子与基体牢牢粘连在一起并被包裹在基体之中。当材料受力时,减少了裂纹在相界面处生成的概率。另外,加入适量的增韧增溶剂后,使

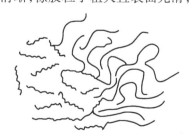

图 5.13　接枝共聚物的相界面图

橡胶粒子趋于减小并一致,从而达到了改善力学性能的目的,缺口冲击强度比改性前提高了十几倍,见表5.6。

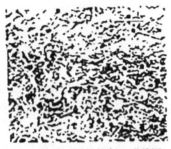

(a)接枝不适量的断口形貌图　　(b)接枝适量的断口形貌图

图5.14　橡胶改性的尼龙形态

表5.6　橡胶改性尼龙6的性能比较

	纯尼龙6	接枝(a)	接枝(b)
$\partial/(kJ \cdot m^2)$	6.1	15.9	83.2
τ/MPa	112.7	56.2	72.3

*接枝(a):适量;接枝(b):不适量。

阅读材料:

　　"表面与界面化学"是理工类学科一门重要的专业基础课。通过课程思政,实现理论与实践相联系,基础与专业相联系,教学与科研相辅相成,科学与哲学融会贯通。引导学生科学认识问题并探究解决方案,激发学生科技报国的责任心和使命感,落实立德树人根本任务。2016年,习近平总书记在全国高校思想政治工作会议上指出,要用好课堂教学这个主渠道,其他各门课都要守好一段渠、种好责任田,使各类课程与思想政治理论课同向同行,形成协同效应。

教学流程		
教学环节	知识线	思政线
1 表界面化学与生产生活	表界面现象与生活、专业领域的应用	科学发展观
2 概念构建:界面定义及其类型	1.引导学生分析沸腾的水可能存在的界面,进而总结界面的定义、类型 2.引导学生讨论荷叶上的露珠接近球形的原因,分析液体表面层分子与液体内部分子的受力差异	通过探究水滴接近球形的本质原因,渗透认识事物应从宏观到微观、从现象到本质的科学方法,培养科学探究精神

续表

教学流程		
教学环节	知识线	思政线
3 本质探析:从力、表面功、表面吉布斯函数角度研究表面张力	引导学生从力、表面功、表面吉布斯函数三个方面分析表面张力,并自主推导表面张力的三种表达形式	从三个既相互区别、又相互联系的方面系统地研究表面张力,渗透对立统一的辩证唯物主义思想,事物发展与能量变化规律
4 吸附现象	物理吸附与化学吸附	马克思主义世界观和方法论:主要矛盾和次要矛盾
5 表面活性剂	掌握表面活性剂的基础知识	探索未知、创新精神
6 聚合物材料的界面化学	1.纳米粒子团聚、薄膜表面开裂、复合材料结合强度等 2.展示我国科学家江雷院士制备的新型界面材料,以及国内外界面领域前沿科技,思考其中的原理和规律,了解界面现象原理和规律的应用	马克思主义世界观和方法论:理想与现实的统一,建立模型,完善理论。增强道路自信,厚植爱国情怀

　　表面与界面化学是材料学科一门重要的专业基础课,它属于物理化学的一个分支,又与材料科学与工程紧密联系,其知识体系具有理论严谨、逻辑推理性强、应用广泛的特点,通过借鉴马克思主义哲学等思想,辩证地分析问题、理解问题,将材料化学相关知识体系与哲学思想融会贯通,将方法论与专业知识相结合,以科研课题、新型材料研发的背景和技术为突破口开展教学,使课堂既生动活泼又寓有深意,既富含科技又充满哲理。课程思政需要从教学设计、教学目标、教学内容、教学方法等角度进行全面探索和革新。

　　倡导绿色发展理念,增强环保意识,习近平同志"绿水青山就是金山银山"的绿色发展理念,以前的研究大都是针对某一类或某一种表面活性剂进行生物降解,对复合型污染的处理研究得较少。目前的研究大都是针对常用的阴离子和非离子表面活性剂进行的,对阳离子和两性表面活性剂生物降解的研究较少,且对表面活性剂的生物降解机理研究还不够透彻。中国目前环境方面的研究大都集中在水处理方面,对土壤的原位修复研究力度不足,而且大多使用化学或物理的方法,部分(未来的)环保工程师对生物表面活性剂的认识不足也是限制其在环境保护中广泛使用的原因之一。同样,目前的研究几乎都是针对某一类或某一种污染物来开展的研究,对复合污染物的研究报道并不多见。

　　新型表面活性剂的结构异于普通表面活性剂,有着更加优异和特殊的性能。但是由于成本等因素的影响,新型表面活性剂的应用范围和普及程度均不及普通表面活性剂。随着研究的深入和更高效合成路线的发现,新型表面活性剂必将有无限的发展潜力。

　　表面活性剂与人类生活的方方面面密切相关,不免波及一些环境问题,既有对残留于环境中作为污染物的表面活性剂的无害化,也有利用生物表面活性剂对其他污染物进行处理。通过针对性地阅读部分文献,对目前现状有了较为直观的认识,但发现其中仍有不足之处有待完善。

思考题与习题

1. 某液态硅酸盐的表面能为 5.00×10^{-5} J/cm^2，它在多晶氧化物表面形成的接触角为 45°。如果它与氧化物相混，在氧化物三晶粒相交处便形成液相小球，平均两面角为 90°。已知该氧化物在无硅酸盐液相时的界面能为 1.000×10^{-4} J/cm^2，请计算该氧化物的表面张力。

2. 设 $CHCl_3(g)$ 在活性炭上的吸附服从 Langmuir 吸附等温式。在 298 K 时，当 $CHCl_3(g)$ 的压力为 5.2 kPa 及 13.5 kPa 时，平衡吸附量分别为 0.069 2 $m^3 \cdot kg^{-1}$ 和 0.082 6 $m^3 \cdot kg^{-1}$，求：

(1) $CHCl_3(g)$ 在活性炭上的吸附系数 a 和饱和吸附量 V_m；

(2) 若 $CHCl_3(g)$ 分子的截面积为 0.32 nm^2，求活性炭的比表面积。

3. 已知在 0 ℃时，活性炭吸附 $CHCl_3$ 的饱和吸附量为 93.8 L/kg。若 $CHCl_3$ 的分压力为 1.34×10^4 Pa，其平衡吸附量为 82.5 L/kg，求

(1) Langmuir 公式中的 b 值；

(2) $CHCl_3$ 分压力为 6.67×10^3 Pa 时，平衡吸附量是多少？

4. 表面活性剂有哪些类型？各举例子。

5. 如何选择合适的表面活性剂？

6. 纳米材料的表面特性有哪些？

7. 高聚物共混体的界面改性应用有哪些？

第 **6** 章
原子结构与周期系

本章基本要求

（1）了解核外电子运动的特征和运动状态的描述方式，了解波函数（原子轨道）和电子云的概念及其角度分布图。

（2）掌握核外电子分布的一般规律及其与元素周期系的相关性，明确元素周期、分区、族、外层电子构型的情况。

（3）联系原子的电子层结构了解元素的一些基本性质，如有效核电荷数、原子半径、电离能、电子亲合能、电负性等在周期系中的递变情况。

20 世纪初，卢瑟福（Rutherlord）主要根据粒子散射实验提出了含核的原子模型；1913 年，玻尔（Bohr）根据氢光谱的实验事实提出了核外电子分层分布的玻尔理论；直到 20 世纪 20 年代，以微观粒子的波粒二象性为基础发展起来的量子力学才建立了比较符合微观世界实际的物质结构近代理论。

6.1 氢原子核外电子运动的特征

对一个运动着的宏观物体，在它运动的时间间隔（即物体运动的起始状态到终结状态所需的时间）内可以时时刻刻找到物体的空间位置和它相应的能量数值（即若时间在 t_1 可得 x_1、y_1、z_1 和 E），即每一个指定时间就必然有明确的空间位置（坐标）和相应的能量值。由于时间是连续变化的，所以，在宏观物体运动的时间间隔内，将每一时刻的位置连接起来就可以求得物体的运动轨迹，每一时刻运动着的物体均有明确的能量值，故在整个的时间间隔内也可求得物体运动的能量值分布。宏观物体运动的能量值分布是连续的。所以，对于宏观物体来说每时每刻都能求得位置和能量。在整个运动时间内可得到物体的运动轨迹（即轨道）和能量值的分布，这个宏观物体的运动状态可以被完全确定。

当讨论原子核外电子运动时，由于电子是微观粒子（不属宏观物体），而微观粒子运动存在波粒二象性，因此它不服从经典力学，不能用经典力学的基本方程来处理和确定其运动状态，而必须用量子力学理论和方法来处理。所以，要对微观粒子的运动特征和量子力学的有关基本知识做简要的说明。

6.1.1 核外电子运动的特征

1）玻尔理论评价

为了说明氢原子的线状光谱，1913 年丹麦的物理学家 Bohr（玻尔）在含核模型的基础上，引用了 Planck（普朗克，德）的量子论，提出了 Bohr 原子模型，他提出了量子数 n 的概念。对于氢原子，核外电子运动的轨道能量

$$E = \frac{-131\ 2}{n^2}\ \text{kJ/mol}, n = 1, 2, 3, 4, \cdots（正整数）$$

按此模型，核外电子绕核做圆形轨道运动时，电子在一定的位置上有一定的能量，这种状态称为定态，定态电子不辐射能量。量子数 n 又是能级的编号。n 越大，表示电子运动的轨道离核越远、能级越高。负号表示在原子核的正电场作用下电子受核的吸引。当 $n = \infty$ 时，$E = 0$，相当于电离的原子。根据玻尔理论可以计算出，氢原子处于能量最低的状态—基态时，电子在 $n = 1$ 的轨道上运动，其半径为 52.9 pm，称为玻尔半径，记为 a_0。能量较高的定态，称激发态。电子从基态跃迁到激发态需吸收能量；或者若与此相反，则放出能量。这些能量变化都是量子化的。所谓"量子化"，是指质点的运动和运动中能量状态的变化是以一定距离或能量单元为基本单位做跳跃式变化的。

Bohr 原子模型成功地解释了氢原子的线状光谱，对其谱线频率的计算与实验十分吻合；提出了定态、能级和能量跃迁等重要概念；指出了微观粒子的运动特性之量子化，为光谱学和原子结构理论的发展做出了重大贡献。

但是除氢原子和类氢离子的光谱外，Bohr 原子模型无法解释其他核外有两个及两个以上电子的原子光谱。根本原因是，Bohr 原子模型只把电子看作粒子，而不了解微观粒子运动的另外两个特性—波粒二象性和运动的统计性。

尼尔斯·亨利克·戴维·玻尔（丹麦文：Niels Henrik David Bohr，1885 年 10 月 7 日—1962 年 11 月 18 日），男，丹麦物理学家，哥本哈根大学硕士/博士，丹麦皇家科学院院士，曾获丹麦皇家科学文学院金质奖章，英国曼彻斯特大学和剑桥大学名誉博士学位，1922 年获得诺贝尔物理学奖。

玻尔通过引入量子化条件，提出了玻尔模型来解释氢原子光谱；提出互补原理和哥本哈根诠释来解释量子力学，除此之外，他还是哥本哈根学派的创始人，对 20 世纪物理学的发展有深远的影响。

2）微观粒子波粒二象性

在物理学的发展过程中，不得不提对光的本质认识过程。最早在几何光学的年代，看到光线的反射、折射，认为光是作直线行进的微粒，称光的微粒说。后来发现光线通过狭缝时会产生衍射现象，得到衍射环图像，就有认为光是波动的，即光的本质是波，方能解释光的衍射现象。若将光波看成电磁波便得到了光的波动方程，解此方程可求能量和描述光波运动的波函数，这样光的波动说占了上风。到 20 世纪初，当发现光与物质接触时有非弹性碰撞的现象（即碰撞前后能量有变化），称康普顿效应，又认为光是具有微粒性的，结论是光的本质既有波动性又有微粒性，简称波粒二象性。

1900 年,普朗克在研究光的黑体辐射时,发现其相应能量分布只能用 $E=nh\nu$ 表达,当 $n=$ 1 时,$E=h\nu$ 是光的能量最小单位,也可称为光子能量单位。到 1905 年爱因斯坦从光电效应(光照到金属表面,有电子逸出的现象)确认光的微粒性,其碰撞时动量 $P=h/\lambda$,所以,光的波粒二象性的数学表达式为

$$E= nh\nu \tag{6.1}$$
$$P=h/\lambda \tag{6.2}$$

等式右边反映波动性,等式左边反映微粒性。其运动方程可用光的波动方程。

1924 年,法国物理学家德布罗意(de Broglie)认为像电子这样的微粒也应当有波粒二象性。他把光的二象性推广到具有静止质量的电子这样的微粒,由于电子的动量 $P=mv$,m 是电子的质量,v 是电子的速度。将 $P=mv$ 代入式(6.2)得

$$\lambda =h/mv \tag{6.3}$$

这就是电子的波长。

1927 年,德布罗意的假设被戴维逊(Davisson)和盖末(Germer)的电子衍射试验所证实(图 6.1)。当一束能量较大的电子流穿过金属薄膜后,得到了一系列同心圆的图像,如同 X 射线衍射图。由试验测定的波长,与德布罗意关系式的计算结果相符。用中子、质子、原子等微观粒子流,也得到相同结果。从而证实了德布罗意波或物质波的存在。

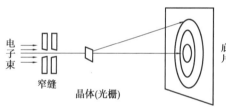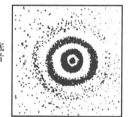

图 6.1 　 电子衍射示意图

路易斯·德布罗意(Louis de Broglie,1892—1987)出生在法国一个显赫的贵族家庭。中学毕业后进入巴黎大学攻读历史,1910 年获得历史学硕士学位。在他哥哥、著名的 X 射线物理学家莫里斯·德布罗意(Maurice de Broglie,1875—1960)的影响下,对物理学产生了浓厚的兴趣,并在他哥哥的私人实验室里进行物理学的研究工作。特别是在阅读了第一届索尔维会议的学术报告和论文后,就下决心去弄清楚普朗克引入的量子概念的真正本性。在获得了科学硕士学位后,他的研究工作被第一次世界大战所打断。大战结束后,他又继续从事物理学的研究工作,并在朗之万(Paul Langevin,1872—1946)的指导下攻读博士学位。

1924 年获巴黎大学博士学位,在博士论文中首次提出了“物质波”概念。1926 年起在巴黎大学任教,1932 年任巴黎大学理学院理论物理学教授,1933 年被选为法国科学院院士,1942 年起任该院常任秘书。

> 1945 年,莫里斯和路易斯·德布罗意兄弟俩被任命为法国原子能高等委员会顾问,他们对原子能的和平发展以及加强科学和工业的联系深感兴趣。作为科学院的终身秘书,德布罗意强烈要求该机构考虑热核爆炸的有害后果。1962 年退休。

3)电子能量分布的不连续性和空间位置的概率性

波粒二象性是微观粒子(光子、电子等)的最基本的特性。既然电子与光子一样都具有波粒二象性,所以,电子能量分布也是不连续的、量子化的。

此外,电子运动方程得到的描述电子空间运动只能用波函数表达,它不是轨道的概念,这与宏观物体运动有明确的轨迹(轨道)是不同的。如何理解电子的波动性? 以电子衍射实验为例,如果让一个电子穿过晶体光栅,在照相底片上只会得到一个感光的斑点;如果让少数几个电子穿过晶体光栅,在照相底片上也只会得到少数几个无明确规律的感光斑点;如果让大量的电子穿过晶体光栅,才能得到有确定规律的衍射环纹。所以电子的波动性是电子无数次行为的统计结果,电子波是一种具有统计性的波,又称概率波。在衍射图上,衍射强度大(亮)的地方,波的强度大,也就是电子出现的概率密度(单位体积里的概率)大的地方;衍射强度小(暗)的地方,波的强度小,也就是电子出现的概率密度小的地方。在空间任一点上,电子波的强度与电子出现的概率密度成正比。具有波动性的电子运动没有确定的经典运动轨道,只有一定的与波的强度成正比的概率密度分布规律。

综上所述,原子核外电子的运动具有能量量子化、波粒二象性和统计性三大特性。

6.1.2 原子轨道

1)波函数

既然电子具有波动性,其运动就不再服从牛顿力学的规律,而遵循量子力学(或波动力学)的规律。

1926 年,物理学家薛定谔(Schrödinger)根据德布罗意的物质波观点,引用了电磁波的波动方程,提出了描述电子等微观粒子的运动规律的波动方程——薛定谔方程,它是一个二阶偏微分方程:

$$\frac{\partial^2 \psi}{\partial x^2}+\frac{\partial^2 \psi}{\partial y^2}+\frac{\partial^2 \psi}{\partial z^2}+\frac{8\pi^2 m}{h^2}(E-V)\psi=0 \tag{6.4}$$

式中,m 是电子的质量,E 是系统的总能量,V 是系统的势能,h 是 Planck 常量;ψ 读作 Psi 是空间坐标 x,y,z 的函数,叫做波函数,是描述原子核外电子运动状态的数学函数式。

电子的波函数 ψ,可以通过求解薛定谔方程得到。目前,只有对最简单的氢原子可精确求解。在求解过程中,需要引进 3 个常数(n、l、m),它们只有采取某些可取的数值时,解得的波函数才有物理意义。因此,n、l、m 这 3 个常数被称为量子数,用它们的适当组合,就可以分别表示出不同的原子轨道。

n 为主量子数(principal quantum number);l 为角量子数(angular quantum number);m 为磁量子数(magnetic quantum number)。这 3 个确定的量子数组成一套参数就规定了波函数的具体形式 $\psi_{n,l,m}$。这 3 个量子数的取值规律是:

主量子数 $n=1,2,3,\cdots$(正整数);

角量子数 $l=0,1,2,\cdots,(n-1)$，共可取 n 个值；

磁量子数 $m=0$，$\pm 1,\pm 2,\cdots,\pm l$，共可取 $2l+1$ 个值。

可见，l 的取值受 n 数值的限制。例如，$n=1$ 时，l 只可取 0；$n=2$ 时，l 可取 0 和 1。m 的取值又受 l 的限制。例如，$l=0$ 时，m 只可取 0；$l=1$ 时，m 可取 $-1,0,+1$。3 个量子数的组合是有一定规律的。

通常将 $n=0,1,2,3$ 的波函数（原子轨道）分别称为 s，p，d，f 轨道。例如，当 $n=1$ 时，$l=0$，$m=0$，只有 $\psi_{1,0,0}$ 一个波函数（原子轨道），可写成 ψ_{1s} 轨道；当 $n=2$ 时，$l=0$，$m=0$，有 $\psi_{2,0,0}$ 一个 ψ_{2s} 轨道；而 $n=2$ 时，l 还可取 1，m 取 0，± 1，组合起来就是 3 个 ψ_{2p} 轨道。所以当 $n=2$ 时共有 4 个原子轨道。以此类推，当 $n=3$ 时就有 1 个 s 轨道，3 个 p 轨道，5 个 d 轨道，一共 9 个原子轨道。氢原子轨道与 3 个量子数 n,l,m 的关系见表 6.1。

表 6.1　氢原子轨道与 3 个量子数的关系

n	l	m	轨道名称	轨道数	各层轨道总数
1	0	0	1s	1	1
2	0	0	2s	1	4
2	1	0，± 1	2p	3	
3	0	0	3s	1	9
3	1	0，± 1	3p	3	
3	2	0，$\pm 1,\pm 2$	3d	5	
4	0	0	4s	1	16
4	1	0，± 1	4p	3	
4	2	0，± 1，± 2	4d	5	
4	3	0，± 1，± 2，± 3	4f	7	

特别指出，这里所谈的原子轨道（orbital）与宏观物体运动的轨道或玻尔轨道（orbit）不同，这里所说的原子轨道是指描述原子中单个电子运动状态的函数式——波函数，故有人建议把它称为原子轨道函数，简称原子轨函。

2）波函数的获取

通过解单电子原子（离子）的薛定谔方程，可以得到波函数的具体形式。在解薛定谔方程时，为了处理方便，先对波函数进行坐标变换 $\psi(x,y,z)\rightarrow\psi(r,\ominus,\phi)$（见图 6.2），再对其进行变量分离，即 $\psi(r,\ominus,\phi)=R(r)Y(\ominus,\phi)=R(r)\cdot\Theta(\ominus)\cdot\Phi(\phi)$ 从而将原来的一个方程变成 3 个方程。通过解这 3 个方程，即可得到单电子原子（离子）波函数的具体形式。表 6.2 给出了部分单电子原子波函数的具体形式。

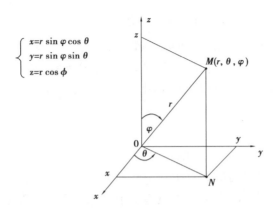

$$\begin{cases} x=r\sin\varphi\cos\theta \\ y=r\sin\varphi\sin\theta \\ z=r\cos\phi \end{cases}$$

图 6.2　直角坐标与极坐标的关系

表 6.2　单电子原子波函数

轨道	$\psi(r,\ominus,\phi)$	$R(r)$	$Y(\ominus,\phi)$
1s	$\sqrt{\dfrac{1}{\pi a_0^3}}\,e^{-r/a_0}$	$2\sqrt{\dfrac{1}{a_0^3}}\,e^{-r/a_0}$	$\sqrt{\dfrac{1}{4\pi}}$
2s	$\dfrac{1}{4}\sqrt{\dfrac{1}{2\pi a_0^3}}\left(2-\dfrac{r}{a_0}\right)e^{-r/2a_0}$	$\sqrt{\dfrac{1}{8a_0^3}}\left(2-\dfrac{r}{a_0}\right)e^{-r/2a_0}$	$\sqrt{\dfrac{1}{4\pi}}$
$2p_z$			$\sqrt{\dfrac{3}{4\pi}}\cos\ominus$
$2p_x$	$\dfrac{1}{4}\sqrt{\dfrac{1}{2\pi a_0^3}}\left(\dfrac{r}{a_0}\right)e^{-r/2a_0}\cos\ominus$	$\sqrt{\dfrac{1}{24a_0^3}}\left(\dfrac{r}{a_0}\right)e^{-r/2a_0}$	$\sqrt{\dfrac{3}{4\pi}}\sin\ominus\cos\phi$
$2p_y$			$\sqrt{\dfrac{3}{4\pi}}\sin\ominus\sin\phi$

现在人们常说的原子轨道,指的是电子一个允许的能态,就是原子的波函数"ψ",它表示电子在原子核外可能出现的范围。不能想象为某种确定的轨道或轨迹,所以,有时也称 ψ 为原子轨函。

任何微观粒子的运动状态都可以用一个波函数"ψ"来描述。

①波函数反映波在空间的起伏性(可为正值,可为负值,也可为零)和波的可叠加性。

②波函数不同,其能量高低就不同。如氢原子基态波函数 ψ 的能量为 -13.58 eV(或 $-131\,2$ kJ/mol),而相邻的激发态的能量为 $-13.58/4$ eV(或 -328 kJ/mol 可见,基态能量最低,离核最近;激发态能量较高,离核较远。

③每一波函数都表示核外电子的一种运动状态,因此,波函数也叫原子轨道函数或原子轨函,又称原子轨道。这里所指的"轨道"应理解为电子的运动状态,并不是 Bohr 原子模型中那样固定半径的圆形轨道。

埃尔温·薛定谔(Erwin Schrödinger,1887 年 8 月 12 日—1961 年 1 月 4 日),男,奥地利物理学家,量子力学的奠基人之一,发展了分子生物学。维也纳大学哲学博士。苏黎世大学、柏林大学和格拉茨大学教授。在都柏林高级研究所理论物理学研究组中工作 17 年。因发展了原子理论,和保罗·狄拉克(Paul Dirac)共同获得 1933 年诺贝尔物理学奖。又于 1937 年荣获马克斯·普朗克奖章。

物理学方面,在德布罗意物质波理论的基础上,建立了波动力学。由他所建立的薛定谔方程是量子力学中描述微观粒子运动状态的基本定律,它在量子力学中的地位大致相似于牛顿运动定律在经典力学中的地位。提出薛定谔猫思想实验,试图证明量子力学在宏观条件下的不完备性。也研究有关热学的统计理论问题。在哲学上,确信主体与客体是不可分割的。主要著作有《波动力学四讲》《统计热力学》《生命是什么?——活细胞的物理面貌》等。

为了便于描述,将波函数分离为两部分的乘积,即 $\psi_{nlm}(r,\ominus,\phi)=R_{nl}(r)Y_{lm}(\ominus,\phi)$。其中 $R_{nl}(r)$ 称为波函数的径向部分,$Y_{lm}(\ominus,\phi)$ 称为波函数的角度部分。将 $R_{nl}(r)$ 对 r 作图,就可以了解波函数随 r 的变化情况;将 $Y_{lm}(\ominus,\phi)$ 对 $\ominus,\phi$ 作图,就可以了解波函数随 $\ominus,\phi$ 的变化情况。后者称为波函数的角度分布图,它在讨论分子结构和化学反应中尤为重要,因此下面着重讨论它。

3)波函数的角度分布图

波函数的角度分布图是从坐标原点出发,引出方向为 $\ominus,\phi$ 的直线,长度取 Y 的绝对值大小,再将所有这些直线的端点连起来,在空间形成一个曲面,这样的图形就叫波函数的角度分布图。下面就以 ψ_{2p_z} 为例,画出其角度分布图。

由表6.1可知,$Y_{P_z}=\sqrt{\dfrac{3}{4\pi}}\cos\ominus$($Y_{P_z}$ 与 n 无关),表6.3给出了不同的 $\ominus$ 值所对应的 Y_{P_z} 值。

表6.3 不同 $\ominus$ 时的 Y_{P_z} 值

$\ominus$	0°	30°	60°	90°	120°	150°	180°
$\cos\ominus$	1	0.866	0.5	0	−0.5	−0.866	−1
Y_{P_z}	0.489	0.423	0.244	0	−0.244	−0.423	−0.489

因 Y_{P_z} 也只与 $\ominus$ 有关而与 ϕ 无关,所以其角度分布图是一个绕 z 轴旋转一周的曲面,可以先在一个平面作图,然后再绕 z 轴旋转一周得到。具体做法如下:在 xOz 平面上,从坐标原点出发,分别画出 $\ominus$ 为15°、30°、45°、60°、90°、120°等的直线,在其上取线段等于 Y 的值,再将所有线段端点连接起来即得两个相切的圆(见图6.3)。由图可知,在 x 轴上方,Y 为正值,在 x 轴下方,Y 为负值。因此,上面的圆标"+"号,下面的圆标"−"号。将图6.3绕 z 轴旋转一周,即可得到 Y_{P_z} 角度分布图的空间图像。

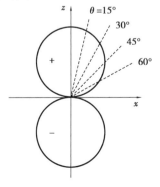

图6.3 Y_{P_z} 角度分布图

图6.4给出了s、p、d原子轨道的角度分布图(截面图)。这些图直观地反映了y随$\ominus,\varphi$的变化情况,它也可以反映同一球面不同方向上ψ的变化情况。从具体作图可知,图中的+、-号表示在指定方向上Y值的符号,从坐标原点到球壳的距离(即线段的长度)等于该方向上$|Y|$值的大小。由图可知,Y_{P_z}在z方向上绝对值最大,而Y_{P_x}在x方向绝对值最大。

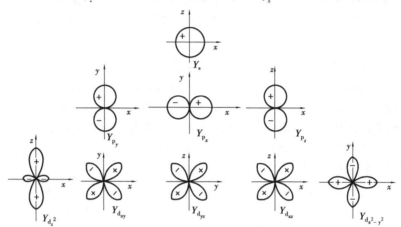

图6.4　波函数角度分布图

6.1.3　电子云

1)电子云图

$|\psi|^2$可以反映电子在空间某位置单位体积内出现的概率大小,即概率密度。如前所述,只要时间足够长,电子在某区域中出现的机会是一定的。电子在核外空间服从概率分布规律。电子云是用黑点的疏密来表示概率密度大小的图形。

电子云中黑点绝不代表电子,而仅仅用黑点的疏密程度表示电子在氢原子核周围空间各处的概率密度:黑点较密的区域,概率密度大,即电子出现的机会多;反之黑点稀疏的区域,概率密度小,即电子出现的机会少。如果把电子云概率密度相等的点连接起来,作为电子云的界面,即绘成等密度界面图,通常电子云的界面图表示电子在核外空间集中出现的范围。1s电子云的黑点图、等密度面图以及界面图如图6.5所示。

(a)1 s电子云的黑点图　　　(b)1 s电子云的等密度面图　　　(c)1 s电子云的界面图

图6.5　1s电子云的黑点图、等密度面图以及界面图

2)电子云角度分布图

图6.6给出了几种类型的电子云角度分布。它是由$Y^2(\ominus,\phi)$对$(\ominus,\phi)$作图所得。此图与波函数角度分布图形状类似,但也有区别:一是波函数角度分布图标有正、负,而电子云角度分布图都是正值(习惯上不标出),这是因为Y^2皆是正值;二是电子云角度分布图比波函数角度分布图"瘦"些,这是因为$|Y|$值总小于1,故Y^2值更小。电子云角度分布图反映了同

一球面不同方向上概率密度的变化情况。由图可知,s 轨道中的电子在核周围同一球面不同方向上出现的概率密度相同;而对于 p_x 轨道中的电子,在核周围同一球面不同方向上出现的概率密度不同,以 x 方向为最大,等等。

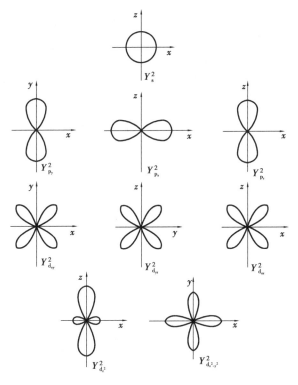

图 6.6　电子云角度分布图

3)电子云的径向分布图

以 $R^2(r)$ 对 r 作图,得到的是电子云径向分布图,见图 6.7(示意图)。它反映了在给定方向上(即固定$\ominus$,φ 时),概率密度随 r 的变化情况。由图可见,处于 s 轨道的电子离核越近概率密度越大,而处于 p、d 轨道上的电子离核越近,概率密度越小。

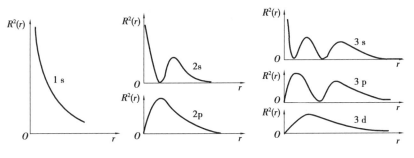

图 6.7　电子云径向分布图

6.1.4　4 个量子数

前已叙及,n,l,m 三个确定的量子数组成的一组参数即可描述一个波函数的特征,表示

161

为 $\psi_{n,l,m}$ 就确定了该电子云的特征。但要完全描述核外电子的运动状态还须确定第 4 个量子数——自旋量子数 m_s。只有 4 个量子数都完全确定后,才能完全描述核外电子的运动状态。下面结合电子在核外空间的概率分布及电子云的概念进一步阐述 4 个量子数的物理意义。

1)**主量子数 n**

它用于确定原子中允许电子出现的电子层,表征原子轨道的离核远近。n 可取 1 至无穷大的一切正整数。但地球上的元素,尚未发现 $n>7$ 的基态。对于 $n=1,2,3,4,5,6,7$,光谱学中将 7 个电子层的符号分别用 K,L,M,N,O,P,Q 表示。电子所处电子层的能量一般随 n 的增大而升高。

2)**角量子数 l**

它用于确定原子轨道的空间形状,表征原子轨道角动量的大小,俗称电子亚层。对于 n 的任意给定值,l 可以取从 $0 \sim (n-1)$ 之间的所有整数。习惯上用光谱项符号 s,p,d,f 来分别表示角量子数为 0,1,2,3 的电子亚层。角量子数 0(符号 s)、1(符号 p)、2(符号 d)确定的电子云的几何形状分别为球形、双橄榄形和四只花瓣以及上下似橄榄中间似轮胎的图形,角量子数为 3(符号 f)的形状更为复杂。主量子数不同,角量子数相同的电子云的几何形状基本相同。

3)**磁量子数 m**

它用于确定原子轨道在磁场中的取向,表征原子轨道在空间的不同取向即轨道数目及空间取向。对于给定的 l 值,m 可以取从 $-l \sim +l$(包括 0 在内)的所有整数值。对于任意的可以有 $(2l+1)$ 个不同的 m 值或称有 $(2l+1)$ 种在空间取向上彼此不同的原子轨道。

一般用主量子数 n 的数值和角量子数 l 的符号组合来给出波函数(轨道)的名称,例如 2s,4d 等。它们的通式是 ns,np,nd,nf,也叫电子组态。不同 l 值有不同角动量,它在多电子原子中与主量子数一起确定电子的能量,所以 2s,4d 等又称为能级。同一能级中的不同轨道,能量相同,空间几何形状一致,仅空间取向不同。

4)**自旋量子数 m_s**

它是 1928 年狄拉克在相对论的基础上将薛定谔方程作了修改得到的狄拉克方程,在求解过程中自然地引进。m_s 可取两个数值:$+1/2$ 或 $-1/2$,沿用了电子自旋的概念。

以上 4 个量子数确定了电子在原子中的运动状态。

表 6.4　核外电子运动的可能状态

n	电子层符号	l	亚层符号	m	轨道空间取向数	电子层中轨道总数	m_s	各层电子中可能的状态数
1	K	0	1s	0	1	1	$\pm 1/2$	2
2	L	0	2s	0	1	4	$\pm 1/2$	8
		1	2p	0, ± 1	3			
3	M	0	3s	0	1	9	$\pm 1/2$	18
		1	3p	0, ± 1	3			
		2	3d	0,± 1, ± 2	5			

续表

n	电子层符号	l	亚层符号	m	轨道空间取向数	电子层中轨道总数	m_s	各层电子中可能的状态数
4	N	0	4s	0	1	16	±1/2	32
		1	4p	0, ±1	3			
		2	4d	0,±1,±2	5			
		3	4f	0, ±1, ±2,±3	7			

6.2　多电子原子的电子排布

根据原子光谱实验的结果及理论概括,人们总结出原子处于基态时核外电子排布的三条原则,称为构造原理。

1)Pauli(泡利,奥)不相容原理

该原理指出:原子中,每一轨道上最多只能容纳 2 个自旋相反的电子。换言之,在任何一个原子中,不可能有 4 个量子数完全相同的两个电子。这样,量子数 n,l,m,m_s 就成了原子中电子的"通讯处":对于某一电子,在已知其一套量子数 (n,l,m,m_s) 时,即可完全确定该电子运动的状态。

2)能量最低原理

这是自然界中的物质运动的一条基本原理。在不违背不相容原理的前提下,电子将尽可能地占据能量最低的轨道,以使整个原子的能量为最低。这样,原子中的电子将按近似能级图中的次序由低到高布入各原子轨道,每一轨道可容纳 2 个自旋相反的电子,直到所有的电子都进入合适的轨道。

在氢原子及其他一个电子的原子或离子系统中,各轨道能级的高低,仅由主量子数 n 决定,同一电子层内各亚层之间的能量完全相同,处于同一能级。其次序可表示为

$$E_{1s}<E_{2s}=E_{2p}<E_{3s}=E_{3p}=E_{3d}<E_{4s}=E_{4p}=E_{4d}=E_{4f}=\cdots$$

在多电子原子中,也存在和氢原子相同的电子层、亚层和原子轨道,但其能级高低的顺序不同。其轨道能级既取决于主量子数 n,也和角量子数 l 的数值有关。有下列三种情况:

①角量子数相同时,主量子数越大,轨道能级就越高。例如:

$$E_{1s}<E_{2s}<E_{3s}<E_{4s}<\cdots$$
$$E_{2p}<E_{3p}<E_{4p}<E_{5p}<\cdots$$

②主量子数相同时,角量子数越大,轨道能级就越高,这种现象,叫做能级分裂。即

$$E_{ns}<E_{np}<E_{nd}<E_{nf}\cdots$$

③如 n,l 两个量子数都不同,而主量子数 $n>3$ 则可能发生能级交错的现象。即

$$E_{4s}<E_{3d},\ E_{5s}<E_{4d},\ E_{6s}<E_{4f}<E_{5d}<E_{6p}<\cdots$$

从光谱试验总结出,对于核电荷 20 以上的大多数原子其能级大致如图 6.8 所示,通常称为近似能级图。图中用圆圈表示原子轨道。s 亚层只有 1 个原子轨道;p 亚层有 3 个原子处

于同一水平的圆圈,表示其中有 3 个等价轨道;d 亚层中 5 个等价轨道;f 亚层有 7 个等价轨道,等等。图中纵轴由低向高标出能级。轴边的数字是能级相近的若干能级组。截至目前,共有 7 个能级组,即:①1s;②2s,2p;③3s,3p;④4s,3d,4p;⑤5s,4d,5p;⑥6s,4f,5d,6p;⑦7s,5f,6d,7p。相邻能级组之间的能量相差较大,而每一能级组内各亚层的能量相差较小或基本相近。以后就会看到,这种能级组的划分,就是元素分为不同周期的根本原因。

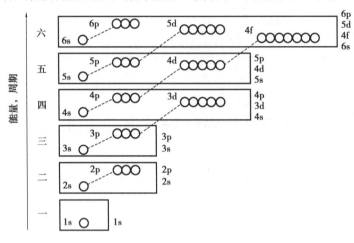

图 6.8　近似能级图

我国著名化学家徐光宪院士,通过对光谱数据的归纳,于 1956 年提出的经验规则 n+0.7l 综合地考虑了主量子数 n 和角量子数 l 对轨道能级的影响。

表6.5　电子能级的分组

能级	$n+0.7l$ 数值	能级组	轨道数目	可容纳电子数
1s	1.0	1	1	2
2s	2.0	2	4	8
2p	2.7			
3s	3.0	3	4	8
3p	3.7			
4s	4.0	4	9	18
3d	4.4			
4p	4.7			
5s	5.0	5	9	18
5d	5.4			
5p	5.7			
6s	6.0	6	16	32
4f	6.1			
5d	6.4			
6p	6.7			

续表

能级	$n+0.7l$ 数值	能级组	轨道数目	可容纳电子数
7s	7.0			
5f	7.1	7	未填充完	未填充完
6d	7.4			

徐光宪(1920 年 11 月 7 日—2015 年 4 月 28 日),浙江省上虞县(今绍兴市上虞区)人,物理化学家、无机化学家、教育家,2008 年度"国家最高科学技术奖"获得者,被誉为"中国稀土之父""稀土界的袁隆平"。1957 年 9 月,任北京大学技术物理系副主任兼核燃料化学教研室主任;1986 年 2 月,任国家自然科学基金委员会化学学部主任;1991 年,被选为亚洲化学联合会主席。1944 年,徐光宪毕业于交通大学化学系;1951 年 3 月,获美国哥伦比亚大学博士学位;1980 年 12 月,当选为中国科学院学部委员(院士)。徐光宪长期从事物理化学和无机化学的教学和研究,涉及量子化学、化学键理论、配位化学、萃取化学、核燃料化学和稀土科学等领域,基于对稀土化学键、配位化学和物质结构等基本规律的深刻认识,发现了稀土溶剂萃取体系具有"恒定混合萃取比"基本规律,在 20 世纪 70 年代建立了具有普适性的串级萃取理论。

3)Hund(洪德)规则

在同一亚层的等价轨道(p 亚层的 3 个轨道,d 亚层的 5 个轨道和 f 亚层的 7 个轨道)上排布的电子,将尽可能分别占据不同的轨道且自旋方向相同。

由洪德规则可以推知,在等价轨道(n,l 相同的轨道)上,处于半充满(p^3,d^5,f^7)、全充满(p^6,d^{10},f^{14})或全空(p^0,d^0,f^0)的状态时,体系能量较低,状态较稳定。此时由于原子轨道的相互叠加,电子云将呈球形分布,体系能量较低。

多电子原子核外电子分布的表达式称为电子分布式。按上述规则可写出给定原子序数的元素原子的电子分布式。例如,钪(Sc)原子序数为 21,有 21 个电子,按上述规则可写出其电子分布的顺序是

$$1s^2 2s^2 2p^6 3s^2 3p^6 4s^2 3d^1$$

但在书写电子分布式时,要将同一主层的轨道连排,将 3d 轨道调到 4s 的前面,将钪(Sc)原子的电子分布式写为

$$1s^2 2s^2 2p^6 3s^2 3p^6 3d^1 4s^2$$

又如,$_{25}$Mn 原子中有 25 个电子,其电子分布式为

$$1s^2 2s^2 2p^6 3s^2 3p^6 3d^5 4s^2$$

根据洪德规则,3 d 轨道上的 5 个电子应分别分布在 5 个 3 d 轨道上,且自旋平行。

由于化学反应中通常只涉及外层电子的改变,所以一般不必写出完整的电子分布式,只需写出外层电子分布式。外层电子分布式又称外层电子构型。对主族元素即为最外层电子分布的形式,$nsnp$ 电子,如硫(S),外层电子分布式为 $3s^2 3p^4$,对副族元素则是指最外层的 s 电

子和次外层的 d 电子的分布形式,$(n-1)$dns。如上述钪(Sc)和锰(Mn)的外层电子分布式分别为 $3d^1 4s^2$ 和 $3d^5 4s^2$。对于镧系和锕系元素,其外层电子分布式除最外层电子外,常需考虑外数第 3 层的 f 电子及次外层的 d 电子,即 $(n-2)$f$(n-1)$dns。

核外电子分布式也可以用稀有气体原子的电子层加该元素原子的外层电子构型的形式来表达,如 O,Cl 和 Mn 的电子分布式可表示为 $[He]2s^2 2p^4$,$[Ne]3s^2 3p^5$,$[Ar]3d^5 4s^2$。$[He]$,$[Ne]$,$[Ar]$ 称为原子实,分别表示为 $1s^2$,$1s^2 2s^2 2p^6$ 和 $1s^2 2s^2 2p^6 3s^2 3p^6$。

考虑到半充满、全充满的情况,外层电子的分布:$_{25}$Cr 是 $3d^5 4s^1$ 而不是 $3d^4 4s^2$,$_{42}$Mo 是 $4d^5 5s^1$ 而不是 $4d^4 5s^2$,$_{29}$Cu 是 $3d^{10} 4s^1$ 而不是 $3d^9 4s^2$,$_{47}$Ag 是 $4d^{10} 5s^1$ 而不是 $4d^9 5s^2$,$_{79}$Au 是 $5d^{10} 6s^1$ 而不是 $5d^9 6s^2$。

应当指出,各元素原子中电子分布的实际情况,只有通过原子光谱等实验手段才能得到可靠的结论。上述几条分布规律主要是由实验归纳而得,它有助于掌握、推测大多数元素原子的核外电子分布状况。但尚有一些元素的原子其核外电子分布状况是不能用上述几条规律说明的。例如,$_{46}$Pd 外层电子分布是 $4d^{10} 5s^0$ 而不是 $4d^8 5s^2$,$_{41}$Nb 是 $4d^4 5s^1$ 而不是 $4d^3 5s^2$,$_{44}$Ru 是 $4d^7 5s^1$ 而不是 $4d^6 5s^2$。

6.3 元素周期表

根据有关物质结构的科学实验和理论研究,将庞杂的众多元素的性质进行总结,就得出了元素周期律:元素以及由它形成的单质和化合物的性质,随着元素的核外电荷数的依次递增,呈现出周期性的变化,进而画出了元素周期表。

1)原子的外层电子构型与周期表的分区

由于参与化学反应的电子一般只涉及外层价电子,对主族元素而言是最外层的 ns,np 电子;副族元素除 ns 电子外还有能量较高的次外层 $(n-1)$d 电子;而镧系、锕系元素还有 $(n-2)$f 电子,所以掌握元素原子的外层电子构型至关重要。它可预示元素及其化合物的许多性质。根据元素的外层电子构型可把周期表分成 5 个区,该表的基本构造如图 6.9 所示。

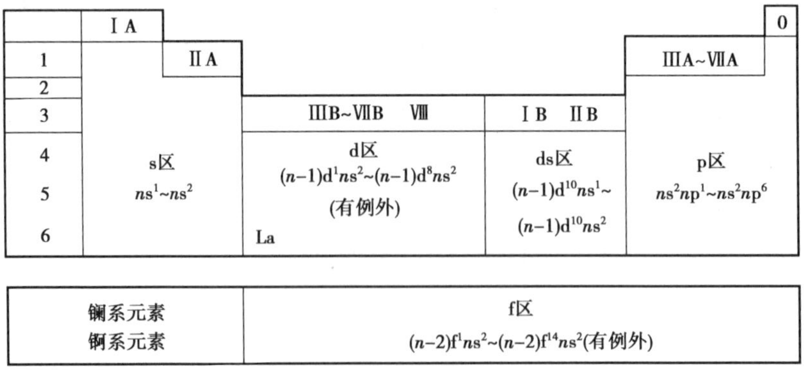

图 6.9 元素周期表分区

①s 区包括 I A,II A 主族元素,外层电子构型是和 ns^1 和 ns^2。

②p 区包括 III A ~ VII A 和 VIII A 主族元素,外层电子构型是 $ns^2 np^1 \sim ns^2 np^6$(VII A 族中 He 例

外，为 $1s^2$)。

③d 区包括ⅢB ~ ⅦB 副族和第Ⅷ族元素，外层电子构型一般是 $(n-1)d^1ns^2 \sim (n-1)$ d^8ns^2 。但是有一些元素例外，不是 ns^1 和 ns^2 。

④ds 区包括ⅠB，ⅡB 副族。外层电子构型为 $(n-1)d^{10}ns^1$ 和 $(n-1)d^{10}ns^2$ 。

⑤f 区包括镧系元素和锕系元素。外层电子构型一般为 $(n-2)f^1s \sim (n-2)f^{14}ns^2$,有的还有 $(n-1)d$ 电子，例外情况比 d 区更多。

d 区和 ds 区元素统称过渡元素，f 区元素又称内过渡元素。

2）周期

现代周期表共有 7 个周期，表中横行称周期，7 个周期对应于 7 个能级组。元素所在的周期数等于该元素的电子层数，即第一周期主量子数 $n=1$,第二周期主量子数 $n=2$,依次类推。当 $n=1$ 时只有 1s 轨道，最多只能容纳 2 个电子，称为特短周期。 $n=4$ 时，由于出现能级交错， $E_{4s}<E_{3d}$,所以原子序 19 号 K 外层电子填入 $4s^1$ 而不是填入 3d,该周期元素外层电子填到 $4p^6$ 时共有 18 个，称长周期。又如：当 $n=6$ 时出现电子占据 4f 轨道的 14 种元素，它们（包括镧在内）称为镧系元素。由于 $E_{6s}<E_{4f}<E_{5d}$ 能级交错的原因，从 55 号元素铯外层电子填入 $4s^1$ 开始，到填满 $4P^6$ 元素终止。共 32 个元素，称特长周期。过去一致认为属于特长周期的第 7 周期没有填满，为不完全周期，但最新公布的 2013 版元素周期表已经出现 118 号元素 Ununoctium(Uuo),因此，第 7 周期已经不再是"不完全周期"了。所以，周期号数等于电子层数。各周期元素数目等于相应能级组中原子轨道所容纳的电子总数。

3）族

各主族元素的族数等于该族元素原子的最外层中的电子数。在同一族内，虽然不同元素的原子电子层数不同，但都有相同的外层电子数，由此决定了同一族元素性质的相似性。0 族元素最外层均已填满电子。副族元素的情况稍有不同，它们除了能失去最外层电子外，还能失去次外层上的部分 d 电子。所以副族元素的族数等于该元素失去（或参加反应）电子的总数，其中

ⅠB、ⅡB=最外层电子数；

ⅢB—ⅦB=最外层电子数+次外层 d 电子数（La、Ar 系有例外）。

德米特里·伊万诺维奇·门捷列夫(Дмитрий Иванович Менделеев,1834 年 2 月 7 日—1907 年 2 月 2 日)，俄国科学家，发现并归纳元素周期律，依照原子量，制作出世界上第一张元素周期表，并据以预见了一些尚未发现的元素。

门捷列夫的名著《化学原理》被国际化学界公认为标准著作，前后重版八次，影响了一代又一代的化学家。1907 年 2 月 2 日，这位享有世界盛誉的化学家因心肌梗塞与世长辞。

联合国大会宣布 2019 年为国际化学元素周期表年，旨在纪念门捷列夫在 150 年前发表元素周期表这一科学发展史上的重大成就。

6.4 元素性质的周期性

元素的一些基本性质,如原子半径和最高氧化值等,都与元素原子的电子构型的周期性变化密切相关,并对元素的物理性质和化学性质产生重大的影响。这些性质,通称为原子参数。原子参数分为两类:一类是和自由原子相关联的性质,与别的原子无关,因而数值准确度高;另一类是指化合物中表征原子性质的参数,如原子半径、电负性等。同一原子在不同的化合物中,这类参数的数值会有一定的差别。常见的手册中列出的数值具有统计平均的意义。

6.4.1 有效核电荷数

在多电子原子中,某个指定电子的得失能力不仅与受核的吸引有关,而且还受其他电子排斥作用的影响。其他电子抵消核电荷(Z)对该电子的作用称为屏蔽效应;其他电子抵消核对该电子作用后剩下的核电荷称为有效核电荷(Z')。可按下式计算:

$$Z' = Z - \sigma \tag{6.5}$$

式中:σ 为屏蔽常数,等于所有电子屏蔽常数的总和。

在原子中,如果屏蔽常数大,说明屏蔽效应大,电子受到吸引的有效核电荷减小,电子具有的能量就增大。要计算某一电子所受到的有效核电荷大小,就要知道屏蔽常数 σ 的数值。对于外层上指定的某个被屏蔽电子,其屏蔽常数的取值可先按下列顺序和组合方式写出元素的电子组态:将原子中的电子(按电子层)分组:

$$1s \quad 2s\,2p \quad 3s\,3p\,3d \quad 4s\,4p\,4d\,4f \quad 5s\,5p_{\circ}$$

然后按下述原则进行计算:

①在(ns,np)组右边的电子时屏蔽常数的贡献为 0。

②在(ns,np)同一组中,其他电子的屏蔽常数为 0.35(1 s 轨道用 0.3 更好些)。

③在($n-1$)层的每个电子的屏蔽常数为 0.85。

④在($n-2$)或更内层的电子屏蔽作用更完全,即它们中每个电子屏蔽一个单位正电荷,屏蔽常数为 1.00。

⑤对于 nd 或 nf 组的电子,规则①和②是相同的,但规则③和④变为:所有在 nd 或 nf 组左边的电子对屏蔽常数的贡献为 1.00。

外层电子所受到有效核电荷作用越大,离核的半径越小,越难从原子中失去。我们把在化学反应中易失电子的元素视为金属性强;把易得电子的元素视为非金属性强。在周期表的短周期中,只有 s 区和 p 区,同周期元素自左往右每增加 1 个电子,有效核电荷约增加 0.65 左右,而且原子半径的缩小,金属性和非金属性的变化也都较明显。在长周期中,出现了 d 区,每增加 1 个电子,增加的有效核电荷只有 0.15 左右,较 s 区和 p 区小得多,同时自左向右原子半径的缩小也较缓慢,因此金属性的减弱或非金属性增强都缓慢,一些性质也比较相似。至于长周期中的 s 区和 p 区部分元素,又和短周期元素一样,自左往右金属性的减弱和非金属性的增强都较明显。

6.4.2 原子半径

严格地讲,由于电子运动的波粒二象性,核外电子运动区域并无明显的边界。因此,很难获得一个任何情况下都适用的"原子半径"值。但如将原子近似看作相互接触的球体,则核间距即为相邻原子的半径之和。根据 X 射线衍射和气态分子的电子衍射试验,分别测定了原子在不同环境下的半径。同核双原子以共价键结合,核间距的一半,称原子的共价半径 r_c;单质金属晶体中相邻原子,核间距的一半,称原子的金属半径 r_m;分子晶体中两个相邻分子间核间距的一半,称范德华半径 r_v 等。显然,$r_c < r_m < r_v$。图 6.10 为 3 种原子半径的示意图。

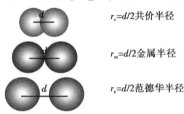

$r_c = d/2$ 共价半径

$r_m = d/2$ 金属半径

$r_v = d/2$ 范德华半径

图 6.10 3 种原子半径示意图

一般指的原子半径,是共价半径。各元素的共价半径列于表 6.6 和图 6.11 中。从中可见,有如下的变化规律:

表 6.6 元素的原子半径(单位 pm)

I A	II A	III B	IV B	V B	VI B	VII B		VIII		I B	II B	III A	IV A	V A	VI A	VII A	0
H 37																	He 180
Li 123	Be 89											B 83	C 77	N 70	O 66	F 64	Ne 160
Na 157	Mg 136											Al 125	Si 117	P 110	S 104	Cl 99	Ar 190
K 203	Ca 174	Sc 144	Ti 132	V 122	Cr 117	Mn 117	Fe 117	Co 116	Ni 115	Cu 117	Zn 125	Ga 125	Ge 122	As 121	Se 117	Br 114	Kr 200
Rb 216	Sr 192	Y 162	Zr 145	Nb 134	Mo 129	Tc 127	Ru 124	Rh 125	Pd 128	Ag 134	Cd 141	In 150	Sn 140	Sb 141	Te 137	I 133	Xe 220
Cs 235	Ba 198	La 169	Hf 144	Ta 134	W 130	Re 128	Os 126	Ir 126	Pt 129	Au 134	Hg 144	Tl 155	Pb 154	Bi 152	Po 153	At –	Rn 214
Fr 270	Ra 220	Ac –															

La	Ce	Pr	Nd	Pm	Sm	Eu	Gd	Tb	Dy	Ho	Er	Tm	Yb	Lu
169	165	165	164	163	166	185	161	159	159	158	157	156	170	156

注:表中所列数值除稀有气体外,均为共价半径。数据取自 Lang's Handbook of Chemistry, 13th ed., McGraw-will, 1985。

①周期表中,同一周期的主族元素从左到右原子半径依次递减,平均减幅为 9 ~ 10 pm。因为有效核电荷依次增大(增 0.65 左右),而新增的电子同处一层,彼此屏蔽作用较小,故核对电子的吸引逐渐增大。稀有气体原子半径为范德华半径值。

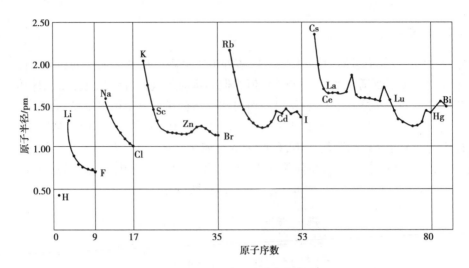

图 6.11　原子半径变化的周期性

②副族元素由于有效核电荷增加缓慢(依次增加约 0.15),原子核对外层电子的吸引力也增加较少。因而原子半径的减小也较平缓,平均减幅为 7 ~ 8 pm;并随电子亚层的半满和全满等因素略有起伏。

③同一主族元素自上而下、原子半径依次增大。这是因为外层电子构型相同,有效核电荷增加不大,而电子层的增加起主导作用所致。同一副族从上到下,原子半径也略有增加。第 5,6 周期副族上下相邻元素之间原子半径非常接近,甚至相等,致使它们的性质十分相似。

④镧系元素中,最后电子填充在 $(n-2)$f(4f)上,其屏蔽作用更大,使有效核电荷只有很小的增加。这样,从镧(La)到镥(Lu),核电荷由 57 ~ 71,其共价半径递减程度极小(平均减幅为 1 pm);但经这 15 种元素,其递减总值为 13 pm。这种现象,称为镧系收缩。其结果相当于抵消了增加一个电子层的影响,从而使 ⅢB 族及其后每族的两种副族元素的原子半径相近、性质相似。例如,Zr 与 Hf,Nb 与 Ta,往往在矿石中共生;同时也造成了镧系元素间的性质也极为相似,难以分离。原子半径对单质和化合物性质有重要影响,其大小还会改变物质的晶形和合金的形成。

6.4.3　电离能、电子亲和能和电负性

1)电离能与电子亲和能

元素的第一电离能是基态气体原子失去一个电子成为气态 +1 价离子所需要的能量,它反映了原子失去电子的倾向。同族元素,自上而下电离能逐渐减小;因为自上而下随着原子半径的增大,最外层电子受到原子核的吸引力逐渐减小,因此,电离外层电子所需能量逐渐降低。同周期元素,自左而右电离能逐渐增大;因为自左至右,原子的外层电子感受到的有效核电荷逐渐增强,半径又逐渐减小,所以电离能逐渐增大。

电子亲和能是元素的基态气体原子得到一个电子成为 -1 价的气体阴离子放出的能量,它反映了原子获得电子的倾向。总的来说,位于周期表右侧的卤素元素有较大的电子亲和能,而左侧的金属元素的电子亲和能很小甚至负值。

2)电负性

电负性表示在分子中原子对成键电子吸引能力的相对大小。元素电负性数值越大,原子

在形成化学键时对电子吸引力就越强。Pauling(鲍林,美)从热化学数据计算出的电负性值列于表6.7中。

表6.7 元素的电负性值

I A	II A	III B	IV B	V B	VI B	VII B		VIII		I B	II B	III A	IV A	V A	VI A	VII A	0
H 2.20																	He –
Li 0.98	Be 1.57											B 2.04	C 2.55	N 3.04	O 3.44	F 3.98	Ne –
Na 0.93	Mg 1.31											Al 1.61	Si 1.90	P 2.19	S 2.58	Cl 3.16	Ar –
K 0.82	Ca 1.00	Sc 1.36	Ti 1.54	V 1.63	Cr 1.66	Mn 1.55	Fe 1.83	Co 1.88	Ni 1.91	Cu 1.90	Zn 1.65	Ga 1.81	Ge 2.01	As 2.18	Se 2.55	Br 2.96	Kr –
Rb 0.82	Sr 0.95	Y 1.22	Zr 1.33	Nb 1.6	Mo 2.16	Tc 1.9	Ru 2.2	Rh 2.2	Pd 2.20	Ag 1.93	Cd 1.69	In 1.78	Sn 1.96	Sb 2.05	Te 2.1	I 2.66	Xe –
Cs 0.79	Ba 0.89	La 1.1	Hf 1.3	Ta 1.5	W 2.36	Rc 1.9	Os 2.2	Ir 2.2	Pt 2.28	Au 2.54	Hg 2.00	Tl 1.62	Pb 2.33	Bi 2.02	Po 2.0	At 2.2	Rn –
Fr 0.7	Ra 0.9	Ac 1.1															

注:数据引自周公度,叶宪增,吴念祖.化学元素综论[M].北京:科学出版社,2012.

从表6.6中数据可以看出电负性变化的周期性。

①同一周期,从左到右,元素的电负性递增。这是因为,从左到右核电荷递增,而原子半径递减,原子核对电子的吸引力增强。长周期中,副族元素电负性变化不那么规律,但总趋势仍与短周期相同。

②同族元素,自上而下,元素的电负性递减。同类副族元素变化不显著。

③金属元素的电负性较小,而非金属元素的电负性较大。一般来说,电负性$\chi=2.0$,可作为近似判断金属和非金属的界限。

电负性在化学中是一重要概念,可用来判断元素的正、负化合价和化学键的类型。电负性较大的元素,在形成化合物时,一般表现为负化合价,而电负性较小者常表现为正价。电负性相差很大(例如$\Delta\chi \geqslant 1.7$)时的元素的化合物以离子键为主;电负性相同或相近的非金属元素间将以共价键相结合,电负性差值越大,键的极性就越强。电负性相同或近似的金属元素相互以金属键结合,形成各类合金。离子键、共价键、金属键是3种极限键型,其间存在一系列的过渡性化学键。

综上所述,选择性地列出了原子半径、电离能、电子亲和能和电负性等性质变化的周期性。其实,元素周期表中包含了大量元素及化合物的信息,预言新元素和新化合物的理论,例如,铀后的元素都是在元素周期表的指导下人工合成的。根据现代核结构理论,预料"稳定岛"将在$^{298}_{114}U_{nq}$附近,其半衰期为若干年的范围,现正试图合成这些元素。通过已知的周期性变化外推,对$Z=121\sim154$序列内计算的能级表明,在14种6f系列元素之前,可能出现一个前所未有的,包括18种元素的系列等。

阅读材料：

元素周期律的发展史

元素周期律(periodic law of elements)，指元素的性质随着元素的原子序数(即原子核外电子数或核电荷数)的递增呈周期性变化的规律。周期律的发现是化学系统化过程中的一个重要里程碑。

19世纪60年代化学家已经发现了60多种元素，并积累了这些元素的原子量数据，为寻找元素间的内在联系创造必要的条件。俄国著名化学家门捷列夫和德国化学家迈锡尼等分别根据原子量的大小，将元素进行分类排队，发现元素性质随原子量的递增呈明显的周期变化的规律。1868年，门捷列夫经过多年的艰苦探索发现了自然界中一个极其重要的规律——元素周期规律。这个规律的发现是继原子-分子论之后，近代化学史上的又一座光彩夺目的里程碑，它所蕴藏着丰富和深刻的内涵，对以后整个化学和自然科学的发展都具有普遍的指导意义。1869年门捷列夫绘制出第一张元素周期表，根据周期律修正了铟、铀、钍、铯等9种元素的原子量。他还预言了3种新元素及其特性并暂时取名为类铝、类硼、类硅，这就是1871年发现的镓、1880年发现的钪和1886年发现的锗。这些新元素的原子量、密度和物理化学性质都与门捷列夫的预言惊人相符，周期律的正确性由此得到了举世公认。

1829年，德国德贝赖纳在研究元素的原子量与化学性质的关系时，发现有几个相似的元素组：①锂、钠、钾。②钙、锶、钡。③氯、溴、碘。④硫、硒、碲。⑤锰、铬、铁。同组元素的性质相似，中间元素的化学性质介于前后两个元素之间，它的原子量也差不多是前后两个元素的平均值。1862年，法国尚古多提出元素性质有周期性重复出现的规律，他创造了一种螺旋图，将62个元素按原子量大小循序标记在绕着圆柱体上升的螺线上，可以清楚地看出某些性质相近的元素都出现在同一条母线上。1864年，英国W.奥德林发表了一张比较详细的周期表，表中的元素基本上按原子量递增的顺序排列，表明了元素性质随原子量递增会出现周期性的变化。他还在表中留下空位，认识到它们是尚未被发现但性质与同一横列元素相似的元素。1865年，英国J.A.R.纽兰兹把当时已发现的元素按原子量大小顺序排列，发现从任意一个元素算起，每到第八个元素，就和第一个元素的性质相似，他把这个规律称为八音律。对元素周期律的发展贡献最大的当属俄国D.I.门捷列夫和德国J.L.迈尔。门捷列夫曾经收集了许多元素性质的数据，并加以整理，在这一过程中，他紧紧抓住元素的基本特征——原子量，探索原子量与元素性质的关系。他发现，如果把所有当时已知的元素按照原子量递增的顺序排列起来，经过一定的间隔，元素的性质会呈现明显的周期性。1869年，他发表了第一张元素周期表，同年3月，他委托N.A.缅舒特金在俄罗斯化学会上宣读了论文"元素属性和原子量的关系"，阐述了周期律的基本要点：

①将元素按照原子量大小顺序排列起来，在性质上呈现明显的周期性。

②原子量的大小决定元素的特性。

③应该预料到许多未知元素。

④当知道了某元素的同类元素后，有时可以修正该元素的原子量。

在这张周期表中，有4个位置只标出原子，在应该写元素符号的地方却打了一个问号。这是因为门捷列夫在设计周期表时，当他按原子量递增的顺序将元素排列到钙(原子量为

40)时,在当时已知的元素中,原子量比 40 大的元素是钛(原子量为 50),这样,钙后面的一个元素似乎是钛。但是,门捷列夫发现,如果照这样的次序排列,钛就和铝属于同一族,实际上钛的性质并不与铝相似,而与铝的后面一个元素硅相似,因此他断定钛应该与硅属于同一族,在钙与钛之间应该存在着一个元素,虽然这个元素尚未被发现,但应该为它留出空位。根据同样理由,他认为在锌与砷、钡与钽之间也应留下空位,因此他预言了原子量为 45、68、70 的 3 种未知元素的性质,并命名为类硼、类铝、类硅。后来,这 3 种元素先后被发现,1875 年布瓦博德朗发现的镓即类铝,1879 年 L. F. 尼尔松发现的钪即类硼,1886 年 C. 温克勒尔发现的锗即类硅。这 3 种新发现的元素的性质与门捷列夫的预言很吻合,证明了周期律的正确性。1870 年迈尔发表了一张元素周期表,指出元素的性质是原子量的函数,他所依据的事实偏重元素的物理性质。他对于族的划分也比门捷列夫的周期表更加完善,例如将汞与镉、铅与锡、硼与铝列为同族元素。

周期律在使化学知识特别是无机化学知识的系统化上起了重要作用,对于研究无机化合物的分类、性质、结构及其反应方面起了指导作用。周期律在指导原子核的研究上也有深刻的影响,放射性的位移定律就是以周期律为依据的,原子核的种种人工蜕变也都是按照元素在周期表中的位置来实现的。20 世纪以后,新元素的不断发现,填充了周期表中的空位,科学家在周期律指导下,还合成了超铀元素,并发展了锕系理论。在原子结构的研究上,也获得了壳层结构的周期规律。

思考题与习题

1. 计算作用在 Na,Si,Cl 三种元素原子的最外层某一个电子上有效核电荷数,并解释它对元素性质的影响。

2. IA 和 IB 族元素的最外层电子数都是 1,但它们的金属性强弱却很不同,试从有效核电荷数和原子半径两个方面予以解释。

3. 从原子的电子层结构解释为什么锰和氯的金属性和非金属性差别很大而最高正价却相同。

4. 什么叫微观粒子的波粒二象性? 核外电子的运动有哪三大特性?

5. 如何用四个量子数来描述核外电子运动的状态? 它们的可能取值有哪些?

6. 完成下列表:

原子序数	外层电子构型	周期	族	区
26				
30				
35				

7. 某元素原子的外层电子构型为 $3d^{10}4s^1$,请写出其元素在周期表哪一区,哪一周期和哪一族。

8. 核外电子分布遵循的三大原则是_____。

9. 核外电子运动的三大特征是_____。

10. 下列元素电负性依次减小的是(   )

A. K Na Li   B. Cl C N   C. Be Mg Na   D. N P S

11. 下列原子的电子分布式违背了什么原则?

(1) $1s^22s^22p^43s^2$ (2) $1s^22s^3$ (3) $1s^22s^22p_x^22p_y^22p_z^0$

A. 泡利不相容原理   B. 能量最低原理   C. 洪特规则

12. 对原子序数为19的原子,作用在最外层某一个电子上的有效核电荷数 Z' 为 _____。

13. 3d 轨道的主量子数为_____,角量子数为_____。

14. 下列说法正确的是 _____。

A. 轨道角度分布图表示波函数随 $\ominus$, φ 变化的情况

B. 电子云角度分布图表示波函数随 $\ominus$, φ 变化的情况

C. 轨道角度分布图表示电子运动轨迹

D. 电子云角度分布图表示电子运动轨迹

15. 下列量子数组合中,$n=4$、$l=0$ 、$m_s=1/2$、$m=$_____。

A. 4   B. 0   C. 1   D. 2

16. 在多电子原子中,各电子具有下列量子数,其中能量最高的电子是_____。

A. 2,1,−1,1/2   B. 2,0,0,−1/2

C. 3,1,1,−1/2   D. 3,2,−1,1/2

17. 下列说法是否正确? 如不正确,请说明原因。

(1) 电子云图中黑点越密之处表示那里的电子越多。

(2) 第二周期元素中,电负性最大的元素是 F。

(3) 主量子数 $n=3$ 时,有 3s, 3p, 3d, 3f 等四种原子轨道。

(4) 基态碳原子的电子排布式若写成 $1s^22s^22p_x^22p_y^02p_z^0$,违背了洪特规则。

(5) 原子轨道能量随 n 值增大而增高,所以 $E_{3d}<E_{4s}$。

第 **7** 章

分子结构与晶体结构

本章基本要求

(1)能用价键理论说明共价键的方向性和饱和性,能用杂化轨道理论说明一些典型共价分子的空间构型。

(2)明确分子的极性,熟知电偶极矩的概念,了解分子间相互作用力的分布,分析化学键以及分子间相互作用力说明典型晶体的结构和性质。

(3)理解各类晶体的名称、晶格结点上的粒子及其作用力、熔点、硬度、延展性、导电性等。

7.1 化学键

原子通过化学键结合成分子。化学键是分子中相邻原子间较强烈的结合力。这种结合力的大小常用键能表示,大约在 125 ~ 900 kJ/mol 之间。这种强烈相互作用的力是高速运动的电子对被结合的原子的一种吸引力,也可以说成是原子对电子的吸引。如果某个原子对电子的吸引力大,那么分子中的电子云就偏向该原子。为了定量地比较原子在分子中吸引电子的能力,1932 年美国化学家鲍林(Pauling L C)在化学中引入了电负性的概念。一个原子的电负性越大,原子在分子中吸引电子的能力越强;电负性越小,原子在分子中吸引电子的能力越小。

7.2 离子键和离子化合物

7.2.1 离子键的形成

活泼的金属原子与活泼的非金属原子,通常在电负性 $\Delta \chi \geqslant 1.7$ 时,便形成正、负离子并经库仑作用力结合形成稳定而典型的离子键。由离子键形成的化合物,称为离子化合物。下面,以 Na(g)和 Cl(g)形成 Na^+—Cl^-离子对为例。

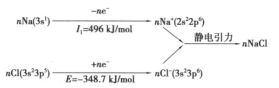

离子化合物常以晶体形式存在。在离子晶体中,正、负离子按一定的方式交替排列在空间无限延伸,形成一个巨型"分子"。因此,离子化合物的化学式只表示其晶体中正、负离子数量的最简比。例如,在 NaCl 晶体中,Na^+ 和 Cl^- 的个数比为 $1:1$,在 K_2S 晶体中,K^+ 和 S^{2-} 的个数比为 $2:1$ 等。

7.2.2 离子的特征

离子化合物的性质,取决于离子的下述特征。

1)离子的电荷

离子的电荷应等于原子获得(形成负离子)或失去(形成正离子)的电子数。如前所述,由于电离能的显著增加和第二、第三电子亲和时需吸收能量,因此,电荷较大的正、负离子都不可能存在。一般来说简单正离子的电荷不大于+4,负离子电荷不小于−3。

2)离子半径

如果把离子键形成过程近似看作是两个带有相反电荷的球体接触的过程,离子间的平衡距离 r_0 约等于两个离子的半径之和,根据库仑定律,在离子电荷一定的前提下,离子半径越小,r_0 越小,正、负离子间的作用力就越大,形成的离子键就越稳定,所对应的离子化合物的熔点也越高。

3)离子的电子构型

所有的负离子都是由原子的价电子层获得电子形成的,其电子构型均为 ns^2np^6(H^- 为 $1s^2$)。

正离子的电子构型要复杂得多。原子在失电子时,总是失去最外电子层中的电子;同一电子层中则按 f>d>p>s 的次序失去电子;所以,金属正离子的电子构型有如下四类。

①2,8 电子构型:如 Li^+、Be^{2+} 和 Na^+、Al^{3+} 等;

②18 电子构型:如 $Zn^{2+}(2,8,18)$ 和 $Sn^{4+}(2,8,18,18)$ 等;

③"18+2"电子构型:如 $Sn^{2+}(2,8,18,2)$ 和 $Bi^{3+}(2,8,32,18,2)$ 等;

④不规则(9~17)电子构型:如 $Cr^{3+}(2,8,11)$ 和 $Fe^{2+}(2,8,14)$ 等。

离子键的强度与正、负离子的电荷成正比,而和离子半径成反比。对类型相同的化合物来说,正、负离子的电荷越大,半径(或核间距)越小,离子间的静电作用力就越强。这可由相应的物理性质反映出来。如熔点升高、硬度变大,在水中的溶解度变小等。

7.3 共价键和共价化合物

为能解释那些由电负性相差不大的元素,或同种非金属元素原子间形成的化学键,1914年美国化学家路易斯(Lewis G N)提出了共价键理论。按此理论,成键原子间可通过共享一对或几对电子,形成稳定的分子。如氢分子是由两个氢原子各提供 1 个电子,形成 1 对共轭电子对,使氢分子稳定存在。这种由共享电子对形成的化学键称为共价键。由共价键结合的化合物称为共价化合物。

吉尔伯特·牛顿·路易斯(Gilbert Newton Lewis,1875—1946年),美国化学家,美国加利福尼亚大学伯克利分校教授、前伯克利化学院院长,曾 41 次获得诺贝尔化学奖提名,而他从未获奖也成为诺贝尔奖历史上的巨大争议之一。路易斯是化学热力学创始人之一,提出了电子对共价键理论、酸碱电子理论等,化学中的"路易斯结构式"即是以其名字命名,他还在同位素分离、光化学领域做出了巨大贡献,并于 1926 年命名了"光子(photon)"。在伯克利任教期间,路易斯培养、影响了众多诺贝尔奖得主,包括哈罗德·克莱顿·尤里、威廉·弗朗西斯·吉奥克、格伦·西奥多·西博格、威拉得·利比、梅尔文·卡尔文等等,使得伯克利成为世界上最重要的化学中心之一,而伯克利校园内的"路易斯楼(Lewis Hall)"也是以其名字命名。

7.3.1　价键理论

1)共价键的本质

随着量子力学的建立,共价键理论也得到了进一步发展,形成了价键理论(简称 VB 法或电子配对法)和分子轨道理论(简称 MO 法)。虽然它们的出发点和说法不同,但讨论的是同一个对象,结果也是相同的。

价键理论(简称 VB 法)是 1927 年 Heitler(海特勒,英)和 London(伦敦,英)在电子配对成键的基础上用量子力学处理氢分子时提出的,后经一些学者的工作而得到发展。

当两个氢原子由远及近到较小距离时,原子间的相互作用与电子的自旋状态密切相关。如果电子自旋方向相反,则到达平衡距离 a 之前,原子间的作用是相互吸引的,即系统的能量将随 r 的减小而迅速降低;在到达平衡距离 a 后,系统的能量却会随 r 的减小而急剧升高。因此,H_2 分子可在平衡距离附近振动且稳定存在,这种状态称为 H_2 的基态。如果两个电子接近时,其自旋相同,则原子间的作用是排斥的,不能形成稳定的分子,称为 H_2 的排斥态。图 7.1 中表示了这一过程,其中 E_s 和 E_a 分别表示两种不同的能量变化。

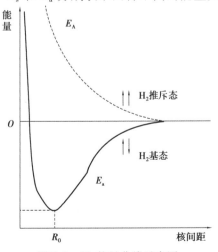

图 7.1　H_2 能量曲线示意图

电子云密度分布图7.2可看出，与ψ_s相对应的电子云分布，在核间密集，而与ψ_a相对应的，则与此相反。这是Pauli不相容原理应用于分子形成的必然结果，也是共价键的本质所在。

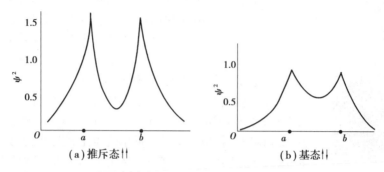

图7.2　H_2分子的两种不同状态(核间电子云分布相对大小示意图)

价键理论认为只有自旋相反的未成对电子才能配对成键。受原子中未成对电子数以及原子轨道空间取向的限制，共价键具有方向性和饱和性。

当2个原子相互接近时，它们外层电子的原子轨道(注意电子波与机械波不同)发生叠加，组成分子轨道。同号叠加组成成键轨道；异号叠加组成反键轨道。如果两个原子轨道叠加成分子轨道，则叠加后轨道数目相等。当电子进入成键轨道时，系统能量降低；当电子进入反键轨道时，系统能量升高。原子轨道叠加成分子轨道，则轨道中的电子也为整个分子所有，其排布原则仍然遵守能量最低原则，而且一个轨道中最多只能排布2个电子。

以氢原子组成氢分子为例。当它们单独以原子形式存在时，2个1s轨道不叠加，它们的正负也无意义，当它们无限接近并组成分子时，如果2个1s轨道都是正值或都是负值时，叠加后成为成键轨道，2个氢原子的1s轨道一个是正值，另一个是负值时，叠加后成反键轨道。

2个氢原子组成氢分子后，2个电子归整个氢分子所有，其排布根据"能量尽可能低"的原则排在能量低的成键轨道上，所以能形成稳定的H_2分子。氦是单原子分子，自然界没有He_2分子存在，其原因也在于此。因为两个He原子的4个电子在成键和反键轨道上同时排布，不能使分子系统的能量比原子系统降低。

把对比的研究推广到其他共价键分子中，根据原子轨道重叠的基本观点，逐步发展形成了价键理论。该理论的基本要点是：

①具有自旋反向的未成对电子的原子接近时，可因原子轨道的重叠而形成共价键。

②一个电子与另一个自旋反向的电子配对成键后，就不能与第三个电子配对成键。

③类似于机械波叠加，相位相同时相加，相位不同时相减，原子轨道重叠时，只有波函数同号("+"与"+"或"-")才能有效叠加。

④配对电子的原子轨道要尽可能地实现最大重叠，重叠越多，体系能量降得越低，共价键越牢固。

2)共价键的特征

(1)饱和性

共价键是由未成对的自旋反向电子配对，原子轨道的重叠而形成的。所以，一个原子的一个未成对电子只能与另一个未成对电子配对，形成一个共价单键。一个原子有几个未成对电子(包括激发后形成的未成对电子)便可与几个自旋反向的未成对电子配对成键。这就是共价键的饱和性。例如，H—H，Cl—Cl，H—Cl 等分子中，2 个原子各有 1 个未成对电子，可以相互配对形成 1 个共价(单)键，不可能形成小或 H_2Cl 分子。1 个氮原子有 3 个未成对电子，就可以分别与 3 个氢原子的未成对电子配对，形成 3 个共价(单)键。在共价分子中，某原子所能提供的未成对电子数，一般就是该原子所能形成的共价(单)键的数目，称为共价数。

(2)方向性

由于共价键要尽可能沿着原子轨道最大重叠的方向形成，所以共价键具有方向性。例如，氢原子的 1s 轨道和氯原子的 3p 轨道有 4 种可能的重叠方式，如图 7.3 所示。图中(a)，(b)为同号重叠，是有效的。有效重叠最大，力增加最大，能量降得最低。所以，HCl 分子是采取(a)方式重叠成键的。(c)方式为异号重叠，ψ 相减，是无效的。(d)方式由于同号和异号两部分互相抵消，仍是无效的。又如，在形成 H_2S 分子时，S 原子最外层有两个未成对的 p 电子，其轨道夹角为 90°，两个氢原子只有沿着 p 轨道极大值的方向才能实现有效的最大重叠，在 H_2S 分子中两个 S—H 键的夹角约等于 90°(实为 92°)。

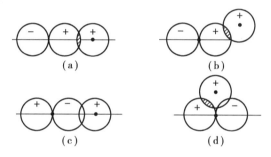

图 7.3　s 和 p_x 轨道(角度分布)的重叠方式示意图

以上讨论的共价键的饱和性与方向性，都与离子键不同。此外，离子键由于正、负离子各为一极，肯定是有极性的。共价键则不一定，既有相同元素的原子因电负性相同，而原子吸引电子的能力一样，原子核正电荷中心与核外电子的负电荷中心重合而形成的非极性共价键(nonpolar covalent bond)；也有不同元素的原子间因电负性不同，成键原子的电荷分布不均，电负性较大的原子带部分负电荷，电负性较小的原子带部分正电荷，即正、负电荷中心不重合而形成的极性共价键(polar covalent bond)。极性共价键可视为具有一定离子键成分的共价键。

3)σ 键和 π 键

由原子轨道叠加组合成分子轨道，根据原子轨道叠加成分子轨道方式的不同，可把共价键分为 σ 键和 π 键。如果形成共价键的两个原子轨道沿键轴方向，以头碰头的方式发生重叠，则其重叠部分对键轴无论旋转任何角度，形状不会改变，即对键轴具有圆柱形对称性，其重叠部分集中在键轴周围，而重叠最多的部位正好落在键轴上。如果轨道中排布电子，则核间键轴上电子云密度最大，这样的键称为 σ 键。例如，p 原子轨道与 s 原子轨道形成的 σ 键如图 7.4 所示。如果成键的原子轨道是沿键轴方向以肩并肩方式重叠的，则其重叠部分对通过键轴的某一特定平面呈镜面反对称，即重叠部分的形状在镜面两侧对称分布。如果有电子排布，其电子云在通过键轴的一个平面上下对称分布，在这个平面上的电子云密度为零，这样的键称为 π 键。例如，p 轨道与 p 轨道形成的 π 键如图 7.4 所示。电子云主要局限在两个原子之间所形成的化学键叫定域键，由若干个电子形成的电子云运动在多个原子间所形成的化学键叫离域键,如多原子间形成的 π 键叫离域 π 键或共轭 π 键、大 π 键。苯中6个环状碳原子间和丁二烯中4个碳原子间都存在离域大 π 键。与原子轨道一样,分子轨道是描述分子中的电子运动状态的,能借以说明分子成键情况的理论。分子中电子按能量高低依次排布在对应的不同的分子轨道中。因内层轨道对应的电子在成键前后能量的降低与升高大致相抵消,对成键贡献不大,所以一般不予考虑。

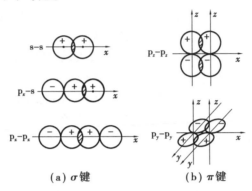

图 7.4　σ 键和 π 键(重叠方式)示意图

4)共价键参数

键长、键角、键能等表征共价键特性的物理量称为共价键参数。随着理论化学的进展,键参数在理论上可以由量子力学进行定量的讨论;另外,由于当代实验技术、仪器开发的进步,也可以通过实验来测定这些物理量。键参数对于材料的开发、应用,新材料的研究、设计都有一定的指导意义。

(1)键长(bond length)

分子中两成键原子的平均核间距称为键长。在理论上可用量子力学的近似方法进行计算。通过衍射、光谱等实验方法,已测定大量分子立体构型的数据,获得了许多成键原子间的键长。键长与键的强度有关,通常,若某单键的键长较短,则该单键乃至所形成的分子也较稳定。

表 7.1　某些共价键键长

共价键	键长/pm	共价键	键长/pm	共价键	键长/pm
H—H	74	N≡N	110	Br—Br	228
C—C	154	Si—Si	235	I—I	267
C=C	134	O—O	132	C—H	109
C≡C	120	O=O	121	N—H	101
N—N	146	F—F	142	O—H	96
N=N	129	Cl—Cl	199	F—H	92

(2)键角(bond angle)

分子中相邻两键间的夹角称为键角。它是反映分子空间结构的基本数据。简单分子的键角可由量子力学方法作近似计算,复杂分子仍需通过光谱、衍射等实验方法测定。

表7.2　某些分子和离子中的键角

分子	键角	分子	键角	分子	键角
CO_2	$\angle OCO\ 180°$	NO_3^-	$\angle ONO\ 120°$	NH_3	$\angle HNH\ 107.3°$
HCN	$\angle HCN\ 180°$	HCHO	$\angle HCH\ 119°$	H_2O	$\angle HOH\ 104.5°$
BF_3	$\angle FBF\ 120°$	CH_4	$\angle HCH\ 109.5°$	H_2S	$\angle HSH\ 92.2°$
SO_3	$\angle OSO\ 120°$	CH_3Cl	$\angle HCH\ 110.5°$	SF_6	$\angle FSF\ 90°$

（3）键能（bond energy）

在标准状态,298.15 K下,断开1 mol气态物质共价键,使之解离成气态电中性的组成部分所需要的能量称为该键的键能。

键能的大小,可以衡量共价键的强弱。从表7.3中可见,共价键双键键能大于单键键能,三键键能又大于双键键能,但$E_{C=C}$不等于E_{C-C}的2倍,说明π键键能要比σ键键能小得多。

表7.3　共价键能

共价键	键能/ (kJ/mol)	共价键	键能/ (kJ/mol)	共价键	键能/ (kJ/mol)	共价键	键能/ (kJ/mol)
H—H	436	O—O	146	Si—H	318	C—O	360
C—C	348	O=O	496	N—H	388	C=O	743
C=C	612	S—S	264	O—H	463	C—N	305
C≡C	837	F—F	158	S—H	338	C=N	890
Si—Si	176	Cl—Cl	242	F—H	562	C—F	484
N—N	163	Br—Br	193	Cl—H	431	C—Cl	338
N=N	409	I—I	151	Br—H	366	C—Br	276
N≡N	944	C—H	412	I—H	299	C—I	238

7.3.2　杂化轨道与分子的空间构型

价键理论成功地说明了许多共价分子的形成,阐明了共价键的本质及特征。但在解释许多分子的空间结构方面遇到了困难。随着近代实验技术的发展,确定了许多分子的空间结构。例如,实验测定表明甲烷（CH_4分子）具有正四面体的空间结构。碳位于正四面体的中心,4个氢原子占据4个顶点,4个C—H键的强度相同,键角$\angle HCH$为109°28′,但根据价键理论,即使考虑将碳原子的1个2s电子激发到2p轨道上,有4个未成对电子与4个氢原子的1s电子配对,形成4个C—H共价键,但由于2s与2p电子能量不同,所以形成的4个C—H键也应是不等同的,这与实验事实不符。鲍林从电子具有波动性且电子波可以叠加的观点出发提出了杂化轨道理论,进一步发展了价键理论,更好地解释了这类问题。

鲍林是美国著名化学家,并曾于1954年与1962年两度单独获得诺贝尔奖(分别为化学奖与和平奖)。鲍林主要研究结构化学。1927年他推导出大量离子半径数据,曾被广泛应用。1928年他测定了尿素、正链烷烃、六亚甲基四胺及一些简单芳香族化合物的结构,并在此基础上提出了第一批键长、键角的数据。1931年他利用X射线衍射法测出分子中原子间距,并进一步用它研究晶体和蛋白质结构,画出分子结构图形。同年,应用量子力学理论研究原子和分子的电子结构及化学键的本质,创立了杂化轨道理论。1931—1933年提出分子在若干价键之间共振的学说,认为共振使分子特别稳定,并由此引出共振能概念。1950年他认为在蛋白质的肽链上要满足最大限度的氢键,因此蛋白质可能形成两种螺旋体。一种是 α 螺旋体,另一种是 γ 螺旋体,他正式提出了蛋白质的 α 螺旋体结构。著有《量子力学导论》和《化学键的本质》等书。

为了解释类似的矛盾,Pauling 等人在价键理论的基础上提出了杂化轨道理论。他们认为原子轨道是波函数(ψ),具有波的性质,可以叠加或混杂。该理论要点如下:

①在形成分子的过程中,由于原子间的相互影响,从而使同一原子中能量相近、类型不同的原子轨道"混杂"起来,组成新的原子轨道。这一过程,称为轨道的杂化。组成的新原子轨道,称为杂化轨道。

②参加杂化的原子轨道数等于新形成的杂化轨道数;杂化轨道的能级和空间分布发生了变化,和其他原子成键时一般形成 σ 键。

杂化轨道理论的基本论点是:在共价键的形成过程中,同一原子中能量相近的若干不同类型的原子轨道可以"混合"起来,重新组合形成一组成键能力更强的新的原子轨道。这个过程称为原子轨道的杂化(hybridization),所组成的新的原子轨道称为杂化轨道(hybrid orbital)。应当强调的是,能量相近的原子轨道才能发生杂化(如2s 与 2p),能量相差较大的原子轨道(如1s 与 2p)就不能发生杂化;几个不同类型的原子轨道杂化后,仍有几个新的杂化轨道;杂化发生在分子形成的过程中,孤立的原子是不发生杂化的。

在价键理论基础上发展起来的杂化轨道理论可以较好地解释典型共价分子的空间构型。杂化后轨道的成键能力增强,中心原子以等性 sp、sp^2、sp^3 杂化成键分别构成直线形、平面形、(正)四面体形的分子骨架;以不等性 sp^3 杂化成键构成"三角锥形"或"V"字形的分子骨架。

1)sp^3 杂化

1 个 ns 轨道和 3 个 np 轨道组合形成的 4 个杂化轨道,叫 sp^3 杂化轨道。每个 sp^3 杂化轨道含有 1/4 的 s 成分和 3/4 的 p 成分。4 个轨道在空间分别指向正四面体的 4 个顶点,键角为 109.5°(准确的为 109°28′)。

前面提到的甲烷(CH_4)就是 sp^3 杂化的极好例证。基态 C 原子经激发后,外围电子构型为 $2s^1 2p_x^1 2p_y^1 2p_z^1$,1 个 s 和 3 个 p 轨道杂化形成 4 个 sp^3 杂化轨道,并分别与 4 个 H 原子的 1s 轨道成键而形成 CH_4 分子。C 原子处于正四面体中心,4 个 C—H 键分别指向正四面体的顶点,即 CH_4 分子具有正四面体的构型:4 个 C—H 的键能、键长和键角均相同,圆满地解释了实验事实(图 7.5)。

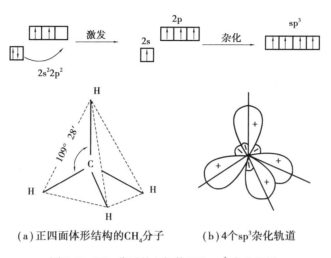

(a)正四面体形结构的CH_4分子　　　　(b)4个sp^3杂化轨道

图7.5　CH_4分子的空间构型和sp^3杂化轨道

2)sp^2 **杂化**

同一原子中的 1 个 ns 轨道和 2 个 np 轨道组合形成的 3 个杂化轨道,叫 sp^2 杂化轨道。这类轨道含 1/3 的 s 成分和 2/3 的 p 成分。三个轨道呈平面三角形,键角为 120°。

试以 BF_3 分子为例。基态 B 原子在成键过程中受激,其中 2s 轨道的一个电子跃迁到 2p 轨道的一个空轨道上,并由 1 个 s 轨道和 2 个 p 轨道进行杂化,形成 3 个等同的 sp^2 杂化轨道;再与 F 原子的 p 轨道成键,形成 BF_3 共价分子(图7.6)。又如,乙烯($CH_2 = CH_2$)也是 sp^2 杂化。其中 C 原子分别与另一个 C 原子和 2 个 H 原子分别形成 3 个 σ 键,剩下的第三个 p 轨道的电子则在与平面三角形相垂直的方向上形成 π 键。

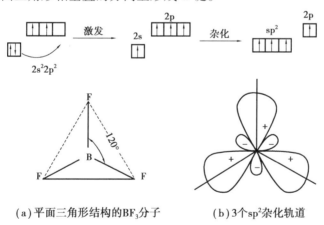

(a)平面三角形结构的BF_3分子　　　　(b)3个sp^2杂化轨道

图7.6　BF_3分子的空间构型和sp^2杂化轨道

3)sp **杂化**

1 个 ns 轨道和 1 个 np 轨道组合形成的两个杂化轨道,叫 sp 杂化轨道。这种轨道各含 1/2 的 s 成分和 1/2 的 p 成分。两个轨道形成一直线,键角为 180°,即分子具有直线形的构型。

试以 $BeCl_2$ 为例。Be 原子在成键过程中,经杂化组合成 2 个 sp 杂化轨道,并与自旋相反的 Cl 原子上未充满的 p 轨道重叠成键,生成 $BeCl_2$ 直线形共价分子(图7.7)。

183

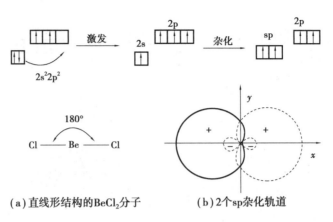

（a）直线形结构的BeCl$_2$分子　　　（b）2个sp杂化轨道

图7.7　BeCl$_2$分子的空间构型和sp杂化轨道

4）不等性杂化 sp^3 杂化

同种类型的杂化（如sp^3）又可分为等性杂化和不等性杂化2种。在CH$_4$中C原子的每个sp^{3}杂化轨道是等同的，都含有1/4s成分和3/4p成分，故称等性杂化道，未作说明的，一般均指等性杂化，若杂化后形成不完全等同的杂化轨道，则这种杂化就叫不等性杂化。NH$_3$分子和H$_2$O分子就是实例。

（1）NH$_3$的分子结构

N的基态原子外围电子构型为2s^{2}2p^3，2s和2p实行sp^{3}杂化后，已经成对的两个电子占据一个杂化轨道，三个未成对电子各占一杂化轨道，再与3个H原子的1s轨道重叠成键。原子中已成对的电子（叫孤对电子）未参与成键，由于孤对电子所占据的杂化轨道离核更近，含有较多的s成分（大于1/4），其形状更接近s轨道；而其他杂化轨道则含较多的p成分（大于3/4），有较多的相互垂直的倾向，因此，∠HNH比109°28′要小，实测值为107°18′，分子呈三角锥构型［图7.8（a）］。

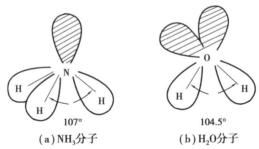

（a）NH$_3$分子　　　（b）H$_2$O分子

图7.8　NH$_3$分子和H$_2$O分子空间构型示意图

（2）H$_2$O的分子结构

氧原子的2s和2p轨道进行sp^{3}杂化后，氧原子中已有的两对孤电子对占据两个杂化轨道，另两个电子各占一个杂化轨道，并分别与2个H原子成键。由于氧原子上有2对孤对电子，对成键原子对的排斥作用增大（比NH$_3$分子中要大），故其键角应比NH$_3$分子要小，实测值为104°45′，即水分子呈V形构型［图7.8（b）］。

表 7.4 sp,sp^2,sp^3 杂化轨道的比较

杂化轨道	轨道数	s 成分	p 成分	键角	几何构型	实例
sp	2	1/2	1/2	180°	直线形	CO_2,$HgCl_2$,C_2H_2,HCN
sp^2	3	1/3	2/3	120°	正三角形	SO_3,BCl_3,C_2H_4,$HCHO$
sp^3	4	1/4	3/4	109°28′	正四面体	SiH_4,NH_4^+,C_2H_6,SO_2

7.4 分子间力和氢键

分子间力与化学键不同,是非直接相连的原子间、基团间和分子间相互作用力的总称。在高分子化合物和生物大分子中称为次价力。在小分子中的分子间力则比较简单,可分为取向力、诱导力和色散力 3 种。

7.4.1 分子的极性

在中学化学中已经知道极性分子和非极性分子的概念。整个分子是电中性的,但是对于分子中所有带正电的原子核和带负电电子,均可设想它们分别集中于一点,该点称为电荷重心。正、负电荷重心重合即成为非极性分子,正、负电荷重心不重合,在分子中将出现正、负两个极,称为偶极。具有偶极的分子称为极性分子。图 7.9 是两种分子的示意图,其中 +q 和 −q 分别表示偶极的电荷和相对位置。

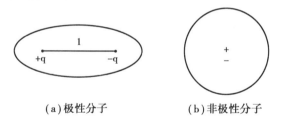

(a)极性分子 (b)非极性分子

图 7.9 极性分子与非极性分子示意图

分子极性的强弱是用电偶极矩来衡量的。与键矩相似,电偶极矩 p 定义为偶极长度(正、负电荷重心的距离 l)和极上电荷(q)的乘积:

$$p=q \cdot l \tag{7.1}$$

电偶极矩可用光学的或电学的方法测定,表 7.5 中列出一些气体分子的电偶极矩。

表 7.5 一些物质的分子电偶极矩

分子	电偶极矩/$(10^{-30} C \cdot m)$	分子	电偶极矩/$(10^{-30} C \cdot m)$	分子	电偶极矩/$(10^{-30} C \cdot m)$
H_2	0	HCl	3.60	NH_3	4.87
CO_2	0	HBr	2.74	PCl_3	2.58
SO_3	0	HI	1.47	CH_3Cl	6.23
CH_4	0	HCN	9.94	CH_2Cl_2	5.12

续表

分子	电偶极矩/$(10^{-30}$ C. m)	分子	电偶极矩/$(10^{-30}$ C. m)	分子	电偶极矩/$(10^{-30}$ C. m)
CO	0.30	H_2O	6.14	$CHCl_3$	3.37
HF	6.07	H_2S	3.42	CCl_4	0

从表 7.5 中可以看出,非极性分子的电偶极矩为 0,极性分子的电偶极矩大于 0,数值越大,分子的极性就越大。

分子的极性是由分子中键矩引起的。对于双原子分子,键的极性直接反映出电偶极矩的强弱。如 Cl_2,H_2 分子中,键矩为 0,故分子的电偶极矩为 0;在 HF-HCl-HBr-HI 的分子序列中,成键原子的电负性差 $\Delta\chi$ 依次减小,键的极性依次减弱,分子的电偶极矩也依次减小。

在多原子分子中,电偶极矩的大小取决于键矩和分子的空间构型。分子的电偶极矩为键矩的矢量和,如分子的空间构型为对称的结构时(直线形、三角形、正四面体等),其键矩的矢量和为 0,则电偶极矩也为 0,属于非极性分子,如 CO_2,CH_4 和 SO_3 等。而分子结构不对称者,其键矩的矢量和不为 0,电偶极矩也不为 0,属于极性分子,如 SO_2,NH_3,H_2O,H_2S 等。

7.4.2　分子间力

早在 1873 年,van der Waals(范德华,荷)在研究气体行为时,就认识到气体分子间存在着吸引和排斥的作用力,物质在三态间的相互转化,也证明了分子间作用力的存在,这种作用力称为分子间力(或范德华力)。

研究证明,分子间力主要有 3 种。

1)色散力

当非极性分子相互接近时(图 7.10),由于分子中的电子不断运动和原子核不断振动,经常会出现电子和核间的相对位移。此时分子中正、负电荷重心不重合,产生了瞬时偶极,当两个分子距离很近时,它们产生的瞬时偶极总是处在异极相邻的状态[图 7.10(b)],这种因瞬时偶极而产生的分子间作用力,叫色散力。虽然每一瞬时极短,但在以后的"瞬时",仍会重复这种异极相邻的状态[图 7.10(c)]。这样,分子间就始终存在着色散力。

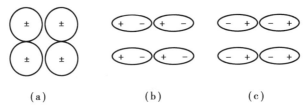

(a)　　　　　　(b)　　　　　　(c)

图 7.10　瞬时偶极和非极性分子的相互作用

显然,分子越大或分子中包含的电子越多,核与电子间的联系就越弱,就越容易产生瞬时偶极,其色散力就越强。

2)诱导力

当极性分子和非极性分子靠近时,分子间除色散力外,还存在着诱导力,极性分子的固有偶极对非极性分子的电子云和核要产生吸引或排斥作用,使非极性分子发生变形,正、负电荷重心发生相对位移,产生的诱导偶极[图7.11(b)],固有偶极和诱导偶极间的作用力,就叫诱导力。

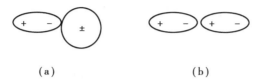

（a）　　　　　　　　　　　（b）

图7.11 诱导偶极和极性分子与非极性分子之间的作用

显然,极性分子的电偶极矩越大,非极性分子越容易变形,其间的诱导力也就越大。

3）**取向力**

当极性分子相互靠近时,分子间除色散力外,由于偶极间的同性相斥、异性相吸的结果,使分子按一定的取向排列,相互处于异极相邻的状态。这种因极性分子的取向而产生的固有偶极间的作用力,叫取向力[图7.12(b),(c)]。

显然,分子的电偶极矩越大,取向力就越强。取向力的存在,使相邻分子更加靠近,它们彼此相互诱导,使每个分子正、负电荷重心更加分开,进而产生诱导偶极[图7.12(d)]。因此,在极性分子间还有诱导力存在。

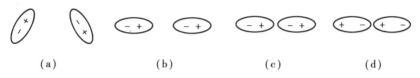

（a）　　　　　　（b）　　　　　　（c）　　　　　　（d）

图7.12 极性分子间的相互作用

总之,在极性分子间存在着色散力、取向力、诱导力3种分子间力;在极性分子和非极性分子间存在着色散力和诱导力;而在非极性分子间,则只有色散力存在。表7.6中列出某些物质分子间力的数值。

表7.6 某些物质分子间的作用力（单位为 kJ/mol）

分子	色散力	诱导力	取向力	总和
H_2	0.17	0.00	0.00	0.17
Ar	8.49	0.00	0.00	8.49
Xe	17.41	0.00	0.00	17.41
CO	8.74	0.008	0.003	8.75
HCl	16.82	1.10	3.30	21.22
HBr	28.45	0.71	1.09	30.25
HI	60.54	0.31	0.59	61.44
NH_3	14.73	1.55	13.30	29.58
H_2O	9.00	1.92	36.36	47.28

从表7.6中可以看出,色散力存在于一切分子之间,同时,除少数强极性分子(如 H_2O

等)外,大多数分子间的三种作用力中,色散力是主要的。

分子间力要比化学键弱得多(一般$\leqslant 20$ kJ/mol)。而且,只有当分子间距离很小时才起作用。因此,是一种短距力。当分子稍微远离时,分子间力迅速减小;分子间距离大于 50 pm时,分子间力便可忽略不计。通常情况下的实际气体,可以近似当作理想气体对待,理由就在于此。

物质的许多性质,如熔点、沸点、汽化热、表面张力和黏度等都和分子间力有密切联系。例如,在F_2—Cl_2—Br_2—I_2序列中,由于分子体积依次变大,其色散力也依次增加,因此,卤族元素的熔点、沸点依次递增。在常温下,F_2是气体,Cl_2也是气体,但易液化;Br_2为液体,而I_2为固体。HCl—HBr—HI 的熔点、沸点依次递增,也是因为它们的分子体积递增、色散力依次变大所致。又如,CCl_4为非极性分子,而H_2O为极性分子,分子间力是不相同的,两者的互溶性差。而非极性的I_2分子,其色散力较大,易溶于CCl_4,这就是"相似相溶"(即"极性与分子结构相似者易相互溶解")的依据。

一般来说,对类型相同的分子,其分子间力常随其相对分子质量的增加而变大。

7.4.3 氢键

由于分子间力在大多数情况下是以色散力为主,所以同族元素氢化物的熔点、沸点通常是随着相对分子质量的增大而上升。但H_2O,HF,NH_3的熔点、沸点却不符合上述递变规律(图 7.13)。这说明除前节所述的 3 种分子间力以外,可能在H_2O,HF,NH_3等的分子间还存在着另一种作用力。

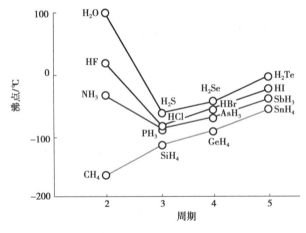

图 7.13 部分物质的沸点比较

当电负性大的元素 X(如 F,O,N 等)和 H 形成共价键时,由于电负性相差较大,共用电子对强烈地移向 X 原子,进而使 H 原子成为一个几乎没有电子云、半径很小、带正电的核,所以它不受其他原子外围电子云的排斥,反而受到吸引。这样,当形成 H—X 共价键后,H 原子与另一个分子中电负性大且带负电的 Y 原子(F,O,N 等)之间,由于静电吸引而形成 X—H…Y键,这就是氢键。近代研究证明,只有当 X 元素的电负性大、半径小时,其与氢的化合物中才有氢键形成。除 F 外,O、N 与氢的化合物(H_2O和NH_3)也能形成氢键。Cl 原子电负性大,但半径也大,故 HCl 中只有极微弱的氢键。

氢键有两个重要特征：

①氢键比化学键弱得多,比分子间力(范德华力)稍强,其键能为 10~40 kJ/mol。氢键的键长也比共价键的键长大得多。如表 7.7 所示,氢键的强弱取决于 X、Y 的电负性和半径大小:F—H…F 的氢键最强, O—H…O 次之,而 N—H…F>N—H…O>N—H…N。

表 7.7 一些氢键的键能和键长

氢键	键能(kJ/mol)	键长,pm	代表化合物
F—H…F	28.1	255	HF
O—H…O	18.8	276	冰
	25.9	266	甲醇
N—H…F	20.9	268	NH_4F
N—H…O	20.9	286	CH_3CONH_2
N—H…N	5.4	338	NH_3

②氢键具有方向性和饱和性。在氢键中 X,H,Y 三原子一般是在一条直线上。这是因为氢原子的体积很小,为了减少 X 和 Y 之间的斥力,应使 X, Y 尽可能地远离,键角接近 180°。同样由于氢原子的体积很小,它与 X, Y 成键后,另外体积相对较大的 Y 原子就难以向它靠近,故氢键中氢的配位数一般为 2,这就是氢键的饱和性。

从氢键的特征看,一般认为氢键的本质是一种较强的具有方向性的静电引力。从键能上看,它属于分子间力的范畴,但它具有方向性和饱和性。

氢键的存在,可使物质具有许多独特的性质。例如,水有很大的摩尔热容(75.4 J/(mol·K)、很高的熔化热(6.01 kJ/mol)和气化热(40.79 kJ/mol)。在通常状态下水是稳定的液态,所以水通常用作加热或制冷的介质。这对于调节环境温度和有机体的体温具有重要作用。在确定的温度下,水可达到气相—液相两相平衡,具有确定的饱和蒸气压(简称蒸气压)。然而,水的蒸气压是随着温度的升高而增加的。水有很高的标准摩尔生成焓($\Delta_r H_m^\ominus = -285.8$ kJ/mol),而 H_2S 的标准摩尔生成焓就低得多($\Delta_r H_m^\ominus = -20.6$ kJ/mol)。所以水的稳定性很大,即使在 2 000 K 的高温下,也只有 0.588% 的水分子解离,使水在很宽的温度范围内广泛应用。水在 4 ℃时的密度最大,为 1 000 kg·m^3(即 1 g·cm^{-3})。高于或低于此温度,水的密度都会变小。当水凝结为冰时,体积膨胀而变轻,密度小于液态水,具有"冷胀热缩"的特性。这对环境保护,特别是维护水生动植物的生存是有决定性意义的。每个水分子既可作电子对接受体,又可作电子对给予体,对几乎所有的物质都有程度不同的溶剂化作用,是性能优良的溶剂。

氢键在无机化合物(如水和水合物、氨和氨合物、酸和酸式盐等)、有机化合物(如醇类、酚类、有机酸和有机胺等)中相当普遍的存在。氢键强烈的影响着这些物质的物理性质,使它们都有较高的熔点、沸点、高的介电常数和黏度,以及低的蒸气压,大多能与水很好地混溶,此外,氢键对物质的酸碱性也有相当大的影响。

除分子间外,某些物质分子内也能形成氢键。例如邻硝基苯酚可在分子内形成氢键,而间位硝基苯酚和对位硝基苯酚则形成分子间的氢键。这就使邻硝基苯酚的沸点比对位硝基苯酚和间位硝基苯酚低,在水中的溶解度也较小。

若苯甲酸解离常数为 K,则其邻、间、对位羟基取代物解离常数分别为 15.9 K,1.26 K 和 0.44 K;若左右两个邻位均有羟基则解离常数为 800 K,这是由于邻位羟基与羧基氧形成氢键,减弱了羧基氧原子对氢原子的吸引力。

氢键在生命物质的形成及生命过程中都扮演着重要角色。它既存在于肽键与肽键之间,也存在于同一螺旋肽键之中,是形成蛋白质折叠和盘绕二级结构的基础。蛋白质的三级、四级结构中氢键也发挥着重要作用。DNA 的自我复制首先是碱基对之间的氢键断裂,使两条链分离开来,然后再各自作为模板,合成出两条新的与"亲代"完全相同的双螺旋 DNA 分子。

总之,物质中存在着各种作用力,包括化学键、分子间力和氢键。它们的形成、特点、大小综合比较,见表 7.8。

表7.8 化学键、分子间力和氢键的综合比较

作用力类型	离子键	共价键	分子间力			氢键
			色散力	诱导力	取向力	
本质	正、负离子间静电引力	核对共用电子对的引力	电偶极间的静电引力			$\overset{\delta-}{X}{-}\overset{\delta+}{H}\cdots\overset{\delta-}{Y}$ 静电引力
原理	电子得、失达到稳定结构	单电子配对;轨道最大重叠	瞬时偶极的形成			固有偶极引起的诱导偶极
条件	$\Delta\chi \geqslant 1.7$	$0 \leqslant \Delta\chi < 1.7$	一切分子间			极性分子和非极性分子间
特点	无方向性、无饱和性	有方向性、有饱和性	短距力			有方向性、有饱和性
强度大小	很强(几百千焦每摩尔)	很强(几百千焦每摩尔)	很弱(一般小于 20 kJ/mol)			较弱(8 ~ 42 kJ/mol)
影响因素	与离子电荷成正比,与离子半径成反比	原子轨道的成键能力和共用电子对数	与分子体积、极性大小成正比,与距离的 6 次方成反比			与 X,Y 的电负性大小成正比

7.5 晶体结构

人们日常所接触的物质,不是单个原子或分子,而是由大量原子、分子组成的聚集态,即通常所熟知的气、液、固等状态。下面只着重讨论在固体中占重要地位的晶体的结构。

晶体是由在空间排列得很有规律的微粒(原子、离子、分子等)所组成的,是具有晶格结构的固体。晶体中微粒的排列按一定方式重复出现,这种性质称为晶体结构的周期性。晶体的一些特性与其微粒排列的规律性密切相关。若把晶体内部的微粒看成几何学上的点,然后按一定规则组成的几何图形叫晶格或点阵。晶体的种类繁多,各种晶体都有它自己的晶格。但如果按晶格中的结构微粒种类和键的性质来划分,晶体可分为离子晶体、分子晶体、原子晶体和金属晶体等四种基本类型。本节简单讨论前三种类型的晶体。

7.5.1　离子晶体、原子晶体和分子晶体简况

表 7.9 先给出了离子晶体、原子晶体和分子晶体从晶格节点上的微粒、微粒间的作用力、晶体类型、熔点高低以及导电性等方面的性质。更详细地讨论将在后面进行。

表 7.9　离子晶体、原子晶体和分子晶体某些性质比较表

晶体类型	晶格节点上的微粒	微粒间的作用力	熔点	硬度	熔融时的导电性	例
离子晶体	正负、离子	静电引力	较高	较大	导电	NaCl
原子晶体	原子	共价键力	高	大	不导电	金刚石
分子晶体	分子	分子间力	低	小	不导电	干冰

7.5.2　离子晶体

在离子晶体中,结点上交替地排列着正离子和负离子,其间以静电引力(离子键)相互结合,所有的固态离子化合物,都是离子晶体。

NaCl 晶体是典型的离子晶体,图 7.14(a)是 NaCl 晶体的晶胞,其外形为一立方体,其中每个 Na^+ 被 6 个 Cl^- 所包围。同样,每个 Cl^- 周围也有 6 个 Na^+,其个数为 1∶1,故其化学式为 NaCl。这种排列方式使晶体中正、负离子间吸引力最大,而排斥力最小。

CsCl 晶体是另一类型的离子晶体[图 7.14(b)],晶体中,Cl^-(或 Cs^+)占据立方体的 8 个顶角,而 Cs^+(或 Cl^-)填入立方体的中心,相当于每一个 Cs^+ 周围排列着 8 个 Cl^-,而每一个 Cl^- 也同样将 8 个 Cs^+ 吸引在自己的周围,故其化学式为 CsCl。

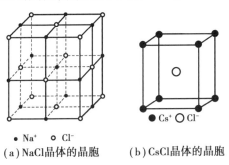

● Na^+　○ Cl^-
(a)NaCl晶体的晶胞　　　(b)CsCl晶体的晶胞

图 7.14　NaCl 与 CsCl 的晶体结构

离子晶体中,离子键很强,没有自由移动的可能,因此,它是热和电的不良导体;当它熔化或溶于水后,离子键被破坏,出现了可自由移动的正、负离子,就有很好的导电性。离子晶体具有较大的硬度、较高的熔点和很低的挥发性(蒸气压很小)、较差的延展性等特性。

离子晶体中,正、负离子间结合力的大小,常用晶格能来定量说明。100.0 kPa,298 K 下,由相互远离的气态正、负离子,结合成单位物质的量离子晶体时所放出的能量,称为该晶体的晶格能,常用 kJ/mol 表示。例如,NaCl 的晶格能表示如下:

$$Na^+(g) + Cl^-(g) \xrightarrow{U} NaCl(cr)$$

晶格能常为负值,负值越大,表明生成离子晶体时释放出的能量越多,即正、负离子间结合力越大,越稳定。

在典型的离子晶体中,离子所带电荷越多、离子半径越小产生的静电场强度越大,与异号电荷离子的静电作用能也越大,离子晶体晶格能越大,离子晶体的熔点越高、硬度越大。例如,NaF 和 CaO 这两种典型的离子晶体,前者正负离子半径之和为 0.23 nm,后者为 0.231 nm,很接近。但离子所带电荷数后者比前者多,所以 CaO 的熔点(2 570 ℃)比 NaF(993 ℃)高,硬度也大(CaO 硬度为 4.5,NaF 的硬度为 2.3)。

而 MgO 与 CaO 这两种典型的离子晶体,离子所带电荷相同,但镁离子的离子半径(0.066 nm)比钙离子半径(0.099 nm)小,因此氧化镁 MgO 有更高的熔点(2 852 ℃)和更大的硬度(6.0)。

7.5.3 原子晶体

图 7.15 金刚石的晶体结构

原子晶体晶格结点上排列着原子,原子间通过共价键相结合。由于共价键有方向性和饱和性,所以这种晶体配位数一般比较小。

金刚石是最典型的原子晶体,其中每个碳原子通过 sp^3 杂化轨道与其他碳原子形成共价键,组成四面体,配位数是 4(图 7.15)。

在属于原子晶体的物质中,单质中除金刚石外,还有可做半导体元件的单晶硅和锗,它们都是第四主族元素;在化合物中,碳化硅(SiC)、砷化镓(GaAs)和二氧化硅(SiO_2,β-方石英)等也属于原子晶体。

在原子晶体中并没有独立存在的原子或分子,SiC、SiO_2 等化学式并不代表一个分子的组成,只代表晶体中各种元素原子数的比例。

因为共价键的结合力很强,所以原子晶体一般具有很高的熔点和很大的硬度,在工业上常被选为磨料或耐火材料。尤其是金刚石,由于碳原子半径较小,共价键的强度很大,要破坏 4 个共价键或扭曲键角,都将受到很大阻力。所以金刚石的熔点高达 3 550℃,硬度也最大。原子晶体延展性很小,有脆性,由于原子晶体中没有离子,故其熔融态都不易导电,一般是电的绝缘体。但是某些原子晶体如 Si、Ge、Ga 和 As 等可作为优良的半导体材料。原子晶体在一般溶剂中都不溶。

7.5.4 分子晶体

分子晶体是具有稳固的电子结构的原子或分子,靠范德华力结合成的晶体。在分子晶体中,它们基本保持着原来的电子结构。由满壳层电子结构的稀有气体元素,如 Ne、Ar 等构成的晶体,就是典型的分子晶体。

在分子晶体的晶格结点上排列着极性或非极性分子(也包括原子),分子间只能以分子间力或氢键相结合。因为分子间力没有方向性和饱和性,所以分子晶体都有形成密堆积的趋势,配位数可高达 12。与离子晶体、原子晶体不同,在分子晶体中有独立分子(或原子)存在。

如图 7.16 给出的二氧化碳的晶体结构,晶体中有独立存在的 CO_2 分子,化学式 CO_2 能代表分子的组成,也就是它的分子式。

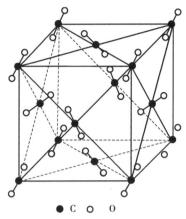

● C　○ O

图 7.16　固态 CO_2 的晶体结构

分子晶体粒子间的结合力较弱,故其熔点低、硬度小。由于分子晶体是由电中性的分子组成,所以固态和熔融态都不导电,是电的绝缘体。但某些分子晶体含有极性较强的共价键,能溶于水产生水合离子,因而能导电,如冰醋酸。

绝大部分有机物,稀有气体和 H_2、N_2、Cl_2、Br_2、I_2、SO_2 以及 HCl 等的晶体都是分子晶体。

7.5.5　过渡型的晶体

除了上述的几种晶体类型以外,还有一些具有链状结构和层状结构的过渡型晶体。在这些晶体中微粒间的作用力不止一种,链内和链间、层内和层间的作用力并不相同,所以又叫混合型晶体。

1)链状结构的晶体

天然硅酸盐的基本结构单元是由一个硅原子和四个氧原子所组成的四面体。根据这种四面体的连接方式不同,可以得到各种不同的天然硅酸盐。图 7.17 是将各个硅氧四面体通过顶点相连排成长链硅酸盐负离子 $(SiO_3)^{2n-}$ 的俯视图(圈表示氧原子,黑点表示硅原子,虚线表示四面体,实线表示共价键)。长链是由共价键组成的,金属离子在链间起联络作用。由于长链和金属离子间的静电引力比链内的共价键弱,所以按平行于键的方向用力时,晶体易开裂,石棉就是这种结构。

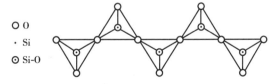

○ O
· Si
◎ Si-O

图 7.17　硅酸盐的链状结构

2)层状结构的晶体

石墨是具有层状结构的晶体(图 7.18)。在石墨晶体中,同一层碳原子在结合成石墨时发生 sp^2 杂化。其中每个 sp^2 杂化轨道彼此间以 σ 键结合,因此在每个碳原子周围形成 3 个 σ

键,键角120°,形成了正六角形的平面层。这时每个碳原子还有一个垂直于 sp^2 杂化轨道未参与杂化的2p轨道,其中有一个2p电子,这种互相平行的 p 轨道可以互相重叠形成遍及整个平面层的离域 π 键(又叫大 π 键)。由于大 π 键的离域性,电子能在每层平面方向移动,使石墨具有良好的导电、导热性能。又由于石墨晶体的层和层之间距离较远,靠分子间力联系起来,因此它们之间的结合是较弱的,所以层与层之间易于滑动,工业上常用作润滑剂。

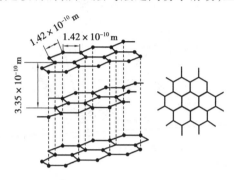

图 7.18　石墨的层状结构

石墨结构转变成金刚石结构,其实质就是使石墨中各碳原子的 3 个 sp^2 杂化轨道和一个2p轨道相互成键,转化为以 4 个 sp^3 杂化轨道相互成键,这一般在高温、高压下来实现。

7.5.6　晶体缺陷

前面讲的晶体结构都是理想结构,这种结构只有在特殊条件下才能得到(如在卫星或宇宙飞船中失重条件下生长)。而在实际生长晶体时,由于生长条件的波动和外界条件的干扰,长出的真实晶体总是具有缺陷的。缺陷本身具有不利的一面,但也有其有利的一面。这些缺陷对于晶体的化学性质影响较小,而对于许多物理性质(如电性、磁性、光学性能以及机械性能等)常常起决定性作用。所以缺陷对晶体的利用有着重要的意义。

从几何学的角度看,结构缺陷有点缺陷、线缺陷和面缺陷 3 种,其中以点缺陷最为普遍也最重要。下面我们就简单介绍点缺陷。

点缺陷是指在完整晶体中个别离子或原子的排列受到破坏而产生的缺陷,包括空位、间隙原子、错位原子和杂质原子等。图 7.19 中 a 处按晶体周期性排布应该出现原子的地方没有原子,形成了空位;b 为杂质原子,即一种原子被另一种原子置换;c 处间隙位置被外来原子占据。

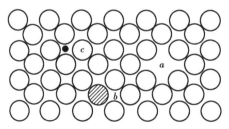

图 7.19　几种常见的点缺陷

1)本征缺陷

本征缺陷是由于晶体中晶格结点上的微粒热涨落所致,这种缺陷从本质上讲是不可避免的。它有两种基本类型:肖特基(Schottky)和弗仑克尔(Frenkel)缺陷。

原子脱离正常晶格的结点位置移到晶体表面的正常位置,在原结点位置上留下空位,则称为肖特基缺陷。肖特基缺陷包含有原子空位(对金属晶体)或者离子空位(对离子晶体),离子空位是阴离子和阳离子按化学计量比同时空位。例如,在 NaCl 晶体中,Na^+ 和 Cl^- 离子的空位数相等,如图 7.20 所示。

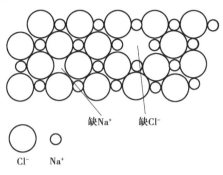

图 7.20　肖特基缺陷

原子脱离正常晶格的结点位置移动到晶格中的间隙位置,形成一个空位和一个间隙原子,则称为弗仑克尔缺陷。这种缺陷最常发生在阳离子半径远小于阴离子半径或晶体结构空隙较大的离子晶体中。例如,在 AgBr 晶体中,Ag^+ 半径比 Br^- 半径小得多,Ag^+ 移到晶格间隙处而产生空位,如图 7.21 所示。又如 CaF_2 晶体,因为有大的空隙结构使 Ca^{2+} 离子易进入间隙而形成弗仑克尔缺陷。

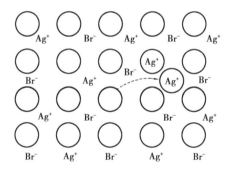

图 7.21　弗仑克尔缺陷

上述两种缺陷能产生在所有的晶体中。

2)杂质缺陷

杂质缺陷是由于杂质进入晶体后所引起的缺陷。这种缺陷也有两种类型:间隙式和取代式。间隙式缺陷一般发生在外加杂质离子(或原子)半径较小的情况下。如 C 或 N 原子进入金属晶体的间隙中,形成填充型合金等杂质缺陷。取代式缺陷通常发生在外加杂质离子(或原子)的电负性和半径与组成晶体的离子(或原子)相差不大、可以互相取代的情况下。例如,GaAs 晶体中加入 Si 杂质原子,则 Si 既可以取代 Ga 的位置,又可以取代 As 的位置。杂质的加入往往能大大改变晶体的性质,如强度、磁性、电性能以及光学性能等。如在非线性光学晶体 $LiNbO_3$ 中加入少量 MgO,可明显提高其抗光折变性能;而如果加入少量 Fe,则亦可提高其光折变性能。

3）非整比化合物

有些缺陷使得化合物中各原子的相对数目不能是简单的整数比,这类化合物称为非整比化合物。

例如 NaCl 晶体在钠蒸气中加热,金属含量比理论值高出 1/10 000,形成非整比化合物 $Na_{1+\delta}Cl$,δ 远小于 1。Na 原子电离成 Na^+ 后,在晶体中产生相应数量的负离子空位,由 Na 原子电离产生的电子落入负离子空位形成色心。该电子周围的正离子的势场中,具有一系列的能级,从一个能级跃迁到另一个能级所需要的能量刚好处在可见光区,因此 NaCl 晶体呈现浅黄色。

近年来,随着固体化学研究工作的不断深入,出现了一系列具有重要用途的非整比化合物。其中的高温超导体 $YBa_2Cu_3O_{7-x}$ 就是具有二价和三价铜的混合价态的非整比化合物。研究这类非整比化合物的组成、结构、价态、自旋状态与性能,对探索新型的无机功能材料是很重要的。

除了点缺陷以外,晶体的线、面、体缺陷都是与晶体的生长与热处理等条件有关的在较大范围内的生长缺陷,这里不再赘述。

阅读材料：

新型碳纳米材料

纳米科学技术是当今国际上最活跃的前沿领域之一,纳米技术通过操纵物质的原子、分子结构,实现对材料功能的控制。它使人类认识和改造物质世界的手段和能力延伸到原子和分子领域。纳米材料是指固体微粒小到纳米量级的超微粒子和晶体尺寸小到纳米量级,且具有小尺寸效应、表面效应、量子尺寸效应及宏观量子隧道效应等特点的固体和薄膜。碳纳米材料是纳米材料领域重要的组成部分,碳基纳米材料是指分散相至少有一维小于 100 nm 的碳材料。分散相可以由碳原子组成,也可以由其他原子(非碳原子)组成。到目前为止,发现的碳基纳米材料有富勒烯、碳纳米管、石墨烯、荧光碳点及其复合材料。碳基纳米材料在硬度、耐热性、光学特性、耐辐射特性、电绝缘性、导电性、耐化学药品特性、表面与界面特性等方面都比其他材料优异,可以说碳基纳米材料几乎包括了地球上所有物质所具有的特性,如最硬—最软,全吸光—全透光,绝缘体—半导体—良导体,绝热—良导热等,因此具有广泛的用途。发展制备这些材料的新方法、新技术,研究这些材料不同的纳米结构对性质的影响,不仅有重要的理论价值,而且对能源和生命分析领域的快速发展也具有重要的实际意义。

一、石墨烯

石墨烯是一种平面单层紧密打包成一个二维(2D)蜂窝晶格的碳原子,并且是所有其他维度的石墨材料的基本构建模块。它可以被包装成零维(0D)的富勒烯,卷成了一维(1D)的纳米管或堆叠成三维(3D)的石墨。石墨烯由碳原子形成的原子尺寸蜂巢晶格结构如图 7.22 所示。

石墨烯的结构非常稳定,碳碳键仅为 1.42Å。石墨烯内部的碳原子之间的连接很柔韧,当施加外力于石墨烯时,碳原子面会弯曲变形,使得碳原子不必重新排列来适应外力,从而保持结构稳定。这种稳定的晶格结构使石墨烯具有优秀的导热性。另外,石墨烯中的电子在轨道中移动时,不会因晶格缺陷或引入外来原子而发生散射。

石墨烯是一种由碳原子形成的单层薄膜,具有非常特殊的导电和导热性能,以及强大的机械性能,如强度和柔韧性。它被认为是 21 世纪最重要的新材料之一,并已被应用于许多领域。

 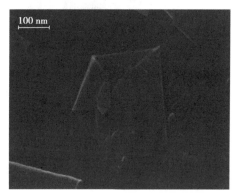

图 7.22 原子尺寸蜂巢晶格结构　　　　图 7.23 电子显微镜下石墨烯薄片

以下是石墨烯的一些主要应用及发展前景:

1.制造下一代超级计算机。石墨烯是目前已知导电性能最好的材料,这种特性尤其适合于高频电路,石墨烯将是硅的替代品,可用来生产未来的超级计算机,使电脑运行速度更快、能耗降低。

2.可作为液晶显示材料。石墨烯是一种"透明"的导体,可以用来替代现在的液晶显示材料用于生产下一代电脑、电视、手机的显示屏等。

3.制造晶体管集成电路。石墨烯可取代硅成为下一代超高频率晶体管的基础材料,而广泛应用于高性能集成电路和新型纳米电子器件中。

4.制造医用消毒品和食品包装。中国科研人员发现细菌的细胞在石墨烯上无法生长,而人类细胞却不会受损。利用石墨烯的这一特性可以制作绷带,食品包装,也可生产抗菌服装、床上用品等。

二、富勒烯 C_{60}

富勒烯(Fullerene)是一种完全由碳组成的中空分子,形状呈球形、椭球形、柱形或管状。富勒烯在结构上与石墨很相似,石墨是由六元环组成的石墨烯层堆积而成,而富勒烯不仅含有六元环还有五元环,偶尔还有七元环。

巴克明斯特富勒烯(英语:Buckminsterfullerene),分子式 C_{60},是富勒烯家族的一种,球状分子,是最容易得到、最容易提纯和最廉价的一种,因此 C_{60} 及其衍生物是被研究和应用最多的富勒烯。

通过质谱分析、X 射线分析后证明,C_{60} 的分子结构为球形32 面体,它是由 60 个碳原子通过 20 个六元环和 12 个五元环连接而成的具有 30 个碳碳双键的足球状空心对称分子,所以,富勒烯也被称为足球烯。

以下是富勒烯的一些主要应用及发展前景:

1.护肤品添加剂:由于富勒烯能够亲和自由基,因此个别商家将水溶性富勒烯分散于化妆品,但是效果一般且价格昂贵。

2.有机太阳能电池:自 1995 年俞刚博士将富勒烯的衍生物 PCBM([6,6]-phenyl-C_{61}-

图 7.24　C$_{60}$ 结构

butyric acid methyl ester,简称 PC$_{61}$BM 或 PCBM)用于本体异质结有机太阳能电池以来,有机太阳能电池得到了长足的发展,其中有三家公司已经将掺杂 PCBM 的有机太阳能电池商用,迄今大部分有机太阳能电池都是以富勒烯作为电子受体材料。

3. C$_{60}$,在医学上可以控制甚至可以杀死癌细胞,其衍生物可以辅助治疗艾滋病(尚处于试验阶段)。

4. 在重工业领域,可以作为润滑油的添加剂,提高其润滑性能,满足一些机械设备的润滑要求。

三、碳纳米管

碳纳米管(英语:Carbon Nanotube,缩写 CNT)是在 1991 年 1 月由日本筑波 NEC 实验室的物理学家饭岛澄男使用高分辨透射电子显微镜从电弧法生产的碳纤维中发现的。它是一种管状的碳分子,管上每个碳原子采取 sp^2 杂化,相互之间以碳-碳 σ 键结合起来,形成由六边形组成的蜂窝状结构作为碳纳米管的骨架。每个碳原子上未参与杂化的一对 p 电子相互之间形成跨越整个碳纳米管的共轭 π 电子云。碳纳米管具有优异的力学性能,高强度、较小的密度,良好的柔韧性,优异的导电导热性。

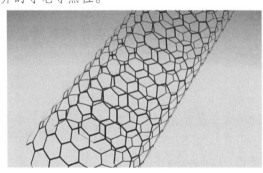

图 7.25　碳纳米管结构

以下是碳纳米管的一些主要应用及发展前景:

1. 在复合材料中的应用:碳纳米管除具有一般纳米粒子的尺寸效应外,还具有力学强度大、柔韧性好、电导率高等独特的性质,成为聚合物复合材料理想的增强体,在化工、机械、电子、航空、航天等领域被广泛应用。

2. 碳纳米管是一种很好的储氢材料。

3. 在二次电池和超级电容器中的应用:在性能更好的锂离子电池中,碳纳米管可以作为电池的负极材料,使电池有更好的锂嵌入量和锂脱嵌可逆性。

4. 碳纳米管尺寸小、比表面积大,通过对它的修饰可以得到很好的催化剂。

碳纳米材料是纳米材料领域重要的组成部分,在物理化学、材料科学、机械工程、电子工程和生物医学工程等领域具有潜在的用途,应该进一步深入系统研究。我们有理由相信,随着研究的不断深入,碳纳米材料将极大地造福于人类。

思考题与习题

1. 指出下列化合物的中心原子可能采取的杂化类型,并预测分子的几何构型 BeH_2、BBr_3、SiH_4、PH_3。

2. BF_3 分子和 NH_3 分子的空间构型有什么不同,试用杂化轨道理论解释之。

3. 为何 HCl、HBr、HI 熔点、沸点依次增高,而 HF 的熔、沸点却高于 HCl?

4. ⅦA 主族元素的单质,常温时 F_2、Cl_2 是气体,Br_2 为液体,I_2 为固体,请说明原因。

5. 石英 SiO_2 和干冰 CO_2 都是共价化合物,为什么两种晶体的物理性质差异巨大,试解释之。

6. 石墨具有导电性和润滑性,试以成键理论说明其原因。

7. 对于①H_2;②CH_4;③$CHCl_3$;④氨水;⑤溴与水之间;⑥甲醇与水,只存在色散力的是_____;只有色散力和诱导力的是_____;仅色散力、诱导力和取向力的是_____;不仅有分子间力,还有氢键的是_____。

8. 在①SiF_4;②PH_3;③CO_2;④H_2S 中,极性分子有_____;非极性分子有_____。

9. 在①HCl;②NH_3;③I_2;④CH_4;⑤CH_3OH 中,易溶于水的物质是_____;难溶于水的物质是_____。这是由于前者都是_____;而后者都是_____。

10. 共价键的特点是,具有_____性和_____性。

11. 分子间普遍存在且起主要作用的分子间力是_____,它随相对分子质量的增大而增大。

12. 水具有比硫化氢有反常的高沸点主要是由于_____。

13. 下列说法是否正确? 如不正确,请说明原因。

(1)CCl_4 和 H_2O 都是共价化合物,因 CCl_4 的相对分子量比 H_2O 大,所以 CCl_4 的熔、沸点比 H_2O 高。

(2)色散力仅存在于非极性分子之间。

(3)双原子分子中,键的极性越强,分子的极性也越强。

(4)多原子分子中,键的极性越强,分子的极性也越强。

(5)由极性共价键形成的分子,一定是极性分子。

(6)由非极性共价键形成的分子,一定是非极性分子。

(7)非极性分子的化学键一定是非极性共价键。

(8)由于共价键很牢固,因而共价化合物的熔点均高。

14. 关于 sp^2 杂化轨道描述正确的是_____。

A. 由一个 s 电子和两个 p 电子杂化而成

B. 由一条 1s 轨道和两条 2p 轨道杂化而成

C. 由一条 ns 轨道和两条 np 轨道杂化而成

D. 由一条 1s 轨道和两条 np 轨道杂化而成

15. 关于原子轨道杂化的不正确说法是_____。

A. 同一原子中不同特征的轨道重新组合;

B. 不同原子中的轨道重新组合;

C. 杂化发生在成键原子之间;

D. 杂化发生在分子形成过程中,孤立原子不杂化。

16. 关于共价键的正确叙述是_____。

A. σ 键一般较 π 键强;

B. 杂化轨道重叠成键原子将有利于提高键能;

C. 金属与非金属元素原子间不会形成共价键;

D. 共价键具有方向性,容易破坏。

17. 下列原子轨道沿 x 轴成键时,形成 σ 键的是_____。

A. $s-d_{xy}$ B. p_x-p_x C. p_z-p_y D. p_z-p_z

第 **8** 章

化学与功能材料

本章基本要求

（1）功能材料的概念、分类和特点；

（2）功能材料的结构和形貌及其表征方法；

（3）纳米技术的基本特性和分类；

（4）纳米材料的四种效应；

（5）纳米材料的制备方法、性能和应用；

（6）非晶态合金的概念、发展和分类；

（7）非晶态合金的形成原理和结构特征；

（8）非晶态合金的制备方法和应用；

（9）超导材料的发展和分类；

（10）超导材料的零电阻现象和迈斯纳效应；

（11）高温超导材料及超导材料的应用。

材料是现代科学技术三大支柱之一，功能材料是指通过光、电、磁、热、化学、生化等作用后具有特定功能的材料，用于制造功能元器件，并非用于结构目的。

纳米材料是指在三维空间中至少有一维处于纳米尺度范围或由它们作为基本单元构成的材料，可分为狭义纳米材料与纳米结构材料。狭义纳米材料包括原子团簇、纳米微粒、纳米线、纳米管、纳米薄膜等；纳米结构材料包括纳米固体材料、纳米复合材料、纳米介孔材料以及纳米阵列等。

非晶态合金，又称金属玻璃，组成这种金属的内部原子排列像玻璃一样是长程无序的，是一种玻璃态结构。除了在日常生活中大量使用外，在高科技领域，包括光通信、激光、航天、航空、军事、计算机、新型太阳能电池、高效磁性和输电材料中也得到广泛使用。

高锟（Charles Kuen Kao，1933—2018），华裔物理学家、教育家，光纤通信、电机工程专家，中国科学院外籍院士，被誉为"光纤之父"。

高锟发表《光频率介质纤维表面波导》论文，开创性地提出利用极高纯度的纤维玻璃作为媒介，传送光波，即玻璃纤维在通信上应用的基本原理。2009 年，高锟因此获得诺贝尔物理学奖。

超导材料已广泛运用于各种实用化产业与研究领域，如超导磁悬浮列车、超导电机、轴承及超导量子干涉仪等。2021 年 12 月，中国科学院合肥物质科学研究院的"人造太阳"，全超导托卡马克核聚变实验装置 EAST，实现了 1 056 s 的长脉冲高参数等离子体运行。

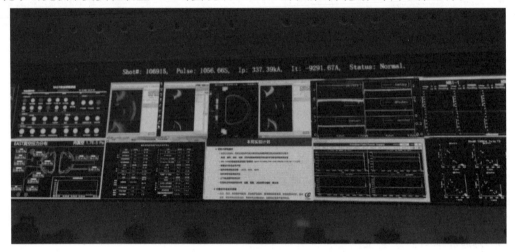

图 8.1　2021 年 5 月 28 日凌晨拍摄的 EAST 实验成功后的控制大厅

8.1　功能材料概述

1986 年，我国制定了《高技术发展计划纲要》，"新材料技术"被评选为七个技术群之一。2017 年 1 月《新材料产业发展指南》正式发布，这是落实《中国制造 2025》的重要文件，该文件提出了三大重点方向，即先进基础材料、关键战略材料、前沿新材料。《新材料产业发展指南》是"十三五"期间指导我国新材料产业发展的顶层设计，也是"十四五"期间我国新材料产业的重点发展方向，例如高端稀土功能材料、高温合金、高性能纤维及其复合材料等。

功能材料被誉为 21 世纪人类文明的重要支柱。功能材料已成为材料科学和工程领域中最为活跃的部分。2022 年，基于 Essential Science IndicatorsTM（ESI）数据库中的 12 610 个研究前沿，科睿唯安发布了"研究前沿"数据和报告，"化学与材料科学领域"Top 10 热点前沿主要分布在催化、电池、材料、新兴交叉等研究方向。其中的"化学与材料科学领域"共有 3 项研究入选新兴前沿，分别为能源材料、纳米生物医药材料和化学检测技术。

图 8.2　梦天实验舱的太阳帆板采用的是柔性三结砷化镓太阳电池阵,由十几万片柔性
太阳电池组成,具有重量轻、长寿命、大功率的特点

检测技术对于功能材料尤为重要。例如,2022 年 4 月,我国科研人员利用多种电镜技术"看清"了"嫦娥五号"月球样品背后的太空风化作用机制,相关研究成果发表于《地球物理研究快报》,如图 8.3 所示。研究人员利用单颗粒样品操纵、扫描电镜形貌观察、聚焦离子束精细加工、透射电镜结构解析等一系列分析方法,发现月壤颗粒表面的硅酸盐、氧化物、磷酸盐和硫化物的太空风化,其主要是受到微陨石撞击、太阳风及宇宙射线的辐照等因素的共同作用。

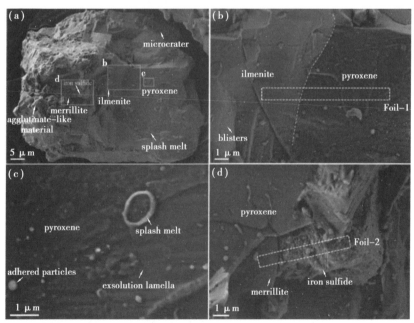

图 8.3　长时间暴露在外的月壤颗粒表面的矿物相都存在富含硅、氧元素的再沉积层,
往下是太阳风辐照损伤层

8.1.1　功能材料的概念、分类和特点

功能材料除了具有机械特性外,还具有其他的功能特性,是指通过光、电、磁、热、化学、生化等作用后具有特定功能的材料,也称为特种材料 Speciality Materials 或精细材料 Fine Materials。按功能分类可分为:电性、磁性、光学、声学、热学、力学、化学、生物医学等。

按材料种类分类可分为:金属、无机非金属、功能高分子和复合材料等。

功能材料的特点:

①功能对应于材料的微观结构

②聚集态和形态的多样化

③材料、元件一体化

④采用新型制备技术

8.1.2 功能材料的制备方法

非晶态合金的制备方法主要有:液相急冷和稀释态凝聚等,包括蒸发、离子溅射、辉光放电和电解沉积等。近年来还发展了离子轰击、强激光辐照和高温压缩等新技术。

超导带材常用制备方法:脉冲激光沉积、磁控溅射及化学气相沉积等。

8.1.3 功能材料的结构和形貌及其表征方法

表征技术:指物质结构与性质及其应用的有关分析、测试方法,也包括测试、测量工具的研究与制造。表征的内容包括材料的组成、结构和性质等。

1)组成

构成材料的化学元素等分析,如 GC、LC、MS、IR 和 XRD 等。

例如,核磁共振仪,使用超导电磁体,由于没有电阻发热的问题,消耗能量少,却可以产生非常巨大的强磁场。医院中的核磁共振扫描仪(MRI),若磁场越高(1~3 特斯拉)则可以得到越清晰的影像。

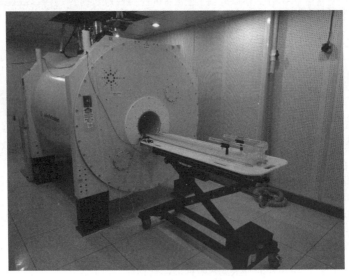

图8.4 合肥科学岛稳态强磁场实验装置

2022 年,合肥科学岛稳态强磁场实验装置,产生的磁场比医院 MRI 要高得多。稳态强磁场实验装置拥有四台不同口径、不同用途的超导磁体,是亚太地区首个一体化的 9.4 特斯拉、400 mm 口径的"磁共振成像-动物实验室研究平台"。

2）结构

材料的几何学、相组成和相形态等，例如 XRD。各种显微技术，例如 TEM、SEM、STM 和 AFM 等。

2022 年 07 月，浙江省农业科学院通过 SEM 观测发现，天然大米的淀粉结构类似一块块"大石块"堆砌起来的；而自热米饭的米则像碎渣，原有的淀粉结构已经被破坏。自热米饭是将天然大米磨成米粉、加水做成米糊，再蒸熟烘干、压制成大米的形状，最后抛光。自热米饭的口感与天然大米制作的米饭在口感、香味上有差异，"没有嚼劲、不够香"。

图 8.5　天然大米（左）和自热米饭大米（右）的 SEM 照片

3）性质

性质是指材料的力学、热学、磁学、化学等。

8.2　纳米材料

纳米材料是具有很多独特特性的超微材料，具有表面效应、小尺寸效应、宏观量子隧道效应等一些特殊效应，在生物医学、环境科学、电子信息、国防高科技等方面拥有广阔的应用前景，其发展为材料、化学、物理、仿生学及生物等学科提供了新的发展空间。

理查德·费曼（Richard Phillips Feynman，1918—1988），美籍犹太裔物理学家，美国国家科学院院士。

1959 年，在名为"There is plenty of room at the bottom"的讲演中指出"如果有一天可以按人的意志安排一个个原子，将会产生怎样的奇迹？"他预言，人类可以用小的机器制作更小的机器，最后将变成根据人类意愿，逐个地排列原子来制造产品。这是"纳米技术"概念的雏形，从此开启了纳米技术科学发展的序幕，被誉为"纳米科技之父"。

纳米技术是 20 世纪 80 年代末诞生并崛起的新科技，其基本涵义是在纳米尺度（1～100 nm）范围内认识和改造自然，通过直接操作和安排原子、分子创制新的物质。中国古代铜镜的保护层实际上是纳米级的微晶或非晶 SnO_2。

图 8.6　中国古代铜镜的保护层,是纳米级微晶或非晶 SnO_2

8.2.1　纳米技术的基本特性、分类

纳米材料比表面积大,粒径小,表面原子比例高,具有独特的电子运动状态和表面效应,表现出宏观量子隧道效应和量子尺寸效应,这些结构上的特点使纳米材料具有很多优良的特性。

1)热学性能

熔点显著降低。纳米微粒的表面能高、表面原子数多,表面原子近邻配位不全,活性大。熔化时所需增加的内能小得多,使纳米微粒的熔点急剧下降。

例如,金块材的熔点为 1 064 ℃,当其尺寸为 10 nm 时熔点降低到 1 037 ℃,而当其尺寸减小到 2 nm 时熔点降低为 327 ℃。金属纳米颗粒表面上的原子十分活泼,如果将 Cu 或 Al 制成纳米级颗粒,遇到空气会激烈燃烧,发生爆炸。因此可用纳米颗粒的粉体作为火箭的固体燃料、催化剂。

2)光学性能

宽频带强吸收。大块金属具有不同颜色的金属光泽,表明它们对可见光范围各种颜色(波长)光的反射和吸收能力不同。但各种金属纳米微粒几乎都呈黑色。它们对可见光的反射率极低,而吸收率极高。例如,Pt 纳米粒子反射率为 1%,Au 纳米粒子反射率小于 10%。对可见光的低反射率,强吸收率就会导致粒子变黑。

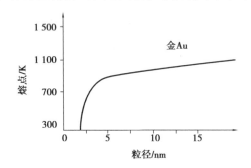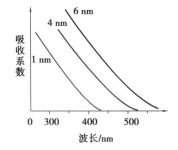

图 8.7　金 10 nm 时熔点降到 1 037 ℃,　　　图 8.8　CdS 溶胶颗粒在不同尺寸下的吸收波长和
粒径为 2 nm 时熔点为 327 ℃　　　　　　　　　　　系数的关系图

3)电学性能

与常规材料相比,纳米相固体的比电阻增大,且随粒径的减小而逐渐增加,随温度的升高而上升。随着粒子尺寸的减小,电阻温度系数逐渐下降;当颗粒小于某一临界尺寸(电子平均

自由程)时,电阻温度系数可能会由正变负,即随着温度的升高,电阻反而下降。

4)磁学性能

超顺磁性:铁磁性纳米颗粒的尺寸减小到临界值时,进入超顺磁状态。原因是:在小尺寸下,当各向异性能减小到与热运动能可比拟时,磁化方向就不再固定在一个易磁化方向上,而是做无规律的变化,结果导致超顺磁性的出现。

5)化学催化性能

由于纳米材料的比表面积很大,界面原子数很多,界面区域原子扩散系数高,而表面原子配位不饱和性将导致大量的悬空键和不饱和键等,使纳米材料具有较高的化学活性。催化剂的催化效率随颗粒尺寸减小到纳米量级而显著提高,同时催化选择性也增强。

8.2.2　纳米材料的小尺寸效应、表面效应、量子尺寸效应、宏观量子隧道效应

纳米材料(纳米微粒)由于尺寸小,比表面大,具有不同于常规固体的独特性能,主要具有表面效应、小尺寸效应、量子尺寸效应和宏观量子隧道效应。此外还有量子隧穿效应、介电限域效应和量子限域效应等。

1)小尺寸效应

纳米颗粒的尺寸与光波波长、物质波长等物理特征尺寸相当或更小时,由于晶体的周期性边界条件被破坏,使材料的光、电、磁、热、催化等物理和化学性质发生变化的效应称为小尺寸效应。其主要影响材料的光学性能(光吸收增强现象)、热性能(熔点降低)、电性能(隧道电流)、磁性能(超顺磁效应和高矫顽力)和力学性能(高韧性)等。

2)表面效应

表面效应是指纳米粒子的表面原子数与总原子数之比随着粒子尺寸的减小而大幅度地增加,粒子的表面能及表面张力也随之增加,从而引起纳米粒子物理、化学性质的变化。

纳米粒子尺寸小,表面原子占比例很高,表面原子配位不满,有很多悬空键,高表面能,高化学活性。增大表面积(原子从内部移到表面)必须克服内部原子间的吸引力对系统做功,即表面功,转化为表面能储存在系统中。

如图 8.9 所示,A 缺少 3 个近邻配位;B 缺少 2 个近邻配位;C 缺少 1 个近邻配位。因此 A 原子极不稳定,会很快跑到 B 位,B 位可能到 C 位,遇到其他原子就结合,这是活性的原因。表面原子活性引起表面电子自旋构象和电子能谱变化。

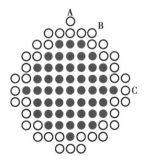

●内部原子　○表面原子

图 8.9　直径小于 2 nm 的金颗粒的表面原子的配位示意图

表面效应主要影响材料的表面化学反应活性、催化活性、稳定性、铁磁质的居里温度降低、熔点降低、烧结温度降低、晶化温度降低以及超塑性(图8.10,弹性陶瓷),超延展性、吸收光谱的红移等现象。

图 8.10　弹性陶瓷,由 ZrO_2、铝酸镁尖晶石和 α-Al_2O_3 在 1 650 ℃加热 25 s 制成

3)量子尺寸效应

当粒子尺寸下降到某一值时,金属费米能级附近的电子能级由准连续变为离散能级,即连续能带分裂为分立的能级,能级间距随颗粒尺寸减小而增大。

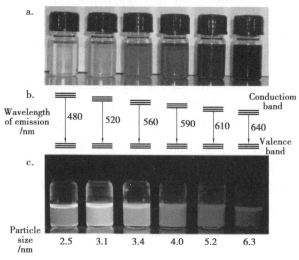

图 8.11　CdSe 半导体量子点,作为纳米级荧光剂

当热能、电场能或磁场能比平均能级间距还小时,就会呈现与宏观物体截然不同的特性,称为量子尺寸效应。导电的金属在超微颗粒时可以变成绝缘体,例如,小于 7 nm 的 Ag 纳米粒子会由导体变为非金属绝缘体,具有很高的电阻。

4)宏观量子隧道效应

为了区别单个电子、质子、中子等微观粒子的微观量子现象,把宏观领域出现的量子效应称为宏观量子效应。例如超导电流、磁通量子等。宏观量子效应可以理解为:微观粒子彼此结成对,形成高度有序、长程相干的状态;大量粒子的整体运动,如同其中一个粒子的运动。因为一个粒子的运动是量子化的,那么这些大量粒子的运动就可表现为宏观的量子效应。

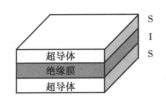

图 8.12　约瑟夫森结

在两块超导体中间夹一块厚度为纳米级的绝缘膜,形成新的超导体。约瑟夫森发现:电子可从一个超导体穿过绝缘薄膜层移到另一个超导体。这是由于量子隧道的作用,可使电子通过两个超导金属中间极薄的绝缘势垒。这个效应被称为超导隧道效应或约瑟夫森效应,SIS 结构被称为超导隧道结或约瑟夫森结。约瑟夫森效应成为微弱电磁信号探测和超导电子学应用的基础。

宏观量子隧道效应限制了微电子器件微型化的极限,以及磁性颗粒的记录密度。磁性颗粒小于临界尺寸变成顺磁性,磁场壁处的隧道效应使磁性记录不稳定。

微波辅助切换微波辅助磁记录技术,Microwave Assisted Switching–Microwave Assisted Magnetic Recording,存储密度每平方英寸 1.5 TB,单碟容量 2 TB,可以实现搭载 30 TB 容量的机械硬盘,如图 8.13 所示。

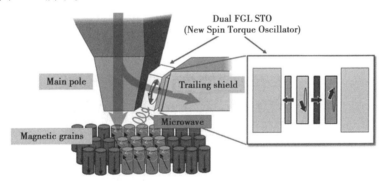

图 8.13　机械硬盘,微波辅助切换微波辅助磁记录技术

8.2.3　气相法、液相法和固相法制备纳米材料

纳米微粒的制备方法,根据是否发生化学反应通常分为物理法和化学法;根据制备状态的不同分为气相法、液相法和固相法;按反应物状态分为干法和湿法。

1)气相法

气相法指直接利用气体或者通过各种手段将物质变为气体,在气体状态下发生物理或化学反应,最后在冷却过程中凝聚长大形成纳米微粒的方法。

例如使用固态原料在高温下蒸发,使气体直接过饱和,或将它们冷凝成固态纳米颗粒。如图 8.14 所示为典型的气体冷凝法,在 He 或 Ar 等惰性气体中加热金属或合金使其蒸发气化,然后与惰性气体碰撞冷凝形成纳米微粒(1~100 nm)。

气相法可以制备纳米粉体、晶须、纤维、量子点、金属碳化物、氮化物、硼化物等非氧化物。

2)液相法

液相法制备纳米微粒是将均相溶液通过各种途径使溶质和溶剂分离,溶质形成一定形状和大小的颗粒,得到所需粉末的前驱体,热解后得到纳米微粒。液相法具有设备简单、原料容易获得、纯度高、均匀性好以及化学组成控制准确等优点,主要用于氧化物系纳米颗粒的制备。

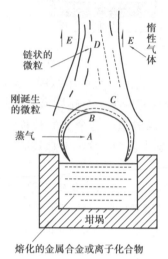

图 8.14　气体冷凝法原理示意图

如图 8.15 所示,用共沉淀法制备的纳米粒子,粒径较为均匀。用吡啶作为溶剂,以 bis-metallotridentate Schiff base 为结构基元,通过加入溶剂(乙醚或戊烷),分别制备了含锌、铜和镍的 3 种球形纳米粒子。

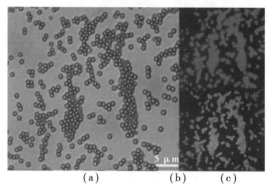

(a)　　　　(b)　　　　(c)

图 8.15　共沉淀法制备的锌、铜和镍 3 种球形纳米粒子

液相法包括沉淀法,水热法,喷雾法,乳液法,自组装,溶胶-凝胶法等。

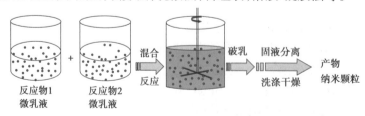

图 8.16　微乳液法制备纳米粉体的典型步骤

例如,微乳液法制备纳米粉体的步骤:

①将两种反应物分别溶于组成完全相同的两份微乳液中。

②在一定条件下混合。

③两种反应物通过物质交换产生反应,纳米微粒可在"水池"中稳定存在。

④通过超速离心等办法使纳米微粒与微乳液分离。

⑤以有机溶剂清洗以去除附着在微粒表面的油和表面活性剂。

⑥在一定温度下进行干燥处理,即得到纳米微粒的固体样品。

溶胶-凝胶法是指金属有机和无机化合物经过溶液、溶胶、凝胶而固化,再经热处理而形成氧化物纳米材料的方法,主要用来制备薄膜和粉体材料。

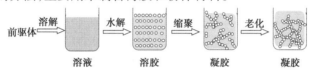

图 8.17　溶胶-凝胶法的典型过程示意图

3)固相法

固相法是制备传统材料的方法,其通过固相或固相化合物的反应形成前体,然后在高温下分解。它可以分为 4 个过程:试剂的扩散,化学反应,发芽和晶体形成。该方法具有成本低,生产效率高,制备工艺简单的优点,制备的纳米粒子虽然纯度高,但粒度分布不均匀。

固相法有机械合金法、原位压制法、烧结法和热分解法等。例如,机械合金法是采用高能球磨、超声波或气流粉碎等机械方法,以粉碎与研磨为主来实现粉末的纳米化。机理是产生大量缺陷和位错,将大晶粒切割成纳米晶。机械球磨法通常是在搅拌式、振动式或行星式球磨机中进行,如图 8.18 所示。

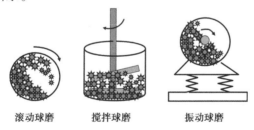

图 8.18　滚动式、搅拌式和振动式球磨机示意图

8.2.4　纳米材料的性能和应用

纳米材料比表面积大,粒径小,表面原子比例高,具有独特的电子运动状态和表面效应,这些结构上的特点使纳米材料具有很多优良的特性。

1)力学性能

超塑性。陶瓷材料通常呈现脆性,而纳米陶瓷材料却具有良好的韧性,这是由于其具有小的晶粒以及大的界面,界面原子排列相当混乱,原子在外力变形条件下自己容易迁移,因此表现出很好的韧性与一定的延展性。

2)热学性能

熔点显著降低。纳米微粒的表面能高、表面原子数多;表面原子近邻配位不全,活性大。熔化时所需增加的内能小得多,使纳米微粒的熔点急剧下降。

图 8.19　Sialon/Si$_2$N$_2$O 复相陶瓷齿轮,变形应力 15 MPa

3)光学性能

各种金属纳米微粒几乎都呈黑色。例如,Pt 纳米粒子的反射率为 1%,Au 纳米粒子的反射率小于 10%。反射率极低而吸收率相当高,导致粒子变黑。

苏州大学的程丝副教授课题组制备了一种结合贵金属纳米粒子与热致变色材料的智能窗,可通过金纳米粒子在太阳光照射下高效的光热转换效应,来驱动热致变色材料的颜色或透明度发生变化。当气温达到 39 ℃时,智能窗变为模糊状态,而当气温低于 30 ℃时,可自动重回至透明状态。半模糊状态下的智能窗不仅可以阻隔近红外光,还保证了室内一定的光亮度。

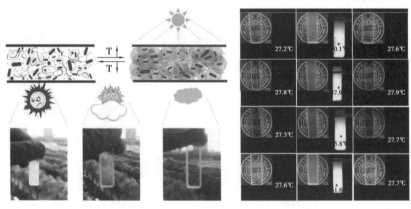

图 8.20　热致变色材料制备的智能窗

4)电学性能

与常规材料相比,纳米相固体的比电阻增大,并且随粒径的减小而逐渐增加,随温度的升高而上升。随着粒子尺寸的减小,电阻温度系数逐渐下降;当颗粒小于某一临界尺寸(电子平均自由程)时,电阻温度系数可能会由正变负。

5)磁学性能

超顺磁性:铁磁性纳米颗粒的尺寸减小到临界值时,进入超顺磁状态。原因是在小尺寸下,当各向异性能减小到与热运动能可比拟时,磁化方向就不再固定在一个易磁化方向上,而是做无规律的变化,结果导致超顺磁性的出现。

高矫顽力:纳米粒子尺寸高于超顺磁临界尺寸时,通常呈现高的矫顽力。

6)化学催化性能

由于纳米材料的比表面积很大,界面原子数很多,界面区域原子扩散系数高,而表面原子配位不饱和性将导致大量的悬空键和不饱和键等,这些都使得纳米材料具有较高的化学活性,催化剂的催化效率随颗粒尺寸减小到纳米量级而显著提高,同时催化选择性也增强。

7)其他领域的应用

在机械制造领域,在某些机械的重要零部件上应用纳米技术,可以改善其力学、物理、化学等性能,提高其耐磨性、硬度和使用寿命。添加了纳米材料的物质,往往还能够表现出许多独特的特性,如电磁特性等。

在电子信息领域,采用了纳米材质的电脑记忆晶片,储存容量大大提高。例如,5D 光学数据存储设备,也就是俗称的超级记忆水晶,主要是将纳米玻璃材料作为载体,这种设备的外观只有一个指甲盖大小,存储容量却高达 360 TB。

在医学领域,采用金纳米粒子进行病灶位置处理,可以有效降低患者的不良反应。微创外科手术中也广泛应用了纳米技术,采用纳米技术不但可以帮助患者快速恢复,而且可以极大地减轻患者术后的痛苦。

在航空航天领域,采用纳米材料制成金属骨架,利用熔点较低的铜、金等材料填充到骨架的空隙当中,可以制成效果良好的防护涂层,提高了飞行器的质量。

图 8.21　纤维素纳米纤维(CNF)和二氧化钛包覆的云母片(TiO₂-Mica)复合制备的
具有仿生结构的高性能可持续结构材料

中国科技大学俞书宏院士团队,用定向变形组装方法,将纤维素纳米纤维(CNF)和二氧化钛包覆的云母片(TiO₂-Mica)复合制备了具有仿生结构的可持续结构材料,具有比石油基塑料更好的机械和热性能,日后有望替代石油基塑料。

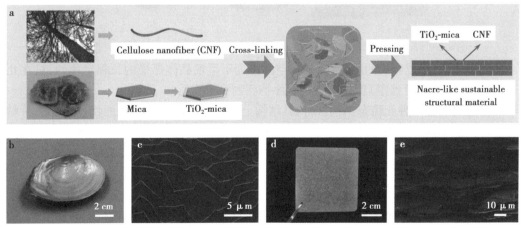

图 8.22　具有仿生结构的高性能可持续结构材料,中国科技大学

在环保领域,纳米稀土材料有效催化转换机动车尾气中的 CO、NO 等,减轻了空气污染,它取代了昂贵的重金属催化剂,大大降低了环保费用。

8.3 非晶态材料

非晶态被认为是和气态、液态、固态相并立的第 4 种常规物质状态。

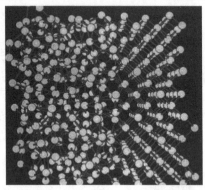

图 8.23 晶态和非晶态原子结构对比图(左边是无序非晶态结构,右边是有序晶态结构)

玻璃是典型的非晶态。非晶态物质也可称为无定形或玻璃态物质(Amorphous/glassy materials),"非晶态"与"玻璃"这两个术语经常通用。

图 8.24 常见的非晶态物质,火山玻璃、琥珀、天然橡胶;塑料、普通玻璃、非晶合金

非晶态物质:组成物质的原子、分子在空间排列不呈现晶体那样的长程对称性,只在几个原子间距的范围内(短程序)保持着某些有序特征的一类物质。

非晶态材料是一种亚稳态结构材料,其结构上的短程有序长程无序的特点与晶态材料的长程有序截然不同。非晶态材料不仅成为性能独特,在日常生活和高新技术领域都广泛使用的新材料,同时也成为研究材料科学和凝聚态物理中一些重要科学问题的模型体系。

8.3.1 非晶态合金的概念、发展、分类

非晶态合金,amorphous alloy,又称金属玻璃,metallic glass,是非晶材料中的新成员,指固态时原子的空间成无序排列,并在一定温度范围内保持稳定的合金。非晶态合金是 50 多年

前偶然发现的一类新型非晶材料,它的发现极大地丰富了金属物理的研究内容。

8.3.2 非晶态合金的形成原理和结构特征

非晶的形成实际上就是控制晶体相的形核和长大,使得物质随温度、压力和密度的变化不同晶态转变,而是形成亚稳的、非平衡的非晶态。非晶形成原理涉及热力学(自由能)、动力学、化学键合和结构等 4 个方面。

非晶态物质的结构特点是原子排列长程无序,即没有晶体的长程周期性。如果我们用电子显微镜进行观察就会发现,非晶结构的电子衍射花样是较宽的晕和弥散的环,没有晶体呈现的典型的明亮斑点,如图 8.25 所示。

（a）晶体的衍射条纹　（b）非晶合金的衍射条纹

图 8.25　晶体的衍射条纹,非晶合金的衍射条纹

非晶态物质也不是像气体那样处于完全无序,非晶态物质的原子的紧邻或次近邻原子间的键合(配位数、原子间距、键角、键长等)具有一定的相似性。非晶这些特点就是由于其短程有序性。

非晶在宏观上是均匀的,非晶态物质一般呈现出各向同性,不同的方向上物理性质相同,这正是由于没有长程有序性的结果。但是,在纳米甚至到 1 微米的尺度上,非晶物质在结构和动力学上是不均匀的。

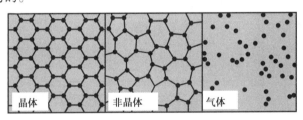

图 8.26　非晶态与气态、液态在结构上同属无序结构

8.3.3 非晶态合金的制备方法和应用

获得非晶态材料的条件是足够快的冷却速度,且冷却到材料的再结晶温度以下。制备非晶态材料的两个关键技术:一个是形成分子或原子混乱排列的状态;另一个是将热力学亚稳态在一定范围内保存下来,并使之不向晶态转变。

非晶态制备方法有液相急冷和从稀释态凝聚等,包括蒸发、离子溅射、辉光放电和电解沉积等,近年来还发展了离子轰击、强激光辐照和高温压缩等新技术。

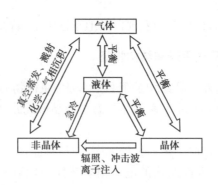

图 8.27 非晶材料制备的原理示意图

1)气态急冷法

一般称为气相沉积法(PVD,CVD),PVD 主要包括溅射法和蒸发法,这两种方法都在真空中进行。其中,溅射法是通过在电场中加速的粒子轰击用母材制成的靶(阴极),使被激发的物质脱离母材而沉积在用液氮冷却的基板表面上从而形成非晶态薄膜;蒸发法是将合金加热汽化,产生的蒸汽沉积在冷却的基板上从而形成非晶薄膜。这两种方法制得的非晶材料只能是小片的薄膜,不能进行工业生产,可制成非晶范围较宽,因而可用于研究领域。

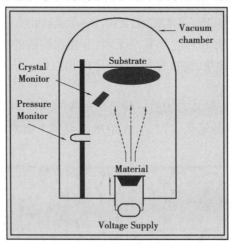

图 8.28 气态急冷法示意图

2)液相急冷法

将液体以大于 10^5 K/s 的速度急冷,使液体中紊乱的原子排列保留下来,成为固体,即得非晶材料,例如单辊法,是将试块放入石英坩埚中,在氩气保护下用高频感应加热使其熔化,再用气压将熔融金属从管底部的扁平口喷出,落在高速旋转的铜辊轮上,经过急冷立即形成很薄的非晶带。

大块非晶合金的主要制备方法:

(1)电弧熔炼铜模吸铸法

在惰性气体保护下迅速将合金加热至液态,然后利用负压,将熔融合金直接吸入循环水冷却的铜模中,利用水冷铜模导热实现快速冷却,得到大块非晶。

(2)水淬法

将合金置于石英管中,将合金熔化后连同石英管一起淬入流动水中,以实现快速冷却,得到大块非晶。优点是可以得到较高的临界冷却速率,缺点是液态金属与石英管之间会产生气泡,影响冷却速率。

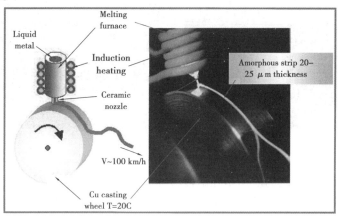

图 8.29　单辊法示意图

(3)铜模浇铸法

将合金置于底端通孔的石英管中,利用电感线圈在合金中产生的涡流加热使合金迅速熔化。

非晶合金在电子、化工、冶金和机械等行业都已有较大范围的应用:非晶合金在应力作用下不会产生滑移,其强度接近于理论值,是当前强度最高的合金材料;非晶合金在高温下具有良好的加工成型能力,兼具玻璃特性且不易于被腐蚀,其成品表面可以达到纳米级粗糙度,这使得非晶合金十分适用于制造高反射、高分辨的太空反射镜;非晶合金可以储备并释放弹性势能,能用于制造性能卓越的体育用品,如高尔夫球棒、棒球棒等。

图 8.30　某公司用 Zr 基非晶合金制作的高尔夫球杆上的击球头(它可以将接近 99% 的能量
传递到球上,其击球距离明显高于其他材料制作的球杆)

非晶合金具有更大的电阻率,可以有效降低变电过程中的涡流损耗,多用于制造变压器铁芯,这也是当前非晶合金产业最有前景的领域之一。非晶合金也具有耐腐蚀性强的特点,多应用于工业表面涂层。部分非晶合金具有极强的生物相容性,可以用于制造人造骨架和起搏器等。

现在,我国已是继日本之后,世界上第二个拥有非晶合金变压器原材料量产的国家。成都地铁 30 号线一期工程线路长约 26 km,在 30 年全寿命周期内,非晶合金干式变压器可节约成本 1 300 余万元。

图 8.31　非晶合金变压器及非晶铁芯

　　非晶合金最成熟和广泛的应用是在磁性方面。Fe、Ni 和 Co 基非晶合金条带因优异的软磁特性已得到广泛的应用。非晶合金条带已成为各种变压器、电感器和传感器、磁屏蔽材料、无线电频率识别器等的理想铁芯材料,是电力和电子信息领域不可缺少的重要基础材料,其制造技术也已经相当成熟。

图 8.32　使用镓基非晶合金制成的金属导热剂,能够更好地渗透到 CPU 和散热模组之间的缝隙中,强化导热介质性能,从而追求极致的性能和散热平衡

　　2005 年《科学》杂志创刊 125 周年时提出 125 个科学前沿问题,其中玻璃化转变和玻璃的本质是最具挑战性的基础物理和凝聚态物理前沿问题。与非晶态相关研究已产生 3 次诺贝尔物理奖,1 次诺贝尔化学奖。

图 8.33　《科学》杂志创刊 125 周年,提出 125 个科学前沿问题

8.4　超导材料

1911 年,荷兰物理学家卡莫林·昂尼斯发现超导现象。

荷兰物理学家昂尼斯(Heike Kamerlingh Onnes,1853—1926),低温物理学奠基人。

1911 年,昂尼斯利用液氦将金和铂冷却到 4.3 K 以下,发现铂的电阻为一常数。随后他又将汞冷却到 4.2 K 以下,测量到其电阻几乎降为零,这就是物体的超导性。1913 年,他又发现锡和铅也和汞一样具有超导性。由于对物质在低温状态下性质及液化氦气的研究,昂尼斯被授予 1913 年诺贝尔物理学奖。

超导是人类发现的最神奇的现象之一,已广泛运用于各种实用化产业与研究领域,如超导磁悬浮列车、超导电机、无摩擦的超导轴承及超导量子干涉仪等。

8.4.1　超导材料的发展和分类

1911—1932 年,科学家相继发现了除 Hg 外的 Sn、Pb、Ta、Th、Ti、Nb 等元素在低温下的超导电性,目前已发现有 50 多种元素有超导电性。1933—1953 年,科学家发现超导电性合金、过渡金属碳化物和氮化物,以及一系列具有 A15 结构的超导体,如 Nb_3Al 和 V_3Ga 等超导材料的转变温度 T_c 达到了 23.3 K。

1986 年,物理学家 Bednorz 和 Mulle 发现 Ba-La-Cu-O 系的超导电性,转变温度 T_c 达到了 38 K。同年,我国科学家赵忠贤冲破了 77 K 的液氮温度大关,实现了科学史上的重大突破,1987 年,赵忠贤发现了转变温度 T_c 高达 100 K 的 Y-Ba-Cu-O 高温超导体。

2001 年,Akimits 发现了 MgB_2 的超导电性,转变温度 T_c 为 39 K。

图 8.34　高温超导样品钇钡铜氧 YBaCuO

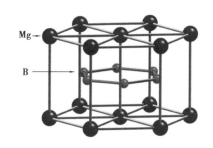

图 8.35　MgB_2 六方晶系结构

2008 年,日本的 Hosono 发现,氟处理的 $LaO_{1-x}F_xFeAs$ 具有 26 K 的转变温度。2014 年,中国科学技术大学陈仙辉教授研究组在铁基超导研究领域发现了一种新的铁基超导材料 OHFeSe,其转变温度 T_c 高达 40 K。2018 年,曹原报道了在二维超晶格中实现本征非常规超导电性的方法,这种超导电性是由两片石墨烯小角度叠加(偏移 1.1°)而成。因此曹原被评为《自然》2018 年度十大科技人物,被称为"石墨烯驾驭者"。

图 8.36　曹原,《自然》杂志 2018 年度十大科技人物榜,"石墨烯驾驭者"

超导材料按使用温度可以分为:

1）低温超导材料

具有低临界转变温度($T_c<30$ K),在液氦温度条件下工作的超导材料,分为金属、合金和化合物。这些超导材料的超导机理可以用 BCS 理论进行解释,因此这类超导体被称为常规超导体。

另外还有其他类型的低温超导体,如有机超导材料、重费米子超导材料以及金属间化合物超导材料等。

2）高温超导材料

主要是氧化物陶瓷超导体,临界温度 T_c 可以达到 77 K,即液氮的工作温度。

赵忠贤团队最先实现超导转变温度 52 K 的氟掺杂错氧铁砷(PrFeAsO)铁基超导体,显著超过 40 K 的麦克米兰极限,为确认铁基超导体是第二个高温超导家族提供了重要依据。如图 8.37 所示"1111"系 Fe 基超导材料。组成为稀土元素或碱土金属或碱金属+过渡金属+磷族或硫族元素+氧/氮/氟/氢等气体元素。

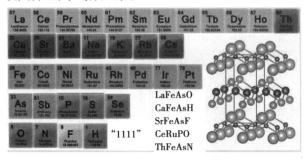

图 8.37　"1111"系 Fe 基超导材料的结构示意图

超导材料也可以根据化学性质划分为元素、合金、化合物和氧化物陶瓷等几类。

已发现的超导元素近 50 种。一些元素在常压或高压下具有超导电性能,另外一些元素可经特殊处理后(制成薄膜,电磁波辐照,离子注入)显示出超导电性。

合金系超导材料具有塑性好,易于大量生产,成本低等优点,是绕制大型磁体最合适的材料。两种常见的是 Nb-Ti 合金和 Nb-Zr 合金。

化合物超导体与合金超导体相比,临界温度和临界磁场都较高。一般超过 10 特斯拉的超导磁体只能用化合物系超导材料制造。如 Nb_3Sn 和 V_3Ga,超导化合物中,NaCl 结构和 A15 型化合物有比较高的临界温度。

　　复杂氧化物陶瓷超导体,比较有实用价值的有 Bi-Sr-Ca-Cu-O(BSCCO)、Y-Ba-Cu-O(YBCO)材料以及铁基超导材料。

8.4.2　超导材料的零电阻现象和迈斯纳效应

1)零电阻现象

　　零电阻和转变温度 T_c 是超导体的第一特征。零电阻意味着电流可以在超导体内无损耗地流动,使电力的无损耗传输成为可能;同时,零电阻允许有远高于常规导体的载流密度,可用以形成强磁场或超强磁场。

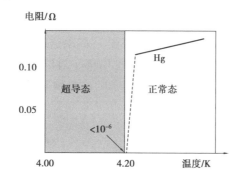

图 8.38　Hg 在液氦中温度下降到 4.2 K 时,其电阻出现反常现象,迅速降低到无法检测
的程度,这是人类第一次发现超导现象

2)迈斯纳效应

　　我们把处于超导态的超导体置于一个不太强的磁场中,磁力线无法穿过超导体,超导体内的磁感应强度为零。1933 年,由 W. Merssner 和 R. Ochenfeld 做测量锡球磁场分布的实验时发现,不论是先降温后再加磁场,还是先加磁场后降温,只要锡球温度降到超导临界温度 T_c,磁力线似乎被完全排斥到超导体之外,超导体内的磁感应强度为零。这种现象称作完全抗磁性,是超导体的第二特征。

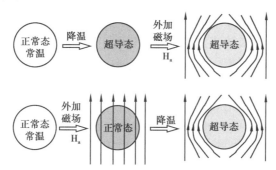

图 8.39　迈斯纳效应。不论在进入超导态之前金属体内有没有磁感应线 ,当它进入超导态后,
只要外磁场不太大($B_0 < B_c$),超导体内的磁场为 0($B = 0$)

8.4.3　超导材料的 BCS 理论和微观机理

　　美国的巴丁(J. Bardeen)、库柏(L N. Cooper)和施瑞弗(J. R. Schrieffer)在 1957 年提出了超导电性量子理论,被称为 BCS 超导微观理论。三位科学家因此获得 1972 年诺贝尔物

理学奖。

John Bardeen　　Leon N. Cooper　　J. Robert Schrieffer

图8.40　提出 BCS 超导微观理论的三位科学家,获得 1972 年诺贝尔物理学奖

BCS 理论中,金属中的电子间除存在库仑斥力外,由于电子-声子相互作用,在费米面附近一对电子间还存在着吸引力(通过交换虚声子),如果这种吸引力超过电子间的库仑排斥力,两电子就会形成 Cooper 对,超导态就是这些 Cooper 对的集合表现。根据 BCS 理论,超导体的超导转变温度取决于 3 个因素:晶格中声子的德拜频率、费米面附近的电子态密度以及电声子的耦合能大小。

图8.41　华人科学家李政道,授意画家华君武绘制的关于 BCS 超导理论的漫画

8.4.4　高温超导材料;超导材料的应用

1986 年底,赵忠贤领导的研究小组成功合成了临界温度超过 40 K 的 Sr(Ba)-La-Cu-O 超导体,突破超导临界温度 40 K 麦克米兰极限。1987 年 2 月 24 日,赵忠贤等在 Ba-Y-Cu-O 中发现了液氮温区的超导电性,转变温度达 92.8 K,这在当时是国际上首次公布液氮温区超导体的元素组成。

2008 年,赵忠贤团队最先在国际上实现超导转变温度 52 K 的氟掺杂镨氧铁砷(PrFeAsO)铁基超导体,又合成了氟掺杂钐氧铁砷(SmFeAsO)化合物,其超导临界温度提升至 55 K。2013 年,40 K 以上铁基高温超导体的发现及若干基本物理性质研究,荣获国家自然科学一等奖。

2015 年,在瑞士召开的第 11 届国际超导材料与机理大会上,赵忠贤被授予 Bernd T. Matthias 奖,这是国际超导领域的重要奖项,也是内地科学家首次获奖。赵忠贤院士还获得 2016 年度国家最高科学技术奖。

超导的应用领域主要有三大类:第一类是利用超导电性和大电流,应用于电机、磁悬浮、储能等;制作电力电缆、通信电缆和天线等。第二类是利用完全抗磁性,应用于轴承、陀螺仪、磁悬浮列车和热核聚变反应堆等。第三类是利用约瑟夫森效应,制作精密测量仪器、微波发

图 8.42　"40 K 以上铁基高温超导体的发现及若干基本物理性质研究"荣获国家自然科学一等奖

生器、逻辑元件、存储元件、超导计算机、超导天线、超导微波器件等。

超导应用的具体例子：

①超导发电机。在电力领域,利用超导线圈磁体可以将发电机的磁场强度提高到 5 万 ~ 6 万高斯,并且几乎没有能量损失,这种发电机便是交流超导发电机,其单机发电容量比常规发电机提高 5 ~ 10 倍,达 1 万兆瓦,而体积却减小 1/2,整机重量减轻 1/3,发电效率提高 50%。

②输电。由于超导体的零电阻性,采用超导体输电可大大减少损耗,且省去了变压器和变电所。2004 年 3 月,北京某公司研制出我国第一组实用高温超导电缆,安装在南方电网普吉变电站。该电缆系统包括三根 33.5 m、35 kV/2kA 电缆和闭式循环液氮冷却站,电缆导体层包括 4 层 Bi2223 带材和热绝缘结构。我国成为继美国、丹麦之后世界上第三个将超导电缆投入电网运行的国家。

③储能。利用超导线圈将电磁能直接储存起来,需要时再将电磁能返回电网或其他负载的一种电力设施。一般由超导线圈、低温容器、制冷装置、变流装置和测控系统等几个部件组成。

④磁悬浮列车。安装在轨道两旁的推进线圈产生变换磁场,使得线圈的电流一正一反不断地流动,车上超导磁铁(低温超导线圈)受到线圈产生的变换磁场从而有连续的吸引力与推进力。2022 年,杭州亚运会城市轨道交通示范线工程,是中国首条拥有完全自主知识产权的高温超导磁浮铁路。

图 8.43　西南交通大学牵引动力国家重点实验室(真空高温超导磁悬浮直道试验线)

⑤超导数字电路。利用约瑟夫森结在零电压态和能隙电压态之间的快速转换来实现二元信息。应用约瑟夫森效应的器件可以制成开关元件,其开关速度可达 10^{-11} s 左右的数量级,比半导体集成电路快 100 倍,但功耗却要低 1 000 倍左右,为制造亚纳秒电子计算机提供了一个途径。

⑥核聚变反应堆"磁封闭体"。核聚变反应时温度高达 1~2 亿摄氏度,超导体产生的强磁场可作为"磁封闭体",将超高温等离子体包围约束起来,再慢慢释放。

2021 年 12 月 30 日,中国科学院合肥物质科学研究院,"人造太阳"全超导托卡马克核聚变实验装置(EAST)实验放电第"106 915"次,实现 1 056 s 的长脉冲高参数等离子体运行,是当时世界上最长时间运行。目前该纪录在不断刷新中。

图 8.44 核聚变反应堆"磁封闭体"

图 8.45 中国科学院合肥物质科学研究院,全超导托卡马克核聚变实验装置 EAST

2020 年 12 月,"中国环流器二号"装置正式建成并实现首次放电。这标志着我国自主掌握了大型先进托卡马克装置的设计、建造和运行技术。2023 年 8 月,"中国环流三号"托卡马克装置,实现 100 万安培等离子体电流下的高约束模式运行,再次刷新我国磁约束聚变装置运行纪录。

图 8.46 "中国环流器三号"装置

思考题与习题

1. 粒径几纳米的 CdSe 半导体可以作为荧光剂,是利用纳米材料的(　　)。

A. 量子尺寸效应　　　　　B. 小尺寸效应　　　　　C. 表面效应　　　　　D. 宏观量子隧道效应

2. 高温超导材料,其临界温度应该可以达到(　　)。

A. 77 K　　　　　　　　B. 67 K　　　　　　　　C. 30 K　　　　　　　　D. 40 K

3. 以下超导材料的超导机理不能用 BCS 理论解释的是(　　)。

A. YBCO　　　　　　　B. Nb-Ti 合金　　　　　C. Nb_3Sn　　　　　　D. Pb

4. 超导量子干涉器应用的是以下哪种效应(　　)。

A. 迈斯纳效应　　　　　　　　　　　　B. 约瑟夫森效应

C. 零电阻效应　　　　　　　　　　　　D. 量子尺寸效应

5. 直径小于 2 nm 的 Au 颗粒没有固定形态,是由于纳米材料的_____效应。

6. 纳米材料的_____效应引起纳米微粒的熔点降低。

7. 超导体的两个基本性质是_____和_____。

8. _____的超导转变温度是简单金属化合物中最高的。

9. 非晶合金的过冷液相区越_____,越有利于加工成型。

10. 获得非晶态材料的条件是足够快的_____,以及冷却到材料的再结晶温度以下。

第 **9** 章
化学与新能源材料

本章基本要求

(1)锂离子电池工作原理；

(2)锂离子电池正极、负极、隔膜和电解质材料；

(3)锂离子电池的发展和应用；

(4)太阳能电池材料概述和工作原理；

(5)单晶硅和多晶硅太阳能电池；

(6)薄膜太阳能电池和钙钛矿太阳能电池；

(7)生物质能利用技术

能源领域是实现"双碳"目标的关键,通过对传统煤炭能源领域和光伏、风能、核能及氢能等绿色能源领域的前沿技术的研究及分析,可以了解能源领域的前沿技术发展现状及技术创新突破点。鉴于全球石油资源的枯竭及分布不均,新型能源材料的应用和创新是解决未来化石燃料枯竭及能源短缺问题的关键所在。

习近平总书记指出"要把促进新能源和清洁能源发展放在更加突出的位置。"2022 年 4 月 2 日,国家能源局和科学技术部发布关于印发《"十四五"能源领域科技创新规划》的通知。先进可再生能源发电及综合利用、适应大规模高比例可再生能源友好并网的新一代电网、新型大容量储能、氢能及燃料电池等关键技术装备全面突破,推动电力系统优化配置资源能力进一步提升,提高可再生能源供给保障能力。

金涌(1935—)中国工程院院士,清华大学化学工程系教授。北京市人民政府专业顾问(第 3 届至第 6 届)。

近年来重点研究方向为生态工业工程和循环经济,积极推动循环经济与低碳经济的工程科学的学科基础建设,提出"实现碳中和需要颠覆性科技创新"。在国内、外发表学术论文 400 余篇,获技术专利 37 项。全国五一劳动奖章获得者、北京市高校名师奖。2016 年,获得第十一届光华工程科技奖,十大科学传播人物奖,中国石化工业 40 年突出贡献人物奖。

截至 2022 年底,全国水电、风电、光伏发电等可再生能源装机达到了 12.13 亿千瓦,超过全国煤电装机,占全国发电总装机的 47.3%;年发电量 27 000 多亿千瓦时,占全社会用电量的 31.6%,相当于欧盟 2021 年全年用电量。2022 年我国可再生能源发电量相当于减少国内二氧化碳排放约 22.6 亿 t,出口的风电光伏产品为其他国家减排二氧化碳约 5.73 亿 t,合计减排 28.33 亿 t,约占全球同期可再生能源折算碳减排量的 41%。

如今,从沙漠戈壁到蔚蓝大海,从世界屋脊到广袤平原,可再生能源展现出勃勃生机。向家坝、溪洛渡、乌东德、白鹤滩等特大型水电站陆续投产,甘肃酒泉、新疆哈密、河北张家口等一批千万千瓦级大型风电、光伏基地建成投运。我国水电、风电、光伏发电、生物质发电装机规模均已连续多年稳居全球首位,已成为全球应对气候变化的积极参与者和重要贡献者。

9.1 锂离子电池材料

锂离子电池是一类依靠锂离子在正极和负极之间移动来工作的可充电电池,是 20 世纪最伟大的发明之一,在全球范围内广泛应用于手机、笔记本电脑、电动汽车等各种产品,以及储存来自太阳能和风能的能量,使无化石燃料社会的到来成为可能。我国锂离子电池技术的发展,抓住了智能手机和新能源汽车大规模应用的机会,在短时间内实现了从跟跑到领跑,迅速成长为全球最大的锂离子电池生产国和出口国。截至 2021 年底,我国动力电池产能约占全球的 70%,中国占据世界 10 大锂电池厂家当中的 6 席,涌现出宁德时代、比亚迪等众多全球知名的锂电池企业供应商。

目前,锂离子电池有四大主要材料:正极材料、负极材料、隔膜材料和电解液。每种材料涉及其制备工艺、设备和制造产业链,影响电池的倍率性能、循环容量、温度特性以及安全特性等。

9.1.1 锂离子电池工作原理

锂离子电池是一种理想的可逆电池,基本原理是"摇椅理论"。锂电池的充放电是通过锂离子在层状物质的晶体中的出入,发生能量变化,像摇椅一样在正负极间摇来摇去。以经典的钴酸锂电池 $LiCoO_2$ 为例,电池结构如图 9.1 所示。

充电时:锂离子从 $LiCoO_2$ 的氧层中交替的八面体位置发生脱嵌,释放一个电子,Co^{3+} 氧化为 Co^{4+}。锂离子经过电解液插入到负极呈层状结构的石墨的微孔中,插入到负极的锂离子越多,充电容量越高。

放电时:锂离子从负极的石墨微孔中脱插,经过电解液嵌入到八面体位置,得到一个电子,Co^{4+} 还原为 Co^{3+}。嵌入到正极的锂离子越多,放电容量越高。

正极反应:$LiCoO_2 \rightleftharpoons Li_{1-x}CoO_2 + x\,Li^+ + xe^-$

负极反应:$6C + xLi^+ + xe^- \rightleftharpoons Li_xC_6$

总反应:$6C + LiCoO_2 \rightleftharpoons Li_{1-x}CoO_2 + Li_xC_6$

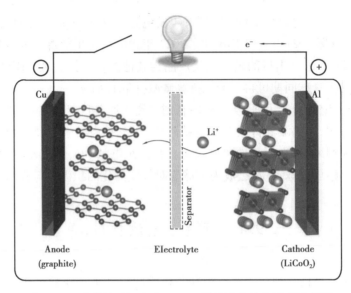

图 9.1　经典的钴酸锂电池 $LiCoO_2$ 结构及充放电原理示意图

9.1.2　锂离子电池正极、负极、隔膜和电解质材料

锂离子电池的输入输出性能主要取决于电池内部材料的结构和性能,正极材料是最核心的关键材料,需要具备的性能要求:

①金属离子 M^{n+} 在嵌入化合物中具有较高的氧化还原电。

②大量的锂可以发生嵌入和脱嵌,且过程中结构很少发生变化。

③氧化还原电位随 x 变化小,可以保持平稳充放电。

④电子和离子电导率高,化学稳定性好,减少极化。

⑤锂离子在材料中有较大的扩散系数,便于快速充放电。

⑥价格便宜,对环境无污染。

经典的锂离子电池正极材料有钴酸锂、镍钴酸锂、镍锰钴三元材料,尖晶石型的锰酸锂,橄榄石型的磷酸铁锂等。

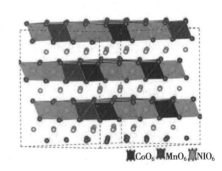

●Li　●Fe　●P

■CoO₆ ■MnO₆ ■NIO₆

图 9.2　钴酸锂的层状三明治结构(钴-氧构成两片面包,而锂原子镶嵌在中间,可以在钴酸
锂晶体中快速移动)、橄榄石型磷酸铁锂,以及三元材料 $LiNi_{1-x-y}Co_xMn_yO_2$,622 结构

锂离子电池的负极材料主要有石墨化碳材料、无定形碳材料、氮化物、硅基材料、新型合金以及纳米氧化物等。要求具有的性能有:

①锂离子的插入氧化还原电位要低,接近金属锂的电位。

②大量锂能发生插入和脱插(高容量密度);主体结构少变化(高循环性能)。

③与电解液形成良好的界面膜 SEI(solid-electrolyte interface)。

④插入化合物有较高的电子电导率和离子电导率,可以减少极化,进行大电流充放电,化学稳定性好。

⑤锂离子在材料中有较大的扩散系数,利于快速充放电。

⑥材料便宜,对环境无污染。

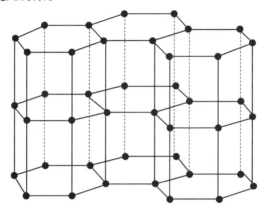

图 9.3　理想的石墨具有层状结构,每个平面类似苯环,层面之间通过大 π 键连接,
具有六方晶系、菱面体晶系等

隔膜位于电池内部正负极之间,保证锂离子通过,同时阻碍电子传输。隔膜的性能决定了电池的界面结构、内阻等,直接影响电池的容量、循环以及安全性能等特性,对提高电池的综合性能具有重要的作用。

锂离子电池对隔膜材料的要求包括:

①具有电子绝缘性,保证正负极的机械隔离。

②合适的孔径和孔隙率,保证低电阻和高离子电导率。

③耐电解液腐蚀,有足够的化学和电化学稳定性。

④具有良好的电解液的浸润性,且吸液保湿能力强。

⑤力学稳定性高,包括穿刺强度、拉伸强度等,厚度尽可能小。

⑥空间稳定性和平整性好。

⑦热稳定性和自动关断保护性能好。

⑧受热收缩率小,否则会引起短路,引发电池热失控。

锂电池隔膜材料有:织造膜、非织造膜(无纺布)、微孔膜、复合膜、隔膜纸以及碾压膜等几类。商品化材料主要采用聚乙烯、聚丙烯微孔膜。如图 9.4 所示的是聚对苯二甲酸乙二酯(PET),其机械性能、热力学性能和电绝缘性能均表现优异。

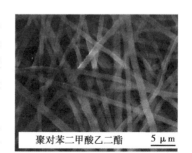

图 9.4　聚对苯二甲酸乙二酯(PET)膜的表面 SEM 形貌图像

宁波材料所和大连化学物理研究所,开发了新型耐高温多孔隔膜,通过湿法一次成型,成本低,热变形温度远高于 200 ℃,有高孔隙率、高曲率的孔结构,在保证电池容量发挥的同时有效避免电池的微短路及自放电现象。

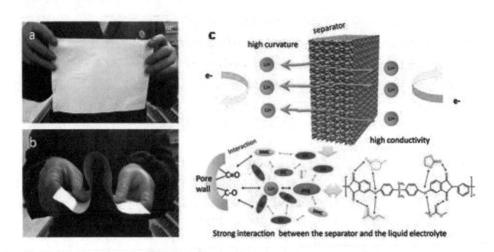

图9.5　宁波材料所和大连化学物理研究所开发的新型耐高温多孔隔膜

电解质主要包括液体、全固态和凝胶型聚合物电解质。液体电解质通常采用混合溶剂，主要是醚类和脂类。醚类包括环状醚（四氢呋喃）和链状醚（二甲氧甲烷）；脂类包括丙烯碳酸酯和乙烯碳酸酯。全固态电解质是将液态电解液和隔膜替换为固态电解质，如图9.6所示。

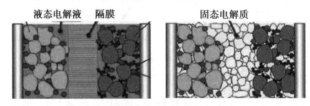

图9.6　液态电解质和固态电解质的结构对比示意图

9.1.3　锂离子电池的发展和应用

按应用领域的不同，锂离子电池主要分为消费型、动力型和储能型三大类。其中，消费型锂离子电池主要供应手机、笔记本电脑、智能硬件等消费电子产品；动力型锂离子电池应用于混合动力汽车、纯电动汽车、电动两轮车等领域；而储能型锂离子电池则供太阳能发电设备、风力发电设备等可再生能源储蓄使用。

三类锂电池中，消费电池起步较早，已历经相对完整的产业发展周期，步入成熟阶段；动力电池近十年来异军突起，规模已占据主导地位；储能电池随各国清洁能源替代计划的逐步推进，呈高速增长态势，逐步迈入规模化建设阶段。

9.2　太阳能电池材料

中国提出"碳达峰、碳中和"目标后，通过发展新能源技术、碳移除技术以及节能减排技术，来抵消人类活动产生的碳排放量，最终达到相对"零排放"状态。太阳能是可再生能源，具有清洁、无污染和分布广泛等优点，对其进行高效开发利用是推进国家"双碳"工作的重要举措。

太阳能电池,也称光伏电池,是将太阳光辐射能直接转换为电能的器件。由这种器件封装成太阳能电池组件,再按需要将一定数量的组件组合成一定功率的太阳电池方阵,经与储能装置、测量控制装置及直流-交流变换装置等相配套,即构成太阳电池发电系统,也称为光伏发电系统。

太阳能电池技术的应用可以追溯到 20 世纪 50 年代初,目前,太阳能光伏已经成为世界上最重要的可再生能源之一。截至 2023 年 12 月,中国是全球最大的太阳能光伏市场,其装机容量约占全球的 1/3。预计到 2030 年,全球太阳能光伏装机容量将会达到 1.4 TW。太阳能电池的效率不断提高,从最初的 10% 左右到现在的 20% 以上。高效率、低成本、高稳定性和可靠性是科研人员不断追求的目标。

9.2.1　太阳能电池材料概述和工作原理

太阳能电池材料可分为单晶硅、多晶硅、非晶硅、Ⅲ-Ⅴ族(GaAs、InP)、Ⅱ-Ⅳ族(CdTe)、染料敏化和钙钛矿等,目前以晶硅太阳能电池为主流。

典型的太阳能电池结构如图 9.7 所示,P 型硅(掺杂少量硼)作为基板,然后用高温扩散的方法,把浓度略高于硼的磷掺入基板内,形成 P-N 结。在 N 型硅(掺杂少量磷)上涂一层抗反射膜,减少太阳光从表面反射的损失。正面与背面都接上电极。入射光通过抗反射膜,照到硅表面,能量被 N 型区中的电子(导带电子)吸收,产生"电子-空穴对",其中的电子在内建电场的作用下"漂移"产生光电流,即在 P-N 结合处产生电位差。如果连接负载,形成回路,就会有电流。这是太阳能电池的发电原理。

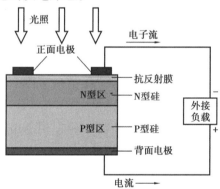

图 9.7　典型的太阳能电池结构示意图

太阳光照射到太阳能电池时,能否产生"电子-空穴对",是由光子能量 E_γ($E_\gamma = h\nu$,h 普朗克常数,ν 频率)与半导体材料能带间隙 E_g(单位 eV)的相对大小决定,理想情况下:

①$E_\gamma < E_g$,光子直接穿透半导体材料,不产生电子-空穴对。

②$E_\gamma \geqslant E_g$,产生电子-空穴对。

③能量差 $E_\gamma - E_g$,将以热的方式(声子)释放掉。

因此,太阳能电池要运作必需的三个条件:

①入射光被吸收,产生"电子-空穴对"。

②"电子-空穴对"在复合前必须被分开。

③分开的电子和空穴分别传输至外部电路。

随着技术不断更新发展,太阳能电池材料的种类越来越多,太阳能电池的发展到目前为止大致经历了三代:

第一代是硅基光伏电池,例如单晶硅、多晶硅等。

第二代是薄膜光伏电池,例如砷化镓、碲化镉和铜铟镓硒薄膜光伏电池等。

第三代是新型无机半导体薄膜太阳能电池、染料敏化太阳能电池、钙钛矿太阳能电池、有机化合物太阳能电池以及量子点太阳电池等。

9.2.2 单晶硅和多晶硅太阳能电池

第一代太阳能电池以晶体硅太阳能电池为代表,包括单晶、多晶和非晶硅太阳能电池。这类电池发展较为成熟,已在商业和民用领域中得到广泛应用。

硅 Si 是间接能带间隙的半导体,能带间隙为 1.12 eV,并不是最理想的太阳能电池材料,但硅地表含量仅次于氧元素,材料获得相对简单,没有毒性,形成的氧化物稳定,因此目前太阳能电池大部分使用硅为基板。

单晶硅,指硅的原子排列具有周期性。例如提拉法制备的单晶硅棒,原子排列全部朝向同一方向。单晶硅有较少的晶格缺陷,转换效率高。多晶硅是由许多不同排列方向的单晶粒组成,晶粒间存在排列不规则的界面,即晶界。晶界缺陷降低转换效率,但是多晶硅制造成本低,更广泛地用于太阳能电池材料上。

单晶硅　　　　　　　多晶硅

图 9.8　单晶硅和多晶硅结构示意图

单晶硅在硅基光伏电池中效率是最高的,在实验室中,单晶硅光伏电池的转换效率达到了 26.7%。多晶硅光伏电池制备工艺与单晶硅较为相似,但制作成本上却低很多。光伏市场实际使用的多晶硅光伏电池转化效率在 20% 左右。

硅基太阳能电池的转换效率主要与下面的因素有关:电池结构的优化设计、光吸收性能、光生载流子收集效率、光生载流子复合损耗的抑制以及减小电极的电阻和电极的面积。转换效率也与太阳能电池的制作工艺有关,例如表面织构化、减反射层的制作,前表面钝化和铝背场结构等。

9.2.3 薄膜太阳能电池

第二代光伏电池为多元化合物薄膜太阳能电池,制作成本低,光电转换效率较高,易于大规模生产。薄膜太阳能电池用料更少,可以利用价格低廉的陶瓷、石墨、金属片等不同材料当基板,有更高的转化效率。薄膜光伏电池具有半透明和柔性的特点,在“双碳”愿景下,能够很好地满足推广光伏建筑一体化的需求。

薄膜太阳能电池主要包括碲化镉(CdTe)、铜铟镓硒(CIGS)和砷化镓(GaAs)等。铜铟镓硒和碲化镉的组件转换效率可以与多晶硅太阳能电池相媲美。

1）碲化镉（CdTe）

碲化镉是Ⅱ-Ⅳ族半导体材料，晶体结构为闪锌矿型，具有直接跃迁型能带结构，禁带宽度为 1.45 eV，光谱响应与地面太阳光谱分布非常匹配，实际发电能力强，常温下化学性质稳定，在工业生产和使用过程中比较安全。制造成本低且其大规模运行效率高于非晶硅光伏电池。

碲化镉薄膜太阳能电池结构比较简单，由玻璃衬底、透明导电氧化层（TCO 层）、硫化镉（CdS）窗口层、碲化镉（CdTe）吸收层、背接触层和背电极组成。

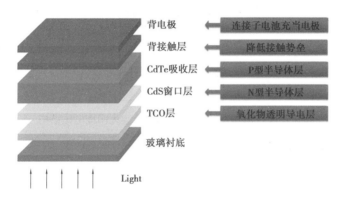

图 9.9　碲化镉薄膜太阳能电池结构

大力发展建筑光伏一体化（Building Integrated Photovoltaics，BIPV），是城市绿色低碳发展和实现"碳中和"目标的必然选择，光伏幕墙是光伏建筑一体化的重要应用形式。

图 9.10　建筑光伏一体化不同应用场景

碲化镉 CdTe 是目前市占率较高的薄膜组件类型，但是 Te 是稀有元素，天然储量是有限的；而 Cd 是有毒元素，需要有回收措施来减少对环境的污染。

2）铜铟镓硒 CIGS

铜铟镓硒薄膜太阳能电池是高效、低成本、可大规模工业化生产的第三代太阳能电池的代表。铜铟镓硒是直接能带间隙，可在 1.0 ~ 1.7 eV 变化，与太阳光谱获得最佳匹配；抗辐射能力强，稳定性好，不存在光致衰退效应；电池效率高，实验室效率已经达到 23.4%；弱光特性好,可用于光照不理想地区。

典型的 CIGS 薄膜太阳能电池结构,最底层为基板,通常为玻璃、可挠性金属如铝合金箔、铜箔、不锈钢等和 Polyimide 等。基板上会溅镀一层 Mo 背电极;接着是 CIGS 光吸收层。再上层是 CdS 缓冲层,之后是 i-ZnO 层,防止效能减少。然后是 ZnO,即 TCO 透明导电层,最上层是 MgF_2 和金属铝导线。

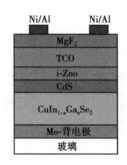

图 9.11 典型的铜铟镓硒 CIGS 薄膜太阳能电池结构

9.2.4 新型太阳能电池

第三代太阳能电池主要包括无机和有机薄膜太阳能电池,如染料敏化、钙钛矿材料和量子点太阳能电池等。

钙钛矿是以俄罗斯矿物学家 Perovski 的名字命名的,最初指钛酸钙 $CaTiO_3$ 矿物,后来把结构为 ABX_3 以及类似的晶体统称为钙钛矿物质,阳离子 A 通常是有机离子 $CH_3NH_3^+$、$C_2H_5NH_3^+$ 等,B 通常为二价金属离子,如 Pb^{2+}、Sn^{2+} 等,X 则为卤素阴离子(Cl^-、Br^-、I^-)。这种材料既含无机成分,又含有机分子基团,称作杂化钙钛矿材料。

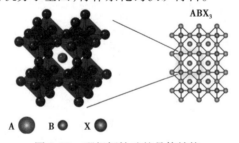

图 9.12 理想钙钛矿的晶体结构

钙钛矿材料太阳能电池自 2009 年被发现以来,凭借成本低、柔性好及可大面积印刷等优点,受到了人们的广泛关注,被《Science》评为 2013 年的十大突破性科技进展之一。钙钛矿电池具有原料丰富、制备成本低等优势。钙钛矿太阳能电池把光吸收过程与电流运输过程分离,一种介质只负责运输一种电荷,避免了硅基、薄膜太阳能电池中载流子复合率高、载流子寿命短的缺点,光电转换效率已升至 24.5%,接近硅基太阳能电池的水平。

钙钛矿太阳能电池与传统的太阳能电池相比有着突出的优势。第一代单晶硅太阳能电池,要求纯度高达 99.999%,生产过程复杂且能耗高、污染大;第二代薄膜太阳能电池的生产能耗成本虽然有所下降,但仍需要依赖铜、铟等贵金属,而且还伴随有剧毒的副产物产生。钙钛矿太阳能电池大多采用溶剂工艺,其原料多为液态,能在常温下制备,而且在未来完全可以通过印刷技术制备大面积的柔性太阳能电池以及用于可穿戴智能设备。

9.3　生物质能材料

生物质能是继煤炭、石油和天然气之后,世界上第四大能源,被称为"零碳"能源,可为应对气候变化、保障能源安全和推动经济增长作出重要贡献。2021 年 9 月,中共中央、国务院印发的《关于完整准确全面贯彻新发展理念做好碳达峰碳中和工作的意见》提出合理利用生物质能。2022 年 6 月,国家发展改革委、国家能源局等部门联合印发《"十四五"可再生能源发展规划》,提出稳步推进生物质能多元化开发。

生物质能是应对全球气候变化、能源短缺和环境污染最有潜力的发展方向之一,我国已将其作为六大重点发展的新能源产业之一。2021 年我国生物质能商业化开发利用规模约5 740 万 t 标准煤,生物质年发电量达 1 637 亿千瓦时。

9.3.1　生物质能概述

生物质(狭义上)主要是指农林业生产过程中除粮食、果实外的秸秆、树木等木质纤维素(简称木质素)、农产品加工业下脚料、农林废弃物及畜牧业生产过程中的禽畜粪便和废弃物等物质。

生物质能就是太阳能以化学能形式贮存在生物质中的能量形式,即以生物质为载体的能量。它直接或间接地来源于绿色植物的光合作用,利用 CO_2 来进行光合作用完成自身的生长发育的,通过对这些生物质原料的加工利用,将其应用到工业、农业等生产生活中,产生的CO_2 排放物又可以用于它们自身的光合作用,所以从整个生态系统来看,是真正意义上的零碳排放。

与常规的矿物能源如石油、煤炭的主要成分一样,生物质能都是 C—H 化合物,所以它的特性和利用方式与矿物燃料有很大的相似性,可以充分利用已经发展起来的常规能源技术开发利用生物质能,这也是开发利用生物质能的优势之一。

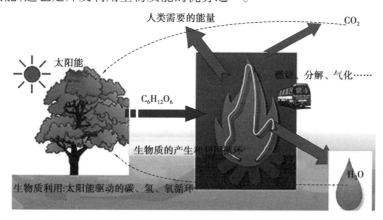

图 9.13　生物质能的转化和利用循环示意图

以农业作物及副产品(除了水生物)为原料的生物质能源,被称为第一代生物质能源或传统生物质能源;以木质纤维素为原料的生物质能源被称为第二代生物质能源。世界上技术较为成熟、实现规模化开发利用的生物质能利用方式主要包括生物质发电、生物液体燃料、沼气和生物质成型燃料等。生物质能利用的转化技术主要包括直接燃烧、致密成型、气化技术,裂解、植物油酯化技术、城市垃圾填埋气发电和供热、生物质发酵乙醇、炭化以及沼气发电技术等。

按照生物质能产品划分,生物质能源技术研究主要集中在固体生物燃料(生物质成型燃料、生物质直接发电/供热)、气体生物燃料(沼气与车用甲烷、生物制氢)、液体生物燃料(燃料乙醇、生物柴油)以及替代石油基产品生物基乙烯及乙醇衍生物等。其中,生物液体燃料、生物沼气和生物质发电是生物质能源的主要利用形式,生物液体燃料可直接替代石油燃料,又可进一步生产其他化工品,是生物质产业中最具商业应用价值的方向。

9.3.2 固体生物燃料技术

固体燃料技术主要包括生物质成型燃料技术和生物炭技术。其中,生物质成型燃料技术主要包括生物质颗粒、生物质块及成型设备的制造技术。生物炭是指生物质在完全或部分缺氧的情况下经高温裂解而产生的一类高度芳香化难熔性富碳物质,主要包括灰分、固定碳和挥发分3种成分。按照炭化方式,生物质炭化技术一般分为水解炭化、热解炭化和闪蒸炭化技术等。

生物质颗粒燃料:由农林作物的废弃残渣(如秸秆、玉米芯、花生壳等)经过一系列破碎、去水、混合、压制成型工艺生产而成的颗粒状可燃物质。

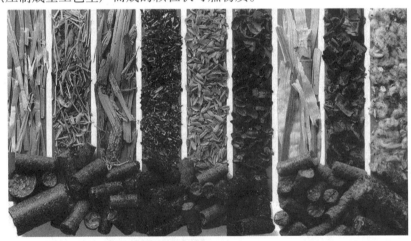

图9.14 竹屑、秸秆、稻壳、花生壳、木材等制成的生物质颗粒燃料

生物质颗粒燃料无污染、可再生、低燃点,预计到下世纪中叶,生物质替代燃料将占全球总燃料消耗的40%以上。生物质颗粒燃料有以下优点:

①发热量大,3 900~4 800 kcal/kg,炭化后7 000 kcal/kg。

②纯度高,不含硫磷,不腐蚀锅炉。

③燃烧不产生 SO_2 或 P_2O_5,不导致酸雨。

9.3.3 液体生物燃料技术

在液体生物燃料方面,存在着生物柴油和燃料乙醇两种技术,其中,生物柴油有常规碱(酸)催化技术、高压醇解技术、酶催化技术、超临界(或亚临界)技术。而燃料乙醇主要包括木薯乙醇、甜高粱乙醇和纤维素乙醇。总体而言,淀粉(包括糖)、木质纤维素和油脂是三类主要适合用于制备液体燃料的生物质资源,其中,淀粉和糖主要使用发酵法制备燃料乙醇,油脂主要通过热裂解、酯交换或催化加氢等制备生物质基柴油或汽油,木质纤维素主要通过发酵、气体-费托合成、液化-精炼、平台化合物中间体的选择性合成来制备液体燃料。

生物基燃料乙醇制备方法目前经历了 3 代技术发展:

第一代是粮作物提取法,燃料乙醇原料主要是玉米、小麦、稻米等粮作物。经过工艺改良后,有了以木薯、甜高粱等非粮作物为原料的 1.5 代燃料乙醇。

第二代是纤维素法,其优异的环境效益受到国家政策和酒精产业界的青睐。

第三代是以微藻中含有的淀粉、纤维素、半纤维素等大量碳水化合物为原料。

我国燃料乙醇产业 20 世纪 90 年代开始酝酿,进入本世纪后开始规模化发展。"十五"初期,为了解决大量陈化粮处理问题、改善大气及生态环境质量、调整能源结构,启动了生物燃料乙醇试点。从"十一五"开始暂停了粮食燃料乙醇发展,陆续建成多个非粮燃料乙醇示范项目或产业化装置。2020 年,我国燃料乙醇产量约 33 亿升,位列美国、巴西和欧盟之后,占全球产量的 3%。

2022 年,欧洲可再生乙醇协会(ePURE)等共同发表联合声明,强调生物燃料乙醇在应对气候变化工作中的重要性,其扩大了农业、能源和交通运输部门的就业机会,为各国开辟了加强气候合作和贸易关系的领域。生物燃料乙醇能够直接用于当前的乘用车和现有的燃料基础设施,航空部门可以利用生物燃料乙醇等生物燃料来生产可持续航空燃料(SAF)。

9.3.4　气体生物燃料技术

现有的生物质气体燃料技术主要包括生物发酵法、高温热解法、等离子体热解法、熔融金属气化法、超临界水气化法等。生物质气化技术还可以运用到集中供气、热电联产、合成天然气、合成液体燃料和制氢方面。

目前的气体燃料技术主要以沼气技术为主,各国的技术已经基本发展成熟,我国也已开始运行一些大型沼气生产项目。最新的研究进展是藻类生物质气化制取甲烷,目前各国都陆续开展了技术研发工作,如我国研究蓝藻发酵生产甲烷,日本研究海藻发酵生产甲烷,西班牙研究藻类裂解制取甲烷等。

2022 年 10 月,国家电网浙江丽水缙云"水光氢生物质近零碳示范工程"启动投产,这也是全国首个乡村氢能生态示范工程,创造性地利用绿氢"提纯"生物天然气,为乡村迈向共同富裕和用能"碳中和"提供新思路。

此项工程利用全国首台沼气加氢甲烷化设备,让氢气与沼气中的二氧化碳反应生成甲烷,可将沼气提纯至 95% 以上,构建了"绿电-绿氢-生物质"等多种绿色能源集一体化的综合系统。采用质子交换膜技术制备零排放无污染的绿氢,这一过程将当地富余的水电、光伏等可再生能源作为"电源"就地消纳,而生成的氢气,一部分可供交通和工业使用,另一部分则用于捕获固定沼气中的二氧化碳,进一步提纯天然气。与此同时,产出的生物天然气经管网输送到周边用户,实现农村废弃物循环利用。

2023 年,杭城第五座大型生活垃圾转运站、临平区首座大型生活垃圾资源化利用项目——镜子山资源循环利用中心建成投运。

图 9.15　浙江丽水缙云"水光氢生物质近零碳示范工程"

图 9.16　镜子山资源循环利用中心

　　餐厨垃圾处理采用"大物质分选+浆料加热+固液分离+除渣除砂+油脂回收与提纯"工艺;厨余垃圾处理采用"滚筒筛分+磁选+细破碎+挤压脱水+调浆除砂"工艺,可以最大程度发挥易腐垃圾提油、产沼、发电作用,实现资源循环再利用,日处理规模约 400 t。沼气发电则采用的是两台 1.5 兆瓦的沼气发电机组,日发电量约为 22 000 度。

　　根据市场调研在线网发布的 2023—2029 年中国沼气发电行业市场运行态势及未来前景规划报告分析,2018 年,中国沼气发电行业市场规模达到了 240.7 亿元,同比增长 12.9%。

<h2 style="text-align:center">思考题与习题</h2>

　　1. 太阳能电池应用了 P-N 结,以下关于 P 型半导体叙述正确的是:(　　)。

　　A. 掺入五价杂质元素,空穴是多数载流子

　　B. 掺入五价杂质元素,自由电子是多数载流子

C.掺入三价杂质元素,空穴是多数载流子

D.掺入三价杂质元素,自由电子是多数载流子

2.太阳能电池要运作必须的三个条件:_____、_____和_____。

3.锂离子电池的正极材料需要具备哪些性能要求?

4.生物质颗粒作为燃料有哪些优点?

5.生物燃料乙醇有哪些优点?

第 **10** 章
化学与环境

本章基本要求

（1）了解环境和环境问题的基本概念以及环境问题的分类。

（2）了解大气污染的基本概念、大气主要污染物以及典型的大气污染现象；掌握大气中SO_2、NO_x的基本防治方法。

（3）了解水污染的基本概念、水体主要污染物以及水污染的化学处理技术。

（4）了解土壤污染的基本概念、土壤主要污染物；掌握土壤中重金属及农药的迁移转化。

（5）了解清洁生产、绿色化学的概念；理解绿色化学的十二原则。

化学与环境的关系十分密切，大多数环境问题和污染事件是由化学污染物造成的，而这些环境问题的解决大多也采用化学、物理或生物的方法。随着全球人口的激增和工业的迅猛发展，人类对自然环境的干扰、破坏造成的环境污染越来越严重，大气污染、水污染、土壤污染已成为人类亟待解决的问题。绿色化学的兴起为环境污染的治理带来了新理念、新思路、新方法。实现人类社会的可持续发展，必须保护环境。本章主要介绍了大气污染、水污染、土壤污染问题的成因及危害，简要阐述解决这些环境问题的方法和措施；同时介绍了绿色化学及清洁生产的概念。

10.1 环境与环境问题

10.1.1 环境的概念

"环境"就词义而言，是指以某一事物为中心，其周围事物的总和。环境科学中的环境是指以人类社会为主体的外部世界的总和，包括人类赖以生存的自然环境和人类创造的社会环境。自然环境是指人类生存和发展的各种自然因素，由大气、水、土壤、动植物、微生物、阳光和气候等各种自然因素组成。社会环境是指人类在改造自然过程中形成的人工环境，如城市、村落、水库、港口、铁路、空港、公路等。《中华人民共和国环境保护法》指出："本法所称环境，是指影响人类生存和发展的各种天然的和人工改造的自然因素的总和，包括大气、水、海洋、土地、矿藏、森林、草原、野生生物、自然遗迹、人文遗迹、自然保护区、风景名胜保护区、城市和乡村等。"

10.1.2　环境问题

人类从自然界获取资源,通过生产和消费参与自然环境的物质循环和能量流动,不断地改变着自然环境和社会环境。人类和环境是相互作用和相互依存的。

环境问题一般指由于自然界或人类活动作用于人们周围的环境引起环境质量下降或生态失调,以及这种变化反过来对人类的生产和生活产生不利影响的现象。由于认识能力和科学技术水平的限制,人类在利用和改造自然的活动中,往往会发生意料不到的后果,如大气、水体、土壤等自然环境受到大规模破坏,生态系统和生态平衡问题日益严重。

环境问题按其根源可分为原生环境问题(也称第一环境问题)和次生环境问题(也称第二环境问题)。原生问题由自然原因引起,主要指地震、海啸、洪涝、风暴、滑坡、泥石流、台风、地方病。次生环境问题由人类活动原因引起,一般分为环境污染和生态环境破坏两大类。不合理开发利用自然资源,超出环境承载力,如森林破坏、草原退化、沙漠化、盐渍化、水土流失、水热平衡失调等导致的生态环境破坏;由人口激增、城市化和工农业高速发展引起的环境污染和破坏,具体指有害物质,如工业"三废"对大气、水体、土壤和生物的污染。包括大气污染、水污染、土壤污染、生物污染等引起的污染。第一环境问题和第二环境问题,难以截然分开,通常两者常相互作用或有因果关系。

不同历史时期下人类改造环境的水平不同,环境问题的类型、影响范围和危害程度也有所不同。人类农业文明阶段,即早期环境问题主要是生态环境的破坏;人类进入近代工业时代后,随着生产力的迅速发展和科技水平的大幅提升,人类改造自然的速度得到前所未有的提高。人类在创造大量财富的同时,也出现了大规模环境污染和严重的生态失调现象,局部地区的严重环境污染导致重大"公害"事件的出现。20 世纪五六十年代,在工业发达国家,最引人注目的就是"世界八大公害事件",见表 10.1 。人类进入现代社会后,全球环境仍在进一步恶化,由区域性环境问题转变成全球性环境问题,威胁人类生存并已被人类认识到的当代环境问题主要有:全球变暖、臭氧层破坏、酸雨、淡水资源危机、能源短缺、森林资源锐减、土地荒漠化、物种加速灭绝、垃圾成灾、有毒化学品污染等。

表 10.1　世界八大公害事件

发生时间	发生地点	事件名称	中毒情况	致害原因
1930 年 12 月	比利时	马斯河谷烟雾事件	60 多人死亡,几千人患病	SO_2、烟尘
1948 年 10 月	美国	多诺拉烟雾事件	7 人死亡,6 000 多人患病	SO_2、烟尘
1943 年 5—10 月	美国	洛杉矶光化学烟雾事件	65 岁以上老人 400 人死亡	碳氢化合物、氮氧化合物
1952 年 12 月	英国	伦敦烟雾事件	4 天内 4 000 多人死亡,大多数居民患病	烟尘
1953—1956 年	日本	日本水俣病事件	60 人死亡,283 人中毒	甲基汞
1955 年	日本	四日市哮喘事件	36 人死亡,817 人患病	SO_2、烟尘

续表

发生时间	发生地点	事件名称	中毒情况	致害原因
1968 年	日本	日本米糠油事件	16 人死亡,13 000 多人受伤	多氯联苯
1955—1972 年	日本	日本痛痛病事件	80 多人死亡,280 人患病	镉

环境问题已成为当前影响全世界可持续发展、全球共同发展关注的热点问题和重大难题。"虽然没有枪炮、没有硝烟、却残杀着生灵。"这是对环境问题严重性的生动描绘,自 1972 年斯德哥尔摩人类环境会议宣称人类"只有一个地球"开始,环境问题就成为了全球关注的重大问题。该会议通过了《人类环境宣言》(*Declaration on the Human Environment*),并提出将每年的 6 月 5 日定为"世界环境日"。联合国环境规划署从 1974 年开始根据当年的主要环境问题及环境热点,针对性地制订每年的"世界环境日"主题。它是人类环境保护历史上的第一个里程碑。1992 年 6 月在巴西里约热内卢举行的联合国环境与发展大会上通过了全球实行可持续发展的重要纲领性文件——《21 世纪议程》(Agenda 21)。它为采取措施保障我们共同的未来提供了一个全球性框架,这是人类环境保护历史上的第二个里程碑。1989 年 12 月七届人大常委会正式通过了《中华人民共和国环境保护法》(简称《环境保护法》),确立环境保护是我国的一项基本国策。

环境保护与未来人类可持续发展成为国际社会关注的焦点。从 20 世纪 80 年代以来,人类开展了一系列国际环境研究计划,如世界气候研究计划,国际地圈—生物圈研究计划;生物多样性援救计划;国际全球变化人文因素计划等。其核心是全球环境问题,实质是解决全人类可持续发展中面临的重大交叉科学问题。

10.2 大气污染及其防治

大气是指包围在地球表面并随地球旋转的空气层,其厚度约为 1 000 ~ 1 400 km。人类生活一刻也离不开大气,它为地球生命的繁衍和人类的发展提供了理想的环境。大气的状态和变化,时时处处影响着人类的活动与生存。大气污染是指由于人类活动或自然过程,大气中某些物质的浓度达到有害程度,并因此危害人体健康甚至破坏生态系统的现象。我国政府高度重视大气污染防治工作,国务院于 2013 年发布《大气污染防治行动计划》(简称"大气十条"),2018 年发布《打赢蓝天保卫战三年行动计划》。这些计划实施后,大气污染防治领域实现了一系列的历史性变革,解决了许多长期存在的天气问题。

10.2.1 大气组成及大气层结构

1)大气组成

大气组成较为复杂,是多种气体构成的混合物,其组成可分为恒定、可变和不定组分三种。

恒定组分主要包括氮、氧、氩,还有少量的氦、氖、氪等稀有气体,其相对含量基本保持不变;其中氮 78.09%、氧 20.95%、氩 0.93%,这三部分总计约占大气总量的 99.97%。

可变组分主要是指 CO_2 和水蒸气,其中 CO_2 的含量为 0.02% ~ 0.04%,水蒸气的含量为 0% ~ 4%。其含量主要受季节、气候、地区及人们的生活和生产活动影响而发生变化。近年来,CO_2 作为温室气体的重要组成成分,减少碳排放已成为全球环境领域的热点。水蒸气含量随着空间位置和季节变化而变,在热带有时可达 4%,而南北极则不到 0.1%。

只含上述恒定组分和可变组分的空气,称为纯净的空气。

不定组分是指由自然因素如火山爆发、岩石风化、森林火灾、海啸、地震、植物花粉等产生的粉尘、烟尘、硫氧化合物和氮氧化合物等。另外水汽凝结物(云、雾滴、冰晶)和电离过程中产生的少量带电离子也是不定组分之一。不定组分是造成大气污染的主要因素。

2)大气层结构

按大气本身的物理性质和垂直分布的特性,再根据大气温度随高度垂直变化的特征,将大气分为对流层、平流层、中间层、热层和散逸层,如图 10.1 所示。

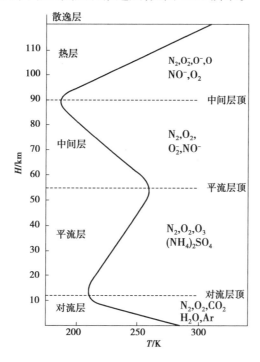

图 10.1 大气主要成分及温度分布

10.2.2 大气主要污染物

1)大气污染源

大气污染源按污染物产生的原因,可分为天然污染源和人为污染源。

天然污染源是由自然灾害造成的,如火山爆发,森林火灾、海啸、土壤和岩石的风化等。目前人类还不能对天然污染源进行控制,它们所造成的污染是局部的、暂时的,通常在大气污染中起次要作用。

人为污染源是人类在生产和生活中所造成的污染,主要分为生活污染源、工业污染源、交通污染源和农业污染源。人为污染源通常在大气污染中起主要作用,一般所说的大气污染是指人为因素引起的污染。

生活污染源是指人类在烧饭、取暖用的各类燃油、燃煤、燃气炉灶等设施排放的污染;工业污染源是指生产过程中产生的污染源,如工厂烟囱、排气筒等排放的煤烟、粉尘及各类化合物。交通污染源是指各类排放尾气的汽车、火车、飞机和船舶等交通工具,尾气污染物主要包括一氧化碳、氮氧化物、碳氢化合物、铅等。农业污染源主要指农业生产过程中农药和化肥对大气的污染。

2)主要的大气污染物

排入大气中的污染物种类很多,主要包括含硫化合物(SO_2,H_2S 等)、含氮化合物(NO、NO_2、NH_3 等)、含碳化合物(CO、VOCs 等)、光化学氧化剂(O_3、H_2O_2 等)、含卤素化合物(HCl、HF 等)、颗粒物、持久性有机污染物、放射性物质等。这些污染物分类方式多样,目前用得较为广泛的是依据污染物与污染源的关系分类,分为一次污染物和二次污染物。

(1)一次污染物

所谓一次污染物,又称原发性污染物,是指从污染源直接排出且进入大气的污染物,其性质没有发生变化,包括气体、蒸汽和颗粒物,主要有以下几种:

①颗粒物:颗粒物是重要的大气污染物。悬浮在空气中的空气动力学粒径小于 100 μm 的颗粒物称为总悬浮颗粒物(total suspended particulate,TSP)。根据颗粒物的粒径大小,又可分为飘尘、降尘和细颗粒物。其中,粒径大于 10 μm 的称为降尘,可因重力而下降;粒径小于 10 um 的称为飘尘,能以气溶胶的形式长期飘浮地存留在空气中,又称可吸入颗粒物(PM10);粒径小于 2.5 μm 的称为细颗粒物(可入肺颗粒物,PM2.5)。PM2.5 化学组成多样,来源和成因复杂,在空气中持续的时间很长,不仅影响到环境质量、大气能见度、气候变化,也会对人体健康造成危害,对于人体呼吸系统、心血管系统的危害已经得到共识。

②硫氧化物 SO_x:主要包括 SO_2、SO_3、S_2O_3、SO。其中,SO_2 是目前大气中分布最广、影响最大的一类污染物,它是一种无色、具有刺激性气味的不可燃气体。SO_2 主要来源于含硫化石燃料煤和石油的燃烧及硫化物矿石的焙烧、冶炼等热过程。SO_2 极不稳定,易氧化或发生光化学反应生成 SO_3,进而生成硫酸或硫酸盐,因此,SO_2 是形成酸雨的主要因素。硫酸盐较稳定,能飘出很远,易造成远距离污染;SO_3 和硫酸烟雾会降低大气能见度,从而对环境和人体产生危害。

③碳氧化物 CO_x:包括 CO 和 CO_2。CO 是一种无色、无臭、无味的有毒气体,主要由煤炭和石油不完全燃烧产生。高浓度的 CO 易被血液中的血红蛋白吸收,对人体造成致命伤害。1 t 锅炉工业用煤燃烧约产生 1.4 kg CO,居民取暖用 1 t 煤燃烧约产生 20 kg 以上的 CO;当汽车流量为 2 500 辆/h,CO 的质量浓度可达 60 mg/m,是国家大气环境质量标准的 15 倍(大气标准:交通枢纽、干线 CO 24 h 平均值为 4 mg/m。汽车发动机不完全燃烧或空挡、怠速时排放的 CO 更多。CO_2 虽然不是有毒物质,但浓度过高会导致温室效应,可能造成全球灾害。

④氮氧化物 NO_x:主要有 NO、NO_2、N_2O_3。其中,对大气产生污染的主要是 NO、NO_2 两种。NO 毒性不大,但进入大气后会缓慢转化成 NO_2,NO_2 的毒性约为 NO 的 5 倍,当 NO_2 在光化学反应下形成光化学烟雾,其毒性更强。同时 NO_x 也是形成酸雨的主要物质之一。NO_x 主要来源于机动车和柴油机的尾气排放,其次是硝酸生产、硝化过程、炸药生产等,其中,燃料燃烧产生的 NO_x 约占 83%。

⑤碳氢化合物:包括烷烃、烯烃和芳烃等各种复杂的化合物,进入人体后会使人体发生慢

性中毒,有些化合物会直接刺激人的眼睛、鼻黏膜。更重要的危害在于碳氢化合物是形成光化学烟雾的主要成分,其主要来源于汽车尾气和工业排放。

多种污染物同时存在(复合型污染)所产生的危害比单一污染物产生的危害之和大很多的现象称为协同效应。如 SO_2 和颗粒物,历史上的伦敦烟雾事件就是这类复合型污染,由于污染物的协同效应,使得危害程度大大加剧。

(2)二次污染物

又称继发性污染物,是由一次污染物与大气中已有组分或几种一次污染物之间经过一系列化学或光化学反应而生成的新污染物,主要有硫酸烟雾、光化学烟雾和酸雨等。

硫酸烟雾,也称伦敦烟雾,因最早发生在英国伦敦而得名。它是颗粒物以及大气中的 SO_2 等硫氧化物在气温较低,相对湿度较高、日光较弱的气象条件下,发生一系列化学或光化学反应而生成的硫酸雾或硫酸气溶胶。

光化学烟雾,又称洛杉矶烟雾,因 1940 年首次出现在美国洛杉矶而得名。它是大气中的氮氧化物、碳氢化合物和氧化剂之间发生光化学反应,生成的浅蓝色(有时带紫色或黄褐色)烟雾,其主要成分有酮类、醛类、过氧乙酰硝酸酯(PAN)、O_3,其危害远大于一次污染物。光化学烟雾发生时,大气能见度降低,眼睛和喉黏膜有刺激感,呼吸困难,植物叶也会受损。

酸雨,指 pH 小于 5.6 的雨雪或其他形式的降水,主要是大量 SO_x 和 NO_x 酸性物质转化成硫酸和硝酸后随着雨水的降落而沉降到地面所造成的。

3)几种典型大气污染现象

(1)光化学烟雾

光化学烟雾一般发生在大气相对湿度低、气温为 24~32 ℃的夏季晴天,尤其是午后。光化学烟雾具有强氧化性,对人体、植物、建筑都有严重的影响。仅 1950—1951 年,美国因大气污染造成的损失就达 15 亿美元。1955 年,因呼吸系统衰竭死亡的 65 岁以上的老人达 400 多人;1970 年,约有 75% 以上的美国城市居民患上了红眼病。

光化学烟雾的形成及其浓度,直接决定于污染物的数量和浓度,另外太阳辐射强度、气象条件以及地理条件等都对其有一定的影响。光化学烟雾的形成机理较复杂,通过光化学烟雾的模拟实验表明,其形成包括引发反应、自由基传递反应和终止反应 3 个过程。

引发反应:

$$NO_x \xrightarrow{hv} NO + O \cdot$$
$$O_2 + O \cdot \longrightarrow O_3$$

以 NO_2 光解生成氧原子的反应为引发,导致臭氧的生成,此处产生的 O_3 主要用于氧化 NO。

$$NO + O_3 \longrightarrow NO_2 + O_2$$

自由基传递反应:

碳氢化合物(RH)、CO 被 $HO \cdot$、$O \cdot$、O_3 等氧化,产生醛、酮、醇、酸等产物以及重要的自由基。

$$RH + OH \cdot \longrightarrow RO_2 \cdot + H_2O$$
$$RH + O_3 \longrightarrow RO_2 \cdot$$
$$RCHO + OH \cdot \longrightarrow RC(O)_2 \cdot + HO_2$$

这些过氧自由基进一步引起 NO 向 NO_2 的转化:

$$HO_2 \cdot + NO \longrightarrow NO_2 \cdot + OH \cdot$$
$$RO_2 + NO \longrightarrow NO_2 + RCHO + HO_2 \cdot$$
$$RC(O)_2 \cdot + NO \longrightarrow NO_2 + RO_2 \cdot + CO_2$$

由于上述反应使 NO 氧化成了 NO_2，抑制了 O_3 与 NO 的反应，使大气中二次污染物 O_3 浓度显著升高。

终止反应：

自由基传递形成最终产物 PAN，从而消除自由基而终止反应。

$$RO_2 \cdot + NO_2 \longrightarrow PAN$$
$$RC(O)_2 \cdot + NO_2 \longrightarrow PAN$$

（2）全球气候变暖与温室效应

近年来，全球极端高温事件频发，在超强厄尔尼诺事件的助推下，持续数十年的气候变化趋势达到了高峰。人类将面对更多热浪、严重降水及热带气旋带来的潜在影响。

全球气候变化，指在全球范围内，气候平均状态统计学意义上的巨大改变或者持续较长一段时间（典型的为 10 年或更长）的气候变动。近年来，地球明显变暖。1860—1995 年中，出现的 10 个高温年份有 9 个，在 1980 年以后，20 世纪 80 年代全球气温比 19 世纪下半叶升高约 0.6 ℃。全球变暖常常被误解为全球不同地区的一致变暖，事实上，当世界的一些地区变得更暖时，另一些地区的冷暖变化不明显，一些地区甚至更冷。

温室效应，指大气使大部分太阳短波辐射到达地面使地面温度升高，但地表受热后向外放出的大量长波热辐射线却被大气中的二氧化碳所吸收，使阳光的能量多进少出，造成地表的温度上升，类似于栽培农作物的温室，故名温室效应。大气中的二氧化碳就像一层厚厚的玻璃，地球变成了一个大暖房。大气中具有起到吸收长波辐射作用的气体称为温室气体。这种温室气体主要为二氧化碳、甲烷、氮的各种氧化物、含氯氟烃和其他气体，其中，二氧化碳比例最高，对温室效应的影响最大。

随着工业的不断发展，化石能源不断地大量燃烧，我国人为排放的二氧化碳等温室气体的量较大。2006 年中国科学技术部、中国气象局、中国科学院联合发布了《气候变化国家评估报告》。报告预测，未来 20 ~ 60 年中国地表气温将显著上升。与 2000 年相比，2020 年升温 1.3 ~ 2.1 ℃；2030 年将升温 1.5 ~ 2.8 ℃；2050 年将升温 2.3 ~ 3.2 ℃；2100 年将升温 3.9 ~ 6.0 ℃。气候学家们认为与工业革命前的平均气温相比，如果全球平均气温上升超过 2 ℃，将会带来灾难性的后果。更为严重的是，如果温升达到或超过 4 ℃，不仅会导致濒危物种发生范围广，极端气候事件的出现频率也会大大增加。按各方面发展趋势，科学家预测全球气候变化可能出现的影响和危害有：

①海平面上升。全世界大约有 1/3 的人口生活在沿海岸线 60 km 的范围内，经济发达，城市密集。全球气候变暖导致海洋水体膨胀和两极冰雪融化，可能在 2100 年使海平面上升 50 cm，这些地区可能会遭受淹没或海水入侵，海滩和海岸遭受侵蚀，土地恶化，海水倒灌和洪水加剧，并影响沿海养殖业，破坏供排水系统。

②影响农业和生态。随着 CO_2 浓度增高和气候变暖，延长生长季节，使世界一些地区更加适合农业耕作。但全球气温和降雨形态的迅速变化，也可能使世界许多地区的农业和自然生态系统无法适应这种变化，使其遭受很大的破坏性影响，造成大范围的森林植被破坏和农业灾害。

③加剧其他气候灾害。气候变暖导致气候灾害增多,这是一个较为突出的问题。全球平均气温略有上升,就可能带来频繁的气候灾害——过多降雨、大范围干旱和持续高温等,这些灾害会造成大规模的损失。

④影响人类健康。气候变暖有可能增大疾病发生率和死亡率,增加传染病。高温会给人类的循环系统增加负担。昆虫传播的疟疾及其他传染病与温度有很大的关系,随着温度升高,可能使许多国家患疟疾、黑热病、脑炎、血吸虫病的人数增加。

全球气候变暖对我国的影响,总体上我国的变暖趋势冬季强于夏季。北方和西部的温暖地区以及沿海地区降雨量将会增加,长江、黄河等流域的洪水暴发频率会更高。农业是受影响最严重的,土壤蒸发上升,洪涝灾害增多等将造成农业减产。海平面上升最严重的影响是增加风暴潮和台风发生的频率和强度。

为"将大气中的温室气体含量稳定在一个水平,进而防止气候系统改变对人类造成伤害",1997 年 12 月,《联合国气候变化框架公约》参加国第三次会议制定《京都议定书》,中国于 1998 年 5 月签署并于 2002 年 8 月核准了该议定书。截至 2009 年 2 月,一共有 183 个国家通过了该条约。2005 年 2 月 16 日,《京都议定书》正式生效。这是人类历史上首次以法律的形式限制温室气体的排放。政府间气候变化专门委员会(简称 IPCC)于 2014 年的工作报告中指出"通过采取各种技术措施以及行为改变,有可能将全球平均温度升高幅度限制在超出工业化前水平的 2 ℃以内"。因此,控制温升不超过 2 ℃已成为全球温室气体减排的核心目标。

减缓温室效应引起全球气候变化的对策:

推动绿色低碳转型。以应对气候变化为契机,推动绿色发展方式。利用我国自然资源条件,着重发展重大清洁能源和可再生能源的转换,利用技术、智能管理技术,鼓励替代传统能源和原材料的创新发展路径,制订低碳标准体系。

防止森林破坏和沙漠化,利用植被吸收 CO_2,抑制 CO_2 的增长,都有利于减缓全球气候变暖。

(3)酸雨

未被污染的天然降水 pH 约为 5.6,是由大气中 CO_2 溶于水的平衡造成的。因此,一般将 pH 小于 5.6 的雨、雪、雹、露等降水称为酸雨(acid rain)。酸雨是一种涉及复杂的大气化学和大气物理过程的现象,其形成主要是由大气中 SO_2 和 NO_x 转化为硫酸和硝酸所导致的。其形成过程为:

$$SO_2 + [O] \longrightarrow SO_3$$
$$SO_3 + H_2O \longrightarrow H_2SO_4$$
$$SO_2 + H_2O \longrightarrow H_2SO_3$$
$$H_2SO_3 + [O] \longrightarrow H_2SO_4$$
$$NO + [O] \longrightarrow NO_2$$
$$2NO_2 + H_2O \longrightarrow HNO_3 + HNO_2$$

[O]为各种氧化剂。

目前,全球已形成三大酸雨区,包括北美、欧洲和我国。北美和欧洲的酸雨污染已基本控制,而我国的酸雨污染仍然严重。我国主要为硫酸型酸雨,主要存在三大酸雨区,分别为西南酸雨区、华中酸雨区和华东沿海酸雨区,其中,华中酸雨区是全国污染范围最大,强度最高的酸雨污染区。2013 年的监测表明,我国酸雨的影响面积达到国土面积的 10.6%。

酸雨在很多方面危害很大。它使水生系统的生物群落受到破坏,物种减少和生产力下降;它对陆地生态系统的危害主要表现在土壤和植物,使土壤贫瘠,农业减产,影响植物生长发育,导致森林生态系统退化。酸雨还会加剧建筑物、机械和市政设施的腐蚀;另外对人体健康也有影响,一是通过食物链使汞、铅等重金属进入人体,诱发癌症和老年痴呆;二是酸雾侵入肺部,诱发肺水肿或导致死亡;三是长期生活在含酸沉降物的环境中,诱使人体产生过多氧化脂,导致发生动脉硬化、心梗等疾病概率增加。

防治酸雨的对策,根据酸雨的形成,最根本的是减少人为向大气中排放 SO_2 和 NO_x 的总量。一方面改变能源结构,开发清洁能源,如太阳能、核电、水电、风能、地热能等;另一方面,从末端加强污染治理,开发和应用各种脱硫脱硝技术,优化能源质量,提高能源利用率。

4)臭氧层空洞

英国科学家于 1984 年首次发现南极上空出现"臭氧空洞"。臭氧空洞是指人类生产生活向大气排放的氟氯烃等化学物质在扩散至平流层后与臭氧发生化学反应,导致臭氧层反应区产生臭氧含量降低的现象。臭氧层是位于大气平流层中的一个薄气层,距地面约 20 ~ 50 km。臭氧在大气中的平均浓度不高,只有 0.04×10^{-6}。虽然其含量很低,但臭氧层具有吸收太阳辐射中对生命体有害的波长为 200 ~ 300 nm 的紫外线,为地球生物提供天然屏障。因此,臭氧对于地球生命具有重要的意义。地球上不同区域的大气臭氧层密度相差较远,在赤道附近最厚,两极变薄。莫利纳(Moliana)、罗兰(Rowland)和克鲁岑(Crutzen)3 位科学家对臭氧的形成和分解进行了长期深入的研究,提出"臭氧层的耗减受人类活动的影响"的重要论断,为此获得 1995 年诺贝尔化学奖。

| 莫利纳 | 罗兰 | 克鲁岑 |
| (Molina) | (Rowland) | (Crutzen) |

莫利纳(Molina,1943 年 3 月 19 日—2020 年 10 月 7 日)墨西哥大气化学家。1972 年获美国加利福尼亚大学物理化学博士学位。1989 年任麻省理工学院教授,美国科学院院士,总统科技顾问委员会委员。

罗兰(Rowland,1927 年 6 月 28 日—2012 年 3 月 10 日)美国大气化学家。1952 年获芝加哥大学博士学位,他先后工作于普林斯顿大学(1952—1956 年)和堪萨斯大学(1956—1964 年)。他于 1964 年来到加州大学尔湾分校创建了化学系,并担任该系教授和系主任。1978 年当选美国国家科学院院士。

克鲁岑(Crutzen,1933—2021 年)荷兰大气化学家。1973 年获斯德哥尔摩大学气象学博士学位,瑞典皇家科学院院士和瑞典皇家工程科学院院士,生前任德国马克斯·普朗克化学研究所教授,并在该研究所工作了 20 年平流层中臭氧的产生和消除反应如下：

$$O_2 \xrightarrow[\lambda<242 \text{ nm}]{hv} 2O$$

$$O+O_2 \longrightarrow O_3$$

$$O_3 \xrightarrow[\lambda<242 \text{ nm}]{hv} O+O_2$$

正常情况下，平流层中臭氧的产生和消除反应处于一个动态平衡，因而形成了一个浓度相对稳定的臭氧层。

人类活动中用作制冷剂和发泡剂的氟利昂（氟氯烃类）、灭火剂哈龙等，这些物质进入大气后受到太阳辐射的作用，会产生破坏平流层中臭氧层的物质，主要为 CFC-11（$CFCl_3$）、CFC-12（CF_2Cl_2）、三氯乙烯以及四氯化碳等有机氯化物。制冷剂 CFC-11（$CFCl_3$）、CFC-12 等氟氯烃在 175～220 nm 的紫外光照下会产生 Cl·：

$$CFCl_3 \xrightarrow{hv} CFCl_2+Cl\cdot$$

$$CF_2Cl_2 \xrightarrow{hv} CF_2Cl+Cl\cdot$$

光解产生的 Cl·可破坏 O_3，其机理为：

$$Cl\cdot+O_3 \longrightarrow ClO\cdot+O_2$$

$$ClO\cdot+O\cdot \longrightarrow Cl\cdot+O_2$$

总反应为：

$$O_3+O\cdot \xrightarrow{Cl\cdot} 2O_2$$

臭氧层被破坏后，吸收紫外辐射的能力明显减弱，导致到达地球表面的紫外线大大增加，给人类健康和生态环境带来多方面的危害：增加皮肤癌，损害眼睛，引起白内障，降低人体免疫力；破坏动植物内部结构和生理功能，影响植物正常生长，造成农业减产和生态系统服务功能下降；损害海洋食物链等，对人类生活和自然环境造成巨大的不利影响。

防治臭氧层耗减的对策。1985 年 3 月联合国环境规划署通过了《保护臭氧层维也纳公约》，1987 年 9 月制订了关于控制消耗臭氧层物质的《蒙特利尔协议书》，我国于 1991 年正式加入了《蒙特利尔协议书》，具体要求有：各国在 2000 年取消氟氯烃的生产和使用；寻找氟氯烃的替代品，如绿色电冰箱使用 HFC-34a，CH_2FCF_3，无氯、无溴，称为代用氯氟烃，消除对臭氧层的危害。为切实履行《蒙特利尔协议书》规定的各项义务的决心，我国唐孝炎院士于 1992年主持编写《中国消耗臭氧层物质逐步淘汰的国家方案》，1993 年初得到国务院与多边基金执委会的批准。

唐孝炎，女，1932 年 10 月生，环境科学专家，中国大气环境化学领域学术带头人，中国工程院院士，1953 年毕业于北京大学化学系；1954年北京大学研究生毕业后进入北京大学化学系、技术物理系任教，1985年 9 至 1986 年 10 月，先后在美国布鲁克海文国家实验室（Brookhaven National Laboratory）和美国国家大气科学研究中心（NCAR）任客座研究员。1995 年，当选为中国工程院农业、轻纺与环境工程学部院士。唐孝炎是中国最早认识到臭氧层破坏机制的科学家，对中国各阶段大气污染

的来源、成因和防治对策方面进行了系统、深入的研究,在光化学烟雾污染研究、酸雨和酸沉降研究、臭氧层保护系列研究中建立了具有中国特色的理论体系,取得一系列的突破性研究进展,为中国大气污染控制提供了坚实的科学依据,也为中国的大气环境保护和环境教育事业做出了显著的成绩,是中国大气环境科技领域的开拓者,是具有世界影响的环境科学家。

10.2.3 大气污染综合防治措施

根据存在的形态,大气污染物分为颗粒污染物和气态污染物。颗粒污染物的去除就是通常说的除尘,除尘效率与除尘装置性能密切相关;气态污染物的去除主要有吸收、吸附和催化氧化等,其中 SO_2 和 NO_x 的去除是目前研究的热点。

1)颗粒物的治理

颗粒物的治理基本是采用除尘装置,根据除尘原理不同,除尘装置一般可分为四类。

(1)机械式除尘

机械式除尘装置包括重力除尘器、离心除尘器和惯性除尘器等类型。它们适用于处理含尘浓度高,尘粒粒径较大(大于 20 μm)的气体。这类除尘器结构简单、造价低,但除尘效率不高,不能去除小颗粒,常用作多级除尘系统的前级装置。

(2)洗涤式除尘

洗涤式除尘器包括喷淋洗涤器、文丘里洗涤器、水膜除尘器和自激式除尘器。这类除尘器的主要特点是用水作为除尘介质。一般来说,湿式除尘效率高,但所消耗的能量也高,同时还会产生污水,需进行再处理,以消除二次污染。

(3)过滤式除尘器

过滤式除尘器包括袋式除尘器和颗粒式除尘器,其特点是以过滤除尘为主要机理,可去除 $0.1 \sim 20$ μm 的颗粒物,效率高达 90% ~ 99%。适用于处理含尘浓度低,尘粒细的废气。

(4)电除尘器

电除尘器是基于电力捕集机理,有干式电除尘器(干法清灰)和湿式电除尘器(湿法清灰)之分。这类除尘器的特点是除尘效率高,消耗动力小,但主要缺点是钢材消耗多、投资高。

2)SO_2 的治理

消除或降低 SO_2 主要有两种方法—燃料脱硫和烟气脱硫。目前,燃料脱硫尚未取得重大进展,本章主要介绍烟气脱硫。

由于煤炭和石油燃烧排放的烟气中含有 SO_2 的浓度较低,为 $10^{-4} \sim 10^{-3}$ 数量级,因而脱硫难度大。根据脱硫剂是否以溶液(浆液)状态进行脱硫而分为干法和湿法脱硫两大类。

干法脱硫指利用固体吸附剂或催化剂在不降低烟气温度和不增加湿度的条件下吸收 SO_2。最常用的吸附剂为活性炭。湿法脱硫指利用碱性吸收液或含催化剂粒子的溶液把烟气中的 SO_2 转化为液体或固体化合物,从而实现分离。根据使用吸收剂的不同,湿法脱硫分为氨法、钠法和钙法等。

氨法是用氨水作为吸收剂,反应原理如下:

$$NH_3 \cdot H_2O + SO_2 \longrightarrow (NH_4)_2SO_3$$

$$(NH_4)_2SO_3 + SO_2 \longrightarrow NH_4HSO_3$$

反应产物为亚硫酸铵及亚硫酸氢铵。该法工艺成熟,操作方便,设备简单。反应产物可以回收,得到硫酸铵或石膏等有用物质。该法吸收率在90%以上。

钠法是用氢氧化钠或碳酸钠作为吸收剂,其主要反应如下:

$$NaOH+SO_2 \longrightarrow Na_2SO_3$$
$$Na_2CO_3+SO_2 \longrightarrow Na_2SO_3+CO_2$$
$$Na_2SO_3+SO_2 \longrightarrow NaHSO_3$$

该法产物为 Na_2SO_3 或 $NaHSO_3$,经处理可得到副产物或无害化处理废弃。该法吸收速度快、效率高、成本低,目前应用较广泛。

钙法指用生石灰(CaO)或消石灰[$Ca(OH)_2$]的浆液为吸收剂,其化学反应如下:

$$CaO+SO_2+H_2O \longrightarrow CaSO_3$$
$$CaSO_3+O_2 \longrightarrow CaSO_4$$

其反应产物为 $CaSO_4$,经空气氧化可得到石膏,该法吸收剂价廉,且回收产物用途广泛,因此该法应用也非常广泛。

3)NO_x 的治理

降低烟气中的 NO_x,通常称为烟气脱硝。烟气脱硝由于烟气量大,浓度低(2.0×10^{-4} ~ 1.0×10^{-3},体积分数),另外 NO_x 总量相对较大,如果是用吸收或吸附过程脱硝,必须考虑废物的最终处置难度和成本。

目前有两类较成熟的脱硝技术,分别称为选择性催化还原(selective catalytic reduction, SCR)和选择性非催化氧化还原(selective non-catalytic reduction,SNCR)。

SCR 过程是在温度为 300 ~ 400 ℃ 以下,利用还原剂氨与 NO_x 反应,通常以铂为催化剂,反应如下:

$$4NH_3+6NO \longrightarrow 5N_2+6H_2O$$
$$8NH_3+6NO_2 \longrightarrow 7N_2+12H_2O$$

工业实践表明,SCR 系统对 NO_x 的转化率为 60% ~ 80%。

SNCR 过程是在没有催化剂的情况下,温度为 800 ~ 1 200 ℃ 时,利用含有 NH_x 基的还原剂(如氨、尿素、氨水、碳酸氢铵等)迅速热分解或挥发成 NH_3 并与烟气中的 NO_x 进行反应,使得 NO_x 还原成 N_2 和 H_2O 且基本上不与 O_2 发生作用。

$$4NH_3+6NO \longrightarrow 5N_2+6H_2O$$
$$CO(NH_2)_2+2NO+\frac{1}{2}O_2 \longrightarrow 2N_2+CO_2+2H_2O$$

SNCR 工艺的温度控制至关重要,若温度低,NH_3 的反应不完全,容易造成 NH_3 泄漏;而温度过高,NH_3 则容易被氧化为 NO,抵消了 NH_3 的脱除效果。SNCR 脱硝率一般能达到 30% ~ 50%,不如 SCR,但该法优点是不需要催化剂,投资较 SCR 小,具有一定的优势。

4)汽车尾气的治理

随着机动车保有量的持续快速增加,机动车尾气排放对大气环境带来压力日益加剧。机动车尾气的主要污染物有颗粒物、NO_x、CO 和 HC 等。在城市的交通中心,机动车是大气污染的主要源头之一,其排放的颗粒物和 NO_x 超过 90%,HC 和 CO 超过 70%。汽车尾气排放是造成灰霾、光化学烟雾的重要原因。

目前汽车尾气的净化主要是安装尾气净化装置,利用铂、钯、铑等贵金属作催化剂,将汽车尾气中的 CO、HC 和 NO_x 转化为 CO_2、H_2O 和 N_2。显然,要彻底解决汽车尾气污染问题是采用清洁能源代替,推动环保汽车的发展。目前,太阳能汽车、氢能源汽车,尤其是电动汽车的研究和开发取得了优异的成果。

10.3　水体污染及其防治

水是自然界的基本要素,是极其宝贵的自然资源,是人类与生物体赖以生存和发展必不可少的物质,也是工农业生产和城市发展不可或缺的重要资源。可以说,没有水就没有生命,也就没有人类。地球上的海洋、冰川、地下水、河流、湖泊、土壤水以及大气中的水组成一个相互关联的统一体,即水圈。表面上看,地球上水是足够的,约覆盖地球表面的 71%,整个地球水量约为 1.4×10^9 km³,海洋约占总水量的 97.4%,陆地水量约为 4×10^7 km³,包括湖泊、河流、冰川、地下水等。陆地水量中大部分为冰川、极地,真正可供人类采用的淡水资源仅占地球水总量的 0.6%。而且,这部分水在地球上的分布极不平衡,造成一些国家和地区的淡水资源极度短缺,已有几十个国家出现"水荒",所以水源问题已经成为全世界关注的问题。2006年 11 月联合国开发计划署(UNDP)发表《2006 人类发展报告》,其主题为"透视贫水:权力、贫穷与全球水危机",进一步强调提供清洁水源、排出污水、提供基本卫生条件是推动人类进步的三大基本条件。我国淡水资源虽总量居世界第四,但人均水量却是第 121 位,只是世界人均占有量的 1/4,属于全世界 13 个贫水国家之一。因此,充分合理开发和利用水源,防治水污染是我国面临的艰巨而繁重的任务。爱护水资源,节约用水是每个人的责任。为切实加大水污染防治力度,保障国家水安全,2015 年国务院发布《水污染防治行动计划》简称"水十条"。

10.3.1　天然水的基本特征

水体是指自然界中水的积聚体,是海洋、湖泊、河流、沼泽、水库、冰川等的总称。水体是一个由水及水中的溶解物、悬浮物、水生生物和底物构成的完整的生态系统。

自然环境中水又称为天然水,纯净的水是无色、无臭、无味的透明液体,具有优异的溶解特性,又处于不断的循环之中,和环境发生物质和能量的交换,因而会把土壤、大气、岩石中的许多物质溶入或挟持其中。严格意义上讲,天然水都含有一定的杂质,一般含有悬浮物和可溶物。天然水的主要离子成分包括 K^+,Na^+,Ca^{2+},Mg^{2+},NO_3^-,Cl^-,HCO_3^-,SO_4^{2-} 等八种常见阴阳离子,主要离子总量可以粗略估计水的总含盐量(TDS)。此外,天然水还含有金属离子如 Fe^{2+}、微量元素(如 Cu、Cr、Ni、Zn、Be、卤素及放射性元素)、溶解的气体(如 O_2、CO_2、N_2、H_2S 等)及微生物。天然水具有如下性质:

1)透光性

水是透明的液体,允许太阳光中的可见光和近紫外光部分可以透过,使光合作用所需的光能够到达水面以下的一定深度,而对生物体有害的短波紫外线则被阻挡在外。这对生活在水中的生物具有重要意义。

2)水是一种极好的溶剂

水的介电常数是所有液体中最高的,使大多数离子化合物能够在其中溶解并发生最大程度电离。水为生命过程中的营养物质和废弃物的传输提供了最基本的媒介。

3）水的比热大、蒸发率高

水的比热为 4.18 J（g·℃），仅次于液氨。水的蒸发热极高，在 20 ℃下为 2.4 KJ·g^{-1}。由此，水体白天吸收到达地面的太阳光的热量，夜晚又将热量释放到大气中，避免了剧烈的温度变化。

10.3.2　水体主要污染物

水污染是指水体因某种物质的介入而导致其化学、物理、生物或者放射性等方面特性的改变，影响水的有效利用，造成水质恶化的现象。引起水污染的主要污染源为生活污水、工业废水及农业废水等。因而，水体污染物种类繁多，分类方法、标准也很多。根据水污染物质及其污染的性质，可以将水污染分成化学性污染、物理性污染和生物性污染。

1）化学性污染物

（1）重金属污染

一般把密度大于 1.5 g/cm，在周期表中原子序数大于 20 的金属元素，称为重金属。污染水体的重金属主要有汞、镉、铅、铜、铬（六价）等，其中以汞的毒性最大，镉次之。类金属砷（三价）的毒性类似重金属毒性。2011 年 4 月，我国《重金属污染综合防治"十二五"规划》防治规划力求控制 5 种重金属汞、镉、铅、砷、铬（六价）污染。重金属污染的主要污染源为冶炼厂、电镀厂、化工厂、有色金属矿山等。废水中重金属即使浓度很小，也会导致严重的危害，因为有毒重金属在自然界中通过食物链积累、富集，使其在高级生物体中浓度成百上千地增加。重金属的毒性不仅取决于金属的种类、理化性质，而且还取决于金属的浓度及存在的价态和形态，即使有益的金属元素浓度超过某一数值也会有剧烈的毒性。六价铬比三价铬毒性要大几十倍甚至上百倍；金属有机化合物（如有机汞、有机铅、有机砷、有机锡等）比相应的金属无机化合物毒性要强得多；可溶态的金属又比颗粒态金属的毒性大等；重金属能与人体内的蛋白质及各种酶发生强烈的相互作用，使它们失去活性，也可能在人体的某些器官中富集，如果超过人体所能耐受的限度，会造成人体急性中毒、亚急性中毒、慢性中毒等，对人体造成很大的危害。日本发生的水俣病就是由汞污染引起的，骨痛病就是由镉污染引起的。

（2）有机物污染

污染水体的有机污染物主要有酚类化合物、有机农药、多环芳烃、多氯联苯等。其中，持久存在于环境中，具有很长的半衰期，且能通过食物网积聚，并对人类健康及环境造成不利影响的有机化学物质称为持久性有机污染物（Persistent Organic Pollutants，POPs）。它具备高毒性、持久性、生物积累性、远距离迁移性四种特性。大多数持久性有机污染物不仅具有"三致"（致癌、致畸、致突变）效应和遗传毒性，还会对人的神经系统、免疫系统以及生殖系统造成严重的危害。2001 年 5 月包括中国政府在内的 92 个国家和组织签署了斯德哥尔摩公约，其全称是《关于持久性有机污染物的斯德哥尔摩公约》，又称 POPs 公约，列出首批 12 类持久性有机污染物，具体包括 8 类杀虫剂（艾氏剂、DDT、氯丹等），2 类工业化学品（多氯联苯（PCBs）和六氯苯（HCB）和生产中的副产品（二噁英和呋喃）。事实上，符合 POPs 定义的化学物质还远远不止上面所提到的 12 种，一些机构和非政府组织拟在 POPs 公约中加入下列几种新 POPs：十氯酮，六溴联苯，六六六（包括林丹），多环芳烃，六氯丁二烯，八溴联苯醚，十溴联苯醚，五氯苯，多氯化萘（PCN）和短链氯化石蜡，氯吡硫磷，莠去津和全氟辛烷磺酸类。

（3）酸碱盐污染

酸碱盐污染物包括酸、碱和一些无机盐等无机化学物质。酸碱盐污染主要使水体 pH 值变化、增加水的硬度和提高水的渗透压、改变生物生长环境、抑制微生物生长、影响水体的自净作用，从而破坏生态平衡。酸污染主要来源于矿山、钢铁厂及染料工业废水。碱污染主要来源于造纸、制碱、炼油等行业。盐污染主要来源于制药、化工和石油化工等行业。

（4）水体的富营养化

生活污水、农业废弃物及某些工业废水常含有一定的氮、磷等植物营养元素，排入水体后，使水体中氮、磷浓度升高，在湖泊、水库等水流缓慢水域富积，导致藻类等浮游生物大量繁殖，称为"水体的富营养化"。藻类分解死亡后，进一步提高营养物质含量，使藻类及其他浮游生物加剧繁殖，使水体呈现藻类颜色（红色或绿色），阻断水面气体交换，降低水中溶解氧浓度，导致鱼类死亡。富营养化污染若发生在海洋水体中，将使海洋中浮游生物暴发性急剧繁殖造成海水颜色异常，这种现象称为赤潮。江河、湖泊中出现类似的现象，通常称为水华。我国太湖、滇池、洪泽湖等都曾发生水华。赤潮并不都是红色的，不同的浮游生物引起海水不同的颜色，赤潮只是各种颜色潮的总称。近十几年来，由于海洋污染日益加剧，中国赤潮灾害也有加重的趋势，由分散的少数海域，发展到成片海域，一些重要的养殖基地受害尤重。

（5）油类污染物

主要来自含油废水。随着石油事业的发展，油类物质对水体的污染日益加剧，炼油、海底石油开采、石油化工工业都会使水体遭受严重的油类污染。当水体含油量达 0.01 mg/L 时可使鱼肉带有一种特殊的油腻气味而不能食用。含油污染物对植物也有影响，妨碍通气和光合作用，使水稻蔬菜等农作物大量减产，甚至绝收。含有油类污染物的废水进入海洋后，造成的危害更为严重，不仅影响海洋生物的生长，降低海洋的自我净化能力，而且影响海滨环境。

2）物理性污染

物理性污染主要包括悬浮物污染、热污染和放射性污染。水中的悬浮物质是颗粒直径约在 $0.1 \sim 100 \ \mu m$ 之间的微粒，这些微粒主要是由泥沙、黏土、原生动物、藻类、细菌、病毒，以及高分子有机物等组成，常常悬浮在水流之中，造成水体的浑浊度升高。热污染是指现代工业生产和生活中排放的废热所造成的环境污染，属于能量污染。火力发电厂、核电站和钢铁厂的冷却系统排出的热水，以及石油、化工、造纸等工厂排出的生产性废水中均含有大量废热。这些废热排入地面水体之后，能使水温升高。使溶解氧减少，某些毒物毒性提高，鱼类不能繁殖或死亡，使某些细菌大量繁殖，破坏水生生态环境进而引起水质恶化。放射性污染是指由于人类活动造成物料、人体、场所、环境介质表面或者内部出现超过国家标准的放射性物质或者射线。放射性污染主要来源于原子能工业和使用放射性物质的民用部门。放射性物质通过水和食物进入人体，蓄积在某些器官内，可导致骨癌、肺癌、白血病等。

3）生物性污染

生物性污染是指病原微生物排入水体后，直接或间接地使人感染或传染各种疾病，如霍乱、痢疾、肠炎、病毒性肝炎等。生物性污染主要来自人类排泄物和医院废水，其衡量指标主要有大肠菌类指数、细菌总数等。

10.3.3　水污染防治

水体污染主要是由于各种工业废水和生活污水的任意排放引起的，因此，要控制或消除水体污染,改善环境质量,必须从控制废水的排放着手,使排放达到国家规定的排放标准。

工业废水和生活污水的处理方法很多,通常根据处理的深度分为三级处理。

一级处理:作为后续处理的预处理,采用物理法,用重力沉降、过滤、浮选、离心分离等方法去除水中大颗粒悬浮物和漂浮物。

二级处理:一般采用生物处理法,生物处理法是利用微生物的新陈代谢作用,处理水中的有机物和某些无机毒物,使其转化为稳定无害的无机物的一种废水处理方法。自然界中存在大量依靠有机物生活的微生物,它们具有分解有机物的巨大能力。生物处理法正是利用这一功能,利用人工强化技术,创造出有利于微生物生长繁殖的良好环境,增强微生物的代谢能力,加速有机物的分解,从而加速污水的净化过程。生物处理法又可以分为好氧生物处理和厌氧生物处理。好氧生物处理又称需氧生物处理,是在有分子氧存在的状态下,使好氧微生物大量繁殖,降解水中的有机污染物,使水净化的处理方法。厌氧生物处理又称甲烷发酵法,是在没有分子氧及化合态氧存在的条件下,利用厌氧微生物(包括兼氧微生物)降解水中的有机污染物使水净化的处理方法。

三级处理:是对废水进行深度处理,去除可溶性无机物、不能生化降解的有机物、氮、磷的化合物等,处理后达到地面水、工业用水、生活用水的水质标准。一般采用化学法及物理化学法,下面就简要介绍一些常用的化学及物理化学的废水处理方法。

1)中和法

中和法即通过化学的方法,使酸性废水中氢离子与外加氢氧根离子,或使碱性废水中的氢氧根离子与外加的氢离子之间相互作用,生成可溶解或难溶解的其他盐类,从而消除它们的有害作用,同时可以调节酸性或碱性废水的 pH 值。

酸性废水中和的常用方法有:直接用碱性废水或废渣进行中和,也可向废水中投放碱性中和剂,如石灰、石灰石、白云石、苏打和氢氧化钠等。

碱性废水中和的常用方法有:直接用酸性废水中和,或向废水中投加酸性中和剂,如盐酸、硫酸等;也可利用酸性废渣或烟道气中的 SO_2、CO_2 等酸性气体进行中和。

2)氧化还原法

氧化还原法是通过加入氧化剂或还原剂,使有毒、有害物质转化为无毒、低毒或易于生物分解的物质的方法,从而达到净化的目的。常用的氧化剂有空气、漂白粉、液氯、臭氧等;常用的还原剂有铁屑、硫酸亚铁、亚硫酸钠和二氧化硫等。

3)吸附法

吸附法是利用吸附污水中某种或几种污染物以回收或去除这些污染物,从而使污水得到净化的方法。在污水处理领域,吸附法主要用于脱除水中的微量污染物,应用范围包括脱色、除臭味,脱除重金属、各种溶解性有机物、放射性元素等。在处理流程中,吸附法可作为离子交换、膜分离等方法的预处理手段,可去除有机物、胶体及余氯等,也可作为二级处理后的深度处理手段,以保证回用水的质量。

吸附法常用的吸附剂有各种碳材料如活性炭、焦炭、木炭、生物炭以及近年发现的二维材料碳纳米管和石墨烯等;金属和非金属氧化物吸附剂如硅藻土、沸石分子筛等;天然矿物如膨润土,聚合物如聚丙烯酰胺等,其中活性炭的应用最广泛。吸附法具有设备成本低、操作简单、处理高效等优点,但是其吸附容量有限,难以处理高浓度废水。

4）萃取法

利用污染物在有机溶剂和水中溶解度的差异，使水中的污染物转移到有机溶剂中，随后将水和有机溶剂分离以实现分离、浓缩污染物和净化污水的方法。

5）离子交换法

利用金属离子与离子交换树脂发生交换反应，使废水中金属离子浓度降低的方法。离子交换树脂是一种含有离子交换基团的高分子材料。根据树脂在溶液中解离出氢离子或氢氧根的不同，将树脂分为阳离子交换树脂和阴离子交换树脂两大类。阳离子交换树脂通常含有磺酸基（-SO$_3$H）、羧基（-COOH）等酸性交换基团，阴离子交换树脂含有季铵盐[-NR$_3$OH（R为碳氢基团）]、伯氨基（-NH$_2$）、仲胺基（-NHR）或叔胺基（-NR$_2$）等碱性交换基团。离子交换树脂不溶于酸、碱及有机溶剂。

6）光催化技术

光催化技术是以半导体能带理论和量子尺寸效应为基础，即催化剂在光作用下生成电子-空穴对，并在半导体表面形成强氧化还原体系，从而有效降解水中的有机污染物，去除无机污染物，灭活微生物的水污染处理技术。半导体光催化有着自身的优势和特点：其一，反应过程利用绿色能源太阳能，反应条件温和、易于操作、二次污染少；其二，半导体催化剂具有容易得到、廉价、稳定性好、可循环利用等优势。

传统的半导体光催化材料以 TiO$_2$ 为代表，其在研究和开发中应用最为广泛，其光催化原理如图 10.2 所示。半导体材料的能带结构由充满电子的低能级价带和未充满电子的高能级导带组成，价带和导带之间存在间隙，当 TiO$_2$ 被能量大于或等于禁带宽度的光照射时，价带中的电子吸收能量被激发跃迁到导带，同时价带上也相应地产生空穴，形成电子-空穴对。电子-空穴对在空间电场的作用下迁移到粒子表面，其中空穴可以与 H$_2$O 和 OH$^-$ 发生反应生成 $\cdot$OH，电子能够与 O$_2$ 反应生成 $\cdot$O$_2^-$，这些自由基具有很强的氧化性，能够与有机污染物反应，将其降解为 CO$_2$ 和 H$_2$O 等物质。近年来，也发展了一些新型的光催化剂，如二维材料 g-C$_3$N$_4$，二维-半导体复合材料等。

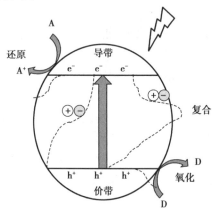

图 10.2　TiO$_2$ 光催化原理示意图

7）膜分离

膜分离技术是一种以分离膜为核心，进行分离、浓缩和提纯物质的一门新兴技术。该技术是一种使用半透膜的分离方法，膜分离操作一般在常温下进行，被分离物质能保持原来的性质。其选择性强,操作过程简单,适用范围广,能耗低,所以可广泛应用于污水处理中。膜分离是在 20 世纪初出现,20 世纪 60 年代后迅速崛起的一门分离新技术。膜分离技术兼有分离、浓缩、纯化和精制的功能,又有高效、节能、环保、分子级过滤及过滤过程简单、易于控制等特征,因此,不仅应用于废水处理,而且已广泛应用于食品、医药、生物、化工、冶金、能源、石油、电子、仿生等领域,产生了巨大的经济效益和社会效益,成为当今分离科学中最重要的手段之一。目前世界上已建成日产 20 万 t 的反渗透海水淡化工厂、日产 5.5 万 t 的地表水微滤净化厂、日产 38 万 t 的苦咸水淡化厂。无论是航天工程还是日常饮用的瓶装、桶装矿泉水、纯净水都离不开膜分离技术。

膜分离过程的基本原理是利用具有选择性透过性能的薄膜,在外力推动下对双组分或多组分体系进行分离、富集、提纯的一个过程。膜是分离过程成败的关键,所选择的薄膜必须具有选择性。推动膜分离过程的外力主要有电势差、压力差、浓度差、温度差等。膜分离技术具有能耗低、操作简单、分离效率高等优点。根据分离过程的推动力及膜的性质,可分为电渗析(ED)、反渗透(RO)、微滤(MF)、超滤(UF)、纳滤(NF)多种膜分离技术等。

(1)电渗析

电渗析是在外加直流电场的驱动下,利用离子交换膜的选择透过性(即阳离子可以透过阳离子交换膜,阴离子可以透过阴离子交换膜),阴、阳离子分别向阳极和阴极移动。离子迁移过程中,若膜的固定电荷与离子的电荷相反,则离子可以通过;如果它们的电荷相同,则离子被排斥,从而实现溶液淡化、浓缩、精制或纯化等目的的一种物理化学过程。在电渗析过程中,离子交换膜不像离子交换树脂那样与水溶液中的某种离子发生交换,而只是对不同电性的离子起到选择性透过作用,即离子交换膜不需再生。电渗析可用于水的淡化除盐、海水浓缩制盐、分离、提纯、回收等化工过程。

(2)反渗透

反渗透又称逆渗透,是一种以压力差为推动力,从溶液中分离出溶剂的膜分离操作。对膜一侧的料液施加压力,当压力超过它的渗透压时,溶剂会逆着自然渗透的方向作反向渗透。从而在膜的低压侧得到透过的溶剂,即渗透液;高压侧得到浓缩的溶液,即浓缩液。因为它和自然渗透的方向相反,故称反渗透。反渗透法操作简单、能耗低,在水处理领域有广泛的用途,常用于海水和苦咸水淡化、纯水和超纯水制备及其重金属废水处理等。

(3)微滤

微滤又称微孔过滤,是以多孔膜(微孔滤膜,孔径范围一般为 0.1 ~ 10 μm)为过滤介质,在 0.1 ~ 0.3 MPa 的压力推动下,截留溶液中的砂砾、淤泥、黏土等颗粒及一些大于 0.1 μm 细菌等,而大量溶剂、小分子及少量大分子溶质都能透过膜的分离过程。微滤主要用于纯净水的制备、各种无菌液体的生产、油水分离及空气过滤等。

(4)超滤

超滤也是以压力为推动力的膜分离技术之一。膜的孔径一般为 2 ~ 100 nm。超滤是一种加压膜分离技术,即在一定的压力下,使小分子溶质和溶剂穿过一定孔径的特制的薄膜,而使大分子溶质不能透过,留在膜的一边,从而使大分子物质得到了部分的纯化。以大分子与小分子分离为目的。在水的净化工艺中,采用超滤技术有许多优越性,去浊率高,颗粒物的去除率可达到 99.9%;水厂占地面积小;成本低等,除水的净化外,超滤技术还广泛用于饮料精制;乳制品加工;电泳漆回收;酶及生物制品的分离、纯化等。

（5）纳滤

纳滤是一种介于反渗透和超滤之间的压力驱动膜分离过程,纳滤膜的孔径范围在几个纳米左右,故称纳滤膜,把使用纳滤膜的分离过程称为纳滤。纳滤膜是荷电膜,能进行电性吸附。在相同的水质及环境下制水,纳滤膜所需的压力小于反渗透膜所需的压力。所以从分离原理上讲,纳滤和反渗透既有相似的一面,又有不同的一面。纳滤膜的孔径和表面特征决定了其独特的性能,对不同电荷和不同价数的离子又具有不同的 Donann 电位;纳滤膜的分离机理为筛分和溶解扩散并存,同时又具有电荷排斥效应,可以有效地去除二价和多价离子、去除分子量大于 200 的各类物质,可部分去除单价离子和分子量低于 200 的物质;纳滤膜的分离性能明显优于超滤和微滤,而与反渗透膜相比具有部分去除单价离子、过程渗透压低、操作压力低、省能等优点。

近年来,几乎每十年就有一种新的膜分离技术在工业上得到应用,应用范围不断扩大,从微滤、电渗析、反渗析到超滤、渗透气化、气体分离。无机分离膜,如金属膜、碳分子筛膜、导电复合膜越来越受人们关注,同时,自然生物膜具有惊人的分离效率,因此仿生分离膜是目前高效分离膜技术的发展方向。21 世纪的膜科学技术将在各应用技术领域发挥更大的作用。

10.4　土壤污染及其防治

土壤环境的自身组成及相应功能,对进入土壤的新物质有一定的缓冲、净化能力。主要表现为土壤胶体对外源污染物的吸附、交换作用,土壤的氧化还原作用对外源污染物形态或价态的改变使其转化为沉淀或因淋溶和挥发从土壤迁移至大气或水体,另外,土壤微生物也可将有些污染物降解成无毒或低毒的物质。但土壤环境的自净能力是有限的,当土壤中有害物质过多,超出土壤的自净能力,就会导致土壤污染。从而引起土壤的组成、结构和功能发生变化,微生物活动受到限制,有害物质在土壤中逐渐积累,通过食物链,危害人体健康。

10.4.1　土壤污染物

土壤污染物来源广泛,种类繁多,主要分为化学污染物、物理污染物、生物污染物、放射性污染物等。其中,化学污染物大致分为无机污染物和有机污染物。无机污染物主要指对动、植物有危害作用的元素及其无机化合物,如镉、汞、铅、镍、铜等重金属,还包括一些盐如硝酸盐、硫酸盐、氟化物、可溶性碳酸盐等,过量使用氮肥或磷肥也会造成土壤污染。有机污染物主要指有机农药、除草剂、表面活性剂、石油、废塑料制品、酚类和洗涤剂等。其中,重金属污染和农药污染是土壤中主要化学污染物。土壤污染化学涉及内容非常广泛,发展迅速,本节主要讨论二者在土壤中的污染和环境行为。

1）重金属污染物

土壤本身就含有一定量的重金属元素,其中有些是作物生长所必需的微量元素,如 Cu、Mn、Zn 等。因此,只有当土壤中重金属元素累积的浓度超过了作物的需要,并使作物表现出一定的受毒害状况时,才能认为土壤受到了重金属污染。重金属污染具有如下特点:①形态多变。重金属元素随土壤 pH、pE、黏土矿物、有机质不同,常有不同的价态、化合态和结合态,且形态不同的重金属稳定性和毒性也不同。②重金属容易在生物体内积累。很多生物对重金属都有较强的富集能力,其富集系数有时可高达几十倍至几万倍,因此,即使微量重金属的存在也能构成污染。③重金属不能被降解而消除。土壤一旦受到重金属污染,就难以从环境中彻底消除,其向地表水或地下水中迁移,会加重水体污染。

不同重金属的环境化学行为和生物效应各异,同种金属的环境化学行为和生物效应与其存在的形态和价态也密切相关。如,土壤胶体对 Pb^{2+}、Hg^{2+} 及 Cd^{2+} 等阳离子吸附作用较强,而对 AsO_2^- 和 $Cr_2O_7^{2-}$ 等阴离子的吸附作用较弱。本节简要介绍汞和镉两种重金属在土壤中的迁移转化。

(1)汞

汞在自然界中含量很低,我国土壤中汞的背景值为 $0.006 \sim 0.272$ mg/kg。汞污染主要来自含汞农药的施用、含汞污水灌溉等,因而各地土壤中汞含量差异较大。来自污染源的汞进入表层土壤,迅速被土壤吸附或固定,因为土壤中的有机质和黏土矿物对其有强烈的吸附作用。故汞在土壤中移动性较弱,多累积在土壤表层,在剖面中呈不均匀分布。土壤中的汞不易随水流失,但易挥发至大气中。

土壤中的汞按其化学形态可分为金属汞、无机化合态汞和有机化合态汞。无机化合态汞有难溶性的 HgS、$HgSO_4$、$HgCO_3$、HgO 等和可溶性的 $HgCl_2$、$Hg(NO_3)_2$ 等,有机化合态汞分为有机汞如甲基汞、二甲基汞、乙基汞等和有机络合汞如富里酸结合态汞、胡敏酸结合态汞等。植物对有机汞的吸收能力强,甲基汞的毒性最大,易被植物吸收,通过食物链在生物体逐级富集,对生物和人体造成危害。

在正常的 pE 和 pH 条件范围内,土壤中汞以单质形态存在。在一定条件下,各种形态的汞可发生相互转化。当土壤处于还原条件时,有机汞能变成金属汞,进入土壤的无机汞也可分解生成金属汞。一般情况下,土壤中能发生 $Hg_2^{2+} \Longrightarrow Hg^{2+}+Hg$ 反应,新生成的汞可以挥发。在氧化条件下,汞以稳定的形态存在,使汞的可供给量降低,迁移能力减弱。在厌氧条件下,无机汞在某些微生物作用下将转化为甲基汞或乙基汞化合物。

无机汞之间的相互转化的主要反应有:

$$3Hg \Longrightarrow Hg_2^{2+}+Hg^{2+}$$
$$Hg_2^{2+} \Longrightarrow Hg^{2+}+Hg$$
$$Hg^{2+}+S^{2-} \Longrightarrow HgS$$
$$Hg^{2+} \Longrightarrow Hg$$

无机汞与有机汞之间的相互转化途径为:

$$CH_3OC_2H_4Hg^+$$
$$\downarrow$$
$$(CH_3)_2Hg \xrightarrow{\text{碱}} CH_3Hg^+ \Longrightarrow Hg^{2+} \Longrightarrow C_6H_5Hg^+$$
$$\uparrow$$
$$C_2H_5Hg^+$$

阳离子态汞易被土壤吸附,许多汞盐如磷酸汞、碳酸汞和硫化汞的溶解度很低,在还原条件下,金属汞也可被硫酸还原细菌转化为硫化汞,Hg^{2+} 与 H_2S 生成极难溶的 HgS,可限制汞在土壤中的移动。当氧气充足时,硫化汞又可慢慢氧化成亚硫酸盐和硫酸盐。以阴离子形式存在的汞,可被带正电荷的氧化铁、氢氧化铁所吸附;分子态的汞如 $HgCl_2$,可以被铁、锰氢氧化物吸附。因此,汞化合物在土壤中迁移缓慢,单质汞在土壤中主要以气相在空隙中扩散为主。总体而言,汞比其他有毒金属更容易迁移。

（2）镉

地壳中镉含量一般为 $0.18~\mu g/g$,土壤中镉的背景值一般为 $0.01\sim0.70~\mu g/g$,我国部分地区镉的背景值为 $0.15\sim0.20~\mu g/g$。土壤中镉污染主要来自铅锌矿,以及有色金属冶炼、电镀和用镉化合物作原料或触媒的工厂。镉还可通过磷矿渣和过磷酸钙的使用进入土壤,工业废气、汽车尾气中镉扩散并沉降至土壤中。

镉在土壤中的存在形态一般可分为水溶性镉、难溶性镉和吸附态镉。水溶性镉主要以 Cd^{2+} 离子态或可溶性配合物的形式存在,如 $[Cd(OH)]^+$、$Cd(OH)_2$、$[CdCl]^+$、$[Cd(HCO_3)]^+$ 和 $Cd(HCO_3)_2$ 等,易被植物吸收。难溶性镉化合物主要以镉沉淀或难溶性螯合物的形态存在,如 $CdCO_3$、$Cd(OH)_2$、$Cd_3(PO_4)_2$ 和 CdS 等形态存在,不易被植物吸收。吸附态镉主要指被黏土、腐殖质和胶体吸附交换的镉。

土壤中镉的赋存形态与迁移受土壤的种类、性质、pH 值、氧化还原条件等因素影响。土壤酸碱度可影响难溶性镉化合物的溶解和沉淀过程,当土壤的 pH 减小,不仅增加 $CdCO_3$、$Cd(OH)_2$、CdS 等的溶解度,使水溶态的镉含量增大,同时还影响土壤胶体对镉的吸附交换量。随 pH 值的下降,胶体对 Cd 的溶出率增加,当 pH 值为 4 时,镉的溶出率大于 50%。当土壤在还原条件下（淹水条件）,镉主要以 CdS 形式存在,抑制 Cd^{2+} 的迁移,不易被植物吸收;在还原条件下（排水条件）,S^{2-} 被氧化为 SO_4^{2-},引起 pH 的降低,镉溶解在土壤中,易被植物吸收。

2）土壤化学农药污染及其迁移转化

化学农药是指在农业生产中,为保障、促进植物和农作物的成长,所施用的杀虫、杀菌、杀灭有害动物（或杂草）的一类药剂统称。根据其用途可分为杀虫剂、杀菌剂、杀螨剂、除草剂、杀鼠剂、杀线虫剂、脱叶剂以及动植物生长调节剂等;根据其化学结构可分为有机氯、有机磷、有机硫、氨基甲酸酯、拟除虫菊酯、酰胺类化合物、脲类化合物等。自 1939 年瑞士科学家 Moller 发明了杀虫剂 DDT 以来,农药的研发和应用取得了很大进展,现在全世界登记注册的农药品种达 1 000 余种,我国已批准登记的农药产品有几百种。农药的施用对消灭病虫害、提高作物产量方面起到了显著的功效,但同时由于其在环境中的稳定性强、残留期长及高毒性等特点,给生态环境带来了许多不利后果。1962 年,美国生物学家卡尔逊（R. Carson）编写的《寂静的春天》一书,描述了由于人们使用农药带来的环境污染问题,化学农药的滥用导致了"这里的春天静悄悄"。该书反映了当时美国大量使用滴滴涕、艾氏剂、狄氏剂等有机氯农药,从而对自然生态系统带来种种危害。该书的出版,引起了政府和公众对农药导致的环境污染问题的重视。

土壤是接受农药污染的主要场所,长期、大量施用农药,使其不断在土壤中积累,到一定程度便会影响作物的产量和质量。另外,农药还可以经过挥发、淋溶以及食物链等转移到大气、水体及生物体中,从而造成环境污染问题,甚至影响自然生态系统平衡。目前,防止农药污染已成为当前世界上很多国家关注的环境问题。因此,了解农药在土壤中的迁移转化以及土壤对农药的净化,对控制和预测土壤与环境农药污染具有重要意义。

（1）农药的吸附

吸附是农药与土壤基质间相互作用的主要过程,它是制约农药在水—土体系中运动和最终归宿的重要因素。土壤对农药的吸附主要为物理化学吸附或离子交换吸附,土壤吸附是一种平衡过程,吸附速率由两个过程控制:吸附质从溶液到土壤吸附位点的运输过程和在吸附位点的吸附过程。运输过程包括到吸附位外部的运输和向微孔与毛细管的扩散;吸附过程是通过土壤固体,如有机质胶体和黏土矿物,扩散到溶液达不到的位置。影响土壤吸附行为的因素主要有:土壤有机质含量、黏土成分、pH 值等。土壤的 pH 值会影响其对弱酸性或弱碱性物质的吸附,对非离子型化合物的吸附影响不大。化学农药被土壤吸附后,由于形态发生改变,其迁移能力、生物毒性也随之发生变化。因而,从这一意义上讲,土壤对化学农药的吸附作用就是土壤对有毒污染物的净化和解毒作用,吸附能力越大,农药在土壤中的有效度越低,净化效果就越好。但是,这种交换作用是有限的、不稳定的。一旦吸附平衡遭到破坏,农药又会重新释放到土壤溶液中,导致土壤再次受到农药污染。

(2)农药的降解

农药在土壤中的降解机制可分为化学降解、光化学降解和微生物降解等。各类降解反应可以单独发生,也可以同时作用于化学农药,互相影响。化学降解包括水解、氧化、离子化、异构化等反应,矿物胶体、金属离子、氢离子、氢氧根离子及有机质等在这些反应中通常具有催化作用。由于土壤中化学降解反应大多在水溶液中进行,所以水解是化学农药最主要的反应过程之一。光化学降解是指表面接受太阳辐射而引起农药的分解作用。大部分除草剂、DDT等都能发生光化学降解作用。农药分子吸收对应波长的光子,发生化学键断裂,形成中间产物自由基,自由基继续与溶剂或其他反应物反应,引起氧化、脱烷基、异构化、从而水解得到光解产物。土壤中生物种类繁多,尤其是数量巨大的微生物群落,对化学农药的直接或间接降解作用重大。许多细菌、真菌和放线菌能够降解一种乃至多种化学农药,同时,多种微生物还通过协同作用增强降解作用,降解过程主要有氧化过程、还原过程、脱烃过程、水解过程、脱卤过程和异构化过程等。

10.4.2 土壤污染的修复及防治

污染土壤的修复目的在于降低土壤中污染物的浓度,固定土壤污染物并将污染物转化成毒性较低或无毒的物质,阻断土壤污染物在生态系统中的转移途径,从而减小土壤污染对环境、人体或其他生物体的危害。欧美等发达国家已经对土壤的修复技术做了广泛研究,建立了很多污染土壤的修复方法。国内土壤污染修复技术始于 20 世纪 70 年代,到 20 世纪末,各种修复技术迅速发展起来。

污染土壤修复技术按操作原理可分为物理修复技术、化学修复技术、生物修复技术和植物修复技术等四大类。

1)物理修复技术

物理修复主要针对有机污染物,包括蒸气浸提、固化/稳定化、热脱附、微波加热等技术,已经应用于苯系物、多环芳烃、多氯联苯以及二噁英等的土壤修复。

蒸气浸提技术最早于 1984 年由美国 Terravac 公司研究成功并获取授权专利。通过降低土壤孔隙的蒸气压,把土壤中的污染物转化为蒸气形式而加以去除。可以进行原位或异位修复,适用于去除不饱和土壤中挥发性有机组分,如汽油、苯和四氯乙烯等污染的土壤。可操作性强,设备简单、容易安装、对土壤结构破坏小、处理周期短,通常 6 ~ 24 个月即可。

热脱附修复技术是指利用高温所产生的一些物理和化学作用,如挥发、燃烧、热解,去除或破坏土壤中有毒物质的过程。常用于处理有机污染的土壤,如挥发性有机物,半挥发性有机物、农药、高沸点氯代化合物,也适用部分重金属污染的土壤,如挥发性金属汞。

2)化学修复

化学修复技术是利用加入土壤中的化学修复剂与污染物发生一定的化学反应,从而使土壤中的污染物被降解、毒性被去除或降低。目前,化学修复技术主要包括化学淋洗、氧化还原、光催化降解和电动力学修复等。其中,化学淋洗技术指借助能促进土壤环境中污染物溶解/迁移的液体或其他流体来淋洗污染的土壤,使吸附或固定在土壤颗粒上的污染物脱附、溶解而去除的技术。淋洗剂的选择取决于土壤中的重金属和添加淋洗剂后形成的金属形态,包括清水、无机溶剂、螯合剂、表面活性剂等。化学淋洗可去除土壤中的重金属、芳烃和石油类等烃类化合物,具有简便、成本低、处理量大、见效快等特点。

3)生物修复

生物修复技术是近 20 年发展起来的新技术,是指利用天然存在的或特别培养的微生物,在可调控的环境条件下将污染土壤中的有毒污染物转化为无毒物质的处理技术。生物修复技术取决于生物过程或因生物而发生的过程,如降解、转化、吸附、富集或溶解等。其中,生物降解是最主要的生物修复技术。污染物的分解程度取决于它的化学成分,所涉及的微生物和土壤介质的物理化学条件等因素。根据修复过程中人工干预的程度,生物修复技术可分为自然生物修复和人工生物修复。根据人工生物修复技术依其修复位置情况,可分为原位生物修复和异位生物修复两类。

4)植物修复技术

植物修复技术指利用植物及其根际微生物对土壤污染物的吸收、挥发、转化、降解、固定作用而去除土壤中污染物的修复技术。植物修复这一术语大约出现于 1991 年,是污染土壤修复技术中发展最快的领域。

在选择污染土壤修复技术时,必须综合考虑修复的目的、社会经济状况、修复技术的可行性等方面,土壤是一个高度复杂的体系,任何修复方案都必须根据当地的实际情况而定,不能照搬其他国家、地区或其他土壤类型的修复方案。因此选择修复技术和制订修复方案时,需考虑耕地保护原则、可行性原则和因地制宜原则。

10.5　清洁生产与绿色化学

10.5.1　清洁生产

1989 年联合国环境规划署(UNEP)首次提出清洁生产的定义,指出:"清洁生产是一种新的创造性思想,该思想将整体预防的环境战略持续应用于生产过程、产品和服务中,以增加生态效益和减少对人类环境的风险。""对生产过程而言,清洁生产包括节约原材料和能源,淘汰有毒原材料并在全部排放物和废弃物离开生产过程之前减少它们的数量和毒性。""对产品而言,要求减少从原材料提炼到产品最终处置的全生命周期的不利影响。""对服务而言,要求将环境因素纳入设计和所提供的服务中"。

1993 年,我国制定了《中国 21 世纪议程》,把推行清洁生产列入落实可持续发展战略的重要措施。2002 年 6 月,我国颁布了《中华人民共和国清洁生产促进法》,该法对清洁生产的定义是:清洁生产是指不断采取改进设计、使用清洁的能源和原料、采用先进的工艺技术和设备、改善管理、综合利用等措施,从源头削减污染。提高资源利用效率,减少或者避免生产、服务和产品使用过程中污染物的产生和排放,以减轻或者消除对人类健康和环境的危害。

清洁生产是一种从"源头"治理工业污染的生产方式,是一种消除或削减产品在生产过程、使用过程以至于废弃过程中造成的环境污染的全新思维。可见,清洁生产是人们观念和思维的转变,是环境保护战略由被动反应向主动行动的转变,也是环境保护措施由治标向治本的转变。由清洁生产的定义可以看出,清洁生产具有预防性、全面性、创新性、效益性、全球性等特征。推行清洁生产本身是一个不断完善的过程。随着社会发展和科学技术的进步,适时地提出新的清洁生产目标,以达到更新、更高的水平。

10.5.2　绿色化学

"绿色化学"最早是出现在 1990 年发表的一篇论文的题目中。20 世纪 80—90 年代,刚兴起的绿色化学也被称为"环境无害化学""环境友好化学""清洁化学""可持续化学",目前较为统一的名称为"绿色化学",众所周知且被普遍使用。国际纯粹与应用化学联合会(IUPAC)把绿色化学定义为"发明、设计和应用能降低或消除危害物质的使用和产生的化学产品和过程"。

绿色化学的研究内容主要围绕化学反应、原料、催化剂、溶剂和产品的绿色化进行。目前,国际化学界公认的 12 条绿色化学的原则具体内容包括:①防止污染的产生优于治理产生的污染;②生产过程中采用的原料应最大限度地进入产品之中,具有"原子经济性";③在合成中尽量不使用和产生对人类健康和环境有害的物质,不进行有危险的合成反应;④设计具有高使用效益、低环境毒性的化学产品;⑤不用溶剂等辅助物质,不得已使用时它们必须是无害的;⑥生产过程应该在温和的温度和压力下进行使能耗最低,高效率地使用能量;⑦采用可再生的原料特别是用生物质代替石油和煤等矿物原料;⑧减少化合物不必要的衍生化步骤;⑨采用高选择性的催化剂;⑩化学品在使用完毕后,应能降解成无害的物质并且能进行自然生态循环;⑪发展实时分析技术以便监控有害物质的形成;⑫选择合适的物质及生产工艺,尽量减少发生意外事故的风险。

绿色化学的十二条原则标志着绿色化学和技术研究已经成为国际化学科学研究的前沿和重要发展方向。

绿色化学相关的化学反应及其产物的主要特点:

①采取"原子经济性"反应。美国斯坦福大学 Barry M. Trost 教授 1991 年首次提出原子经济性概念,即原料分子中有百分之几的原子转化成了产物,可用来估算不同工艺路线的原子利用度。努力开发新的反应路线,采用催化反应代替化学计量反应以提高反应的原子经济性。

②采用无毒、无害的原料。充分利用 CO_2 资源和生物质资源,不仅保护环境,还可实现可持续发展战略。

③采取无毒、无害、温和的反应条件(催化剂、溶剂、常压、低温等),开发无盐生产工艺。

④设计、生产和使用环境友好的产品。

可见,绿色化学是进入成熟期的更高层次、更严格的化学,在 21 世纪将会获得巨大发展,为人类社会做出更大的贡献。

低碳生活(low carbon living)指在生活中尽量采用低能耗、低排放的生活方式,尤其是减少二氧化碳的排放。主要是从节电、节气和回收三个环节改变生活细节。这股潮流逐渐在我国一些大城市兴起,并潜移默化地改变着人们的生活。低碳生活代表着更健康、更自然、更安全,返璞归真地进行人与自然的活动。

当今社会,人类生活发展,生活物质条件的提高,随之也对人类周围环境带来了影响与改变。低碳生活是一种经济、健康、幸福的生活方式,它不会降低人们的幸福指数,相反会使我们的生活更加幸福。对于普通人来说,低碳生活既是一种生活方式,同时更是一种可持续发展的环保责任。低碳生活要求人们树立全新的生活观和消费观,减少碳排放,促进人与自然和谐发展。低碳生活将是协调经济社会发展和保护环境的重要途径。低碳生活是健康绿色的生活习惯,是更加时尚的消费观,是全新的生活质量观。

思考题与习题

1. 解释下列概念。
(1)环境   (2)环境问题   (3)温室效应
(4)协同效应   (5)水污染   (6)绿色化学

2. 全球气候变暖会给人类带来哪些影响?

3. 酸雨的形成过程是什么,我国有哪些防治酸雨的措施?

4. 简述氟氯烃催化臭氧分解的过程。

5. 何为光催化技术,用于水处理时有何特点?

6. 土壤重金属污染有何特点? 简述土壤中 Hg 的迁移转化途径?

7. 当废水中 Fe^{3+} 的浓度为 $0.01\ mol \cdot dm^{-3}$ 时,用中和沉淀法除铁,则 $Fe(OH)_3$ 开始沉淀和完全沉淀时的 pH 分别为多少? (已知 $K_s[Fe(OH)_3] = 2.6 \times 10^{-39}$)

第 **11** 章
化学与生物医药

本章基本要求

(1)了解构成生命的基本物质—蛋白质和核酸的组成、结构及生物学功能。

(2)了解微量元素与人体健康的关系。

(3)了解药物化学及中药与化学的联系。

(4)了解生活中的化学与生命安全的关系。

11.1 生命化学中的有机化合物

11.1.1 蛋白质

蛋白质(protein)是生命的物质基础,是组成人体一切细胞、组织的重要成分。作为生命活动的主要承担者,可以说没有蛋白质就没有生命。蛋白质是由许多氨基酸残基通过肽键相连而成的天然高分子物质,除了碳、氢、氧和氮四种主要元素外,一般蛋白质可能还会含有 P、S、Fe、Zn、Cu 和 I 等元素。蛋白质的种类繁多,功能特异,各种特殊功能由蛋白质里氨基酸的排列顺序决定。

蛋白质分子由一条或多条肽链构成,每条多肽链都有一定的氨基酸连接顺序,这种连接顺序称为蛋白质的一级结构(primary structure)。

蛋白质分子中的肽链不是一条简单的直链,而是折叠、堆积成一定的空间三维结构。为了方便认识蛋白质的空间结构,把蛋白质分为二级、三级和四级结构。蛋白质特定的生理作用由它们的空间结构决定。

蛋白质的二级结构(secondary structure)是指蛋白质分子中多肽链本身的折叠方式。蛋白质的二级结构有 α-螺旋、β-折叠和 β-转角等方式,这些多肽链局部的空间结构是由一个肽键的羰基氧和另一个肽键的亚氨基形成氢键作用而形成的。例如,同一条链第 n 个氨基酸残基上的—NH 基与(—4)个氨基酸残基上的—C—O 基间形成氢键:

$$\begin{array}{c} \text{O} \text{------------------} \text{H} \\ \| \qquad\qquad\qquad\qquad | \\ \left[\begin{array}{c} \text{C—NH—CH—C} \\ \qquad\quad | \qquad \| \\ \qquad\quad \text{R} \qquad \text{O} \end{array} \right]_3 \text{N—} \end{array}$$

蛋白质分子的三级结构(tertiary structure)指的是螺旋肽链结构进一步盘绕、折叠成复杂的具有一定规律性的空间结构。蛋白质的四级结构是在三级结构的基础上,由几个蛋白质分子以某种形式聚集成的高级结构。这种蛋白质分子含有两条以上多肽链,每一条都有其三级结构,称为蛋白质的亚基。只有具有三级以上结构的蛋白质才有生物活性。

蛋白质所处环境的各种因素如 pH、温度、有机溶剂、重金属离子、辐射等都能破坏分子的二级、三级和四级结构。蛋白质天然形态被破坏的过程称变性作用。变性能使蛋白质丧失生物活性,变性作用可能会持久或短时间发生。

11.1.2 氨基酸

氨基酸(amino acid)含有两种特定的官能团(脯氨酸除外),即氨基和羧基,所以称为氨基酸。氨基酸是组成蛋白质的基本单位。

组成蛋白质常见的氨基酸有 20 种。英文名称,三字符缩写及 R 基团的结构列于表。儿童所必需共 10 种,前 8 种为成人所必需。必需氨基酸是人体所必需但自身不能自行合成的氨基酸,可以利用其他的物质获取。非必需氨基酸可以在体内合成。人们可以从不同的食物内得到必需的氨基酸,但并不能从某一食物内获取全部的必需氨基酸,因此,从营养学的角度,食物必须多样化,以获取全部的必需氨基酸。

表 11.1　常见的氨基酸

序号	中文	英文名称(缩写)	R 基团的结构
1	甘氨酸	Glycine（Gly）	—H
2	丙氨酸	Alanine（Ala）	—CH_3
3	丝氨酸	Serine（Ser）	—CH_2OH
4	半胱氨酸	Cysteine（Cys）	—CH_2SH
5	苏氨酸	Threonine（Thr）	—$CH(OH)CH_3$
6	缬氨酸	Valine（Val）	—$CH(CH_3)_2$
7	亮氨酸	Leucine（Leu）	—$CH_2CH(CH_3)_2$
8	异亮氨酸	Isoleucine（Ile）	—$CH(CH_3)CH_2CH_3$
9	蛋氨酸	Methionine（Met）	—$CH_2CH_2SCH_3$
10	苯丙氨酸	Phenylalanine（Phe）	—CH_2—〔苯环〕
11	色氨酸	Tryptophane（Trp）	—CH_2—〔吲哚环 NH〕

续表

序号	中文	英文名称(缩写)	R 基团的结构
12	脯氨酸	Proline（Pro）	
13	酪氨酸	Tyrosine（Tyr）	
14	天冬氨酸	Aspartic acid（Asp）	—CH_2COOH
15	天冬酰胺	Asparagine（Asn）	—CH_2CONH_2
16	谷氨酸	Glutamic acid（Glu）	—CH_2CH_2COOH
17	谷氨酰胺	Glutamine（Gln）	—$CH_2CH_2CONH_2$
18	赖氨酸	Lysine（Lys）	—$CH_2CH_2CH_2CH_2NH_2$
19	精氨酸	Arginine（Arg）	
20	组氨酸	Histidine（His）	

天然蛋白质水解生成的氨基酸的氨基通常处于羧基的 α-碳原子上,故称为 α-氨基酸,其结构通式为:

$$NH_2—\overset{\overset{\displaystyle H}{|}}{\underset{\underset{\displaystyle R}{|}}{C^{\alpha}}}—COOH$$

R 是每种氨基酸的特征基团,α-氨基酸只是 R 基团互不相同。最简单的 α-氨基酸是甘氨酸,R＝H。其他氨基酸中的 α-碳原子所连接的四个原子或基团互不相同。

α-氨基酸为无色晶体,熔点较高(约 200 ℃以上),加热到熔点时分解。因每一种氨基酸都有特定熔点,常用作定性鉴别。α-氨基酸不溶于苯、石油醚等有机溶剂,而易溶于水。氨基酸有的无味,有的味甜,有的味苦,谷氨酸单钠盐有鲜味,就是我们食用的味精。

11.1.3 糖类

糖(saccharides)是有机体重要的能源和碳源。人体总热能的 60% ~70% 来自食物中糖类的氧化分解,糖分解产生能量,可以供有机生命体活动,糖代谢的中间产物又可以转变成其他含碳化合物,如氨基酸、脂肪酸、核苷等。

在化学上,糖由碳、氢、氧元素组成,在化学式的表现上类似于"碳"与"水"聚合,故又称为碳水化合物。在水溶液中不被水解的多基醛糖称为单糖,葡萄糖和果糖就是单糖,也是最简单的糖(图 11.1)。

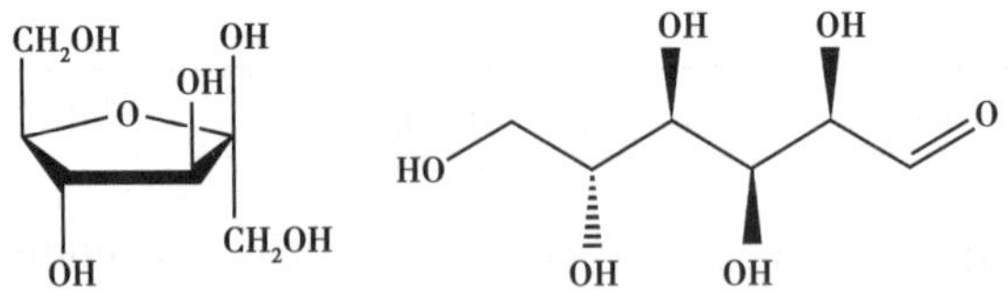

图 11.1 葡萄糖(左)和果糖(右)结构式

能水解成 2~10 个单糖分子的称为低聚糖,如葡萄糖、麦芽糖和乳糖就属这一类;由几百个至几万个单糖分子缩合生成的糖,称为多糖(polysaccharides),如淀粉、纤维素等,它们广泛存在于自然界,在性质上与低聚糖差别很大,如没有甜味,不溶于水。

糖能增加甜食爱好者的幸福感,但也带来很多危害。吃糖过多,会产生饱腹感,影响其他食物的摄入量,进而导致多种营养素缺乏;儿童长期高糖饮食,会影响儿童骨骼的生长发育,导致佝偻病等;还为口腔的细菌提供了生长繁殖的良好条件,容易引起龋齿和口腔溃疡;此外,含有糖的食物、饮品摄取过多会令血糖快速上升,导致血液中胰岛素分泌增加,胰岛素使身体更有效率地储存脂肪,从而引发肥胖,增加患慢性疾病如心血管疾病的风险。

11.1.4 核酸

核酸(nucleic acid)是一类多聚核苷酸,它的基本结构单元是核苷酸(nucleotide)。核苷酸是由核苷和磷酸构成的分子,每一个核苷由碱基(含 N 的杂环化合物)与戊糖(五碳糖)组成。根据核酸中所含戊糖种类的不同,核酸可分为两种。一种是脱氧核糖核酸(DNA),它主要存在于细胞核中,是组成染色体的主要成分,是遗传的物质基础。另一种是核糖核酸(RNA),它主要存在于核外细胞质中,参与蛋白质的生物合成。

表 11.2 两类核酸的基本化学组成

核酸		DNA				RNA			
核苷酸 (基本单元)		脱氧腺嘌呤核苷酸	脱氧鸟嘌呤核苷酸	脱氧胞嘧啶核苷酸	脱氧胸腺嘧啶核苷酸	腺嘌呤核苷酸	鸟嘌呤核苷酸	胞嘧啶核苷酸	尿嘧啶核苷酸
碱基	嘌呤碱 嘧啶碱	腺嘌呤 A	鸟嘌呤 G	胞嘧啶 C	胸腺嘧啶 T	腺嘌呤 A	鸟嘌呤 G	胞嘧啶 C	尿嘧啶 U
戊糖		D-2-脱氧核糖				D-核糖			
酸		磷酸				磷酸			

图 11.2 核酸的结构组成

与蛋白质的结构类似,核酸也分为一级结构和空间高级结构。核酸的一级结构指的是核苷酸的组成顺序和连接方式,它决定遗传信息。DNA 的一级结构是由数量庞大的 4 种脱氧核糖核酸,即脱氧嘌呤核苷酸、脱氧胸腺嘧啶核苷酸、脱氧鸟嘌呤核苷酸和脱氧胞嘧啶核苷酸,通过 3′,5-磷酸二酯键彼此连接起来的直线形或环形分子。生物的遗传信息储存于 DNA 的核苷酸序列中,DNA 分子中 4 种脱氧核糖核苷酸千变万化的不同排序决定了生物界物种的多样性。

核酸的二级结构是指多聚核苷酸链内或链之间通过氢键、碱基堆集等弱作用力折叠卷曲而成的构象。1953 年,沃森(Watson)和克里克(Crick)提出了 DNA 分子的双螺旋结构模型: DNA 分子是由两条反向平行的多聚脱氧核苷酸链围绕同一个中心轴构成的双螺旋结构,外侧是磷酸基与脱氧核糖通过磷酸二酯键相连形成 DNA 骨架,碱基层叠于螺旋内侧,在双链之间存在着根据其碱基性质严格的两两配对,一条链上的 A 与另一条链上的 T 之间通过两个氢键配对,同时一条链上的 G 与另一条链上的 C 之间通过三个氢键配对,这种碱基互相匹配的关系称碱基互补。DNA 的两条链为反方向,都呈右手螺旋。链之间的螺旋形成槽,一条较深,一条较浅。此发现为从分子水平上揭示生命现象的本质奠定了基础,对于生命科学和生物学具有划时代的意义。为此两人荣获 1962 年诺贝尔化学奖。

11.2　生命化学中的元素

11.2.1　组成生命体的常量元素

自然界中一切物质均由化学元素构成的,人体也不例外。据目前所知,地壳表层存在的近百种元素中,几乎全部都能在人体中找到。根据生物体中含量的多少,可分为常量元素和微量元素。其中占人体总质量万分之一以上有碳、氢、氧、氮、硫、磷、氯、钙、钾、钠、镁等 11 种称为人体必需的常量元素,约占人体质量的 99.95%,是构成有机体的必要元素,在生命体组成中具有绝对重要地位。

氧(O)、碳(C)、氢(H)、氮(N)4 种元素在生物体内含量最高,其中氢和氧元素是组成生物体必不可少的水分子,这 4 种元素共同构成对生命至关重要的蛋白质、核酸以及糖、脂质、维生素、激素等生物大分子和小分子。

磷(P)是构成核酸、骨质的重要组分,是人体细胞内液中含量最多的阴离子。磷酸盐能组成体内酸碱缓冲系统,维持体内的酸碱平衡,既是机体内代谢过程的储能和释能物质,又是细胞内的主要缓冲剂。人体中 87.6% 以上的磷元素存在于骨骼和牙齿中。成年人体中磷的含量约为 700 克,80% 以不溶性磷酸盐的形式沉积于骨骼和牙齿中。

钙(Ca)是骨骼和牙齿的重要组分,人体 99% 的钙以羟基磷酸钙的形式存在于骨骼和牙齿中;1% 的钙存在于血液、软组织和细胞外液中,起着调控人体正常肌肉和心肌收缩的作用。人体内存在着钙化和脱钙的平衡,一旦平衡被破坏就会引起一系列疾病,如骨质疏松、龋齿和结石等。钙在细胞间信号传导的过程中起重要作用,血液和体液中的钙含量处于一定范围,若浓度过高会出现高钙血症,如尿道结石、软骨钙化、肌肉和神经迟钝等;若浓度过低则会出现低钙血症,骨骼中的钙游离出来引起钙化不良、骨软化、神经和肌肉兴奋性增高发生痉挛等。

钠(Na)、钾(K)、氯(Cl)在生物体内以离子形式存在。Na 的主要功能是维持渗透压和膜电压,保持细胞中适宜的含水量,有利于代谢物的溶解和输送。K^+ 具有扩散通过疏水溶液的能力,可以保持体液的正常流通和控制体内的酸碱平衡,同时,K^+ 还是核糖体合成蛋白质所必需的元素。Cl^-用于形成胃酸,具有调节机体的酸碱平衡的重要功能。3 种物质共同维持体液中性,决定组织中水分量。这 3 种物质每天均会随尿液、汗液排出体外,健康状态下每天的摄取量与排出量维持平衡,保证体内的含量基本不变。人体内的钾和钠必须彼此均衡,钠含量过高会使钾随尿液流失,钾含量过高也会使钠严重流失。钠过高会使血压升高,导致高血压症,具有遗传性;钾可激活多种酶,对肌肉的收缩非常重要。

表 11.3　生命元素及其功能

宏量元素	主要生理功能	宏量元素	主要生理功能
O,H	水、有机化合物的组成成分	Fe	血红蛋白和肌红蛋白的成分,氧的贮存和输送
C,N	有机化合物的组成成分	Cu	氧元素和电子的载体,调节铁的吸收和利用
P	生物合成与能量代谢、骨骼和牙齿正常生长必需	Zn	许多酶的活性中心,胰岛素组分
S	蛋白质的组成成分	Mn	酶的激活,植物光合作用中水光解的反应中心
Cl	调节渗透压和电荷平衡,细胞外的阴离子	V	某些动物血液血钒蛋白载氧,促进牙齿矿化
K	细胞外的阳离子	Cr	促进葡萄糖的利用,与胰岛素的作用机理有关
Ca	骨骼、牙齿的主要成分,神经传递和肌肉收缩所必需的元素	Co	红细胞形成所必需的维生素 B_{12} 的作用

11.2.2　组成生命体的微量元素

微量元素约有 70 种,在人体中含量低于人体质量 0.005% ~0.01%。包括铁、铜、锰、锌、钴、钼、铬、镍、钒、氟、硒、碘、硅、锡等。微量元素在人体内含量虽极其微小,但具有强大的生物作用。

Fe,F,Cu,Zn,Mn,V,Br,Mo,Se,Cr,Co,I,Sn,Si,Ni 等 15 种,称为人体必需的微量元素;Ge,Li 等称为人体可能必需的微量元素;B,Al,Sr 等称为人体非必需的微量元素;Pb,Hg,Cd,Ti,As 称为有害的微量元素。必需微量元素具有人体需要的特殊生理功能,而非必需微量元素对人体无明显的特异作用,有害微量元素则被认为对人体有毒害作用。

铁(Fe)在人体中分布很广,成年人体中含 Fe 4g~5g,约 60% ~70% 的铁存在于血红蛋白中,3% 存在于肌红蛋白中,0.2% ~1% 存在于细胞色素酶中,其余则以铁蛋白和含铁血黄素的形式贮存于肝、脾和骨髓的网状内皮系统等组织器官中。

铁与原卟啉结合成血红素,血红素与珠蛋白结合成血红蛋白、肌红蛋白。细胞中许多重要功能的酶,如细胞色素氧化酶、细胞色素还原酶、过氧化物酶、还原型烟酰胺腺嘌呤二核苷酸脱氢酶等,均含有与蛋白质结合的铁。红细胞的功能是输送氧,每个红细胞大约含 2.8 亿个血红蛋白,每个血红蛋白含有 4 个 Fe^{2+},使红细胞具有携带和输送氧的功能。肌红蛋白是肌肉贮存氧的地方。每个肌红蛋白的分子含有一个亚铁血红素,当肌肉运动时,它可以提供和补充血液输氧的不足。血红蛋白和肌红蛋白的载氧体功能,是由于血红素中的 Fe^{2+} 与氧分子的可逆配位作用。两者的氧和能力不同,在较低氧分压下,血红蛋白比肌红蛋白的氧和程度低,这有利于氧从血红蛋白转移到肌红蛋白中即将氧输送到肌肉组织细胞中。

当生理性铁需要量增加(如生长旺盛的婴幼儿、青少年)、慢性出血(如月经)和铁摄入不足或吸收利用不良时,将出现缺铁性或营养性贫血。表现为面色苍白、乏力、心率过快和心悸,以及活动后伴随头晕、眼花、耳鸣、四肢无力、食欲减退免疫功能下降,容易感冒等现象。缺铁严重者还能造成贫血性心脏病,检查时可发现心脏增大等体征。

含铁量较高的食物有黑木耳、海带、发菜、紫菜、香菇、猪肝等,其次为豆类、肉类、血和蛋等。铁主要在小肠上部被吸收,肠道从食物中吸收铁的能力较差,在消化道中转变成离子状态的铁吸收能力较强。

碘(I)在人体内平均含量 20～50 mg,其中约80%在甲状腺中,是合成甲状腺激素必不可少的成分。碘在人体内通过合成甲状腺素实现其生理作用,主要是维持机体能量代谢和产热、促进生长发育和蛋白质代谢等。

儿童期和青春期缺碘会导致甲状腺功能低下,智力和体格发育迟滞等。成人期缺碘会造成甲状腺肿大,甲状腺功能低下,易患疾病等。孕妇缺碘,会导致胎儿发育不良,造成流产、死胎、畸形,影响胎儿大脑和神经系统发育,使其出现不同程度的智力伤残。缺碘最大的危害是智力伤残。据调查,缺碘地区的孩子与正常孩子相比智商低 10%～15%,智力障碍率高达 5%～15%,同时他们身材矮小,被称为"呆小症"。

除芹菜和菠菜外,大多数陆地植物碘含量都很低。海产品是自然界含碘较丰富的食品,如海带、紫菜、海鱼等。补碘最方便、经济、有效的方法是食用加碘盐(食盐中加碘酸钾)。每个正常成人,每天只需从外界获得 100 g 左右的碘。

11.3　化学与医药

11.3.1　药物化学

药物是用来预防、治疗和诊断疾病的物质。机体的病变因各种原因失调或外来致病因素侵入,而药物对纠正机体失调或消灭外来致病因素可呈现出积极有益的作用。

药物化学(pharmaceutical chemistry)是研究药物的化学结构、理化性质、制备合成及化学结构与药理效力的构效关系,并研究寻求新药的途径和方法的科学。人类利用药物与疾病作斗争可追溯到史前,古有"神农尝百草"说明当时人们利用植物治病的行为。而现代药物发展的方向是融合众多前沿学科,药物化学是化学和生物学、药理学互相渗透形成的学科,化学当然还是药物研究的主要学科。

19 世纪初至中期,因近代科学理论和技术的发展,药物化学主要是以通过化学方法从天然药物提取有效成分为特点,例如,从罂粟果皮中提取具有镇痛效果的成分吗啡、从金鸡纳树皮中提取奎宁等,并经过临床应用,研究其理化性质、结构,最终获得大量制取的方法。这些成就为人类利用植物药治疗疾病提供了崭新的认知,并为合成药物奠定了基础。19 世纪中期后,随着化学合成法的日益进步和染料化学工业的发展,促进了化学药物的发展,新的药物如阿司匹林、非那西丁、苯酚等相继被发现。20 世纪初,药物化学注重研究化学药物的结构特征,并通过改变基因及扩大其结构范围,以得到更多的化学药物,如通过结构演变的可卡因变为普鲁卡因。

随着时代的进步和化学与生物学科的发展,人们对药物作用机理的了解也愈加深入。人们认识到与药物特异性结合的生物大分子可以到达体内作用部位,这一部位称为"靶点",药物模拟体内有机小分子与这些靶点结合使这些靶点大分子激动或抑制,从而调节失衡,治疗因失衡引起的疾病。

11.3.2　中药与化学

中国是中草药(Chinese herbal medicine)的发源地,中草药是中医预防治疗疾病所使用的独特药物,中国人民对中草药的探索经历了几千年的历史。中药主要由植物药(根、茎、叶、果)动物药(内脏、皮、骨、器官等)和矿物药组成。

许多来自大自然的天然植物药物,如抗肿瘤新药紫杉醇等,它们的化学结构往往十分复杂,需要解决许多有机化学和立体化学的问题。2015 年 10 月中国药学家屠呦呦获得诺贝尔生理学或医学奖,她从青蒿中提取出青蒿素,该药品可以有效降低疟疾患者的死亡率。她的科研成果为中医药的发展奠定了坚实的基础,也向世界证明了中西医都是人类的文明成果,对人类健康的贡献是有目共睹的。

中药学从简单的植物提取药制剂发展到现今的融入化学、分子生物学、材料科学和计算机科学成为一体的现代药学科学,经历了十分艰难曲折的过程,但仍面临着巨大的挑战。

阅读材料:

屠呦呦和青蒿素

屠呦呦是一位中国的药学家和中药研究专家,她因在中国传统药物青蒿素的研究中做出了杰出贡献而获得了 2015 年诺贝尔生理学或医学奖。

在 20 世纪 60 年代,疟疾是中国乡村地区最常见的传染病之一。屠呦呦的研究小组在 20 世纪 70 年代初开始研究中药青蒿素,希望找到一种可靠的治疗疟疾的方法。经过多年的努力,屠呦呦和她的团队最终从青蒿植物中提取出了青蒿素,并发现其对疟疾具有很高的治疗效果。

青蒿,一年生草本植物,植株具有香气。青蒿含有的成分复杂,包括青蒿素(arteannuin)、青蒿甲、乙、丙、丁、戊素、青蒿醇等。青蒿素是从青蒿植物中提取的药物,对治疗疟疾具有独特的疗效。青蒿素的发现和应用对全球的疟疾治疗产生了深远的影响。在屠呦呦的研究成果推广之后,青蒿素已经成为了全球疟疾治疗的重要组成部分,挽救了数百万疟疾患者的生命。

屠呦呦和她的团队在青蒿素研究中遇到了很多困难和挑战,但他们始终保持着创新精神和勇气,不断尝试和探索,最终取得了令人瞩目的成就。青蒿素的研究和应用,充分体现了中国传统药物在现代科学技术中的应用与转化,也证明了传统文化在现代社会中的重要性和价值。

屠呦呦获得诺贝尔奖的意义在于,她的研究成果不仅对中国的中药研究和应用产生了积极的推动作用,同时也为全球的疟疾治疗作出了贡献。这一成果的取得,不仅是屠呦呦个人的杰出成就,更是中国传统药物研究的重要里程碑,也为全球的药物研究和发展带来了积极的影响。

图 11.3　药学家屠呦呦

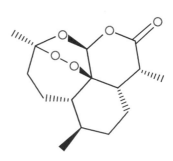
图 11.4　青蒿素的分子结构

11.4　生活中的化学与生命安全

11.4.1　食品与化学

为了改善食品的色、香、味和品质,以及为防腐和加工工艺的需要可以向食品中加入化学合成或天然物质。我国允许使用的食品添加剂有 2 300 多种,按来源可分为:天然添加剂和人工化学添加剂。食品添加剂除了可以改变食物的色香味外,还会对人体造成伤害。

其中,亚硝酸钠($NaNO_2$)是肉制品生产中最常使用的一种食品添加剂。硝酸钠和亚硝酸钠作为发色剂被加入香肠中,使其呈新鲜红色,看起来更有食欲。然而,亚硝酸根离子进入人体后,不但能够诱发癌症,还可以通过胎盘和乳汁进入胎儿和婴儿体内,对后代产生致癌作用。因此,少吃腌制食品,多吃新鲜水果和蔬菜,维生素 C 和维生素 E 可以抑制亚硝酸在体内的形成。

另外,食品在储存过程中也会产生有害物质。粮食或油料作物在储存过程中如果发霉,会产生黄曲霉素,由于黄曲霉素的大量繁殖,食物表面会生成一层黄绿色的菌体,其代谢产物叫做黄曲霉素。黄曲霉素是迄今已知最强的致癌物,它诱发肝癌的能力比二甲基亚硝酸铵强75 倍,可诱发胃癌、肾癌、肠癌等,它引发的急性中毒可致人死亡,毒性比敌敌畏大 100 倍,是砒霜的 68 倍,氰化钾的 10 倍。易被黄曲霉素污染的粮食是玉米和大米,油料作物是花生油、大豆油等。

11.4.2　装修与化学

在各种室内污染源和众多的室内污染物中,危害人体健康最严重的是由建筑材料、装修材料和家具所释放的各类有害气体。这些有毒有害物质包括:甲醛、苯和苯系物、氨、游离甲苯二异氰酸酯、氯乙烯单体、苯乙烯单体及可溶性的铅、铬、汞、砷等有害金属。

甲醛(methanal)是室内环境的主要污染物,也是人们最为熟知的。甲醛(HCHO)是无色有刺激性气体,对人眼、鼻等有刺激作用。易溶于水和乙醚,水溶液浓度最高可达55%,能与乙醇、丙酮等有机溶剂按任意比例混溶,不溶于石油醚。甲醛通常以福尔马林或多聚物的形式进行使用。福尔马林是甲醛含量为35%~40%(通常37%)浓度的水溶液,甲醛在其中以水合物或寡聚物的形式存在。可作为酚醛树脂、脲醛树脂、维纶、乌洛托品、季戊四醇、染料、农药和消毒剂等的原料。2017年,世界卫生组织国际癌症研究机构公布的致癌物清单中,甲醛在1类致癌物列表中。2019年,甲醛被列入有毒有害水污染物名录。长期暴露于甲醛环境中,可引起慢性中毒,可降低机体的呼吸功能和神经系统的信息整合功能,对心血管系统、内分泌系统、消化系统、生殖系统、肾也具有毒性作用。若浓度过高,会直接引起呼吸系统紊乱等诸多身体不适症状。全身症状包括头痛、乏力、食欲缺乏、心悸、失眠、体重减轻及自主神经紊乱等。甲醛是一种强还原性毒物,它能与蛋白质中的氨基结合生成甲酰化蛋白从而残留体内,也可能转化成甲酸,强烈刺激黏膜,并逐渐排出体外。

生活中甲醛的主要来源为室内装修常用的人造板材、油漆、地毯、壁纸等材料。燃料和烟叶的不完全燃烧会释放甲醛。另外,甲醛还常被用作防腐剂和消毒剂。某些不法商贩为牟取高利润而使用福尔马林或吊白粉来加工海鲜、米粉、面条、豆芽等食品,以使这些食品外观洁白或肉质结实,这些掺入了甲醛和二氧化硫等毒物的食品,严重危害了消费者的健康。地毯生产,为了达到防皱、防缩、阻燃等作用,或为了保持印花、染色的耐久性,或为了改善手感,就需在助剂中添加甲醛。人类接触甲醛的主要途径为经呼吸道吸入、经口食入和经皮肤接触。

表11.4　装修中的化学污染物及危害

甲醛	来源	胶合板、细木工板、中密度纤维板和刨花板等人造板材,以及墙纸、化纤地毯、泡沫塑料、油漆和涂料等
	危害	嗅觉异常、刺激、过敏、肺功能异常,肝功能异常和免疫功能异常等
苯系物	来源	油漆、香蕉水、胶黏剂、稀释剂、防水材料和劣质涂料等
	危害	苯系物是致癌物,长期接触会引起慢性中毒,出现头疼、失眠、精神萎靡、恶心、胸闷、乏力和记忆力减退等神经衰弱症状
氨	来源	混凝土外加剂,室内装修材料中的添加剂和增白剂
	危害	短期内呼入大量氨气可出现流泪、咽痛、咳嗽、胸闷、头疼、恶心、乏力,但释放很快,对人体影响较小
TVOC	来源	涂料、油漆、地毯、胶合板、人造板等
	危害	刺激呼吸道黏膜,引起咳嗽、哮喘、气喘等呼吸系统疾病;引起皮肤过敏、干燥、瘙痒等症状

苯(benzene)(C_6H_6)是一种碳氢化合物即最简单的芳烃,无色、具有特殊芳香气味的液体,它难溶于水,易溶于有机溶剂,本身也可作为有机溶剂。沸点80.1 ℃,因此很容易挥发到空气中。室内空气中的苯和苯系物主要来源于各种油漆、涂料和胶黏剂。苯和苯系物的危害性大,为强致癌物质,慢性苯中毒还会引起不同程度的白血病,是室内环境的隐形杀手。而且,对人体的造血机能危害极大,是诱发新生儿产生再生障碍性贫血和白血病的主要原因。

2017 年,世界卫生组织国际癌症研究机构公布的致癌物清单初步整理参考,苯在一类致癌物清单中。

苯主要在以下几种装饰材料中含量较高:油漆中苯化合物主要从油漆中挥发出来;一些家庭购买的沙发和床也会释放出大量的苯,主要原因是生产中使用了含苯高的黏合剂;防水材料中原粉加稀料配制成防水涂料;另外,有些低档和假冒的涂料中,苯含量超标。工业上常把苯、甲苯、二甲苯统称为三苯。在这三种物质当中以苯的毒性最大。

11.4.3　日用品与化学

1）香水

香水是将香料溶解于乙醇中,也就是香精的乙醇溶液。香水的比例通常是:香精浓度为15%～25%,乙醇浓度为 90%～95%,含有 5% 水分是为了诱发香气。有时根据需要加入微量色素、抗氧化剂、杀菌剂、甘油、表面活性剂等添加剂。香水的质量高低主要取决于香精的质量,香精一般都是选用几种至几十种天然和合成香料,按香型、用途和价格等要求配制成混合体。配制香精用的各种香料,可分为主体香料和调和香料,如修饰香料、定香香料和香花香料。

2）洗发用品

洗发精作为必备日常用品,人们对其需求越来越高,不仅仅要洗掉头发表面的油污、灰尘、细菌,还要安全,不伤发质。按洗发精用于不同发质可将其分为中性发质用、油性发质用和干性发质用等产品。按功效分,有普通型、药用型、婴幼儿、去油和损伤修护等。

洗发精的主要成分是阴离子表面活性剂和非离子表面活性剂类物质。例如,十二烷基硫酸铵、十二酯硫酸铵和十二烷基硫酸钠等,起清洁、乳化、润湿作用。有些表面活性剂本身有香味,有些洗发剂则需加入香味剂。洗发剂中用山梨酸钾或柠檬酸等酸度调节剂,是为了使洗发水保持合适的酸碱性、保持 pH4～6,通过电荷相互作用,保持其表面光滑平整。通过添加营养物质,如维生素 E、维生素 B 等,抑制头皮细胞代谢异常,不产生头皮屑。为保住洗发剂的水分,加入硫酸钠为吸湿剂,加入 NaCl 调节洗发剂黏性,加入抗真菌剂和防腐剂使保质期延长,如苯甲酸钠、对羟基苯甲酸酯等。此外还要加入柔软剂、遮光剂、分散剂、泡沫稳定剂和颜料等。

护发素含有油性成分,如动植物油脂、碳氢化合物、高级脂肪酸醋、高级醇等。护发素中还含有阳离子表面活性剂,它吸附在头发上形成一层单分子膜,阳离子的电荷抵消了头发上的静电,使头发变得柔软、光滑,容易梳理。

11.4.4　生命安全

生命安全是指人类生命和健康受到威胁的可能性和程度。人类的生命安全是社会和个人最基本的需求之一,其重要性不言而喻。随着科技和工业的发展,化学品的使用和化学污染问题也日益凸显。因此,加强生命安全意识对于保障人类的健康和生命安全具有重要意义。

在生命化学中,有机化合物、元素以及化学与医药等知识都与人类健康、生命安全息息相关。在日常生活中,我们接触到的食品、水、空气、化妆品、日用品等都可能存在化学物质的污染,对人体健康产生危害。因此,加强人们对于化学知识的学习和认识,提高化学安全意识,避免化学品对人体健康产生危害是非常必要的。

首先,我们应该加强对化学品的认识。化学品的种类繁多,其对人体的危害也各不相同,了解化学品的性质和危害程度,可以帮助我们更好地避免化学品对人体健康造成的危害。同时,在购买食品、化妆品、日用品等时,应该选择安全可靠的产品,避免使用含有有害化学物质的产品。

其次,我们应该加强化学安全意识。在使用化学品时,应该注意安全使用方法,如佩戴防护用具、避免接触眼睛、皮肤等敏感部位、避免与其他化学品混合使用等。此外,在化学品的存储和运输过程中,也应该注意安全问题,避免发生化学品泄漏和事故。

最后,除了化学安全问题,生命安全还包括很多其他方面,如交通安全、自然灾害等。我们应该关注这些方面的安全问题,并采取措施保障自己和他人的生命安全。

总之,加强生命安全意识对于人们的健康和生命安全有着非常重要的意义。我们应该加强对于化学知识的学习和认识,提高化学安全意识,避免化学品对人体健康产生危害;加强化学安全意识,注意安全使用化学品;关注生命安全问题,从自身做起,保护好自己的生命安全。只有不断提高生命安全意识,才能更好地保障人类的健康和生命安全。

思考题与习题

1.(单项选择题)氨基酸含有哪种特定的官能团?

A. 氨基和羧基　　　　B. 氨基和羟基　　　　C. 氨基和羰基　　　　D. 羧基和酯基

2.(单项选择题)蛋白质的构成单元是什么?

A. 肽键　　　　B. 酶　　　　C. 氨基酸　　　　D. 多糖

3.什么是蛋白质?介绍一种常见的蛋白质及其功能。

4.人体中血糖的含量高会带来怎样的危害?

5.DNA 在人体中的功能有什么?

6.什么是中药?请列举几个生活中常见的中药名称。

7.装修过程中,哪些材料会散发甲醛?

8.请说明装修过程中污染物的危害。

附　表

Ⅰ.某些单质、化合物的热容、标准生成热、标准生成吉布斯自由能及标准熵

$$C_{p,m}=a+bT+cT^2 \quad 或 \quad C_{p,m}=a+bT+\frac{c'}{T^2}$$

表中所列函数值均指 298 K 时的标准值

$$a=\frac{a}{J\cdot mol^{-1}K^{-1}} \qquad b\times10^3=\frac{b}{10^{-3}J\cdot mol^1\cdot K^{-2}}$$

$$c'\times10^{-5}=\frac{c'}{10^5J\cdot mol^{-1}K} \qquad c\times10^6=\frac{c}{10^{-6}J\cdot mol^{-1}\cdot K^{-3}}$$

物　质	热　容						$\Delta_f H_m^{\ominus}$ kJ·mol^{-1}	$\Delta_f G_m^{\ominus}$ kJ·mol^{-1}	$S_m^{\ominus}$ kJ·mol^{-1}
	$C_{p,m}=f(T)/(J\cdot K^1\cdot mol^1)$				可用温度 范围(K)	$C_{p,m}$			
	a	b×10^3	c'×10^5	c×10^6					
Ag(s)	23.97	5.284	−0.251	—	273～1 234	25.489	0	0	42.702
Al(S)	20.67	12.38	—	—	273～931.7	24.338	0	0	28.321
As(s)	21.88	9.29	—	—	298～1 100	24.973	0	0	35.15
Au(s)	23.68	5.19	—	—	298～1 336	25.23	0	0	47.36
B(s)	6.44	18.41	—	—	298～1 200	11.97	0	0	6.53
Ba(s)	—	—				26.36	0	0	66.9
Bi(s)	18.79	22.59	—	—	208～544	25.5	0	0	56.9
Br$_2$(g)	35.241 0	4.073 5	—	1.487 4	300～1 500	35.98	30.71	3.142	245.346
Br$_2$(1)		— —				35.56	0	0	152.38
C(金刚石)	9.12	13.22	−6.19	—	298～1 200	6.063	1.896 2	2.866 0	2.438 8
C(石墨)	17.15	4.27	−8.79	—	298～2 300	8.644	0	0	5.694 0
Ca-α(s)	21.92	14.64	—	—	298～673	26.28	0	0	41.63
Cd-α(s)	22.84	10.313	—	—	273～594	25.90	0	0	51.46

续表

物 质	热 容					$C_{p,m}$	$\dfrac{\Delta_f H_m^\ominus}{kJ \cdot mol^{-1}}$	$\dfrac{\Delta_f G_m^\ominus}{kJ \cdot mol^{-1}}$	$\dfrac{S_m^\ominus}{kJ \cdot mol^{-1}}$
	$C_{p,m}=f(T)/(J \cdot K^{-1} \cdot mol^{-1})$				可用温度范围(K)				
	a	$b \times 10^3$	$c' \times 10^5$	$c \times 10^6$					
Cl(g)	36.90	0.23	−2.845	—	298~3 000	33.93	0	0	222.949
Co(s)	19.75	17.99	—	—	298~718	25.56	0	0	28.45
Cr(s)	24.43	9.87	−3.68	—	298~1 823	23.35	0	0	23.77
Cu(s)	22.64	6.28	—	—	298~1 357	24.468	0	0	33.30
F₂(g)	34.69	1.84	−3.35	—	273~2 000	31.46	0	0	203.3
Fe−α(s)	14.10	29.71	−1.80	—	273~1 033	26.23	0	0	27.15
H₂(g)	29.065 8	−0.836 4	—	2.011 7	300~1 500	28.84	0	0	130.587
Hg(l)	27.66	—	—	—	273~634	27.82	0	0	77.40
I₂(s)	40.12	49.790	—	—	298~386.8	54.98	0	0	116.7
I₂(s)	37.196	—	—	—	456~1 500	36.86	62.250	19.37	260.58
K(s)	25.27	13.05	—	—	298~336.6	29.16	0	0	63.60
Mg(S)	25.69	6.28	−3.26	—	298~923	23.89	0	0	32.51
Mn-α(s)	23.85		−1.59	—	298~1 000	26.32	0	0	31.76
N₂(g)	27.87	4.27	—	—	298~2 500	29.121	0	0	191.489
Na(s)	20.92	22.43	—	—	298~371	28.41	0	0	51.04
Ni-α(s)	16.99	29.46	—	—	298~633	25.77	0	0	29.79
O₂(g)	36.162	0.845	−4.310	—	298~1 500	29.359	0	0	205.029
O₃(g)	41.254	10.29	5.52	—	298~2 000	38.20	142.3	163.43	238.78
P(s,黄磷)	23.22	—	—	—	273~347	23.22	0	0	44.35
P(s,赤磷)	19.83	16.32	—	—	298~800	23.22	−18.41	8.37	63.18
Pb(s)	25.82	6.69	—	—	273~600.5	26.82	0	0	64.89
Pt(s)	24.02	5.16	4.60	—	298~1 800	26.57	0	0	41.8
S(s,单斜晶)	14.90	29.12	—	—	368.6~392	23.64	0.297	0.096	32.55
S(s,斜方晶)	14.98	26.11	—	—	298~368.6	22.59	0	0	31.88
S(g)	35.73	1.17	−3.31	—	298~2 000	23.68	222.80	182.30	167.72
Sb(s)	23.05	7.28	—	—	298−903	25.44	0	0	43.93
Si(s)	23.225	3.675 6	3.796 44	—	298~1 600	20.179	0	0	18.70
Sn(s,白锡)	18.46	28.45	—	—	298~505	26.36	0	0	51.46

续表

物　质	热　容						$\Delta_f H_m^{\ominus}$	$\Delta_f G_m^{\ominus}$	$S_m^{\ominus}$
	$C_{p,m} = f(T)/(\text{J} \cdot \text{K}^{-1} \cdot \text{mol}^{-1})$				可用温度范围（K）	$C_{p,m}$	$\text{kJ} \cdot \text{mol}^{-1}$	$\text{kJ} \cdot \text{mol}^{-1}$	$\text{kJ} \cdot \text{mol}^{-1}$
	a	b×10³	c′×10⁵	c×10⁶					
Zn(s)	22.38	10.04	—	—	298～692.7	25.06	0	0	41.63
AgBr(s)	33.18	64.43	—	—	298～703	52.38	−99.50	−95.94	107.11
AgCl(g)	62.26	4.18	−11.30	—	298～728	50.76	−127.03	−109.72	96.11
AgI(s)	24.35	100.83	—	—	298～423	54.43	−62.38	−66.32	114.2
AgNO₃(s)	78.78	66.94	—	—	273～433	93.05	−123.14	−32.17	140.92
AgCO₃(g)	—	—	—	—	—	112.1	−506.14	−437.14	167.4
Ag₂O(g)	—	— —	—	—	—	65.56	−30.568	−10.820	121.71
AlCl₃(s)	55.44	117.15	—	—	273～465.6	89.1	−695.38	−636.8	167.4
Al₂O₃-α (s,刚玉)	114.77	12.80	−35.44	—	—	78.99	−1 669.79	−1 576.41	50.986
Al₂(SO₄)₃ (s)	368.57	61.92	−113.47	—	—	359.41	−3 434.98	−3 091.93	239.3
As₂O₃(s)	35.02	203.34	—	—	—	95.65	−619	（−538.1）	107.11
Au₂O₃(s)	98.32	20.08	—	—	298～273	—	80.8	163.2	126
B₂O₃(s)	36.53	106.27	−5.48	—	273～1 198	62.97	−1 263.6	−1 184.1	53.85
BaCl₂(s)	71.1	13.97	—	—	298～2 000	75.3	−860.06	−810.9	125.5
BaCO₃ (s,毒重石)	110.00	8.79	—	−24.27	298～1 083	85.35	−1 218.8	−1 138.9	112.1
Ba(NO₂)₂ (s)	125.72	149.4	−16.78	—	298～859	151.0	−991.86	−796.6	213.8
BaO(s)	—	—	—	—	—	47.45	−558.1	−528.4	70.3
BaSO₄(s)	141.4	—	−35.27	—	298～1 300	101.75	−1 465.2	−1 353.1	132.2
Bi₂O₅(s)	103.51	33.47	—	—	298～800	113.8	−577.0	−496.6	151.5
COI₄(g)	97.65	9.62	−15.06	—	298～1 000	83.43	−106.7	−64.0	309.74
CO(g)	26.536 6	7.683 1	−0.46	—	290～2 500	29.142	−110.52	−137.269	197.907
CO₂(g)	28.66	35.702	—	—	300～2 000	37.129	−393.514	−394.384	213.639
COCl₂(g)	67.157	12.108	−9.033	—	298～1 000	60.71	−223.01	−210.50	289.24
CS₂(g)	52.09	6.69	−7.53	—	298～1 800	45.65	115.27	65.06	237.82
CaC₂-α(s)	68.62	11.88	−8.66	—	298～720	62.34	−62.76	−67.78	70.3
CaCO₃ (s,方解石)	104.52	21.92	−25.94	—	298～1 200	81.88	−1 206.87	−1 128.76	92.9

续表

物　　质	热　容						$\Delta_f H_m^{\ominus}$ $kJ \cdot mol^{-1}$	$\Delta_f G_m^{\ominus}$ $kJ \cdot mol^{-1}$	$S_m^{\ominus}$ $kJ \cdot mol^{-1}$
	$C_{p,m} = f(T)/(J \cdot K^1 \cdot mol^1)$				可用温度 范围（K）	$C_{p,m}$			
	a	b×10³	c′×10⁵	c×10⁶					
$CaCl_2(s)$	71.88	12.72	−2.51	—	298 ~ 1 055	72.63	−795.0	−750.2	113.8
$CaO(s)$	48.83	4.52	6.53	—	298 ~ 1 800	42.80	−635.5	−604.2	39.7
$Ca(OH)_2$ (s)	−89.5	—	—	—	276 ~ 373	84.52	−986.59	−896.76	76.1
$Ca(NO_3)_2$ (s)	122.88	153.97	17.28	—	298 ~ 800	149.33	−937.22	−741.99	193.3
$CaSO_4(s)$	77.49	91.92	−6.561	—	273 ~ 1 373	99.6	−1 432.69	−1 320.30	106.7
$Ca_3(PO_4)_2$ −α(s)	201.84	166.02	−20.92	—	298 ~ 1 373	231.58	−4 126.3	−3 889.9	241.0
$CdO(s)$	40.38	8.70	—	—	273 ~ 1 800	43.43	−254.61	−225.06	54.8
$CdS(s)$	54.0	3.77	—	—	273 ~ 1 273	54.89	−144.3	−140.6	71.1
$CoCl_2(s)$	60.29	61.09	—	—	298 ~ 1 000	78.7	−325.5	−282.4	106.3
$Cr_2O_3(s)$	119.37	9.20	−15.65	—	298 ~ 1 800	118.74	−1 128.4	−1 046.3	81.2
$CuCl(s)$	43.93	40.58	—	—	273 ~ 695	(56.1)	−134.7	−118.8	83.7
$CuCl_2(s)$	70.29	35.56	—	—	273 ~ 773	(80.8)	−223.4	−166.5	65.3
$CuO(s)$	38.79	20.08	—	—	298 ~ 1 250	42.30	−155.2	−127.2	42.7
$CuSO_4(s)$	107.53	17.99	−9.00	—	273 ~ 873	100.8	−769.86	−661.9	113.4
$Cu_2O(s)$	62.34	23.85	—	—	298 ~ 1 200	63.64	−166.69	−142.3	93.89
$FeCO_2$ (s,菱铁矿)	48.66	112.1	—	—	298 ~ 885	82.13	−747.68	−673.88	92.9
$FeO(s)$	159.0	6.78	−3.088	—	298 ~ 1 200	48.12	−266.5	(−256.9)	59.4
$FeO_2(s)$	44.77	55.90	—	—	273 ~ 773	61.92	−177.90	−166.69	53.1
$Fe_2O_3(s)$	97.74	72.13	−12.89	—	298 ~ 1 100	104.6	−822.2	−740.99	90.0
$Fe_3O_4(s)$	167.03	78.91	−41.88	—	298 ~ 1 100	143.43	−1 117.1	−1 014.2	146.4
$HBr(g)$	26.15	5.86	1.09	—	298 ~ 1 600	29.12	−36.23	−53.22	198.24
$HCN(g)$	37.32	12.97	−4.69	—	298 ~ 2 000	35.90	130.5	120.1	201.79
$HCl(g)$	26.53	4.60	1.09	—	298 ~ 2 000	29.12	−92.312	−95.265	184.81
$HF(g)$	26.90	3.43	—	—	273 ~ 2 000	29.08	−268.6	−270.70	173.51
$HI(g)$	26.32	5.94	0.92	—	298 ~ 2 000	29.16	25.94	1.30	205.6
$HNO_3(l)$	—	—	—	—	—	109.87	−173.234	−79.91	155.6
$H_2O(g)$	30.00	10.71	0.33	—	298 ~ 2 500	33.577	−241.827	−228.597	188.724

物　质	热　容						$\Delta_f H_m^{\ominus}$ $kJ \cdot mol^{-1}$	$\Delta_f G_m^{\ominus}$ $kJ \cdot mol^{-1}$	$S_m^{\ominus}$ $kJ \cdot mol^{-1}$
	$C_{p,m} = f(T)/(J \cdot K^{-1} \cdot mol^{-1})$				可用温度 范围（K）	$C_{p,m}$			
	a	b×10³	c′×10⁵	c×10⁶					
$H_2O(l)$	—	—	—	—	—	75.295	−285.838	−237.19	69.940
$H_2O_2(l)$	—	—	—	—	—	82.30	−189.12	−118.11	102.26
$H_2S(g)$	29.37	15.40	—	—	298～1 800	33.97	−20.146	−33.020	205.64
$H_2SO_4(l)$	—	—	—	—	—	130.83	−800.8	(−687.0)	156.86
$HgCl_2(s)$	64.0	43.1	—	—	273～553	73.81	−223.4	−176.6	144.3
$HgI_2(s)$	72.8	16.74	—	—	273～403	78.28	−105.9	−98.7	170.7
HgO （s,红的）	—	—	—	—	—	45.73	−90.71	−58.53	70.3
HgS （s,红的）	—	—	—	—	—	50.2	−58.16	48.83	77.8
Hg_2Cl_2 （s）	—	—	—	—	—	101.7	−264.93	−210.66	195.8
Hg_2SO_4 （s）	—	—	—	—	—	132.00	−741.99	−623.92	200.75
$KAl(SO_4)_2$ （s）	234.14	82.34	−58.41	—	298～1 000	192.97	−2 465.38	−2 235.47	204.6
$KBr(s)$	48.37	13.89	—	—	298～1 000	53.64	−392.17	−397.20	96.4
$KCl(s)$	41.38	21.76	3.22	—	298～1 043	51.51	−435.89	−408.325	82.68
$KClO_3(s)$	—	—	—	—	—	100.2	−391.20	−289.91	142.97
$KI(s)$	—	—	—	—	—	55.06	−327.65	−322.29	104.35
$KMnO_4(s)$	—	—	—	—	—	119.2	−813.4	−713.8	171.71
$KNO_3(s)$	60.88	118.8	—	—	298～401	96.27	−492.71	393.13	132.93
$K_2Cr_2O_7$ （s）	153.39	229.3	—	—	298～671	230	−2 043.9	—	—
K_2SO_4 （s）	120.37	99.58	−17.82	—	856～2 998	130.1	−1 433.69	−1 316.37	175.7
$MgCO_3$ （s）	77.91	57.74	−17.41	—	298～750	75.52	−1 113	−1 029	65.7
$MgCl_2(s)$	79.08	5.94	−8.62	—	298～927	71.30	−641.8	−592.33	89.5
$Mg(NO_3)_2$ （s）	44.69	297.90	7.49	—	298～600	142.00	−789.60	−588.40	164.0
$MgO(s)$	42.59	7.28	−6.19	—	298～2 100	37.40	−601.83	−569.57	26.8

续表

物　　质	热　容						$\Delta_f H_m^{\ominus}$	$\Delta_f G_m^{\ominus}$	$S_m^{\ominus}$
	$C_{p,m}=f(T)/(J \cdot K^1 \cdot mol^1)$				可用温度范围(K)	$C_{p,m}$	$kJ \cdot mol^{-1}$	$kJ \cdot mol^{-1}$	$kJ \cdot mol^{-1}$
	a	$b \times 10^3$	$c' \times 10^5$	$c \times 10^6$					
$Mg(OH)_2$ (s)	43.51	112.97	—	—	273~500	77.03	-924.7	-838.75	63.14
$MgSO_4$(s)	—	—	—	—	—	96.27	-1 278.2	-1 165.2	95.4
MnO(s)	46.48	8.12	-3.68	—	298~1 800	44.10	-384.93	-362.8	59.7
MnO_2(s)	69.45	10.21	-16.23	—	298~800	54.02	-520.91	-466.1	53.1
NH_3(g)	25.895	32.999	—	-3.046	291~100	35.660	-46.19	-16.64	192.5
NH_4Cl(s)	49.37	133.89	—	—	298~457.7	84.10	-315.39	-203.89	94.6
NH_4NO_3 (s)	—	—	—	—	—	171.5	-364.55	—	—
$(NH)_2SO_4$ (s)	103.64	281.16	—	—	298~600	187.6	-1 191.85	-900.35	220.29
NO(g)	29.41	3.85	-0.59	—	298~2 500	29.86	90.37	86.69	210.68
NO_2(g)	42.93	8.54	-6.74	—	298~2 000	37.6	33.85	51.84	240.45
$NOCl_2$(g)	44.89	7.70	-6.95	—	298~2 000	38.87	52.59	66.36	263.6
N_2O(g)	45.69	8.62	-8.54	—	298~2 000	38.71	81.55	103.60	2 201.00
N_2O_4(g)	83.89	39.75	-14.90	—	298~1 000	79.08	9.661	98.286	304.30
N_2O_5(g)	—	—	—	—	—	108.0	2.5	(109)	343
$NaCl$(g)	45.94	16.32	—	—	298~1 073	49.71	-411.00	-384.028	72.38
$NaNO_3$(g)	25.69	2 259.94	—	—	298~583	93.05	-466.68	-365.89	116.3
$NaOH$(s)	80.33	—	—	—	298~593	59.45	-426.8	-380.7	64.18
$NaCO_3$(s)	—	—	—	—	—	110.50	-1 133.95	-1 050.64	136.0
$NaHCO_3$ (s)	—	—	—	—	—	87.51	-947.7	-851.9	102.1
$NaSO_4 \cdot 10H_2O$(s)	—	—	—	—	—	587.4	-4 324.08	-3 644.0	587.9
Na_2SO_4 (s)	—	—	—	—	—	127.6	-1 384.49	-1 266.8	149.4
$NiCl_2$(s)	54.81	54.39	—	—	298~800	71.67	-315.89	-269.9	97.6
NiO(s)	47.3	9.00	—	—	273~1 273	44.4	-244.3	-216.3	38.58
PCl_3(g)	83.965	1.209	-11.322	—	298~1 000	(71)	-306.4	-286.27	312.92
PCl_5(g)	19.83	449.06	—	-498.7	298~500	(109.6)	-398.9	-324.64	352.7

物　质	热　容						$\dfrac{\Delta_f H_m^{\ominus}}{kJ \cdot mol^{-1}}$	$\dfrac{\Delta_f G_m^{\ominus}}{kJ \cdot mol^{-1}}$	$\dfrac{S_m^{\ominus}}{kJ \cdot mol^{-1}}$
	$C_{p,m} = f(T)/(J \cdot K^{-1} \cdot mol^{-1})$				可用温度范围(K)	$C_{p,m}$			
	a	$b \times 10^3$	$c' \times 10^5$	$c \times 10^6$					
$PH_3(g)$	18.811	60.132	—	170.37	298 ~ 1 500	36.11	9.25	18.24	210.0
$PbCl_2(s)$	66.78	33.47	—	—	298 ~ 771	77.0	359.20	-3 139.97	136.4
$PbCO_3(s)$	51.84	119.7	—	—	298 ~ 800	87.4	-700.0	-626.3	131.0
$PbO(s)$	44.35	16.74	—	—	298 ~ 900	(49.3)	-219.2	-189.3	67.8
$PbO_2(s)$	53.1	32.64	—	—	—	64.4	-276.65	-219.0	76.6
$PbSO_4(s)$	45.86	129.7	17.57	—	298 ~ 1 100	104.2	-918.4	-811.24	147.3
$SO_2(g)$	43.43	10.63	-5.94	—	298 ~ 1 800	39.79	-296.90	-300.37	248.5
$SO_2(g)$	57.32	26.86	-13.05	—	298 ~ 1 200	50.63	-395.18	-370.37	256.2
$SiO_2 - \alpha$ (s, 石英)	46.94	34.31	-11.30	—	298 ~ 848	44.43	-859.4	-805.0	41.8
$ZnO(s)$	48.99	5.10	—	-9.12	298 ~ 1 600	40.25	-347.98	-318.19	43.9
$ZnS(s)$	50.88	5.19	-5.69	—	298 ~ 1 200	45.2	-202.9	-198.3	57.7
$ZnSO_4(s)$	71.42	87.03	—	—	298 ~ 1 000	117	-978.55	-871.57	124.7
$CH_4(g)$ 甲烷	14.318	74.663	—	-17.426	291 ~ 1 500	35.715	-74.848	-50.79	186.19
$C_2H_2(g)$ 乙炔	50.75	16.07	-10.29	—	298 ~ 2 000	43.93	226.73	209.20	200.83
$C_2H_4(g)$ 乙烯	11.322	122.00	—	-37.903	291 ~ 1 500	43.56	62.292	68.178	219.45
$C_2H_6(g)$ 乙烷	5.753	175.109	—	-57.852	291 ~ 1 000	52.68	-84.67	-32.886	229.49
$C_3H_6(g)$ 丙烯	12.443	188.380	—	-47.597	300 ~ 1 000	63.86	20.42	62.72	266.9
$C_3H_8(g)$ 丙烷	1.715	270.75	—	-94.483	298 ~ 1 500	73.51	-103.85	-23.47	269.91
$C_4H_6(g)$ 丁二烯	9.67	243.84	—	87.65	—	79.83	111.9	153.68	279.78
$C_4H_{10}(g)$ 正丁烷	18.230	303.558	—	-92.65	298 ~ 1 500	98.78	-124.725	-15.69	310.03
$C_6H_6(g)$ 苯	-21.09	400.12	—	-169.9	—	81.76	82.93	129.08	269.69

续表

物　质	热　容						$\Delta_f H_m^\ominus$ / kJ·mol^{-1}	$\Delta_f G_m^\ominus$ / kJ·mol^{-1}	$S_m^\ominus$ / kJ·mol^{-1}
	$C_{p,m}=f(T)$/(J·K^{-1}·mol^{-1})				可用温度范围(K)	$C_{p,m}$			
	a	b×10^3	c′×10^5	c×10^6					
C$_6$H$_6$(l) 苯	—	—	—	—	—	135.1	49.04	124.140	173.264
C$_6$H$_{12}$(g)环乙烷	−32.221	525.824	—	−173.987	298~1 500	106.3	123.14	31.76	298.24
C$_6$H$_{12}$(l)环乙烷	—	—	—	—	—	156.5	−156.2	24.73	204.35
C$_7$H$_8$(g)甲苯	19.83	474.72	—	−195.4	—	103.8	50.00	122.30	319.74
C$_7$H$_8$(l)甲苯	—	—	—	—	—	156.1	12.00	114.27	219.2
C$_8$H$_8$(g)苯乙烯	13.10	545.6	—	−221.3	—	122.09	146.90	213.8	345.10
C$_8$H$_{10}$(l)乙苯	—	—	—	—	—	186.44	−12.47	119.75	255.01
C$_{10}$H$_8$(s)萘	—	—	—	—	—	165.3	75.44	198.7	166.9
CH$_4$O(l)甲醇	—	—	—	—	—	81.6	−238.57	−166.23	126.8
CH$_4$O(g)甲醇	20.42	103.7	—	−24.640	300~700	45.2	−201.17	−161.88	237.7
C$_2$H$_6$O(l)乙醇	—	—	—	—	—	111.46	−277.634	−174.77	160.7
C$_2$H$_6$(g)乙醇	14.970	208.560	—	71.090	300~1 000	73.60	235.31	−168.6	282.0
C$_3$H$_8$O(g)丙醇	−2.59	312.419	—	105.52	—	146.0	−261.5	−171.1	192.9
C$_2$H$_4$O$_2$(l)异丙醇	—	—	—	—	—	163.2	−319.7	−184.4	179.9
C$_4$H$_{10}$O(g)异丙醇	—	—	—	—	—	—	−268.6	−175.4	306.3
C$_4$H$_{10}$O$_2$(l)乙醚	—	—	—	—	—	168.2	−272.5	−118.4	253.1
CH$_2$O(g)乙醚	—	—	—	—	—	—	−190.8	−117.6	—

续表

物　质	热　容					$C_{p,m}$	$\Delta_f H_m^\ominus$ kJ·mol^{-1}	$\Delta_f G_m^\ominus$ kJ·mol^{-1}	$S_m^\ominus$ kJ·mol^{-1}
	$C_{p,m}=f(T)/(\text{J·K}^{-1}\cdot\text{mol}^{-1})$				可用温度范围(K)				
	a	b×10^3	c′×10^5	c×10^6					
CH$_2$O(g) 甲醛	18.820	58.379	—	−15.61	291~1 500	35.35	−115.9	−110.0	220.1
C$_2$H$_4$O (g)乙醛	31.054	121.457	—	−36.577	298~1 500	62.8	−166.36	−133.7	265.7
C$_7$H$_6$O (l)苯甲醛	—	—	—	—	—	169.5	−82.0	—	206.7
C$_3$H$_6$O (g)丙酮	22.472	201.782	—	−63.521	298~1 500	76.9	−21.96	−152.7	304.2
CH$_2$O$_2$ (l)甲酸	—	—	—	—	—	99.04	−409.2	−346.0	128.95
CH$_2$O$_2$ (g)甲酸	30.67	89.20	—	−34.539	300~700	54.22	−362.63	−335.72	246.06
C$_2$H$_4$O$_2$ (l)乙酸	—	—	—	—	—	123.4	−487.0	−392.5	159.8
C$_2$H$_4$O$_2$ (g)乙酸	21.76	193.13	—	−76.78	300~700	72.4	−436.4	−382.6	93.3
C$_2$H$_2$O$_4$ (s)草酸	—	—	—	—	—	108.8	−826.8	−697.9	120.1
C$_7$H$_6$O$_2$ (s)苯甲酸	—	—	—	—	—	145.2	−384.55	−245.6	170.7
CHCl$_3$(g) 三氯甲烷	29.506	148.942	—	−90.734	273~773	65.40	−100.4	−67	295.47
CH$_3$Cl(g) 氯甲烷	14.903	96.224	—	−31.552	273~773	40.79	−82.0	−58.6	234.18
CH$_4$ON$_2$ (s)尿素	—	—	—	—	—	93.14	−333.189	−197.15	104.60
C$_2$H$_5$Cl (g)氯乙烷	—	—	—	—	—	62.76	−105.0	−53.1	275.73
C$_6$H$_5$Cl (l)氯苯	—	—	—	—	—	145.6	116.3	203.8	197.5
C$_6$H$_7$N (l)苯胺	—	—	—	—	—	190.8	35.31	153.2	191.2
C$_6$H$_5$NO$_2$ 硝基苯	—	—	—	—	—	185.8	22.2	146.2	224.3

续表

物　质	热　容						$\Delta_f H_m^\ominus$ /kJ·mol^{-1}	$\Delta_f G_m^\ominus$ /kJ·mol^{-1}	$S_m^\ominus$ /kJ·mol^{-1}
	$C_{p,m}=f(T)/(J\cdot K^{1}\cdot mol^{1})$				可用温度范围(K)	$C_{p,m}$			
	a	b×10³	c′×10⁵	c×10⁶					
C_6H_6O (s)酚	—	—	—	—	—	134.7	−155.90	−40.75	142.2
$C_6H_{12}O_6$ (s)葡萄糖	—	—	—	—	—	—	—	—	212.1

Ⅱ. 某些有机化合物在标准状态下的燃烧热＊(298 K)

化合物	$\Delta_G H_m^\ominus$(kJ·mol^{-1})	化合物	$\Delta_G H_m^\ominus$(kJ·mol^{-1})
$CH_4(g)$甲烷	−890.31	丙烯	−2 058.5
$C_2H_2(g)$乙炔	−1 299.63	丙烷	−2 220.0
$C_2H_4(g)$乙烯	−1 410.97	正-丁烷	−2 878.51
$C_2H_6(g)$乙烷	−1 559.88	异-丁烷	−2 871.65

＊最终产物：C 生成 $CO_2(g)$；H 生成 $H_2O(1)$；S 生成 $SO_2(g)$；N 生成 $N_2(g)$

化合物	$\Delta_G H_m^\ominus$(kJ·mol^{-1})	化合物	$\Delta_G H_m^\ominus$(kJ·mol^{-1})
$C_4H_8(g)$丁烯	−2 718.58	$(C_2H_5)O(1)$乙醚	−2 730.9
$C_5H_{12}(g)$戊烷	−3 536.15	HCOOH(1)甲酸	−269.9
n-5 至 20 正-$C_nH_{2n+2}(g)$	−242.291～648.742 n	$CH_3COOH(1)$乙酸	−871.5
正-$C_nH_{2n+2}(1)$	−240.287～653.804 n	$(COOH)_2(cr)$草酸	−246.0
正-$C_nH_{2n+2}(cr)$	−91.63～656.89	$C_6H_5COOH(cr)$苯甲酸	−3 227.5
$C_6H_6(1)$苯	−3 267.7	$C_{17}H_{35}COOH(cr)$硬脂酸	−11 274.6
$C_6H_{12}(1)$环乙烷	−3 919.9	$CCl_4(1)$四氯化碳	−156.0
$C_7H_8(1)$甲苯	−3 909.9	$CHCl_3(1)$三氯甲烷	−373.2
$C_8H_{10}(1)$对二甲苯	−4 552.86	$CH_3Cl(g)$氯甲烷	−689.1 ＊
$C_{10}H_6(cr)$萘	−5 153.9	$C_6H_5Cl(1)$氯苯	−3 140.9 ＊
$CH_3OH(1)$甲醇	−726.64	COS(g)硫化碳	−553.1
$C_2H_5OH(1)$乙醇	−1 366.75	$CS_2(1)$二硫化碳	−1 075.3
$(CH_2OH)_2(1)$乙二醇	−1 192.9	$C_2N_2(g)$氰	−1 087.8
$C_5H_8O_3(1)$甘油	−1 664.4	$CO(NH_2)_2(cr)$尿素	−631.99
$C_6H_5OH(cr)$苯酚	−3 062.7	$C_6H_5NO_2(1)$硝基苯	−3 097.8

化合物	$\Delta_{\mathrm{C}} H_{\mathrm{m}}^{\ominus}(\mathrm{kJ} \cdot \mathrm{mol}^{-1})$	化合物	$\Delta_{\mathrm{C}} H_{\mathrm{m}}^{\ominus}(\mathrm{kJ} \cdot \mathrm{mol}^{-1})$
HCHO(g)甲醛	−56.36	$C_6H_5NH_2$(l)苯胺	−3 097.0
CH_3CHO(g)乙醛	−1 192.4	$C_6H_{12}O_3$(cr)葡萄糖	−2 815.8
CH_3COCH_3(l)丙酮	−1 802.9	$C_{12}H_{22}O_{11}$(cr)蔗糖	−564.8
$CH_3COOC_2H_5$(l)乙酸乙酯	−2 254.21	$C_{10}H_{16}O$(cr)樟脑	−5 903.6

＊同时生成 HCl(g)

Ⅲ. 不同能量单位的换算关系

单位	J	erg	Cal	$\mathrm{atm} \cdot \mathrm{dm}^3$	$\mathrm{kW} \cdot \mathrm{h}$
1 J =	1	10^{-7}	$2.390\ 06\times10^{-1}$	$9.868\ 94\times10^{-3}$	$2.777\ 8\times10^{-7}$
1 erg =	10^{-7}	1	$2.390\ 06\times10$	$9.868\ 74\times10^{-10}$	$2.777\ 8\times10^{-14}$
1 cal =	4.184 00	$4.184\ 00\times10^7$	1	$4.129\ 16\times10^{-2}$	$1.162\ 22\times10^{-6}$
latm · L =	$1.013\ 28\times10^2$	$1.013\ 28\times10^9$	$2.421\ 80\times10$	1	$2.814\ 67\times10^{-5}$
1kW · h =	3.600×10^6	3.600×10^{13}	$8.604\ 21\times10^5$	$3.552\ 82\times10^4$	1
1eV =	$1.602\ 189\times10^{-19}$	$1.602\ 189\times10^{-12}$			

Ⅳ. 常见弱电解质的标准解离常数(298.15 K)

4.1 酸

名称	化学式		$K_a^{\ominus}$	$pK_a^{\ominus}$
砷酸	H_3AsO_4	$K_{a1}^{\ominus}$	5.50×10^{-3}	2.26
		$K_{a2}^{\ominus}$	1.74×10^{-7}	6.76
		$K_{a3}^{\ominus}$	5.13×10^{-12}	11.29
亚砷酸	H_3AsO_3		5.13×10^{-10}	9.29
硼酸	H_3BO_3		5.81×10^{-10}	9.236
焦硼酸	$H_2B_4O_7$	$K_{a1}^{\ominus}$	1.00×10^{-4}	4.00
		$K_{a2}^{\ominus}$	1.00×10^{-9}	9.00
碳酸	H_2CO_3	$K_{a1}^{\ominus}$	4.47×10^{-7}	6.35
		$K_{a2}^{\ominus}$	4.68×10^{-11}	10.33
铬酸	H_2CrO_4	$K_{a1}^{\ominus}$	1.80×10^{-1}	0.74
		$K_{a2}^{\ominus}$	3.20×10^{-7}	6.49
氢氟酸	HF		6.31×10^{-4}	3.20

续表

名称	化学式		$K_a^{\ominus}$	$pK_a^{\ominus}$
亚硝酸	HNO_2		5.62×10^{-4}	3.25
过氧化氢	H_2O_2		2.4×10^{-12}	11.62
磷酸	H_3PO_4	$K_{a1}^{\ominus}$	6.92×10^{-3}	2.16
		$K_{a2}^{\ominus}$	6.23×10^{-8}	7.21
		$K_{a3}^{\ominus}$	4.80×10^{-13}	12.32
焦磷酸	$H_4P_2O_7$	$K_{a1}^{\ominus}$	1.23×10^{-1}	0.91
		$K_{a2}^{\ominus}$	7.94×10^{-3}	2.10
		$K_{a3}^{\ominus}$	2.00×10^{-7}	6.70
		$K_{a4}^{\ominus}$	4.79×10^{-10}	9.32
氢硫酸	H_2S	$K_{a1}^{\ominus}$	8.90×10^{-8}	7.05
		$K_{a2}^{\ominus}$	1.26×10^{-14}	13.9
亚硫酸	H_2SO_3	$K_{a1}^{\ominus}$	1.40×10^{-2}	1.85
		$K_{a2}^{\ominus}$	6.31×10^{-2}	7.20
硫酸	H_2SO_4	$K_{a2}^{\ominus}$	1.02×10^{-2}	1.99
偏硅酸	H_2SiO_3	$K_{a1}^{\ominus}$	1.70×10^{-10}	9.77
		$K_{a2}^{\ominus}$	1.58×10^{-12}	11.80
甲酸	$HCOOH$		1.772×10^{-4}	3.75
醋酸	CH_3COOH		1.74×10^{-5}	4.76
草酸	$H_2C_2O_4$	$K_{a1}^{\ominus}$	5.9×10^{-2}	1.23
		$K_{a2}^{\ominus}$	6.46×10^{-5}	4.19
酒石酸	$HOOC(CHOH)_2COOH$	$K_{a1}^{\ominus}$	1.04×10^{-3}	2.98
		$K_{a2}^{\ominus}$	4.57×10^{-5}	4.34
苯酚	C_6H_5OH	$K_{a1}^{\ominus}$	1.02×10^{-10}	9.99
抗坏血酸	$O{=}C{-}C(OH){=}C(OH){-}CH{-}$ $CHOH{-}CH_2OH$	$K_{a1}^{\ominus}$	5.0×10^{-5}	4.10
		$K_{a2}^{\ominus}$	1.5×10^{-10}	11.79
柠檬酸	$HO{-}C(CH_2COOH)_2COOH$	$K_{a1}^{\ominus}$	7.24×10^{-4}	3.14
		$K_{a2}^{\ominus}$	1.70×10^{-5}	4.77
		$K_{a3}^{\ominus}$	4.07×10^{-7}	6.39

名称	化学式		$K_a^{\ominus}$	$pK_a^{\ominus}$
苯甲酸	C_6H_5COOH		6.45×10^{-5}	4.19
邻苯二甲酸	$C_6H_4(COOH)_2$	$K_{a1}^{\ominus}$	1.30×10^{-3}	2.89
		$K_{a2}^{\ominus}$	3.09×10^{-6}	5.51

4.2 碱

名称	化学式		$K_b^{\ominus}$	$pK_b^{\ominus}$
氨水	$NH_3\cdot H_2O$		1.79×10^{-5}	4.75
甲胺	CH_3NH_2		4.20×10^{-4}	3.38
乙胺	$C_2H_5NH_2$		4.30×10^{-4}	3.37
二甲胺	$(CH_3)_2NH$		5.90×10^{-4}	3.23
二乙胺	$(C_2H_5)_2NH$		6.31×10^{-4}	3.2
苯胺	$C_6H_5NH_2$		3.98×10^{-10}	9.40
乙二胺	$H_2NCH_2CH_2NH_2$	$K_{b1}^{\ominus}$	8.32×10^{-5}	4.08
		$K_{b2}^{\ominus}$	7.10×10^{-8}	7.15
乙醇胺	$HOCH_2CH_2NH_2$		3.2×10^{-5}	4.50
三乙醇胺	$(HOCH_2CH_2)_3N$		5.8×10^{-7}	6.24
六次甲基四胺	$(CH_2)_6N_4$		1.35×10^{-9}	8.87
吡啶	C_5H_5N		1.80×10^{-9}	8.70

Ⅴ.常见难溶电解质的溶度积(298.15 K,离子强度 I=0)

化学式	$K_{sp}^{\ominus}$	$pK_{sp}^{\ominus}$	化学式	$K_{sp}^{\ominus}$	$pK_{sp}^{\ominus}$
AgBr	5.35×10^{-13}	12.27	CaF_2	3.45×10^{-11}	10.46
Ag_2CO_3	8.46×10^{-12}	11.07	CdS	8.0×10^{-27}	26.10
AgCl	1.77×10^{-10}	9.75	$CoS(\alpha)$	4.0×10^{-21}	20.40
Ag_2CrO_4	1.12×10^{-12}	11.95	$CoS(\beta)$	2.0×10^{-25}	24.70
AgI	8.52×10^{-17}	16.07	$Cr(OH)_3$	6.3×10^{-31}	30.20
AgOH	2.0×10^{-8}	7.71	CuBr	6.27×10^{-9}	8.20
Ag_2S	6.3×10^{-50}	49.20	CuCl	1.72×10^{-7}	6.76
$Al(OH)_3$ (无定形)	1.3×10^{-33}	32.89	CuI	1.27×10^{-12}	11.90
$BaCO_3$	2.58×10^{-9}	8.59	CuS	6.3×10^{-36}	35.20

续表

化学式	$K_{sp}^{\ominus}$	$pK_{sp}^{\ominus}$	化学式	$K_{sp}^{\ominus}$	$pK_{sp}^{\ominus}$
BaC_2O_4	1.6×10^{-7}	6.79	Cu_2S	2.5×10^{-48}	47.60
$BaCrO_4$	1.17×10^{-10}	9.93	$CuSCN$	1.77×10^{-13}	12.75
$BaSO_4$	1.08×10^{-10}	9.97	$FeC_2O_4 \cdot 2H_2O$	3.2×10^{-7}	6.50
$CaCO_3$	3.36×10^{-9}	8.47	$Fe(OH)_2$	4.87×10^{-17}	16.31
$CaC_2O_4 \cdot H_2O$	2.32×10^{-9}	8.63	$Fe(OH)_3$	2.79×10^{-39}	38.55

Ⅵ. 常见氧化还原电对的标准电极电势 $E^{\ominus}$

6.1 在酸性溶液中

电对	电极反应	$E^{\ominus}/V$
Li^+/Li	$Li^+ + e \rightleftharpoons Li$	-3.0401
Cs^+/Cs	$Cs^+ + e \rightleftharpoons Cs$	-3.026
K^+/K	$K^+ + e \rightleftharpoons c\ K$	-2.931
Ba^{2+}/Ba	$Ba^{2+} + 2e \rightleftharpoons Ba$	-2.912
Ca^{2+}/Ca	$Ca^{2+} + 2e \rightleftharpoons Ca$	-2.868
Na^+/Na	$Na^+ + e \rightleftharpoons Na$	-2.71
Mg^{2+}/Mg	$Mg^{2+} + 2e \rightleftharpoons Mg$	-2.372
H_2/H^-	$1/2H_2 + e \rightleftharpoons H^-$	-2.23
Al^{3+}/Al	$Al^{3+} + 3e \rightleftharpoons Al$	-1.662
Mn^{2+}/Mn	$Mn^{2+} + 2e \rightleftharpoons Mn$	-1.185
Zn^{2+}/Zn	$Zn^{2+} + 2e \rightleftharpoons Zn$	-0.7618
Cr^{3+}/Cr	$Cr^{3+} + 3e \rightleftharpoons Cr$	-0.744
Ag_2S/Ag	$Ag_2S + 2e \rightleftharpoons 2Ag + S^{2-}$	-0.691
$CO_2/H_2C_2O_4$	$2CO_2 + 2H^+ + 2e \rightleftharpoons H_2C_2O_4$	-0.481
Fe^{2+}/Fe	$Fe^{2+} + 2e \rightleftharpoons Fe$	-0.447
Cr^{3+}/Cr^{2+}	$Cr^{3+} + e \rightleftharpoons Cr^{2+}$	-0.407
Cd^{2+}/Cd	$Cd^{2+} + 2e \rightleftharpoons Cd$	-0.4030
$PbSO_4/Pb$	$PbSO_4 + 2e \rightleftharpoons Pb + SO_4^{2-}$	-0.3588
Co^{2+}/Co	$Co^{2+} + 2e \rightleftharpoons Co$	-0.28
$PbCl_2/Pb$	$PbCl_2 + 2e \rightleftharpoons Pb + 2Cl^-$	-0.2675

续表

电对	电极反应	$E^{\ominus}/V$
Ni^{2+}/Ni	$Ni^{2+}+2e \Longleftrightarrow Ni$	-0.257
AgI/Ag	$AgI+e \Longleftrightarrow Ag+I^-$	$-0.152\ 24$
Sn^{2+}/Sn	$Sn^{2+}+2e \Longleftrightarrow Sn$	$-0.137\ 5$
Pb^{2+}/Pb	$Pb^{2+}+2e \Longleftrightarrow Pb$	$-0.126\ 2$
Fe^{3+}/Fe	$Fe^{3+}+3e \Longleftrightarrow Fe$	-0.037
$AgCN/Ag$	$AgCN+e \Longleftrightarrow Ag+CN^-$	-0.017
H^+/H_2	$2H^++2e \Longleftrightarrow H_2$	$0.000\ 0$
$AgBr/Ag$	$AgBr+e \Longleftrightarrow Ag+Br^-$	$0.071\ 33$
S/H_2S	$S+2H^++2e \Longleftrightarrow H_2S(aq)$	0.142
Sn^{4+}/Sn^{2+}	$Sn^{4+}+2e \Longleftrightarrow Sn^{2+}$	0.151
Cu^{2+}/Cu^+	$Cu^{2+}+e \Longleftrightarrow Cu^+$	0.153
$AgCl/Ag$	$AgCl+e \Longleftrightarrow Ag+Cl^-$	$0.222\ 33$
Hg_2Cl_2/Hg	$Hg_2Cl_2+2e \Longleftrightarrow 2Hg+2Cl^-$	$0.268\ 08$
Cu^{2+}/Cu	$Cu^{2+}+2e \Longleftrightarrow Cu$	$0.341\ 9$
$S_2O_3^{2+}/S$	$S_2O_3^{2+}+6H^++4e \Longleftrightarrow 2S+3H_2O$	0.5
Cu^+/Cu	$Cu^++e \Longleftrightarrow Cu$	0.521
I_2/I^-	$I_2+2e \Longleftrightarrow 2I^-$	$0.535\ 5$
I_3^-/I^-	$I_3^-+2e \Longleftrightarrow 3I^-$	0.536
MnO_4^-/MnO_4^{2-}	$MnO_4^-+e \Longleftrightarrow MnO_4^{2-}$	0.558
$H_3AsO_4/HAsO_2$	$H_3AsO_4+2H^++2e \Longleftrightarrow HAsO_2+2H_2O$	0.560
Ag_2SO_4/Ag	$Ag_2SO_4+2e \Longleftrightarrow 2Ag+SO_4^{2-}$	0.654
O_2/H_2O_2	$O_2+2H^++2e \Longleftrightarrow H_2O_2$	0.695
Fe^{3+}/Fe^{2+}	$Fe^{3+}+e \Longleftrightarrow Fe^{2+}$	0.771
Hg_2^{2+}/Hg	$Hg_2^{2+}+2e \Longleftrightarrow 2Hg$	$0.797\ 3$
Ag^+/Ag	$Ag^++e \Longleftrightarrow FAg$	$0.799\ 6$
NO_3^-/N_2O_4	$2NO_3^-+4H^++2e \Longleftrightarrow N_2O_4+2H_2O$	0.803
Hg^{2+}/Hg	$Hg^{2+}+2e \Longleftrightarrow Hg$	0.851
Cu^{2+}/CuI	$Cu^{2+}+I^-+e \Longleftrightarrow CuI$	0.86
Hg^{2+}/Hg_2^{2+}	$2Hg^{2+}+2e \Longleftrightarrow Hg_2^{2+}$	0.920
NO_3^-/HNO_2	$NO_3^-+3H^++2e \Longleftrightarrow HNO_2+H_2O$	0.934
NO_3^-/NO	$NO_3^-+4H^++3e \Longleftrightarrow NO+2H_2O$	0.957

续表

电对	电极反应	$E^{\ominus}/V$
HNO_2/NO	$HNO_2+H^++e \Longrightarrow NO+H_2O$	0.983
$[AuCl_4]^-/Au$	$[AuCl_4]^-+3e \Longrightarrow Au+4Cl^-$	1.002
Br_2/Br^-	$Br_2(1)+2e \Longrightarrow 2Br^-$	1.066
$Cu^{2+}/[Cu(CN)_2]^-$	$Cu^{2+}+2CN^-+e \Longrightarrow [Cu(CN)_2]^-$	1.103
IO_3/HIO	$IO_3+5H^++4e \Longrightarrow HIO+2H_2O$	1.14
IO_3/I_2	$2IO_5+12H^++10e \Longrightarrow I_2+6H_2O$	1.195
MnO_2/Mn^{2+}	$MnO_2+4H^++2e \Longrightarrow Mn^{2+}+2H_2O$	1.224
O_2/H_2O	$O_2+4H^++4e \Longrightarrow 2H_2O$	1.229
$Cr_2O_7^2/Cr^{3+}$	$Cr_2O_7^2+14H^++6e \Longrightarrow 2Cr^{3+}+7H_2O$	1.232
Cl_2/Cl^-	$Cl_2(g)+2e \Longrightarrow 2Cl^-$	1.358 27
ClO_4/Cl_2	$2ClO_4+16H^++14e \Longrightarrow Cl_2+8H_2O$	1.39
ClO_3^-/Cl^-	$ClO_3+6H^++6e \Longrightarrow Cl^-+3H_2O$	1.451
PbO_2/Pb^{2+}	$PbO_2+4H^++2e \Longrightarrow Pb^{2+}+2H_2O$	1.455
ClO_3^-/Cl_2	$ClO_3+6H^++5e \Longrightarrow 1/2 Cl_2+3H_2O$	1.47
BrO_3/Br_2	$2BrO_3^-+12H^++10e \Longrightarrow Br_2+6H_2O$	1.482
$HClO/Cl^-$	$HClO+H^++2e \Longrightarrow Cl^-+H_2O$	1.482
Au^{3+}/Au	Au^3	1.498
MnO_4^-/Mn^{2+}	$MnO_4+8H^++5e \Longrightarrow Mn^{2+}+4H_2O$	1.507
Mn^{3+}/Mn^{2+}	$Mn^{3+}+e \Longrightarrow Mn^{2+}$	1.541 5
$HBrO/Br_2$	$2HBrO+2H^++2e \Longrightarrow Br_2+2H_2O$	1.596
H_5IO_6/IO_3^-	$H_5IO_6+H^++2e \Longrightarrow IO_3+3H_2O$	1.601
$HClO/Cl_2$	$2HClO+2H^++2e \Longrightarrow Cl_2+2H_2O$	1.611
$HClO_2/HClO$	$HClO_2+2H^++2e \Longrightarrow HClO+H_2O$	1.645
MnO_4^-/MnO_2	$MnO_4^-+4H^++3e \Longrightarrow MnO_2+2H_2O$	1.679
$PbO_2/PbSO_4$	$PbO_2+SO_4^2+4H^++2e \Longrightarrow PbSO_4+2H_2O$	1.691 3
H_2O_2/H_2O	$H_2O_2+2H^++2e \Longrightarrow 2H_2O$	1.776
Co^{3+}/Co^{2+}	$Co^{3+}+e \Longrightarrow Co^{2+}$	1.92
$S_2O_8^{2-}/SO_4^{2-}$	$S_2O_8^{2-}+2e \Longrightarrow 2SO_4^{2-}$	2.010
O_3/O_2	$O_3+2H^++2e \Longrightarrow O_2+H_2O$	2.076
F_2/F	$F_2+2e \Longrightarrow 2F^-$	2.866
F_2/HF	$F_2(g)+2H^++2e \Longrightarrow 2HF$	3.503

6.2 在碱性溶液中

电对	电极反应	$E^{\ominus}/V$
$Mn(OH)_2/Mn$	$Mn(OH)_2+2e \Longleftrightarrow Mn+2OH^-$	-1.56
$[Zn(CN)_4]^{2-}/Zn$	$[Zn(CN)_4]^{2-}+2e \Longleftrightarrow Zn+4CN^-$	-1.34
ZnO_2^{2-}/Zn	$ZnO_2^{2-}+2H_2O+2e \Longleftrightarrow Zn+4OH^-$	-1.215
$[Sn(OH)_6]^{2-}/HSnO_2^-$	$[Sn(OH)_6]^{2-}+2e \Longleftrightarrow HSnO_2^-+3OH^-+H_2O$	-0.93
SO_4^{2-}/SO_3^{2-}	$SO_4^{2-}+H_2O+2e \Longleftrightarrow SO_3^{2-}+2OH^-$	-0.93
$HSnO_2^-/Sn$	$HSnO_2^-+H_2O+2e \Longleftrightarrow Sn+3OH^-$	-0.909
H_2O/H_2	$2H_2O+2e \Longleftrightarrow H_2+2OH^-$	$-0.827\ 7$
$Ni(OH)_2/Ni$	$Ni(OH)_2+2e \Longleftrightarrow Ni+2OH^-$	-0.72
AsO_4^{3}/AsO_2^-	$AsO_4^{3+}+2H_2O+2e \Longleftrightarrow AsO_2^++4OH$	-0.71
	$AsO_4^{3+}+2H_2O+2e \Longleftrightarrow AsO_2^++4OH$	-0.71
SO_3^{2-}/S	$SO_3^{2-}+3H_2O+4e \Longleftrightarrow S+6OH^-$	-0.59
$SO_3^{2-}/S_2O_3^{2-}$	$2SO_3^{2+}+3H_2O+4e \Longleftrightarrow S_2O_3^{2-}+6OH$	-0.571
S/S^{2-}	$S+2e \Longleftrightarrow S^{2-}$	$-0.476\ 27$
$[Ag(CN)_2]^-/Ag$	$[Ag(CN)_2]^-+e \Longleftrightarrow FAg+2CN^-$	-0.31
CrO_4^2/CrO_2^-	$CrO_4^{2-}+4H_2O+3e \Longleftrightarrow Cr(OH)_4^-+4OH$	-0.13
O_2/HO_2^-	$O_2+H_2O+2e \Longleftrightarrow HO_2^-+OH^-$	-0.076
NO_3^-/NO_2^-	$NO_3^-+H_2O+2e \Longleftrightarrow NO_2^-+2OH^-$	0.01
$S_4O_6^{2-}/S_2O_3^{2-}$	$S_4O_6^{2-}+2e \Longleftrightarrow 2S_2O_3^{2-}$	0.08
$[Co(NH_3)_6]^{3+}/[Co(NH_3)_6]^{2+}$	$[Co(NH_3)_6]^{3+}+e \Longleftrightarrow [Co(NH_3)_6]^{2+}$	0.108
MnO_2/Mn^{2+}	$Mn(OH)_3+e \Longleftrightarrow Mn(OH)_2+OH^-$	0.15
$Cr_2O_7^{2-}/Cr^{3+}$	$Co(OH)_3+e \Longleftrightarrow Co(OH)_2+OH^-$	0.17
Ag_2O/Ag	$Ag_2O+H_2O+2e \Longleftrightarrow 2Ag+2OH^-$	0.342
O_2/OH^-	$O_2+2H_2O+4e \Longleftrightarrow 4OH^-$	0.401
MnO_4/MnO_2	$MnO_4+2H_2O+3e \Longleftrightarrow MnO_2+4OH^-$	0.595
BrO_3/Br^-	$BrO_3+3H_2O+6e \Longleftrightarrow Br^-+6OH^-$	0.61
BrO^-/Br^-	$BrO^++H_2O+2e \Longleftrightarrow Br^-+2OH^-$	0.761
$ClO7Cl^-$	$ClO^++H_2O+2e \Longleftrightarrow Cl^-+2OH^-$	0.81
H_2O_2/OH^-	$H_2O_2+2e \Longleftrightarrow 2OH^-$	0.88
O_3/OH^-	$O_3+H_2O+2e \Longleftrightarrow O_2+2OH^-$	1.24

Ⅶ. 一些氧化还原电对的条件电极电势 $E^{\ominus}{}'$

电极反应	$E^{\ominus}{}'/V$	介质
$Ag(\text{Ⅱ})+e \Longrightarrow Ag^+$	1.927	$4 \ mol \cdot L^{-1} HNO_3$
$Ce(\text{Ⅳ})+e \Longrightarrow Ce(\text{Ⅲ})$	1.70	$1 \ mol \cdot L^{-1} HClO_4$
	1.61	$1 \ mol \cdot L^{-1} HNO_3$
	1.44	$0.5 \ mol \cdot L^{-1} H_2SO_4$
	1.28	$1 \ mol \cdot L^{-1} HCl$
$[Co(en)_3]^{3+}+e \Longrightarrow [Co(en)_3]^{2+}$	−0.20	$0.1 \ mol \cdot L^{-1} KNO_3 + 0.1 \ mol \cdot L^{-1} en$
$Cr_2O_7^{2-}+14H^++6e \Longrightarrow 2Cr^{3+}+7H_2O$	1.000	$1 \ mol \cdot L^{-1} HCl$
	1.030	$1 \ mol \cdot L^{-1} HClO_4$
	1.080	$3 \ mol \cdot L^{-1} HCl$
	1.050	$2 \ mol \cdot L^{-1} HCl$
	1.150	$4 \ mol \cdot L^{-1} H_2SO_4$
$CrO_4^{2+}+2H_2O+3e \Longrightarrow CrO_2^-+4OH^-$	−0.120	$1 \ mol \cdot L^{-1} NaOH$
$Fe(\text{Ⅲ})+e \Longrightarrow Fe(\text{Ⅱ})$	0.750	$1 \ mol \cdot L^{-1} HClO_4$
	0.670	$0.5 \ mol \cdot L^{-1} H_2SO_4$
	0.700	$1 \ mol \cdot L^{-1} HCl$
	0.460	$2 \ mol \cdot L^{-1} H_3PO_4$
$H_3AsO_4+2H^++2e \Longrightarrow H_3AsO_3+H2O$	0.557	$1 \ mol \cdot L^{-1} HCl$
$H_2SO_3+4H^++4e \Longrightarrow S+3H_2O$	0.557	$1 \ mol \cdot L^{-1} HClO_4$
$Fe(EDTA)^++e \Longrightarrow Fe(EDTA)^{2-}$	0.120	$0.1 \ mol \cdot L^{-1} EDTA(pH=4\sim6)$
$[Fe(CN)_6]^{3}+e \Longrightarrow [Fe(CN)_6]^{4-}$	0.480	$0.01 \ mol \cdot L^{-1} HCl$
	0.560	$0.1 \ mol \cdot L^{-1} HCl$
	0.720	$1 \ mol \cdot L^{-1} HClO_4$
$I_2(水)+2e \Longrightarrow 2I^-$	0.627 6	$1 \ mol \cdot L^{-1} H^+$
$MnO_4-+8H^++5e \Longrightarrow Mn^{2+}+4H_2O$	1.450	$1 \ mol \cdot L^{-1} HClO_4$
	1.27	$8 \ mol \cdot L^{-1} H_3PO_4$
$[SnCl_6]^{2-}+2e \Longrightarrow [SnCl_4]^{2+}+2Cl^-$	0.140	$1 \ mol \cdot L^{-1} HCl$
$Sn^{2+}+2e \Longrightarrow Sn$	−0.160	$1 \ mol \cdot L^{-1} HClO_4$
$Sb(\text{V})+2\ e \Longrightarrow Sb(\text{Ⅲ})$	0.750	$3.5 \ mol \cdot L^{-1} HCl$
$[Sb(OH)_6]^-+2e \Longrightarrow SbO_2^-+2OH^-+2H_2O$	−0.428	$3 \ mol \cdot L^{-1} NaOH$
$SbO_2^-+2H_2O+3e \Longrightarrow Sb+4OH^-$	−0.675	$10 \ mol \cdot L^{-1} KOH$

续表

电极反应	$E^{\ominus}/V$	介质
Ti（Ⅳ）+e $\rightleftharpoons$ Ti（Ⅲ）	−0.010	0.2 mol·$L^{-1}H_2SO_4$
	0.120	2 mol·$L^{-1}H_2SO_4$
	−0.040	1 mol·$L^{-1}HCl$
Pb（Ⅱ）+2e $\rightleftharpoons$ Pb	−0.320	1 mol·$L^{-1}NaAc$
	−0.140	1 mol·$L^{-1}HClO_4$

Ⅷ. 常见配离子的稳定常数

配位体	金属离子	n	$lg\beta_n$
NH_3	Ag^+	1,2	3.24,7.05
	Cu^{2+}	1,……,4	11.02, 13.32
	Ni^{2+}	1,……,6	2.80,5.04,6.77,7.96,8.71,8.74
	Zn^{2+}	1,……,4	2.37,4.81,7.31,9.46
F	Al^{3+}	1,……,6	6.10,11.15,15.00,17.75,19.37,19.84
	Fe^{3+}	1,2,3	5.28,9.30, 12.06
Cl^-	Hg^{2+}	1,……,4	6.74, 13.22, 14.07, 15.07
CN^-	Ag^+	2,3,4	21.1,21.7,20.6
	Fe^{2+}	6	35
	Fe^{3+}	6	42
	Ni^{2+}	4	31.3
	Zn^{2+}	4	16.7
$S_2O_3^{2-}$	Ag^+	1,2	8.82, 13.46
	Hg^{2+}	2,3,4	29.44,31.90,33.24
OH^-	Al^{3+}	1,4	9.27, 33.03
	Bi^{3+}	1,2,4	12.7, 15.8, 35.2
	Cd^{2+}	1,……,4	4.17,8.33,9.02,8.62
	Cu^{2+}	1,……,4	7.0, 13.68, 17.00, 18.5
	Fe^{2+}	1,……,4	5.56,9.77,9.67,8.58
	Fe^{3+}	1,2,3	11.87,21.17,29.67
	Fe^{2+}	1,……,4	5.56,9.77,9.67,8.58
	Fe^{3+}	1,2,3	11.87,21.17,29.67

续表

配位体	金属离子	n	lgβ$_n$
	Hg^{2+}	1,2,3	10.6,21.8,20.9
	Mg^{2+}	1	2.58
	Ni^{2+}	1,2,3	4.97,8.55,11.33
	Pb^{2+}	1,2,3,6	7.82,10.85,14.58,61.0
	Sn^{2+}	1,2,3	10.60,20.93,25.38
	Zn^{2+}	1,……,4	4.40,11.30,14.14,17.66
EDTA	Ag$^+$	1	7.32
	Al^{3+}	1	16.11
	Ba^{2+}	1	7.78
	Bi^{3+}	1	22.8
	Ca^{2+}	1	11.0
	Cd^{2+}	1	16.4
	Co^{2+}	1	16.31
	Co^{3+}	1	36.00
	Cr^{3+}	1	23
	Cu^{2+}	1	18.70
	Fe^{2+}	1	14.33
	Fe^{3+}	1	24.23
	Hg^{2+}	1	21.80
	Mg^{2+}	1	8.64
	Mn^{2+}	1	13.8
	Ni^{2+}	1	18.56
	Pb^{2+}	1	18.3
	Sn^{2+}	1	22.1
	Zn^{2+}	1	16.4

注：表中数据为 20～25 ℃、I=0 的条件下获得。

Ⅸ. 相对分子质量

$AgBr$	187.772	CaF_2	78.075	$CrCl_3$	158.354
$AgCl$	143.321	$Ca(NO_3)_2$	164.087	$Cr(NO_3)_3$	238.011
$AgCN$	133.886	$Ca(OH)_2$	74.093	Cr_2O_3	151.990
$AgSCN$	165.952	$Ca_3(PO_4)_2$	310.177	$CuCl$	98.999
Ag_2CrO_4	331.730	$CaSO_4$	136.142	$CuCl_2$	134.451
AgI	234.772	$CdCO_3$	172.420	$CuSCN$	121.630
$AgNO_3$	169.873	$CdCl_2$	183.316	CuI	190.450
$AlCl_3$	133.340	CdS	144.477	$Cu(NO_3)_2$	187.555
Al_2O_3	101.961	$Ce(SO_4)_2$	332.24	CuO	79.545
$Al(OH)_3$	78.004	CH_3COOH	60.05	Cu_2O	143.091
$Al_2(SO_4)_3$	342.154	CH_3OH	32.04	CuS	95.612
As_2O_3	197.841	CH_3COCH_3	58.08	$CuSO_4$	159.610
As_2O_5	229.840	C_6H_5COOH	122.12	$FeCl_2$	126.750
As_2S_3	246.041	C_6H_5COONa	144.11	$FeCl_3$	162.203
$BaCO_3$	197.336	$C_6H_4COOHCOOK$	204.22	$Fe(NO_3)_3$	241.862
BaC_2O_4	225.347	CH_3COONH_4	77.08	FeO	71.844
$BaCl_2$	208.232	CH_3COONa	82.03	Fe_2O_3	159.688
$BaCrO_4$	253.321	C_6H_5OH	94.11	Fe_3O_4	231.533
BaO	153.326	$(C_9H_7N)_3H_3PO_4 \cdot 12MoO_3$	2 212.74	$Fe(OH)_3$	106.867
$Ba(OH)_2$	171.342	（磷钼酸喹啉）		FeS	87.911
$BaSO_4$	233.391	$COOHCH_2COOH$	104.06	Fe_2S_3	207.87
$BiCl_3$	315.338	$COOHCH_2COONa$	126.04	$FeSO_4$	151.909
$BiOCl$	260.432	CCl_4	153.82	$Fe_2(SO_4)_3$	399.881
CO_2	44.010	$CoCl_2$	129.838	H_3AsO_3	125.944
CaO	56.077	$Co(NO_3)_2$	182.942	H_3AsO_4	141.944
$CaCO_3$	100.087	CoS	91.00	H_3BO_3	61.833
CaC_2O_4	128.098	$CoSO_4$	154.997	HBr	80.912
$CaCl_2$	110.983	$CO(NH_2)_2$	60.06	HCN	27.026
$HCOOH$	46.03	$KHC_2O_4 \cdot H_2C_2O_4 \cdot 2H_2O$	254.20	$(NH_4)_2S$	68.143

续表

H_2CO_3	62.0251	$KHC_4H_4O_6$	188.178	$(NH_4)_2SO_4$	132.141
$H_2C_2O_4$	90.04	$KHSO_4$	136.170	Na_3AsO_3	191.89
$H_2C_2O_4 \cdot 2H_2O$	126.0665	KI	166.003	$Na_2B_4O_7$	201.220
$H_2C_4H_4O_6$ （酒石酸）	150.09	KIO_3	214.001	$Na_2B_4O_7 \cdot 10H_2O$	381.373
HCl	36.461	$KIO_3 \cdot HIO_3$	389.91	$NaBiO_3$	279.968
$HClO_4$	100.459	$KMnO_4$	158.034	$NaBr$	102.894
HF	20.006	$KNaC_4H_4O_6 \cdot 4H_2O$	282.221	$NaCN$	49.008
HI	127.912	KNO_3	101.103	$NaSCN$	81.074
HIO_3	175.910	KNO_2	85.104	$Na_2CO_3 \cdot 10H_2O$	286.142
HNO_3	63.013	K_2O	94.196	$Na_2C_2O_4$	134.000
HNO_2	47.014	KOH	56.105	$NaCl$	58.443
H_2O	18.015	K_2SO_4	174.261	$NaClO$	74.442
H_2O_2	34.015	$MgCO_3$	84.314	NaI	149.894
H_3PO_4	97.995	$MgCl_2$	95.210	NaF	41.988
H_2S	34.082	$MgC_2O_4 \cdot 2H_2O$	148.355	$NaHCO_3$	84.007
H_2SO_3	82.080	$Mg(NO_3)_2 \cdot 6H_2O$	256.406	Na_2HPO_4	141.959
H_2SO_4	98.080	$MgNH_4PO_4$	137.82	NaH_2PO_4	119.997
$Hg(CN)_2$	252.63	MgO	40.304	$Na_2H_2Y \cdot 2H_2O$	372.240
$HgCl_2$	271.50	$Mg(OH)_2$	58.320	$NaNO_2$	68.996
Hg_2Cl_2	472.09	$Mg_2P_2O_7 \cdot 3H_2O$	276.600	$NaNO_3$	84.995
HgI_2	454.40	$MgSO_4 \cdot 7H_2O$	246.475	Na_2O	61.979
$Hg_2(NO_3)_2$	525.19	$MnCO_3$	114.947	Na_2O_2	77.979
$Hg(NO_3)_2$	324.60	$MnCl_2 \cdot 4H_2O$	197.905	$NaOH$	39.997
HgO	216.59	$Mn(NO_3)_2 \cdot 6H_2O$	287.040	Na_3PO_4	163.94
HgS	232.66	MnO	70.937	Na_2S	78.046
$HgSO_4$	296.65	MnO_2	86.937	Na_2SiF_6	188.056
Hg_2SO_4	497.24	MnS	87.004	Na_2SO_3	126.044
$KAl(SO_4)_2 \cdot 12H_2O$	474.391	$MnSO_4$	151.002	$Na_2S_2O_3$	158.11

$KB(C_6H_5)_4$	358.332	NO	30.006	Na_2SO_4	142.044
KBr	119.002	NO_2	46.006	$NiC_8H_{14}O_2N_2$	288.92
$KBrO_3$	167.000	NH_3	17.031	（丁二酮肟合镍）	
KCl	74.551	$NH_3 \cdot H_2O$	35.046	$NiCl_2 \cdot 6H_2O$	237.689
$KClO_3$	122.549	NH_4Cl	53.492	NiO	74.692
$KClO_4$	138.549	$(NH_4)_2CO_3$	96.086	$Ni(NO_3)_2 \cdot 6H_2O$	290.794
KCN	65.116	$(NH_4)_2C_2O_4$	124.10	NiS	90.759
$KSCN$	97.182	$NH_4Fe(SO_4)_2 \cdot$ $12H_2O$	482.194	$NiSO_4 \cdot 7H_2O$	280.863
K_2CO_3	138.206	$(NH_4)_3PO_4 \cdot$ $12MoO_3$	1876.35	P_2O_5	141.945
K_2CrO_4	194.191	NH_4SCN	76.122	$PbCO_3$	267.2
$K_2Cr_2O_7$	294.185	$(NH_4)_2HCO_3$	79.056	PbC_2O_4	295.2
$K_3Fe(CN)_6$	329.246	$(NH_4)_2MoO_4$	196.04	$PbCl_2$	278.1
$K_4Fe(CN)_6$	368.347	NH_4NO_3	80.043	$PbCrO_4$	323.2
$KHC_2O_4 \cdot H_2O$	146.141	$(NH_4)_2HPO_4$	132.055	$Pb(CH_3COO)_2$	325.3
$Pb(CH_3COO)_2 \cdot$ $3H_2O$	427.3	Sb_2O_3	291.518	TiO_2	79.866
PbI_2	461.0	Sb_2S_3	339.718	$UO_2(CH_3COO)$ $_2 \cdot 2H_2O$	422.13
$Pb(NO_3)_2$	331.2	SiO_2	60.085	WO_3	231.84
PbO	223.2	$SnCO_3$	178.82	$ZnCO_3$	125.40
PbO_2	239.2	$SnCl_2$	189.615	$ZnC_2O_4 \cdot 2H_2O$	189.44
Pb_3O_4	685.6	$SnCl_4$	260.521	$ZnCl_2$	136.29
$Pb_3(PO_4)_2$	811.5	SnO_2	150.709	$Zn(CH_3COO)_2$	183.48
PbS	239.3	SnS	150.776	$Zn(NO_3)_2$	189.40
$PbSO_4$	303.3	$SrCO_3$	147.63	$Zn_2P_2O_7$	304.72
SO_3	80.064	SrC_2O_4	175.64	ZnO	81.39
SO_2	64.065	$SrCrO_4$	203.61	ZnS	97.46
$SbCl_3$	228.118	$Sr(NO_3)_2$	211.63	$ZnSO_4$	161.45
$SbCl_5$	299.024	$SrSO_4$	183.68		

参考书目

[1] 甘孟瑜,张云怀. 大学化学[M]. 北京:科学出版社,2017.

[2] 强亮生,徐崇泉. 工科大学化学[M]. 北京:高等教育出版社,2009.

[3] 周长春. 大学化学[M]. 徐州:中国矿业大学出版社,2018.

[4] 曹瑞军. 大学化学[M]. 北京:高等教育出版社,2008.

[5] 贾瑛,王煊军等. 大学化学[M]. 西安:西北工业大学出版社,2012.

[6] 科睿唯安.2022 研究前沿分析报告[R]. 北京:科睿唯安公司,2022.

[7] 刁润丽. 纳米材料的应用研究进展[J]. 佛山陶瓷,2021(9):302.

[8] 苑蕾,张静玉,刘海燕,纳米材料的合成与应用研究进展[J]. 山东化工,2020,49(20):46-47.

[9] 周琦凯,纳米材料技术的研究进展及应用分析[J]. 材料及应用,2022(9):210.

[10] 汪卫华.非晶态物质的本质和特性[J].物理学进展,2013 年10 月,第33 卷第5 期

[11] 付莉,王永恒,王施宇.非晶合金变压器及其在成都地铁30 号线的应用[J].电气化铁道,2022(4):033.

[12] 唐耀龙.超导材料发展概述——纪念超导现象发现100 周年[J].中国高新技术企业,2011.07.

[13] 邹芹,李瑞,李艳国,等.超导材料的研究进展及应用[J]燕山大学学报,2019,43(2):13. DOI:CNKI:SUN:DBZX.0.2019-02-001.

[14] 周兴江.高温超导的发展历程及其重要意义[J].科学通报,2017,62(8):745-748.

[15] 付朋,锂离子电池:后发先至 独占鳌头[J].中国海关.2022(7):000.

[16] 曹邵文,周国庆,蔡琦琳.太阳能电池综述:材料、政策驱动机制及应用前景[J].复合材料学报,2022,39(5):1847-1858.

[17] 许庆岩,任元文,刘世民.太阳能电池研究进展[J].功能材料与器件学报,2020,26(4):257-262.

[18] 李波.新型太阳能电池的研究进展及发展趋势[J].能源研究与信息,2021,37(1):32-39.

[19] 舟丹.太阳能光伏产业发展现状[J].中外能源,2023,28(2):50-50.

[20] 龙焱能源科技(杭州)有限公司.一文读懂什么是碲化镉发电玻璃[EB/OL].(2015)

［2015-05-05］http://advsolarpower.com/case/case-info/10/282.

［21］Wiley A Dunlap-Shohl. Synthetic Approaches for Halide Perovskite Thin Films［J］. Chem Rev. 2019,119(5):3193-3295.

［22］林风.南方科技大学钙钛矿太阳能电池:其实我不含钙也不含钛［J］.科学大院,2023,(4):67-70.

［23］雪晶,世界生物质能产业与技术发展现状及趋势研究［J］.石油科技论坛,2020,39(3):25-35.

［24］徐向梅.推进生物质能多元化开发［J］.经济日报,2023-01-11(011).

［25］袁惊柱,朱彤.生物质能利用技术与政策研究综述［J］.中国能源,2018(6):16-20.

［26］李存璞.2022年清洁能源开发热点回眸［J］.科技导报,2023,41(1):159-172.

［27］周子勋.可形成多个万亿级产业 生物质能发展空间大［J］.中国经济时报,2023-03-30(004).